国 家 科 技 重 大 专 项

大型油气田及煤层气开发成果丛书

（2008—2020）

卷28

丝绸之路经济带大型碳酸盐岩油气藏开发关键技术

范子菲 宋 珩 等编著

石油工业出版社

内 容 提 要

本书系统论述了"十三五"期间在"丝绸之路经济带"碳酸盐岩油气藏开发理论和技术方面取得的重要技术成果，主要包括碳酸盐岩油气藏精细描述技术、孔隙型生物碎屑灰岩油藏注水开发技术、裂缝—孔隙型碳酸盐岩油藏注水注气开发技术、边底水裂缝—孔隙型碳酸盐岩气藏开发技术、复杂碳酸盐岩油气藏钻完井关键技术和采油采气关键技术。这些技术有效支撑了中东地区孔隙型碳酸盐岩油藏规模上产和中亚地区裂缝—孔隙型碳酸盐岩油气藏开发形势改善。

本书可供从事油气田开发的科技人员及石油高等院校相关专业师生参考阅读。

图书在版编目（CIP）数据

丝绸之路经济带大型碳酸盐岩油气藏开发关键技术 /
范子菲等编著 . —北京：石油工业出版社，2023.6
（国家科技重大专项·大型油气田及煤层气开发成果丛书：2008—2020）
ISBN 978-7-5183-5673-7

Ⅰ.①丝… Ⅱ.①范… Ⅲ.①碳酸盐岩油气藏－油田
开发－研究 Ⅳ.① TE344

中国版本图书馆 CIP 数据核字（2022）第 187069 号

责任编辑：王　瑞　王宝刚　白云雪　李熹蓉
责任校对：刘晓雪
装帧设计：李　欣　周　彦

出版发行：石油工业出版社
　　　　　（北京安定门外安华里 2 区 1 号　100011）
　　　　　网　址：www.petropub.com
　　　　　编辑部：（010）64523604　图书营销中心：（010）64523633
经　　销：全国新华书店
印　　刷：北京中石油彩色印刷有限责任公司

2023 年 6 月第 1 版　2023 年 6 月第 1 次印刷
787×1092 毫米　开本：1/16　印张：29.5
字数：700 千字

定价：300.00 元

《国家科技重大专项·大型油气田及煤层气开发成果丛书（2008—2020）》

◇◇◇◇◇ 编委会 ◇◇◇◇◇

《丝绸之路经济带大型碳酸盐岩油气藏开发关键技术》

◇◇◇◇◇ 编写组 ◇◇◇◇◇

组　长：范子菲　宋　珩

成　员：（按姓氏拼音排序）

艾维平	才　程	曹光强	陈鹏羽	陈烨菲	程木伟
崔力公	董建雄	段天向	顾亦新	郭春秋	韩海英
何聪鸽	侯　珏	胡丹丹	赖枫鹏	李建新	李茜瑶
李万军	李伟强	李长海	梁　冲	廖新维	刘　辉
刘　琦	刘华勋	刘会锋	刘纪童	柳丙善	毛为民
史海东	孙杰文	田中原	王　刚	王孔杰	王良善
王青华	王淑琴	王自明	温晓红	吴学林	伍振华
邢玉忠	熊礼晖	许安著	薛永超	曾　行	张　李
张合文	赵　伦	赵文琪	赵晓亮	周　拓	朱光亚

　　能源安全关系国计民生和国家安全。面对世界百年未有之大变局和全球科技革命的新形势，我国石油工业肩负着坚持初心、为国找油、科技创新、再创辉煌的历史使命。国家科技重大专项是立足国家战略需求，通过核心技术突破和资源集成，在一定时限内完成的重大战略产品、关键共性技术或重大工程，是国家科技发展的重中之重。大型油气田及煤层气开发专项，是贯彻落实习近平总书记关于大力提升油气勘探开发力度、能源的饭碗必须端在自己手里等重要指示批示精神的重大实践，是实施我国"深化东部、发展西部、加快海上、拓展海外"油气战略的重大举措，引领了我国油气勘探开发事业跨入向深层、深水和非常规油气进军的新时代，推动了我国油气科技发展从以"跟随"为主向"并跑、领跑"的重大转变。在"十二五"和"十三五"国家科技创新成就展上，习近平总书记两次视察专项展台，充分肯定了油气科技发展取得的重大成就。

　　大型油气田及煤层气开发专项作为《国家中长期科学和技术发展规划纲要（2006—2020年）》确定的10个民口科技重大专项中唯一由企业牵头组织实施的项目，以国家重大需求为导向，积极探索和实践依托行业骨干企业组织实施的科技创新新型举国体制，集中优势力量，调动中国石油、中国石化、中国海油等百余家油气能源企业和70多所高等院校、20多家科研院所及30多家民营企业协同攻关，参与研究的科技人员和推广试验人员超过3万人。围绕专项实施，形成了国家主导、企业主体、市场调节、产学研用一体化的协同创新机制，聚智协力突破关键核心技术，实现了重大关键技术与装备的快速跨越；弘扬伟大建党精神、传承石油精神和大庆精神铁人精神，以及石油会战等优良传统，充分体现了新型举国体制在科技创新领域的巨大优势。

　　经过十三年的持续攻关，全面完成了油气重大专项既定战略目标，攻克了一批制约油气勘探开发的瓶颈技术，解决了一批"卡脖子"问题。在陆上油气勘探、陆上油气开发、工程技术、海洋油气勘探开发、海外油气勘探开发、非常规油气勘探开发领域，形成了 6 大技术系列、26 项重大技术；自主研发 20 项重大工程技术装备；建成 35 项示范工程、26 个国家级重点实验室和研究中心。我国油气科技自主创新能力大幅提升，油气能源企业被卓越赋能，形成产量、储量增长高峰期发展新态势，为落实习近平总书记"四个革命、一个合作"能源安全新战略奠定了坚实的资源基础和技术保障。

《国家科技重大专项·大型油气田及煤层气开发成果丛书（2008—2020）》（62 卷）是专项攻关以来在科学理论和技术创新方面取得的重大进展和标志性成果的系统总结，凝结了数万科研工作者的智慧和心血。他们以"功成不必在我，功成必定有我"的担当，高质量完成了这些重大科技成果的凝练提升与编写工作，为推动科技创新成果转化为现实生产力贡献了力量，给广大石油干部员工奉献了一场科技成果的饕餮盛宴。这套丛书的正式出版，对于加快推进专项理论技术成果的全面推广，提升石油工业上游整体自主创新能力和科技水平，支撑油气勘探开发快速发展，在更大范围内提升国家能源保障能力将发挥重要作用，同时也一定会在中国石油工业科技出版史上留下一座书香四溢的里程碑。

在世界能源行业加快绿色低碳转型的关键时期，广大石油科技工作者要进一步认清面临形势，保持战略定力、志存高远、志创一流，毫不放松加强油气等传统能源科技攻关，大力提升油气勘探开发力度，增强保障国家能源安全能力，努力建设国家战略科技力量和世界能源创新高地；面对资源短缺、环境保护的双重约束，充分发挥自身优势，以技术创新为突破口，加快布局发展新能源新事业，大力推进油气与新能源协调融合发展，加大节能减排降碳力度，努力增加清洁能源供应，在绿色低碳科技革命和能源科技创新上出更多更好的成果，为把我国建设成为世界能源强国、科技强国，实现中华民族伟大复兴的中国梦续写新的华章。

中国石油董事长、党组书记

中国工程院院士　　　戴厚良

石油天然气是当今人类社会发展最重要的能源。2020 年全球一次能源消费量为 $134.0 \times 10^8 t$ 油当量，其中石油和天然气占比分别为 30.6% 和 24.2%。展望未来，油气在相当长时间内仍是一次能源消费的主体，全球油气生产将呈长期稳定趋势，天然气产量将保持较高的增长率。

习近平总书记高度重视能源工作，明确指示"要加大油气勘探开发力度，保障我国能源安全"。石油工业的发展是由资源、技术、市场和社会政治经济环境四方面要素决定的，其中油气资源是基础，技术进步是最活跃、最关键的因素，石油工业发展高度依赖科学技术进步。近年来，全球石油工业上游在资源领域和理论技术研发均发生重大变化，非常规油气、海洋深水油气和深层—超深层油气勘探开发获得重大突破，推动石油地质理论与勘探开发技术装备取得革命性进步，引领石油工业上游业务进入新阶段。

中国共有 500 余个沉积盆地，已发现松辽盆地、渤海湾盆地、准噶尔盆地、塔里木盆地、鄂尔多斯盆地、四川盆地、柴达木盆地和南海盆地等大型含油气大盆地，油气资源十分丰富。中国含油气盆地类型多样、油气地质条件复杂，已发现的油气资源以陆相为主，构成独具特色的大油气分布区。历经半个多世纪的艰苦创业，到 20 世纪末，中国已建立完整独立的石油工业体系，基本满足了国家发展对能源的需求，保障了油气供给安全。2000 年以来，随着国内经济高速发展，油气需求快速增长，油气对外依存度逐年攀升。我国石油工业担负着保障国家油气供应安全，壮大国际竞争力的历史使命，然而我国石油工业面临着油气勘探开发对象日趋复杂、难度日益增大、勘探开发理论技术不相适应及先进装备依赖进口的巨大压力，因此急需发展自主科技创新能力，发展新一代油气勘探开发理论技术与先进装备，以大幅提升油气产量，保障国家油气能源安全。一直以来，国家高度重视油气科技进步，支持石油工业建设专业齐全、先进开放和国际化的上游科技研发体系，在中国石油、中国石化和中国海油建立了比较先进和完备的科技队伍和研发平台，在此基础上于 2008 年启动实施国家科技重大专项技术攻关。

国家科技重大专项"大型油气田及煤层气开发"（简称"国家油气重大专项"）是《国家中长期科学和技术发展规划纲要（2006—2020 年）》确定的 16 个重大专项之一，目标是大幅提升石油工业上游整体科技创新能力和科技水平，支撑油气勘探开发快速发展。国家油气重大专项实施周期为 2008—2020 年，按照"十一五""十二五""十三五"3 个阶段实施，是民口科技重大专项中唯一由企业牵头组织实施的专项，由中国石油牵头组织实施。专项立足保障国家能源安全重大战略需求，围绕"6212"科技攻关目标，共部署实施 201 个项目和示范工程。在党中央、国务院的坚强领导下，专项攻关团队积极探索和实践依托行业骨干企业组织实施的科技攻关新型举国体制，加快推进专项实施，攻克一批制约油气勘探开发的瓶颈技术，形成了陆上油气勘探、陆上油气开发、工程技术、海洋油气勘探开发、海外油气勘探开发、非常规油气勘探开发 6 大领域技术系列及 26 项重大技术，自主研发 20 项重大工程技术装备，完成 35 项示范工程建设。近 10 年我国石油年产量稳定在 $2×10^8t$ 左右，天然气产量取得快速增长，2020 年天然气产量达 $1925×10^8m^3$，专项全面完成既定战略目标。

通过专项科技攻关，中国油气勘探开发技术整体已经达到国际先进水平，其中陆上油气勘探开发水平位居国际前列，海洋石油勘探开发与装备研发取得巨大进步，非常规油气开发获得重大突破，石油工程服务业的技术装备实现自主化，常规技术装备已全面国产化，并具备部分高端技术装备的研发和生产能力。总体来看，我国石油工业上游科技取得以下七个方面的重大进展：

（1）我国天然气勘探开发理论技术取得重大进展，发现和建成一批大气田，支撑天然气工业实现跨越式发展。围绕我国海相与深层天然气勘探开发技术难题，形成了海相碳酸盐岩、前陆冲断带和低渗—致密等领域天然气成藏理论和勘探开发重大技术，保障了我国天然气产量快速增长。自 2007 年至 2020 年，我国天然气年产量从 $677×10^8m^3$ 增长到 $1925×10^8m^3$，探明储量从 $6.1×10^{12}m^3$ 增长到 $14.41×10^{12}m^3$，天然气在一次能源消费结构中的比例从 2.75% 提升到 8.18% 以上，实现了三个翻番，我国已成为全球第四大天然气生产国。

（2）创新发展了石油地质理论与先进勘探技术，陆相油气勘探理论与技术继续保持国际领先水平。创新发展形成了包括岩性地层油气成藏理论与勘探配套技术等新一代石油地质理论与勘探技术，发现了鄂尔多斯湖盆中心岩性地层大油区，支撑了国内长期年新增探明 10×10^8 t 以上的石油地质储量。

（3）形成国际领先的高含水油田提高采收率技术，聚合物驱油技术已发展到三元复合驱，并研发先进的低渗透和稠油油田开采技术，支撑我国原油产量长期稳定。

（4）我国石油工业上游工程技术装备（物探、测井、钻井和压裂）基本实现自主化，具备一批高端装备技术研发制造能力。石油企业技术服务保障能力和国际竞争力大幅提升，促进了石油装备产业和工程技术服务产业发展。

（5）我国海洋深水工程技术装备取得重大突破，初步实现自主发展，支持了海洋深水油气勘探开发进展，近海油气勘探与开发能力整体达到国际先进水平，海上稠油开发处于国际领先水平。

（6）形成海外大型油气田勘探开发特色技术，助力"一带一路"国家油气资源开发和利用。形成全球油气资源评价能力，实现了国内成熟勘探开发技术到全球的集成与应用，我国海外权益油气产量大幅度提升。

（7）页岩气、致密气、煤层气与致密油、页岩油勘探开发技术取得重大突破，引领非常规油气开发新兴产业发展。形成页岩气水平井钻完井与储层改造作业技术系列，推动页岩气产业快速发展；页岩油勘探开发理论技术取得重大突破；煤层气开发新兴产业初见成效，形成煤层气与煤炭协调开发技术体系，全国煤炭安全生产形势实现根本性好转。

这些科技成果的取得，是国家实施建设创新型国家战略的成果，是百万石油员工和科技人员发扬艰苦奋斗、为国找油的大庆精神铁人精神的实践结果，是我国科技界以举国之力团结奋斗联合攻关的硕果。国家油气重大专项在实施中立足传统石油工业，探索实践新型举国体制，创建"产学研用"创新团队，创新人才队伍建设，创新科技研发平台基地建设，使我国石油工业科技创新能力得到大幅度提升。

为了系统总结和反映国家油气重大专项在科学理论和技术创新方面取得的重大进展和成果，加快推进专项理论技术成果的推广和提升，专项实施管理办公室与技术总体组规划组织编写了《国家科技重大专项·大型油气田及煤层气开发成果丛书（2008—2020）》。丛书共62卷，第1卷为专项理论技术成果总论，第2～9卷为陆上油气勘探理论技术成果，第10～14卷为陆上油气开发理论技术成果，第15～22卷为工程技术装备成果，第23～26卷为海洋油气理论技术装备成果，第27～30卷为海外油气理论技术成果，第31～43卷为非常规油气理论技术成果，第 44～62 卷为油气开发示范工程技术集成与实施成果（包括常规油气开发 7 卷，煤层气开发 5 卷，页岩气开发 4 卷，致密油、页岩油开发 3 卷）。

　　各卷均以专项攻关组织实施的项目与示范工程为单元，作者是项目与示范工程的项目长和技术骨干，内容是项目与示范工程在 2008—2020 年期间的重大科学理论研究、先进勘探开发技术和装备研发成果，代表了当今我国石油工业上游的最新成就和最高水平。丛书内容翔实，资料丰富，是科学研究与现场试验的真实记录，也是科研成果的总结和提升，具有重大的科学意义和资料价值，必将成为石油工业上游科技发展的珍贵记录和未来科技研发的基石和参考资料。衷心希望丛书的出版为中国石油工业的发展发挥重要作用。

　　国家科技重大专项"大型油气田及煤层气开发"是一项巨大的历史性科技工程，前后历时十三年，跨越三个五年规划，共有数万名科技人员参加，是我国石油工业史上一项壮举。专项的顺利实施和圆满完成是参与专项的全体科技人员奋力攻关、辛勤工作的结果，是我国石油工业界和石油科技教育界通力合作的典范。我有幸作为国家油气重大专项技术总师，全程参加了专项的科研和组织，倍感荣幸和自豪。同时，特别感谢国家科技部、财政部和发改委的规划、组织和支持，感谢中国石油、中国石化、中国海油及中联公司长期对石油科技和油气重大专项的直接领导和经费投入。此次专项成果丛书的编辑出版，还得到了石油工业出版社大力支持，在此一并表示感谢！

中国科学院院士　贾承造

《国家科技重大专项·大型油气田及煤层气开发成果丛书（2008—2020）》

◇◇◇◇◇ 分卷目录 ◇◇◇◇◇

序号	分卷名称
卷 29	超重油与油砂有效开发理论与技术
卷 30	伊拉克典型复杂碳酸盐岩油藏储层描述
卷 31	中国主要页岩气富集成藏特点与资源潜力
卷 32	四川盆地及周缘页岩气形成富集条件、选区评价技术与应用
卷 33	南方海相页岩气区带目标评价与勘探技术
卷 34	页岩气气藏工程及采气工艺技术进展
卷 35	超高压大功率成套压裂装备技术与应用
卷 36	非常规油气开发环境检测与保护关键技术
卷 37	煤层气勘探地质理论及关键技术
卷 38	煤层气高效增产及排采关键技术
卷 39	新疆准噶尔盆地南缘煤层气资源与勘查开发技术
卷 40	煤矿区煤层气抽采利用关键技术与装备
卷 41	中国陆相致密油勘探开发理论与技术
卷 42	鄂尔多斯盆缘过渡带复杂类型气藏精细描述与开发
卷 43	中国典型盆地陆相页岩油勘探开发选区与目标评价
卷 44	鄂尔多斯盆地大型低渗透岩性地层油气藏勘探开发技术与实践
卷 45	塔里木盆地克拉苏气田超深超高压气藏开发实践
卷 46	安岳特大型深层碳酸盐岩气田高效开发关键技术
卷 47	缝洞型油藏提高采收率工程技术创新与实践
卷 48	大庆长垣油田特高含水期提高采收率技术与示范应用
卷 49	辽河及新疆稠油超稠油高效开发关键技术研究与实践
卷 50	长庆油田低渗透砂岩油藏 CO_2 驱油技术与实践
卷 51	沁水盆地南部高煤阶煤层气开发关键技术
卷 52	涪陵海相页岩气高效开发关键技术
卷 53	渝东南常压页岩气勘探开发关键技术
卷 54	长宁—威远页岩气高效开发理论与技术
卷 55	昭通山地页岩气勘探开发关键技术与实践
卷 56	沁水盆地煤层气水平井开采技术及实践
卷 57	鄂尔多斯盆地东缘煤系非常规气勘探开发技术与实践
卷 58	煤矿区煤层气地面超前预抽理论与技术
卷 59	两淮矿区煤层气开发新技术
卷 60	鄂尔多斯盆地致密油与页岩油规模开发技术
卷 61	准噶尔盆地砂砾岩致密油藏开发理论技术与实践
卷 62	渤海湾盆地济阳坳陷致密油藏开发技术与实践

中国石油海外碳酸盐岩油气勘探开发业务主要位于中亚和中东地区，2015年油气权益产量突破 $3000×10^4t$，并具备持续上产空间，是未来海外油气的主要拓展领域和核心业务，在丝绸之路经济带建设中占有重要地位，具有得天独厚的地缘优势。"十三五"期间，以改善大型碳酸盐岩油气藏开发效果为目标，围绕孔隙型生物碎屑灰岩油藏、裂缝—孔隙型碳酸盐岩油藏、边底水裂缝—孔隙型碳酸盐岩气藏高效开发的关键瓶颈技术问题，通过科技攻关与实践，丰富和发展了碳酸盐岩油气藏开发理论，配套形成了不同类型碳酸盐岩油气田开发技术系列，支撑海外碳酸盐岩油气藏开发特色技术研发迈上新台阶、油气权益产量占到中国石油海外总权益产量的半壁江山以上。

本书内容主要源自"十三五"国家科技重大专项"丝绸之路经济带大型碳酸盐岩油气藏开发关键技术"项目的部分研究成果，系统论述了"十三五"期间中国石油在海外碳酸盐岩油气藏开发理论和技术方面取得的重要进展和生产应用实效，包括碳酸盐岩油气藏精细描述技术、孔隙型生物碎屑灰岩油藏注水开发技术、裂缝—孔隙型碳酸盐岩油藏注水注气开发技术、边底水裂缝—孔隙型碳酸盐岩气藏开发技术、复杂碳酸盐岩油气藏钻完井关键技术、复杂碳酸盐岩油气藏采油采气关键技术。

本书共七章。第一章由范子菲、李建新、王良善、史海东、韩海英、张李等编写；第二章由陈烨菲、韩海英、程木伟、董建雄、田中原、李伟强、王淑琴、段天向、侯珏、李长海、曾行等编写；第三章由王良善、王自明、朱光亚、刘辉、李茜瑶、崔力公、熊礼晖、胡丹丹等编写；第四章由李建新、宋珩、赵伦、赵文琪、吴学林、薛永超、廖新维、赵晓亮、何聪鸽、许安著等编写；第五章由史海东、郭春秋、陈鹏羽、邢玉忠、赖枫鹏、刘华勋、王孔杰等编写；第六章由李万军、王刚、周拓、顾亦新、刘纪童、柳丙善、刘琦、刘会锋、艾维平、毛为民等编写；第七章由梁冲、王青华、张合文、温晓红、才程、孙杰文、伍振华、曹光强等编写。全书由范子菲撰写提纲，并由范子菲、宋珩对全书进行统稿。

在编写过程中，中国石油集团科学技术研究院有限公司多位专家参与了资料整理和编写工作，在此表示真挚的谢意！

鉴于水平有限，书中难免存在不当之处，敬请读者批评指正。

目 录

第一章　丝绸之路经济带大型碳酸盐岩油气藏概况

中国石油海外碳酸盐岩油气藏勘探开发业务主要位于丝绸之路经济带沿线的中亚和中东地区，与国内相比，海外碳酸盐岩油气藏具有不同的油藏地质特征，中亚和中东地区主要为具有层状特征的碳酸盐岩油气藏，国内主要为缝洞型块状碳酸盐岩油藏。在丝绸之路经济带沿线主要涉及三类碳酸盐岩油气藏：以伊拉克地区为代表的孔隙型生物碎屑灰岩油藏、以哈萨克斯坦地区为代表的带凝析气顶裂缝—孔隙型碳酸盐岩油气藏、以土库曼斯坦地区为代表的裂缝—孔隙型边底水碳酸盐岩气藏。本章主要介绍这三种典型碳酸盐岩油气藏的地质特征。

第一节　伊拉克地区孔隙型生物碎屑灰岩油藏

中东伊拉克地区大型生物碎屑灰岩油藏储集空间以粒间溶孔为主，局部发育溶洞和微裂缝，储层类型以孔隙型为主（范子菲等，2019）。以中国石油在伊拉克拥有的鲁迈拉油田、哈法亚油田、艾哈代布油田和西古尔纳油田等大型生物碎屑灰岩油田为例，介绍孔隙型生物碎屑灰岩油藏地质特征。

一、地层和构造特征

伊拉克地区的油田主要分布在扎格罗斯盆地和阿拉伯盆地，阿拉伯盆地被划分为几个独立的次级盆地，包括扎格罗斯（Zagros）—美索不达米亚（Mesopotamia）次盆、维典（Widyan）次盆、辛贾尔（Sinjar）次盆和鲁特拜（Rutbah）隆起（Sharland et al.，2001）。鲁迈拉油田、哈法亚油田、艾哈代布油田和西古尔纳油田位于美索不达米亚次盆。储层主要分布在白垩系和古近—新近系，侏罗系、三叠系和古生界油气潜力还有待于进一步勘探发现。

1. 地层特征

伊拉克地区地层发育齐全，从始寒武系到第四系均有分布，厚度巨大，现今残余最大厚度达 14000 余米。其中古生界（包括始寒武系）以陆相和海陆交互沉积为主，中—新生界主要为陆棚盆地沉积（Sharland et al.，2004）。

根据 Sharland 等的划分方案，可以将该区地层划分为 11 个巨层序，其中古生界包括 AP1～AP5 等 5 个巨层序，中—新生界包括 AP6～AP11 等 6 个巨层序（图 1-1-1）。

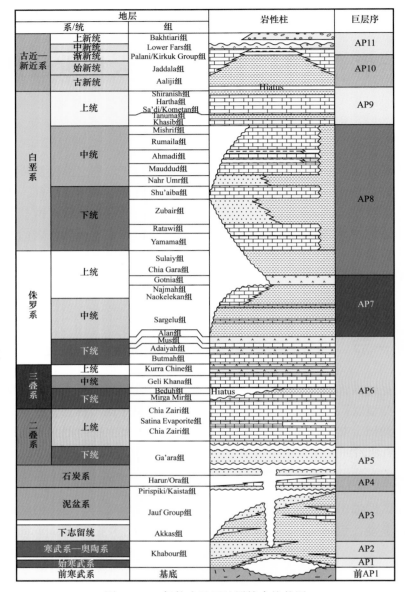

地层			岩性柱	巨层序
系/统		组		
古近—新近系	上新统	Bakhtiari组		AP11
	中新统	Lower Fars组		
	渐新统	Palani/Kirkuk Group组		
	始新统	Jaddala组		AP10
	古新统	Aaliji组	Hiatus	
白垩系	上统	Shiranish组		AP9
		Hartha组		
		Sa'di/Kometan组		
		Tanuma组		
		Khasib组		
	中统	Mishrif组		AP8
		Rumaila组		
		Ahmadi组		
		Mauddud组		
		Nahr Umr组		
		Shu'aiba组		
	下统	Zubair组		
		Ratawi组		
		Yamama组		
侏罗系	上统	Sulaiy组		AP7
		Chia Gara组		
		Gotnia组		
		Najmah组		
		Naokelekan组		
	中统	Sargelu组		
		Alan组		
		Mus组		
	下统	Adaiyah组		
		Butmah组		
三叠系	上统	Kurra Chine组		AP6
	中统	Geli Khana组		
	下统	Beduh组	Hiatus	
		Mirga Mir组		
二叠系	上统	Chia Zairi组		
		Satina Evaporite组		
		Chia Zairi组		
	下统	Ga'ara组		AP5
石炭系		Harur/Ora组		AP4
泥盆系		Pirispiki/Kaista组		AP3
		Jauf Group组		
下志留统		Akkas组		
寒武系—奥陶系		Khabour组		AP2
始寒武系				AP1
前寒武系		基底		前AP1

图 1-1-1 伊拉克地区地层综合柱状图

1）地层层序划分

（1）巨层序 AP1：包括始寒武系与下寒武统，为覆盖在基底之上的第一套沉积盖层。在伊拉克西部，该巨层序可能发育火山岩、凝灰岩及河流相硅质碎屑岩，在局部地区的盆地中可能发育类萨布哈型碳酸盐岩与蒸发岩（Jassim，2006）。

（2）巨层序 AP2：包括中寒武统至奥陶系，为一套河流—滨浅海相硅质碎屑岩夹陆棚相碳酸盐岩。根据重力、磁力资料及地震资料分析，伊拉克西部地区的寒武系—奥陶系沉积厚度约为 4000m，而在中部和东部地区沉积厚度较薄甚至在局部地区缺失。

（3）巨层序 AP3：包括志留系至上泥盆统（弗拉斯阶），为一套海相沉积层序。

（4）巨层序 AP4：包括上泥盆统（上法门阶）至上石炭统（威斯特伐利亚阶），由一套海陆交互相碎屑岩和海相砂岩、碳酸盐岩组成。在伊拉克地区北部，该巨层序只发育上泥盆统—杜内阶，下部以陆相沉积为主，岩性主要为石英砂岩、泥灰质砂岩、粉砂岩、页岩和砾岩；向上变为潮下—潮间带沉积环境，岩性以白云质灰岩和黑色页岩为主。

（5）巨层序 AP5：包括上石炭统（威斯特伐利亚阶）至下二叠统（空谷阶），主要由河流三角洲和泛滥平原沉积的硅质碎屑岩组成。

（6）巨层序 AP6：包括中二叠统至中侏罗统，又可以进一步划分为 9 个超层序，分别为中二叠统上部—三叠系底部（印度阶）超层序、下三叠统（奥伦尼克阶）超层序、中三叠统（安尼阶）超层序、中三叠统（拉丁阶）超层序、上三叠统（中—下卡尼阶）超层序、上三叠统（上卡尼阶—下诺利阶）超层序、三叠系顶部—下侏罗统（上诺利阶—辛涅缪尔阶）超层序、下侏罗统（普林斯巴阶—下托阿尔阶）超层序、中侏罗统（中托阿尔阶—下阿林阶）超层序。

（7）巨层序 AP7：包括中—上侏罗统，在中、西部地区由台地相和台地边缘相的碎屑岩和碳酸盐岩沉积组成，东部地区主要为盆地相的黑色钙质泥岩及鲕粒灰岩和微晶灰岩，是伊拉克地区主要的烃类系统。

（8）巨层序 AP8：包括侏罗系顶部（上提塘阶）至下土伦阶，主要是上超边缘向东部盆地的简单过渡地层单元。西部以碎屑岩和碳酸盐岩沉积为主，向东部过渡为盆地相泥灰岩和泥岩。在伊拉克西部地区，代表性地层由 Zubair 组和 Ratawi 组三角洲—前海陆棚相砂岩、页岩和泥灰岩组成。东部地区代表性地层为 Garau 组泥灰岩。

（9）巨层序 AP9：包括上土伦阶—马斯特里赫特阶，主要为一套硅质碎屑岩和碳酸盐岩混合的陆棚中部至次盆沉积体系，岩性主要为泥灰岩和泥质灰岩及钙质泥岩，上部夹浅水沉积夹层。在东北部的逆冲前缘，相变为粗碎屑岩沉积。

（10）巨层序 AP10：包括古新统—始新统，在东北部，该巨层序厚度较大，最厚达1700m，该巨层序上部在盆地中心为石灰岩和泥灰岩沉积，盆地周边为台地相碳酸盐岩沉积。在美索不达米亚盆地的扎格罗斯边缘沉积了厚层的硅质碎屑岩，厚达 1000m。

（11）巨层序 AP11：包括渐新统至第四系。渐新统主要由礁相灰岩和盆地相泥灰岩组成，部分地区含有砂质碎屑岩。中新统下部为局限沉积环境下形成的蒸发岩和砾岩沉积。中新统中部以蒸发岩和细粒硅质碎屑岩沉积为主。中新统上部至第四系以河流相—湖相和局部海相沉积为主，沉积了厚层的砂砾岩。

2）地层层序分布

伊拉克鲁迈拉油田、哈法亚油田、艾哈代布油田和西古尔纳油田的储层主要分布在白垩系，对应的巨层序为 AP8 和 AP9，伊拉克地区白垩系不同区域发育的地层及其厚度均有所差别（图 1-1-2）。

白垩系包括上白垩统、中白垩统和下白垩统。上白垩统有 Shiranish 组、Hartha 组、Sa'di 组、Tanuma 组 和 Khasib 组。 中白垩统有 Mishrif 组、Rumaila 组、Ahmadi 组、Mauddud 组和 Nahr Umr 组（Aqrawi et al.，1998）。下白垩统有 Shuaiba 组、Zubair 组、Ratawi 组和 Yamama 组。其中 Mishrif 组是伊拉克东南部重要的碳酸盐岩储集单元，该组

原油储量占鲁迈拉油田、哈法亚油田、艾哈代布油田和西古尔纳油田白垩系储量的40%和伊拉克总石油储量的30%。Mishrif组上覆地层为Khasib组，下伏地层为Rumaila组，其在哈法亚油田的厚度最大，局部地区厚度达到400m以上，艾哈代布油田次之，厚度在250m左右，鲁迈拉油田和西古尔纳油田的厚度最薄，但也在100～200m之间。

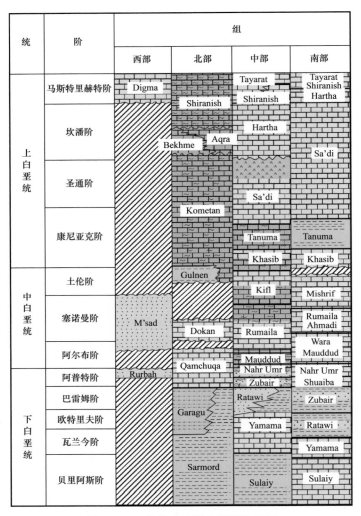

图1-1-2　伊拉克地区白垩系地层图

2. 构造特征

1）中东油气区构造位置

中东地区油气资源极其丰富，已探明的原油主要分布于美索不达米亚前渊次盆、大贾瓦尔隆起、扎格罗斯褶皱带和鲁布哈利次盆。探明的天然气主要分布于卡塔尔隆起、扎格罗斯褶皱带、美索不达米亚前渊次盆、大贾瓦尔隆起和鲁布哈利次盆。其中维典—美索不达米亚次盆位于阿拉伯板块的陆地部分，北以扎格罗斯褶皱带为界，东邻中阿拉伯地质省，西以西阿拉伯地质省为界，南界为阿拉伯地盾的露头。在构造上，维典—美索不达米亚次盆分属于两个构造单元：稳定陆架内地台和稳定陆架内单斜，前者由于受中新世阿拉伯板块和欧亚板块之间碰撞的影响而部分变形，后者则没有受到中新世造山运动的影响。

2）重点油田地质构造特征

伊拉克艾哈代布油田、哈法亚油田、鲁迈拉油田和西古尔纳油田均位于美索不达米亚前渊次盆，该次盆是在古近—新近系陆陆碰撞、扎格罗斯造山带形成的过程中逐渐形成的。扎格罗斯推覆体由东北向西南的推覆过程中，随着传递应力的减弱，褶皱变形逐渐减弱，到美索不达米亚前渊次盆发育宽缓背斜带和潜伏背斜构造带，构造面积一般数百平方千米，最大约 900km²，一般约 300km²。油田地质构造简单，基本为长轴背斜，断层不发育。

（1）艾哈代布油田地质构造特征。

艾哈代布油田位于伊拉克首都巴格达东南约 180km 瓦斯特省首府库特城西部，合同区面积 298km²，为一个北西西—南东东走向的长轴背斜，长约 29km，宽约 8km，主要目的层段 Khasib—Mauddud 组断裂不发育。沿长轴背斜方向存在三个构造高点，自东向西依次为 AD–1 井、AD–2 井和 AD–4 井区高点，背斜最高点在 AD–1 井区。背斜两翼不对称，南翼倾角为 0.7°～0.9°，北翼倾角约为 2°，北翼陡于南翼。主力层 Kh2 构造圈闭面积约 165km²，构造高点海拔为 2578m，闭合幅度约 62m（表 1–1–1，图 1–1–3）。

（2）哈法亚油田构造特征。

哈法亚油田位于伊拉克 Missan 省南部、首都巴格达东南约 400km，合同区面积 288km²。构造上处于美索不达米亚前渊平缓穹隆带，为北西—南东走向的长轴背斜，长约 35km（合同区内约 30km）、宽约 8.5km。背斜构造形态比较完整，主体部位两翼地层倾角 2°～3°，高点位于 HF–1 井附近。哈法亚背斜形成于古近—新近纪末期，自下而上背斜高点基本一致，具有继承性，油田范围内古近—新近系及白垩系断裂不发育。古近—新近系目的层 Jeribe—Upper Kirkuk 闭合幅度 75m、区内圈闭面积约 75km²；白垩系目的层 Hartha—Yamama 闭合幅度 135～210m，合同区内圈闭面积 149～162km²（表 1–1–2，图 1–1–4）。

表 1–1–1　艾哈代布油田圈闭要素表

序号	层位	高点海拔 /m	闭合等值线 /m	闭合幅度 /m	圈闭面积 /km²
1	Kh2	−2578	−2640	62	165
2	Mi1	−2682	−2730	48	141
3	Mi4	−2744	−2795	51	128
4	Ru1	−2781	−2825	44	105
5	Ru2a	−2878	−2930	52	137
6	Ru2b	−2919	−2970	51	143
7	Ru3	−2953	−3005	52	153
8	Ma1	−3053	−3100	47	102

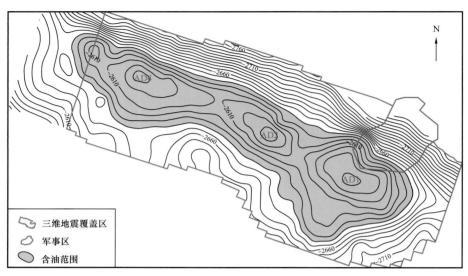

图 1-1-3　艾哈代布油田主力层 Kh2 顶面深度构造图

表 1-1-2　哈法亚油田圈闭要素表

序号	目的层		高点海拔 / m	闭合等值线 / m	闭合幅度 / m	圈闭面积（合同区圈闭面积）/ km²
1	Jeribe		−1875	−1950	75	74（74）
2	Kirkuk	Upper	−1885	−1960	75	75（75）
		Middle	−2050	−2130	80	90（90）
3	Hartha		−2545	−2680	135	169（152）
4	Sa'di	A	−2590	−2725	135	162（150）
		B	−2640	−2780	140	161（151）
5	Tanuma		−2715	−2860	145	157（149）
6	Khasib−B		−2790	−2935	145	156（151）
7	Mishrif	MA1	−2805	−2960	155	165（156）
		MA2	−2820	−2980	160	163（155）
		MB1−2A	−2850	−3010	160	168（159）
		MB2	−2950	−3110	160	166（159）
		MC1	−3000	−3160	160	170（162）
		MC2	−3080	−3240	160	168（157）
		MC3	−3170	−3335	165	163（154）
8	Rumaila		−3200	−3370	170	165（157）
9	Nahr Umr B		−3630	−3800	170	167（156）
10	Yamama		−4200	−4410	210	177（155）

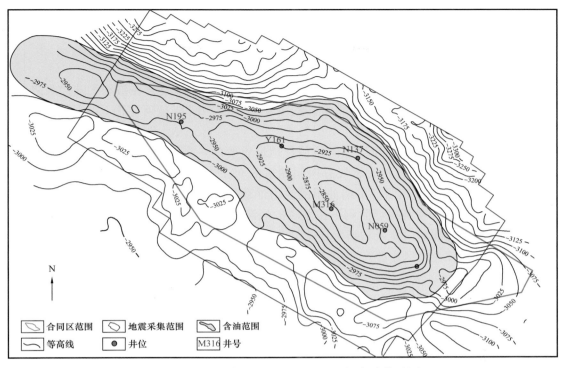

图 1-1-4 艾哈代布油田主力层 kh2 顶面深度构造图

（3）鲁迈拉油田地质构造特征。

鲁迈拉油田位于伊拉克东南部 Basrah 市西 65km，合同区面积 1464km²，为北北西—南南东至北南向的长轴背斜构造，长约 80km，宽 10～18km（图 1-1-5）。构造形态清楚，断层不发育，两翼地层倾角 2.1°～3.5°。南北构造之间以低鞍连接，进一步划分为南鲁迈拉和北鲁迈拉两个构造高点，分别命名为南鲁迈拉油田和北鲁迈拉油田。南鲁迈拉构造长约 40km，宽 8～12km；北鲁迈拉构造近南北向，长约 40km，宽 10～14km。主力油藏 Mishrif 组顶深海拔为 2140～2470m，构造幅度约 220m，构造面积约 830km²。

（4）西古尔纳油田地质构造特征。

西古尔纳油田位于伊拉克东南部巴士拉西北约 50km，合同区面积 443km²。为近南北向的长轴背斜构造，是鲁迈拉背斜构造向北延伸的一部分，构造长约 26km、宽约 17km。自下而上构造具有继承性，断层不发育，两翼地层倾角 2.1°～3.2°，构造闭合幅度 205～235m，主力层 Mishrif 组顶面构造面积约 398km²（图 1-1-5）。

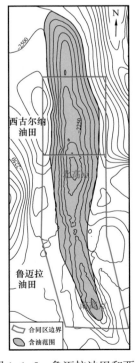

图 1-1-5 鲁迈拉油田和西古尔纳油田构造图

二、沉积和储层特征

1. 白垩系储层占主导

晚二叠世到早白垩世，随着特提斯洋的张开，阿拉伯盆地发育在被动大陆边缘之上，发育宽广的浅海陆架，形成物性非常好的沉积物，这一时期是阿拉伯盆地主要储层发育期。

白垩系含油气系统是伊拉克在阿拉伯盆地最重要的一个含油气系统，其原油和天然气储量分别占伊拉克原油和天然气总探明储量的98.2%和近100%。鲁迈拉油田、哈法亚油田、艾哈代布油田和西古尔纳油田的主力油藏均为发育在白垩系的平缓长轴背斜石灰岩构造油藏，上侏罗统提塘阶到下白垩统的烃源岩为伊拉克中部和南部的白垩系储层、伊拉克北部和东北部的白垩系和新生界储层提供了油气。

白垩系是伊拉克地区主要产油层，其下统、中统、上统都是重要的储集层段。

下白垩统的主要碳酸盐岩产油层包括Ratawai组、Shuaiba组和Yamama组。约70%储量分布于碳酸盐岩储层，30%储量分布于砂岩储层。Yamama组是伊拉克中南部下白垩统的主要储层，Yamama组的滩坝鲕粒灰岩是西古尔纳油田和鲁迈拉油田的优质储层，往北到哈法亚油田Yamama组变差为裂缝性致密油藏。

中白垩统的主要碳酸盐岩产层为Mishrif组，约95%储量分布于碳酸盐岩储层，5%储量分布于碎屑岩储层。Mishrif组在伊拉克地区广泛分布，高能环境的边缘滩相碳酸盐岩储层孔隙度为20%～25%，渗透率为10～500mD，台内滩环境下孔隙度降至8%～15%，渗透率降至约10mD。

上白垩统与中白垩统和下白垩统相比，产油状况要差得多。Sa'di组、Khasib组和Tanuma组是上白垩统重要地层，这三组地层中的原油储量大约占白垩系已探明总储量的14%，除艾哈代布油田Khasib组发育高渗透层外，其他油田储层为低渗透—特低渗透，处于经济极限边缘，实现经济有效开发难度大。

2. 两种碳酸盐岩沉积环境占主导

从二叠纪到古近—新近纪晚中新世，阿拉伯盆地和扎格罗斯盆地主要为碳酸盐岩沉积，往东过渡为特提斯海洋，往西被从阿拉伯地盾剥蚀下来的边缘相碎屑岩所取代。

伊拉克中部和南部Mishrif组下部与Ahmadi组和Rumaila组的深水沉积环境可能源于塞诺曼期早期的一次海侵事件。Mishrif组下部的海退序列开始于美索不达米亚盆地的东部，盆地东部的持续下沉使得该区域形成一套很厚的台缘礁滩相。盆地东部的构造演化可能受控于Amara古突起的抬升和整个地区海平面的下降。盆地变浅导致沉积环境逐渐从开阔陆棚环境转换为礁前斜坡和礁坪、浅滩沉积环境，再到最后的台内沉积环境（Alsharhan et al.，2013）。

在这个广阔的碳酸盐岩台地上，基本上包含两种类型的碳酸盐岩沉积环境：

（1）缓坡型台地，它是一种均匀缓斜的碳酸盐岩台地，其时代由二叠纪到早侏罗世，哈法亚油田Sa'di组，哈法亚油田和艾哈代布油田Khasib组均属于缓坡型台地。

（2）镶边型台地，其时代由中侏罗世到古近—新近纪中新世末。哈法亚油田、鲁迈拉油田和西古尔纳油田的主力层沉积环境类似，均为台地边缘礁滩复合体，均为生屑滩夹薄层高渗透的厚壳蛤条带。鲁迈拉油田Mishrif组实际上是由一系列条带状的前积体复合而成，沉积相的变迁导致了不同井区油水界面的变迁，即油水界面随着前积前沿的起伏而变化。

3. 储层类型复杂

优质储层广泛分布，以厚度大、储层类型多样为主要特征。一方面受沉积范围广、构造运动弱影响，储层的横向连通性较好，且储层的横向变化呈非常缓慢的渐变过程；另一方面，储层在沉积和成岩过程中经历了不同的演化过程，因此垂向非均质性十分明显。

孔隙型、裂缝型和孔缝洞复合型储层同时存在，宏观上体现在沉积相、成岩作用和构造作用这三个方面，微观上则体现在多种多样的孔隙（孔、洞、缝）类型。哈法亚油田和鲁迈拉油田主力层均为台地边缘礁滩复合体，孔隙类型以粒间孔为主；艾哈代布油田的Khasib组发育台内生屑滩，以溶蚀孔为主，主力层Khasib组顶部均存在卡斯特岩溶特征；哈法亚油田的Yamama组发育裂缝性储层。

（1）哈法亚油田和鲁迈拉油田均以粒间孔为主，艾哈代布油田以粒间溶孔为主，但哈法亚油田与鲁迈拉油田主力层内的微裂缝在一定程度上改善了渗流能力。

（2）哈法亚油田Mishrif组储层微裂缝发育，艾哈代布油田Khasib组储层裂缝不发育，但粒间溶孔发育，非均质性较强；鲁迈拉油田主力层裂缝总体不发育，仅局部发育微裂缝和溶孔。

（3）哈法亚油田Mishrif组储层厚度大，内部分布有稳定的夹层；艾哈代布油田Khasib组储层厚度薄，内部夹层不发育，鲁迈拉油田Mishrif组储层发育薄层高渗透层段，哈法亚油田Mishrif组储层也存在类似的高渗透条带。

对于高孔隙度、低渗透率储层，受沉积微相多样、生物沉积改造和溶蚀作用强烈等影响，非均质性极强，具有高渗透层与特低渗透层纵向叠置、微裂缝不均匀分布、夹层分布复杂等特点。这些因素的描述和识别难度很大，对油田井网部署和提高水驱开发效果等造成较大的影响。

4. 储层分布控制因素

伊拉克地区最好的碳酸盐岩储层为高能条件下形成的沿陆架边缘分布的厚壳蛤滩相灰岩。生物碎屑灰岩储层内部广泛存在高渗透性薄层条带，且多位于优势相带中部，是油田水驱开发面临的主要不利因素。除了艾哈代布油田为薄储层而隔夹层不发育外，非渗透性的隔夹层在伊拉克几大油田均呈不稳定发育，如哈法亚油田的Mishrif-A和Mishrif-B之间存在稳定分布非渗透性夹层。

三级层序、沉积作用、成岩作用和构造作用四大地质因素控制着宏观储层的形成和演化。其中，三级旋回控制了储层在垂向上的宏观展布，从层序地层的角度，最有利的储层分布在两个三级层序的交界处，如哈法亚油田 Mishrif 组的 MB2-1 与 MB1-2C 小层就属于这种情形（图 1-1-6）。沉积作用和成岩作用是控制储层形成的基本因素，构造活动则是改造储层的重要因素。

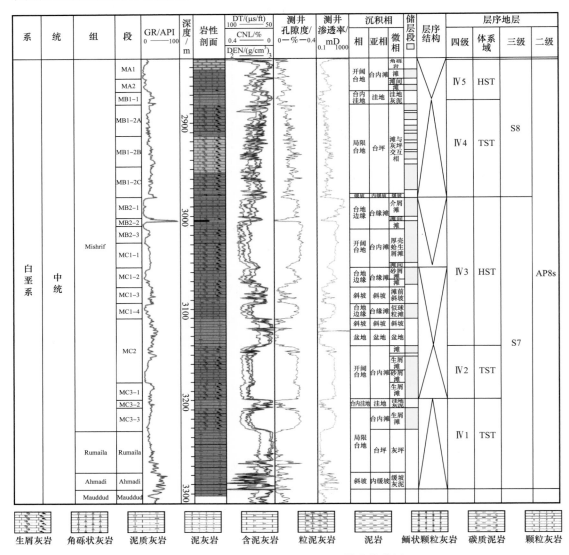

图 1-1-6　哈法亚油田 Mishrif 组综合柱状图

　　沉积作用是控制储层形成的基本因素，台地边缘礁滩沉积环境控制了该区生物骨架孔和粒间孔等原生孔隙的发育。哈法亚和鲁迈拉等油田的成岩作用显示主要为组构选择性溶蚀，溶蚀作用优先发生在孔隙度和渗透率较高的相对高渗透相带，从这个角度来看，生屑灰岩中沉积作用的影响要大于成岩作用。

　　成岩作用和构造作用是改造储层的重要因素，早期胶结作用虽然破坏了原生孔隙，但避免了大气淡水的进入及生屑等颗粒过早的溶蚀，为晚期溶蚀孔和铸模孔的形成提供了条件，对储层演化具有建设性作用；在台地边缘礁滩沉积环境中的溶蚀作用下形成各类溶蚀孔隙，改善了储集性；低角度褶皱背景下，由于挤压应力产生的张性垂直裂缝可形成溶蚀孔或者裂缝性储层，又可作为油气运移的通道，对该区储渗性能有重要影响。

层序及其控制的沉积作用是内因，成岩作用和构造作用是外因，四大因素共同控制着碳酸盐岩储层的形成和演化。只有当这四大主控因素良好匹配时，才最有利于储层形成。

三、流体和油藏特征

中东地区主要含油层系为白垩系，油气产层自下而上分布在塞诺曼阶 Yamama 组、Mauddud 组、Rumaila 组和 Mishrif 组，以及土伦阶 Khasib 组、Sa'di 组和 Tanuma 组，伊拉克主力油藏为 Mishrif 组，其次为 Khasib 组，均为生物碎屑灰岩油藏，储层物性为中低孔隙度、低—超低渗透率。

1. 流体特征

伊拉克地区原油主要为常规原油，特点是黏度低、气油比中等、有些油藏含硫量比较高。地面原油密度较高，最小为 $0.714g/cm^3$（伊拉克哈法亚油田 Yamama 油藏），最大为 $0.98g/cm^3$（艾哈代布油田 Khasib 油藏）。地层原油黏度不等，最低 $0.55mPa \cdot s$（哈法亚油田 Yamama 油藏），最高 $2727mPa \cdot s$（艾哈代布油田 khasib 油藏）。体积系数中等，分布范围为 $1.1\sim1.48m^3/m^3$；气油比中等，分布范围为 $16.4\sim130.6m^3/m^3$；原油含硫量较高，主要分布范围为 $2.5\%\sim3\%$。

溶解气中甲烷含量中等，含量范围为 $63\%\sim70\%$，属于湿气，哈法亚油田 Mishrif 油藏和艾哈代布油田 Khasib 油藏溶解气含 H_2S，含量范围为 $0.15\%\sim0.5\%$。

地层水类型为 $CaCl_2$ 型，矿化度较高，为 $73.1\sim220mg/L$，地层水密度为 $1.08\sim1.17g/cm^3$，pH 值为 $6.13\sim6.18$。

2. 压力与温度系统

中东地区大多数油藏地层压力系数在 $1.1\sim1.2$ 之间，属于正常压力系统，如哈法亚油田 Mishrif 油藏和艾哈代布油田的 Khasib 油藏；但 Yamama 油藏地层压力系数分布在 $1.2\sim1.9$ 之间，为异常高压油藏，主要分布在伊拉克南部的多个油田；哈法亚油田的 Sa'di 油藏和 Khasib 油藏地层压力系数为 1.29，也属于高压油藏。

大多数油藏地温梯度正常，但哈法亚油田在 3500m 以上地层地温梯度偏低，为 $2\sim2.7℃/100m$，艾哈代布油田 Khaisb 油藏地温梯度偏低，为 $2.26℃/100m$。

3. 油藏类型

伊拉克地区油藏地饱压差大，属于未饱和油藏。油藏类型主要包括厚层块状底水油藏和层状边水油藏。其中伊拉克哈法亚油田 Mishrif 组 MB2-MC1 油藏、西古尔纳油田的 Mishrif 油藏主要为厚层块状边底水油藏（图 1-1-7）。Mishrif 组 MA2 油藏和 MB1-2 油藏及艾哈代布油田各含油层系主要为层状边水油藏（图 1-1-8）。

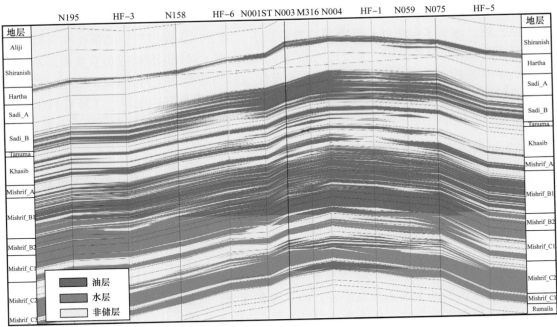

图 1-1-7　哈法亚油田油藏剖面图

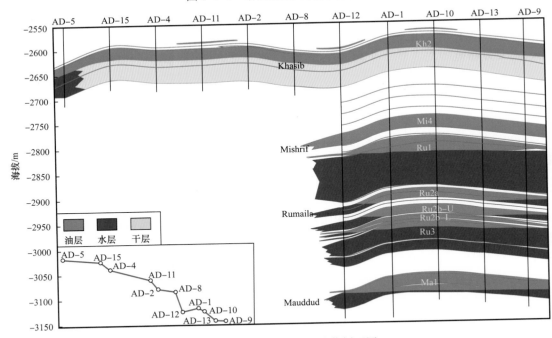

图 1-1-8　艾哈代布油田油藏剖面图

四、开发现状及开发特征

　　伊拉克哈法亚油田、艾哈代布油田、鲁迈拉油田和西古尔纳油田初期采用衰竭式开发方式，导致目前地层压力保持水平低；纵向上非均质性强，储层动用程度差异大，注水后含水上升快，水驱储量控制程度低，制约油田高效开发。

1. 开发现状

1）艾哈代布油田

艾哈代布油田是中国石油在伊拉克的第一个油气合作项目。该油田于1979年发现，包含Khasib、Mishrif、Rumaila和Mauddud 4套生物碎屑灰岩含油气层。

自油田投产以来，可分为两个开发阶段：第一阶段为"规模建产、扩区稳产"阶段。2008—2017年，充分利用天然能量，主力油藏Kh2以水平井整体注采开发为手段，从AD-1、AD-2和AD-4等三个构造高点向外围扩展，快速建成原油高峰产量$600×10^4$t/a以上规模，并稳产6年。第二阶段为"完善注采井网、综合挖潜"阶段，自2017年以来，精细表征油田剩余油分布规律，优化注水开发参数，大力实施一井一策精细化注水，并配套交替注水、周期注水、堵水调剖等综合挖潜措施，以缓解油田产量快速递减趋势（图1-1-9）。

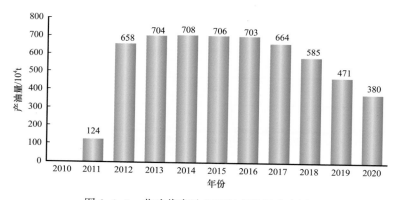

图1-1-9 艾哈代布油田历年产油量直方图

截至2020年12月31日，该油田总投产井数405口，其中采油井251口、注水井154口；日产油量10000t以上，累计产油量$5707×10^4$t，地质储量采出程度近10%，综合含水率60.5%，生产气油比62m³/m³；日注水量27397m³，累计注水量$6031×10^4$m³，累计注采比0.63。

2）哈法亚油田

哈法亚油田是中国石油在海外最大的单体作业油田。油田于1976年发现，共发现Nahr Umr和Upper Kirkuk两个砂岩油藏，以及Jeribe、Sa'di、Khasib、Mishrif和Yamama等5个生物碎岩灰岩油藏。Mishrif油藏为主要产层，油层厚度超过100m，地质储量占油田总储量的60%以上。2010年中国石油接管后又发现了Hartha生物碎岩灰岩油藏。

2005年4月对Sa'di、Mishrif和Nahr Umr等油藏进行试采，到2010年中国石油接管前，共钻井8口，日产油量最高约1100t，累计产油量$125.7×10^4$t/a。

中国石油接管后开始进入规模建产阶段，2010—2012为一期产能建设，建成$500×10^4$t/a产能规模；2012—2014年为二期产能建设，建成$1000×10^4$t/a产能规模；

2014—2019 年为三期产能建设，建成高峰 2000×10^4t/d 产能规模（图 1-1-10）。其中 Mishrif 主力油藏采取大斜度水平井采油 + 直井注水的开发模式，2015 年开展注水先导试验，2018 年初实施规模注水开发。

截至 2020 年 12 月 31 日，该油田总投产井数 353 口，其中采油井 306 口、注水井 47 口。受石油输出国组织（OPEC）限产因素影响，日产油大幅度降低，哈法亚油田产油量由 2020 年 3 月限产前的近 5.9×10^4t/d 下降至 2020 年 12 月的 2.25×10^4t/d，其中 Mishrif 油藏产油量由 2.71×10^4t/d 下降至 0.65×10^4t/d，地质储量采出程度 3.6%，年综合含水率 7.0%，生产气油比 139m³/m³；日注水量 16914m³，累计注水量 1531×10^4m³，累计注采比 0.15。

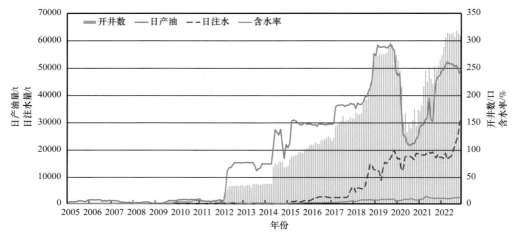

图 1-1-10　哈法亚油田开发曲线

3）鲁迈拉油田

鲁迈拉油田为当前伊拉克产量最大的油田，Mishrif 为生物碎屑灰岩油藏，该油藏南北区块分别于 1976 年和 1973 年投产，利用天然能量衰竭式开发，经历数次停产，直至 2004 年才恢复正常生产，此时 Mishrif 油藏北区地层压力为 22.8MPa，到 2010 年地层压力下降至 16.6MPa，大部分采油井关停，与 2009 年相比，采油井开井数由 127 口下降至 50 口，日产油量由 3×10^4t 下降至 1.2×10^4t（图 1-1-11）。

2010 年下半年，Mishrif 油藏北区开展注水先导试验，2013 年扩大注水实验，日注水量逐渐增加，油藏采油井开井数及产油量逐步得到恢复，采油井开井数增至 200 口，2020 年日产油量恢复到 6.9×10^4t。

Mishrif 南区衰竭式开发阶段压力持续降低，从原始地层压力的 26.3MPa 下降至 2020 年的 17.5MPa 左右，逼近泡点压力，2017—2020 年期间日产油量保持在 0.8×10^4t 左右。2020 年开展注水先导试验，日注水量达到近 1.2×10^4m³，试验区地层压力回升，产量也呈现回升趋势。

截至 2020 年 12 月 31 日，鲁迈拉油田 Mishrif 油藏总开产井数 346 口，其中采油井 237 口、注水井 109 口。日产油量约 7.7×10^4t，地质储量采出程度 8.9%，年综合含水率

12.2%；日注水量 $21.5\times10^4m^3$，累计注水量 $21564\times10^4m^3$，累计注采比 0.61。

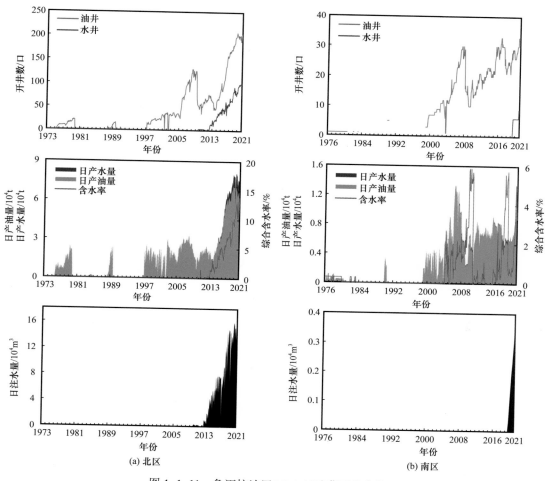

图 1-1-11　鲁迈拉油田 Mishrif 油藏开发曲线

4）西古尔纳油田

Mishrif 油藏为生物碎屑灰岩油藏，是西古尔纳油田的主力油藏，该层原油地质储量占全油田的 72%，累计产量占全油田的 92%。分为 4 个开发阶段：第一阶段为 1999—2004 年，产能上升阶段，最高日产油量约 5.5×10^4t；第二阶段为 2005—2009 年，为产油量降低阶段，日产油量最低降至 2.85×10^4t；第三阶段为 2010—2013 年，产油量回升阶段，高峰日产油恢复至 6.5×10^4t 左右，2011 年 4 月开展注水先导试验；第四阶段为 2014 年至今，实施规模注水阶段，油田产油量稳中有升（图 1-1-12）。

截至 2020 年 12 月 31 日，Mishrif 油藏共有 315 口采油井，开井 115 口；注水井 104 口，开井 64 口，受 OPEC 限产因素影响，与 2019 年相比，2020 年年产油量有所降低，日产油量约 4.4×10^4t，地质储量采出程度 5.4%，综合含水率 13%；日注水量 $10.41\times10^4m^3$，累计注采比 0.43。

图 1-1-12　西古尔纳 -1 油田 Mishrif 油藏开发阶段及历年产量

2. 开发特征

（1）艾哈代布油田主力油藏存在"高渗透层"，导致含水快速上升，稳油控水难度大。

艾哈代布油田 Kh2 主力油藏储层非均质性强，储层顶部稳定发育约 1.5m 厚的高渗透层，渗透率是该油藏平均渗透率的 40 倍，注入水易沿高渗透层"突进"，注水井附近新钻过路井的测井解释显示，注水后高渗透层的电阻率明显降低、含水饱和度明显增加。因此，高渗透层的存在导致注水开发后部分井组的采油井无水采油期短，最快约两个月见水。以 Kh2 油藏 AD1 和 AD2 注水井区为例，虽然实施注水仅有 5 年、累计注采比仅有 0.5，但该区 60% 以上的采油井含水率已大于 40%（图 1-1-13）。

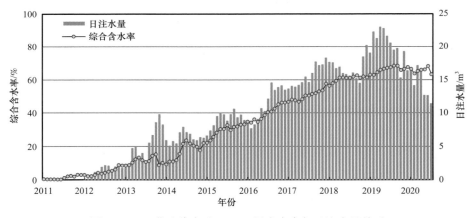

图 1-1-13　艾哈代布油田 Kh2 层含水率与日注水量关系

（2）哈法亚油田 Mishrif 巨厚油藏纵向上各层产油能力差异大，高渗透层导致注水水窜。

哈法亚油田 Mishrif 油藏纵向厚度超过 100m，目前纵向上主要动用 MB1 和 MB2 油层，其中上部的 MB1 为层状边水油藏，原油地质储量占整个 Mishrif 油藏地质储量的

59.8%；下部的 MB2 主要为块状边底水油藏，原油地质储量占整个 Mishrif 油藏地质储量的 19.3%。由于 MB1 油层和 MB2 油层的物性差异较大，笼统注水开发导致两层的产油和吸水能力也存在较大差异。2011—2019 年间，分别针对 MB1 和 MB2 油层进行产液剖面测试 37 口井和 5 口井，测试结果显示，MB2 油层采油井的平均采油指数是 MB1 油层的 5.6 倍。一期产能建设和二期产能建设期间，在 MB1 油层和 MB2 油层共存区域投产时，MB2 油层累计产油量占整个 Mishrif 油藏累计产油量的 60%，而 MB1 油层累计产油量仅占 40%；后随着油田西部区域和边部无 MB2 油层区域的三期产能建设投产井数逐渐增多，MB2 油层累计产油量占比逐渐下降至 39.5%，而 MB1 油层累计产油量占比逐渐上升至 55.3%（图 1-1-14 和图 1-1-15）。

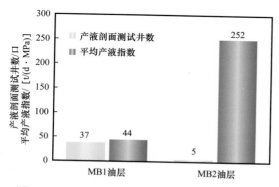

图 1-1-14　哈法亚油田 MB1 和 MB2 油层采油指数差异

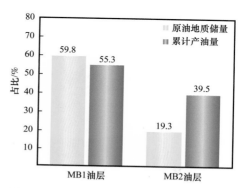

图 1-1-15　哈法亚油田 MB1 和 MB2 油层产量贡献

MB1 和 MB2 油层均存在高渗透层，其中 MB1 油层高渗透层主要位于下部的 MB1-2C 小层，渗透率最高达到 380mD，是 MB1 油层平均渗透率的 30 倍；MB2 油层高渗透层主要位于 MB2-1 小层中上部，渗透率最高达到 2000mD，是 MB2-1 层平均渗透率的 60 倍。高渗透层在平面上呈不连续条带状分布，使得油藏注水开发后注入水延高渗透层展布方向快速突进，采油井见水方向明显。如 M325 注水井组，高渗透层主要位于 M1-2C 小层内，厚度约 1.5m，呈近似南北状分布，注水后沿 MB1-2C 高渗透条带突进，南面的 M346 井和北面的 M307 井分别在注水后 6 个月和 11 个月见水（图 1-1-16）。

（3）鲁迈拉油田 Mishrif 油藏地层能量亏空大，完善注采井网实现了油藏复产和上产。

截至 2010 年，鲁迈拉油田 Mishrif 油藏已经历了 40 年的衰竭式开发，地层能量亏空大，关井率高达 80%，原油地质储量采出程度仅 4.7%，注水恢复地层能量是实现油藏复产的关键。2013 年实施注水开发，采用两排注水井夹五排采油井的排状注水井网，但采油井排内部难见注水效果，地层能量难以得到均衡补充。2017—2020 年实施注采井网转换，新增注水井 58 口，基本完成排状注水井网向反九点面积注水井网的转换，油藏日注水量保持在 $15 \times 10^4 \mathrm{m}^3$ 以上，日产油量由 $1.32 \times 10^4 \mathrm{t}$ 恢复至 $7 \times 10^4 \mathrm{t}$ 以上（图 1-1-17）。

虽然规模注水使地层压力逐步得到恢复，但受油藏纵向上存在高渗透贼层影响，部

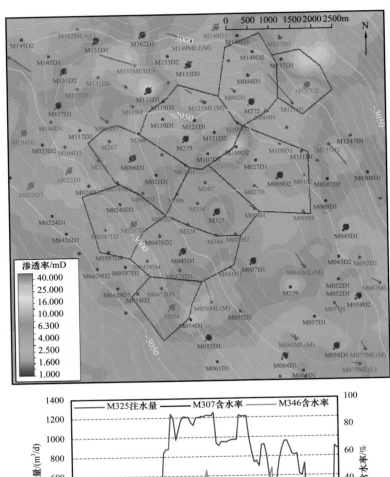

图 1-1-16　哈法亚油田 M325 井组注水与周边邻井 M307 和 M346 含水关系图

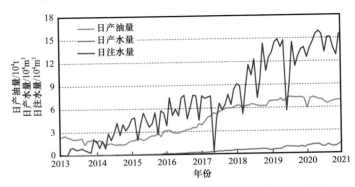

图 1-1-17　鲁迈拉油田 Mishrif 油藏北区注水量与产油量关系图

分一线采油井因暴性水淹而关井。截至 2020 年 12 月 31 日，油藏综合含水率为 12.2%，见水采油井数达到 121 口，约占油藏总采油井数的 51%；高含水关井井数 16 口，约占油藏总采油井数的 7%。

（4）西古尔纳油田 Mishrif 油藏注水后压力恢复分布不均。

西古尔纳油田经历了近 15 年的衰竭式开发，Mishrif 油藏地层压力不断下降，2013 年地层压力保持水平仅有 65% 左右，原油年产量为 3.7×10^4 t/d。自 2014 年实施规模注水开发以来，地层压力逐步回升，原油产量稳步提高，但见水采油井数也在不断增加（图 1-1-18）。截至 2020 年 12 月 31 日，Mishrif 油藏 72% 的采油井已不同程度含水，其中含水率在 2%～20% 的采油井占总见水井数的 78%。虽然大部分见水采油井仍处于低含水阶段，但随着含水率的不断增加，油田稳产难度增加。规模注水虽然使地层压力逐步得到恢复，但油藏不同区域地层压力恢复水平并不平衡，2020 年 Mishrif 油藏平均地层压力恢复至 19.9MPa，为原始地层压力保持水平的 73% 左右，但由于油藏北部区域累计产油量较高，存在低压区，地层压力仅维持在 15.9MPa，接近原油饱和压力 15.2MPa，导致部分 MB2 油层下部井停喷，需尽快注水补充能量。另外，受储层非均质性强影响，储层纵向动用程度也存在较大差异，MA、MB1 和 MB2 油层上部储层动用程度相对较高，部分区域已形成高渗透贼层，产出水约占 Mishrif 油藏产水量的 70%；MB2 下部储层动用程度相对较差，水驱控制程度较低。

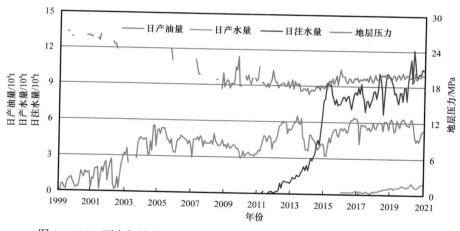

图 1-1-18　西古尔纳油田 Mishrif 油藏注水量与地层压力和产量关系曲线

第二节　哈萨克斯坦地区裂缝—孔隙型碳酸盐岩油藏

滨里海盆地是哈萨克斯坦的主要石油生产基地，盆地盐下碳酸盐岩地层中已发现卡拉恰甘纳克和田吉兹等多个储量巨大的油气藏，碳酸盐岩油气储量占整个盆地油气储量的 80% 以上。中国石油在该盆地主导或参与了让纳若尔、北特鲁瓦和卡沙甘等多个裂缝—孔隙型碳酸盐岩油田的开发。

一、地层和构造特征

滨里海盆地的构造演化分为裂谷阶段、被动大陆边缘阶段、碰撞阶段和坳陷阶段（梁爽等，2013），是世界上沉降最深、沉积地层厚度最大的含油气盆地之一，盆地中心沉积岩的最大厚度达22km，古生界以海相沉积为主，中生界以海陆过渡相沉积为主，新生界以陆相沉积为主。

1. 地理位置与区域构造位置

滨里海盆地从区域构造上可分为北部及西北部断阶带、中部坳陷带、东部隆起带和东南部坳陷带4个次级构造单元，每个单元又包括若干个隆起和坳陷。让纳若尔油田和北特鲁瓦油田行政区上隶属于哈萨克斯坦阿克纠宾州，在阿克纠宾州正南240km处，构造上位于滨里海盆地阿斯特拉罕—阿克纠宾斯克隆起带东缘的扎尔卡梅斯—阿克纠宾斯克隆起上，储层埋深在2500~4000m。卡沙甘油田行政区上隶属于哈萨克斯坦阿特劳州，在阿特劳州正南100km处，里海东北部水域，构造上位于阿斯特拉罕—阿克纠宾斯克隆起带南翼，储层埋深在4000~4500m（图1-2-1）。

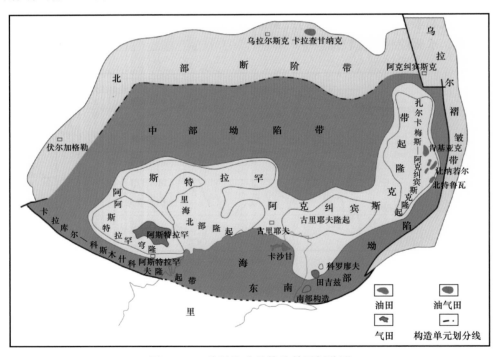

图1-2-1　滨里海盆地构造单元划分图

2. 地层特征

滨里海盆地属于东欧克拉通边缘坳陷，盆地内充填了巨厚的古生代、中生代和新生代沉积物，在剖面上分为三个组合：盐下层系、含盐层系和盐上层系。

盐下层系为下古生界—下二叠统，埋藏很深，盆地边缘厚度3~4km，中心部位厚度可达 10～13km。下二叠统阿瑟尔阶—萨克马尔阶为陆源碎屑岩，岩性主要为泥岩、泥质砂岩，在盆地的北部、西北部以及东缘也见到石灰岩岩层。石炭系厚度较大，上石炭统多被剥蚀。石炭系主要发育两类沉积岩相：一类是碳酸盐岩台地相建造，另一类是深水盆地相的陆源碎屑岩，其中台地相碳酸盐岩主要分布于阿斯特拉罕隆起和卡拉通—田吉兹隆起带，以及延别克隆起带和南恩巴隆起带上，一旦进入深水区，则相变为碎屑岩。

含盐层系为下二叠统上部空谷阶，全盆地广泛发育，主要由盐岩、硬石膏夹层构成（夹在碎屑岩之中），偶见陆源碎屑岩—碳酸盐岩，并含有钾盐和镁盐等矿物。盐层厚度为 1～6km。

盐上层系为上二叠统—第四系，主要是碎屑岩，厚 5～9km。由于含盐地层的上隆形成许多正向构造。空谷阶—三叠系多由陆源碎屑岩组成，颜色混杂，海相碳酸盐岩仅在盆地西部三叠系中分布；侏罗系至下白垩统主要为灰色的滨岸相沉积和杂色陆源沉积；上白垩统主要由碳酸盐岩组成；古近系—第四系主要为砂质泥岩和杂岩。

让纳若尔油田和北特鲁瓦油田自上而下钻揭第四系、新近系、古近系、白垩系、中—下侏罗统、下三叠统、二叠系和石炭系。中—上石炭统的格舍尔阶、卡西莫夫阶、莫斯科上亚阶的碳酸盐岩层（厚度 393～730m）称为第一碳酸盐岩层，即 KT-Ⅰ层。中、下石炭统的莫斯科下亚阶、巴什基尔下亚阶、谢尔普霍夫阶、维宪阶的碳酸盐岩层（厚度 509～931m）称为第二碳酸盐岩层，即 KT-Ⅱ层。该区油气主要集中在 KT-Ⅰ层、KT-Ⅱ层中。将 KT-Ⅰ层之上的下二叠统阿瑟尔阶和萨克马尔阶的砂泥岩层（15～600m）称为第一盐下陆源层，它是 KT-Ⅰ油气藏的盖层；将 KT-Ⅱ与 KT-Ⅰ之间的砂泥岩层（205～417m）称为第二盐下陆源层，它是 KT-Ⅱ油气藏的盖层；将维宪阶的中下亚阶砂泥岩互层，称为第三盐下陆源层，其钻揭厚度 470m。KT-Ⅰ层包括 A、Б 和 B 三个油组，A 油组划分为 A1、A2 和 A3 共 3 个油层，Б 油组划分为 Б1 和 Б2 共 2 个油层，B 油组划分为 B1、B2、B3、B4 和 B5 共 5 个油层。KT-Ⅱ层包括 Γ 和 Д 两个油组，其中 Γ 油组又分为 Γ1、Γ2、Γ3、Γ4 和 Γ5 共 5 个油层；Д 油组分为 Д0、Д1、Д2、Д3、Д4 和 Д5 共 6 个油层（表 1-2-1）。

卡沙甘油田与让纳若尔和北特鲁瓦油田的地层剖面基本相似，不同之处是卡沙甘油田钻揭了上泥盆统弗拉阶和法门阶，但缺失下二叠统下部萨克马尔阶和阿瑟尔阶、上石炭统以及中石炭统的格舍尔阶、卡西莫夫阶和莫斯科阶。油田含油层为石炭系中统的巴什基尔阶、下统的谢尔普霍夫阶和维宪阶，其中巴什基尔阶、谢尔普霍夫阶和维宪阶上亚阶称为 Unit Ⅰ，维宪阶中、下亚阶以及下部的杜内阶称为 Unit Ⅱ。

3. 构造特征

1）让纳若尔油田构造特征

让纳若尔油田构造具有较好的继承性，KT-Ⅰ层和 KT-Ⅱ层顶面构造形态具有相似特征，均为近南北向的长轴背斜，由南、北两个穹隆组成，中间以鞍部相连。含油气区构造范围内断层发育北西向、近东西向和北东向 3 组断层，多为近直立断层，断距 10～25m，延伸 1～10km 不等（图 1-2-2 和图 1-2-3）。

表 1-2-1　滨里海盆地地层划分表

统	阶（亚阶、层）			油层组	油层
下二叠统（P_1）	阿瑟尔阶+萨克马尔阶（P_{1a}+P_{1s}）			第一盐下陆源层	
上石炭统（C_3）	格舍尔阶（C_{3g}）			上碳酸盐岩层（KT-Ⅰ）	A：A_1 / A_2 / A_3
	卡西莫夫阶（C_{3k}）				Б：Б1 / Б2
中石炭统（C_2）	莫斯科阶（C_{2m}）	上亚阶（C_{2m2}）	穆雅奇科夫层（C_{2m2mc}）		В：B_1 / B_2 / B_3 / B_4 / B_5
			波多尔斯克层（C_{2m2pd}）		
				第二盐下陆源层	
		下亚阶（C_{2m1}）	卡什尔层（C_{2m1k}）	下碳酸盐岩层（KT-Ⅱ）	Г：Γ_1 / Γ_2 / Γ_3 / Γ_4 / Γ_5
			维列依层（C_{2m1v}）		
	巴什基尔阶（C_{2b}）	下亚阶（C_{2b1}）			Д：Д$_0$ / Д$_1$ / Д$_2$ / Д$_3$
下石炭统（C_1）	谢尔普霍夫阶（C_{1s}）	上亚阶（C_{1s2}）	普罗特文层（C_{1s2pr}）		Д$_4$ / Д$_5$
			斯切舍夫层（C_{1s2st}）		
		下亚阶（C_{1s1}）	塔鲁斯克层（C_{1s1tr}）		
	维宪阶（C_{1v}）	上亚阶（C_{1v3}）	维涅夫斯克层（C_{1v3vn}）		
		中下亚阶（C_{1v1+2}）		第三盐下陆源层	
上泥盆统	杜内阶（C_{1t}）				
	法门阶（D_{3fm}）				
	弗拉阶（D_{2-3fr}）				

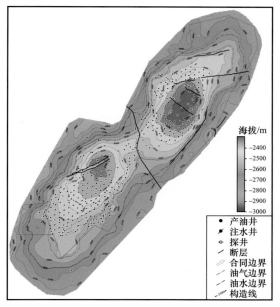
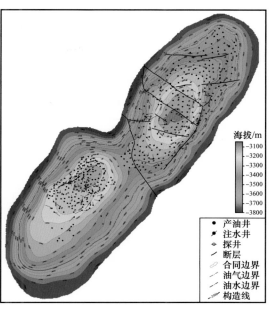

图 1-2-2 让纳若尔油田 KT-Ⅰ层顶面构造图　　　图 1-2-3 让纳若尔油田 KT-Ⅱ层顶面构造图

2）北特鲁瓦油田构造特征

北特鲁瓦油田为北东—南西走向的断背斜构造，构造继承性较好。KT-Ⅰ层主体部位不发育断层，断层分布在油藏外围，以北东走向为主（图 1-2-4）。KT-Ⅱ层油藏外围断层发育情况跟 KT-Ⅰ层相似，但在油藏中部还发育以北西向为主的断层，对流体界面具有控制作用（图 1-2-5）。

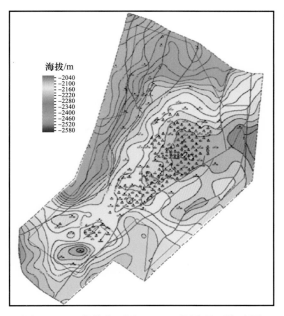
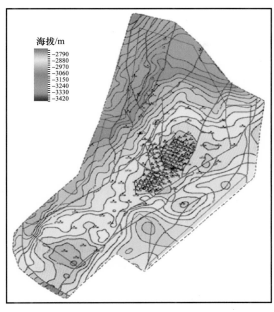

图 1-2-4 北特鲁瓦油田 KT-Ⅰ层顶面构造图　　　图 1-2-5 北特鲁瓦油田 KT-Ⅱ层顶面构造图

3）卡沙甘油田构造特征

卡沙甘油田为一个大型碳酸盐岩孤立台地，构造呈岩隆状，向西南倾伏，长 70km。根据构造形态可划分为东部、颈部和西部三部分，宽度分别为 22km、9km 和 17km。台地内部较为平坦，台缘为较窄的凸起带，较内部高出可达 200m 以上，东部最发育，翼部斜坡带较陡，地层倾斜角 20°～25°（图 1-2-6）。

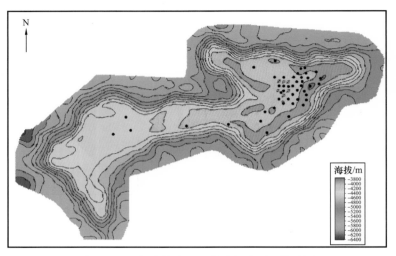

图 1-2-6　卡沙甘油田巴什基尔阶顶面构造图

二、沉积和储层特征

1. 岩石学特征

让纳若尔油田、北特鲁瓦油田和卡沙甘油田岩石类型主要有石灰岩、白云岩、灰质云岩、云质灰岩和硬石膏 5 大类，白云岩和灰质云岩主要见于让纳若尔油田和北特鲁瓦油田的 KT-I 层。白云岩、灰质云岩主要为晶粒结构，包括泥粉晶结构和细—中晶结构（图 1-2-7）。石灰岩主要为颗粒灰岩，以粒屑结构为主、泥晶结构较少，粒屑中生屑占优势，泥质含量少（图 1-2-8）。不同层位颗粒类型差异较大，以生物成因的颗粒为主，常见生物为有孔虫、蜓、藻类、棘屑，非生物成因的颗粒主要有鲕粒、内碎屑和少量球粒。

卡沙甘油田台缘发育灰色、灰白色、白色生物礁灰岩，生物格架较为发育，可见珊瑚、海绵、苔藓虫和海百合等造礁生物（图 1-2-9）。

2. 沉积特征

石炭纪属于大型孤立碳酸盐台地相区，自早石炭世开始由陆源碎屑陆棚演变为碳酸盐台地，沉积了厚逾千米的石炭系碳酸盐岩。各油田均位于陆棚边缘隆起区，隆起带东部为乌拉尔海槽，西侧为水体较深的混积陆棚盆地，沉积了一套富含有机质的硅质、泥质碳酸盐岩和泥岩，厚度只有碳酸盐台地相区的 1/3 左右。

(a) 粉晶云岩(2815.75m，孔隙度11.8%)　　(b) 细晶云岩(2821.46m，孔隙度8.2%)

(c) 中晶云岩(2830.31m，孔隙度10.1%)　　(d) 粗晶云岩(2836.49m，孔隙度10%)

图 1-2-7　让纳若尔油田 2092 井岩石样品晶粒结构

(a) 泥晶灰岩(3064.95m，孔隙度2.4%) 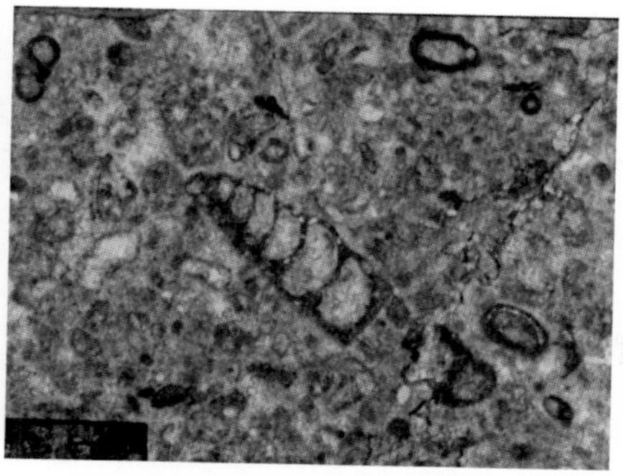　　(b) 泥晶颗粒灰岩(3061.24m，孔隙度2.6%)

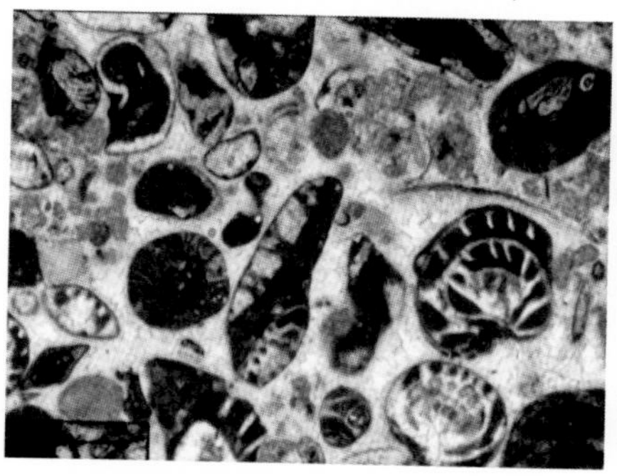

(c) 亮晶生屑灰岩(3052.40m，孔隙度2.3%) 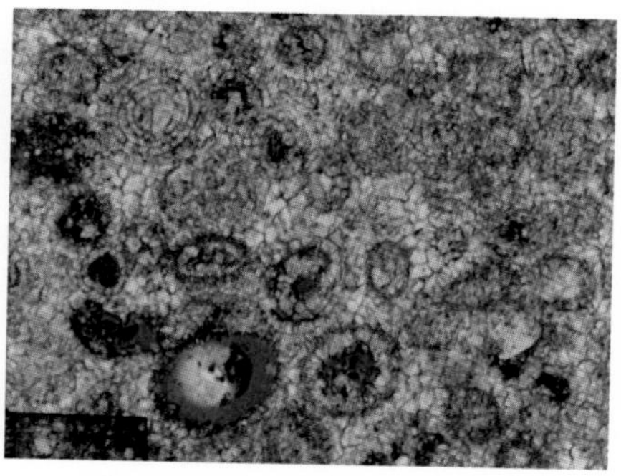　　(d) 亮晶鲕粒灰岩(3053.37m，孔隙度14%)

图 1-2-8　让纳若尔油田 3477 井岩石样品颗粒和碎屑结构

(a) 群体皱纹珊瑚，3946.58m　　　　(b) 横板珊瑚，3947.57m

图 1-2-9　卡沙甘油田 KE-4 井岩石样品生物骨架

让纳若尔油田、北特鲁瓦油田和卡沙甘油田石炭系均为孤立台地相碳酸盐岩沉积，沉积亚相主要包括局限台地和开阔台地，让纳若尔和北特鲁瓦油田还发育蒸发台地亚相，卡沙甘油田还发育台缘和斜坡亚相。可以进一步细分为台内滩、台缘礁、台缘滩、滩间洼地、潟湖、潮汐通道、灰坪、白云坪、膏岩坪、膏岩湖和微生物丘等沉积微相。局限台地通常发育在层序界面的顶部或平面上水体被障壁遮挡、较局限的水体环境，水体相对较浅；开阔台地主要发育在层序下降半旋回的中下部，水体相对较深，海面较开阔。斜坡相岩性主要为角砾灰岩，台缘礁相岩性为生物礁黏结灰岩和生物骨架灰岩，台缘滩岩性主要为生屑灰岩和鲕粒灰岩。台内滩、台缘礁、台缘滩、白云坪、灰坪等沉积微相为储层发育的有利相带（表 1-2-2）。

表 1-2-2　滨里海盆地石炭系沉积相特征表

相带	蒸发台地	局限台地	开阔台地	台缘	斜坡
微相	膏盐湖、膏岩坪	灰坪、白云坪、潟湖	台内滩、滩间洼地、潟湖、潮汐通道	台缘礁、台缘滩	微生物丘
颗粒类型及沉积结构	石膏、岩盐、灰泥岩与粉晶白云岩互层等，藻席、藻丛、藻纹层十分发育	灰泥、球粒、藻团块、骨屑、藻屑（常发生白云化）	藻骨架、骨屑、藻屑、鲕粒、藻包粒、藻团块和砂屑等颗粒岩变至泥岩	生物格架、内碎屑、鲕粒、生屑	泥粒、黏结灰岩、礁屑、生屑
生物	极为稀少，可有蓝细菌活动	棘皮类、见介形虫、苔藓虫、蜓类和单射钙质骨针	蜓、腕足、苔藓虫、有孔虫、棘屑、介形虫，局部发育点滩	藻类、珊瑚、海绵、苔藓虫、海百合、有孔虫、腕足类	少见
沉积构造	具纹层、鸟眼、膏盐假晶、帐篷构造等	具纹层、鸟眼、递变层理	生物潜穴、钻孔丰富	生物格架、块状构造	块状构造、角砾构造
储集性能	差	中等、好、差	好、中等、差	好	差

3. 储层特征

滨里海盆地石炭系碳酸盐岩储集空间复杂多样，可归纳为孔隙、溶洞和裂缝三类（赵伦等，2010），21 个亚类，其中以粒间（溶）孔和晶间（溶）孔为主，常见体腔孔、晶间孔、方解石弱充填的溶洞和溶蚀缝、方解石强烈充填的构造缝等（表 1-2-3，图 1-2-10），不同层位储集空间类型不尽相同。

表 1-2-3　滨里海盆地石炭系碳酸盐岩油藏储集空间分类表

孔隙分类		粒径 /mm	特征及发育程度
类	亚类		
孔隙	体腔孔	0.05～0.15	由生物肉体腐烂而成，受生物内骨骼控制，常见
	壳模孔	0.1～0.2	生物硬壳被完全溶蚀形成铸模，偶见
	壳壁孔	0.05	主要是瓣鳃类硬壳被部分溶蚀成孔，偶见
	粒间溶孔	0.05～0.3	颗粒之间原生残余孔隙和溶蚀扩大孔隙，丰富
	内碎屑内孔	0.1	砂、砾屑颗粒内部分被溶蚀成孔，少见
	包粒内孔	0.1～0.3	鲕粒、核形石、藻团块内被溶成孔，少见
	粒模孔	0.1～0.2	颗粒全部被溶仅保留外部轮廓，偶见
	骨架孔	0.3～0.5	骨架间原生孔隙及溶蚀扩大成因，偶见
	晶间溶孔	0.05～0.2	粉、细晶之间的孔隙及溶蚀扩大孔，丰富
	晶间孔	0.01～0.05	泥晶及内碎屑内泥晶之间的孔隙，常见
	晶内孔	0.02	见于粗大晶体内部，常见
	晶模孔	0.1～0.3	易溶矿物晶体全部被溶成孔，常见
	角砾间溶孔	0.5～1	角砾间微隙基础上的溶扩孔，偶见
	非选择性溶孔	0.2～0.5	不受组构限制的不规则溶孔，少见
	沥青收缩孔	0.03～0.1	沥青干涸收缩而成的微隙，少见
溶洞	强充填溶洞	2～30	早期溶蚀成因，多被方解石充填殆尽，偶见
	弱充填溶洞	2～100	晚期溶蚀形成，被方解石弱充填，部分被沥青强充填，常见
裂缝	构造缝	0.03～0.1	延伸远、平直，多被方解石强烈充填，常见
	溶蚀缝	0.03～0.15	不规则弯曲状，多被方解石部分充填，常见
	压溶缝	0.03～0.05	主要是缝合线，孔隙见于缝合柱面，少见
	成岩缝（颗粒裂纹）	0.02～0.03	地层压力将颗粒压裂形成的破裂纹，少见

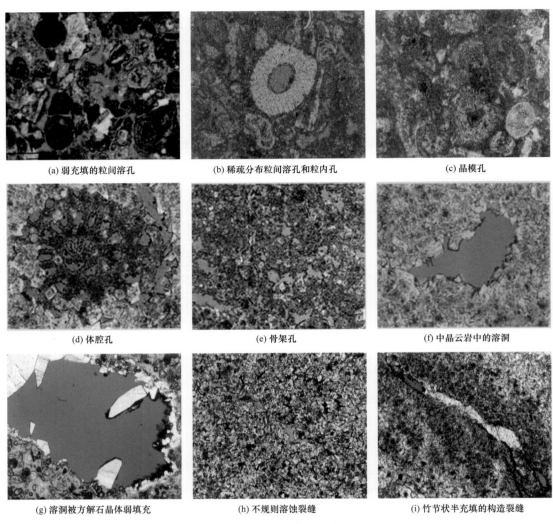

(a) 弱充填的粒间溶孔　　　(b) 稀疏分布粒间溶孔和粒内孔　　　(c) 晶模孔

(d) 体腔孔　　　(e) 骨架孔　　　(f) 中晶云岩中的溶洞

(g) 溶洞被方解石晶体弱填充　　　(h) 不规则溶蚀裂缝　　　(i) 竹节状半充填的构造裂缝

图 1-2-10　不同储集空间类型图

　　不同岩性储层物性有所差异，中上石炭统生物结构灰岩、团粒生物灰岩和次生白云岩三类岩性储层孔隙度最高，微粒灰岩、凝块灰岩和微粒白云岩储层孔隙度最低。中下石炭统生物结构灰岩、生物碎屑灰岩、凝块灰岩和微粒白云岩孔隙度最高，而碎屑灰岩、微粒灰岩和次生白云岩孔隙度最低。复杂的岩性和储集空间类型，导致储层具有复杂的孔渗关系和极强的储层非均质性（何伶等，2014）。让纳若尔油田、北特鲁瓦油田和卡沙甘油田油藏平均孔隙度 3%～13.7%，渗透率 1～138mD。

三、流体和油藏特征

1. 流体特征

　　让纳若尔油田和北特鲁瓦油田原油为弱挥发性原油，地层原油黏度 0.16～0.57mPa·s，地层原油密度为 0.615～0.713g/cm³，地层原始溶解气油比为 144.8～312.6m³/m³。溶解气中 H_2S 的摩尔含量为 0.42%～3.86%，气顶气原始凝析油含量为 176～360g/m³，凝析油密度为 0.7297～0.7484g/cm³。

卡沙甘油田原油为挥发性原油，地下原油黏度 0.21mPa·s，地层原油密度为 0.6089g/cm³，原始溶解气油比为 513.6m³/m³，溶解气中 H_2S 摩尔含量高达 17.8%，CO_2 摩尔含量为 5.1%（表 1-2-4）。

表 1-2-4 各油田主要原油物性参数表

序号	原油物性参数	让纳若尔油田	北特鲁瓦油田	卡沙甘油田
1	油藏温度 /℃	61～80	54～70	100
2	地层压力 /MPa	29.1～38.1	24.14～31.99	77.72
3	地层原油密度 /（g/cm³）	0.615～0.713	0.629～0.673	0.6089
4	地层原油黏度 /（mPa·s）	0.16～0.57	0.234～0.491	0.21
5	地面原油密度 /（g/cm³）	0.809～0.845	0.817～0.820	0.7992
6	地层原油体积系数	1.368～1.744	1.432～1.626	2.173
7	饱和压力 /MPa	25.76～34.03	22.21～28.96	27.95
8	原始气油比 /（m³/m³）	144.8～312.6	164.7～238.3	513.6
9	原油中含硫质量分数 /%	0.86～1.27	0.73～0.85	0.82
10	原油中含蜡质量分数 /%	6.73～9.93	2.68～3.08	3.04
11	溶解气中 H_2S 摩尔含量 /%	2.58～3.86	0.42～0.48	17.8
12	溶解气中 CO_2 摩尔含量 /%	0.75～1.11	0.38～0.50	5.1

2. 油藏类型

让纳若尔油田和北特鲁瓦油田为带凝析气顶和边底水的岩性构造油藏，储层发育程度受沉积微相及溶蚀作用控制，储层具有层状特征，平面上不同层不同井区储层连续性差异较大（图 1-2-11 和图 1-2-12）。让纳若尔油田构造鞍部的断层将油田划分 A 南、A 北、Б 南、Б 北、B 南、B 北、Г 南、Г 北、Д 南和 Д 北 10 个油气藏。KT-Ⅰ 层和 KT-Ⅱ 层油藏平均埋深分别为 2790m 和 3680m，油气藏均具有统一的油气界面，但是各油藏各断块油水界面不尽相同，带气顶的油藏气顶指数在 0.1～3.1 之间。北特鲁瓦油田包括 KT-Ⅰ 和 KT-Ⅱ 两个油藏，油藏平均埋深分别为 2380m 和 3210m，各自具有统一的油气界面和复杂的油水界面，气顶指数分别为 0.02 和 0.18。

卡沙甘油田为异常高压带底水的巨型块状岩性构造油藏（图 1-2-13），具有统一的油水界面，油田原始地层压力为 77.7MPa，地层压力系数高达 1.8。

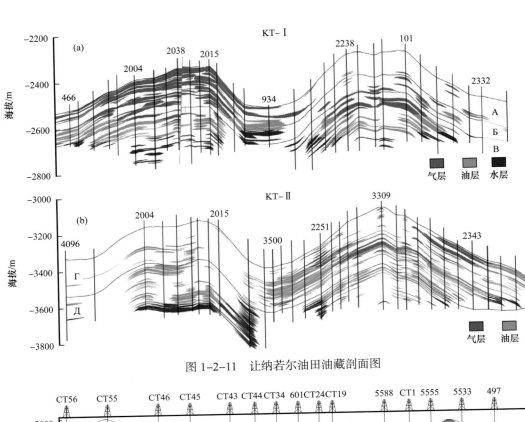

图 1-2-11 让纳若尔油田油藏剖面图

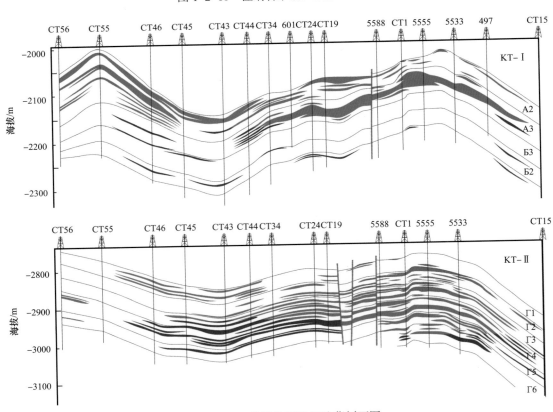

图 1-2-12 北特鲁瓦油田油藏剖面图

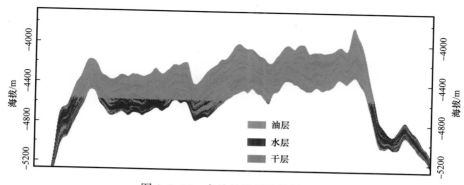

图 1-2-13　卡沙甘油田油藏剖面图

四、开发现状及开发特征

让纳若尔油田和北特鲁瓦油田初期采用衰竭式开发，地层压力保持低，原油脱气严重，注水恢复压力与含水上升矛盾突出。卡沙甘油田处于建产和上产阶段，主要采用衰竭式开发方式，局部实施注气开发方式。

1. 开发现状

1）让纳若尔油田

中油阿克纠宾油气项目是中国石油在中亚油气合作区运营的第一个油气开发项目，让纳若尔油田是该项目的主力油田。油田 KT-Ⅰ 和 KT-Ⅱ 两套含油气层分别于 1978 年和 1980 年发现，并分别于 1983 年和 1987 年投入开发。油田开发主要分为衰竭式开发和注水开发两个阶段，其中 KT-Ⅰ 于 1983—1987 年为衰竭式开发阶段，1988 年至今为注水开发阶段；KT-Ⅱ 于 1986—1991 年为衰竭式开发阶段，1992 年至今为注水开发阶段。

自 1997 年后，重新认识地质油藏特征，对油田进行了多次注水开发优化调整，总体上可划分为三个阶段：第一阶段为"有油快流，快速上产阶段"，1997—2004 年间通过合理利用气顶膨胀能量，优化注水结构，大规模实施气举采油工艺技术，实现油田产油量由接管时的 $235×10^4t$ 快速上升至 2004 年的 $418×10^4t$；第二阶段为"全面加密，提高储层动用程度阶段"，2005—2011 年间以增加储量动用为目标，全面实施井网加密与井网完善，提高平面水驱波及系数，配套分层注水、分层改造等工艺手段，提高水驱纵向波及系数，实现累计新增动用地质储量 $6700×10^4t$，可采储量 $1800×10^4t$，水驱纵向动用程度由 72% 提高至 84%，油田油气产量持续稳产 $500×10^4t$ 规模；第三阶段为"精细调整，油气协同开发阶段"，自 2012 年以来以减缓油田递减、合理开发气顶资源为目标，精细表征油田剩余油分布规律，加大分层注水和分层酸压改造力度，实施油藏精细注水开发调整，优化 A 南和 Γ 北油藏气顶油环开发技术政策，支撑中油阿克纠宾油气项目形成"油气并举"新格局，实现让纳若尔油田年油气当量产量重上 $500×10^4t/a$ 规模（图 1-2-14）。

截至 2020 年 12 月 31 日，让纳若尔油田共有 1044 口井，其中：采油井 676 口，开井 666 口；采气井 47 口，开井 43 口；注水井 284 口，开井 262 口；湿气回注井 5 口，开井 0 口；观察井 32 口。油田平均日产油水平约 3000t，平均单井日产油 4.4t，综合含水率为 48.6%，生产气油比为 1350m³/t；原油地质储量采出程度为 21.0%，可采储量采出程度为 72.6%。油田日注水量为 19575m³，累计注水量为 2.19×10^8m³，累计注采比为 0.82。

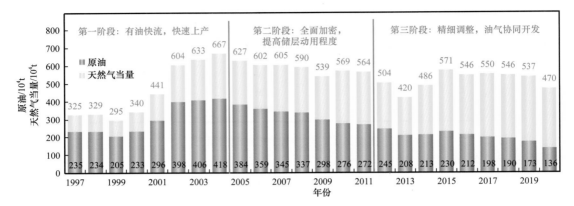

图 1-2-14 让纳若尔油田开发阶段及历年油气产量直方图

2）北特鲁瓦油田

北特鲁瓦油田是中国石油在哈萨克斯坦自主勘探发现的亿吨级储量规模油田，是哈萨克斯坦国家独立以来发现最大的陆上油田。油田于 2006 年 10 月发现，2008 年 7 月进入试采期，建成 200×10^4t/a 产能规模；2012 年 6 月勘探转开发，KT-Ⅰ和 KT-Ⅱ两套含油气层分别采用 700m 和 500m 井距反九点法井网，原油年产量进一步上升至 222×10^4t；2013 年 4 月实施注水开发，注采井网由反九点法逐步向五点法转换，但受注水滞后影响，地层能量亏空大，产量持续下降（图 1-2-15）。

截至 2020 年 12 月 31 日，北特鲁瓦油田总井数 361 口，采油井 192 口，开井 181 口；注水井 169 口，开井 169 口。油田平均日产油水平约 1400t，平均单井日产油 7.7t，综合含水 34.9%，部分井生产气油比超过 2000m³/t；原油地质储量采出程度 7.2%，可采储量采出程度 21.7%。油田日注水量 9836m³，累计注水量 2336×10⁴m³，累计注采比 0.32。

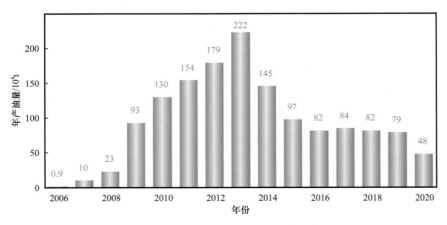

图 1-2-15 北特鲁瓦油田历年原油产量直方图

3）卡沙甘油田

卡沙甘油田是中国石油在中亚地区参股的巨型海上油气勘探开发项目。油田于 2002 年 6 月 28 日获得商业发现，2013 年 9 月投入开发，主要经历了三个开发阶段：第一个阶段是试投产阶段（2013 年 9 月至 2016 年 8 月），A 岛投产，投产 1 个月后因油气外输管线因泄漏停产；第二个阶段是复产阶段（2016 年 9 月至 2017 年 6 月），2016 年 9 月新建油气外输管线后复产，A 岛、D 岛和 EPC3 岛陆续投产，年产油达 900×10^{4}t 规模；第三个阶段是注气开发阶段（2017 年 7 月至今）：EPC2 岛和 EPC4 岛陆续投产，D 岛转注气开发，有效解决了油田伴生气处理能力不足问题。自复产以来，仅用 5 年时间油田原油年产量达到 1500×10^{4}t 规模，跃居哈萨克斯坦石油公司的第二位，是哈萨克斯坦共和国未来油气稳产上产的支柱（图 1-2-16）。

截至 2020 年 12 月 31 日，卡沙甘油田采油井开井数 30 口，日产油达到 40000t，地质储量采出程度 1.11%，可采储量采出程度 2.50%，生产气油比 644m^3/t，不含水。D 岛利用两台注气压缩机实施注气开发，共有注气井 6 口，日注气 1450×10^{4}m^3，平均单井日注气 242×10^{4}m^3，累计注气 95×10^{8}m^3。

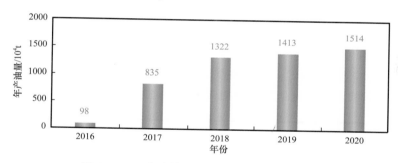

图 1-2-16　卡沙甘油田历年原油产量直方图

2. 开发特征

（1）让纳若尔油田开发后期老油田水淹状况复杂，新井部署难度大。

经过 30 多年的注水开发，让纳若尔油田已经进入后期开发阶段，大量采油井不同程度含水，年产油量逐年降低。截至 2020 年 12 月 31 日，油田含水井数高达到 236 口，占总正常开井数的 57%。其中含水大于 80% 的井有 38 口，占总含水井数的 9%；含水在 40%～80% 之间的井有 74 口，占总含水井数的 18%；含水在 20%～40% 之间的井有 50 口，占总含水井数的 12%；含水在 2%～20% 之间的井有 74 口，占总含水井数的 18%。随着含水井数不断增加，油田年产油量也从 2004 年高峰的 418×10^{4}t 下降至 2020 年的 110×10^{4}t。

受裂缝—孔隙型碳酸盐岩储层强非均质性影响，让纳若尔油田经过长期注水开发后各油藏的水淹状况极其复杂，导致新井部署难度逐年加大，新井初产达标率较低。2013—2017 年，让纳若尔油田共投产新井 122 口，其中投产即不同程度含水的低效新井 22 口，占比达到 18%；2018 年以来，通过加强开发部署优化，低效新井比例有所降低（图 1-2-17）。

图 1-2-17 让纳若尔油田历年低效新井占比情况直方图

截至 2020 年底，让纳若尔油田原油剩余可采储量仍超过 3000×10⁴t，钻新井仍然是剩余油挖潜的主要手段，因此仍需深化地下认识，精细表征剩余分布规律，进一步优化井位部署，提高新井初产的达标率。

（2）北特鲁瓦油田地层压力保持水平低，注水恢复地层压力与含水上升之间矛盾突出。

北特鲁瓦油田为低地饱压差弱挥发性油田，KT–Ⅰ层和 KT–Ⅱ层的地饱压差仅为1.93MPa 和 3.03MPa。早期衰竭式开发导致地层压力快速下降，生产气油比不断上升。2012 年注水开发前，KT–Ⅰ层和 KT–Ⅱ层压力保持水平已经下降至 60.9% 和 61.5%，生产气油比分别上升至 1624m³/t 和 1499m³/t（图 1-2-18）。

2013 年注水开发后，地下亏空上升趋势得到控制，但受储层中存在不同尺度、产状裂缝影响，注入水推进不均匀，采油井受效不均，部分采油井水窜较为严重，油田产量持续下滑，有效解决注水恢复地层压力与含水上升之间的矛盾是油田稳产的关键。

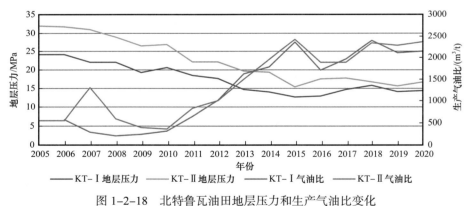

图 1-2-18 北特鲁瓦油田地层压力和生产气油比变化

（3）卡沙甘油田异常高压挥发性油藏实施酸性产出气直接回注实现了地层压力回升。

卡沙甘油田为异常高压裂缝—孔隙型碳酸盐岩挥发性油田，原始地层压力 77.72MPa，地层压力系数 1.8；原油原始溶解气油比高，达到 513.6m³/m³；天然气中 H_2S 和 CO_2 的含量高，摩尔含量分别达到 17.8% 和 5.1%。受地层能量充足影响，油田采油井产油能力高，台缘和台内采油井平均单井初产分别达到 4170t/d 和 2970t/d。但受生产气油比高和地面天然气处理能力不足影响，采油井单井产能并没得到充分释放，2020 年底台缘和台内采油井平均单井初产仅分别为 2582t/d 和 1757t/d。

2017 年，D 岛陆续将 6 口采油井转注气开发，实施高含 H_2S 和 CO_2 伴生气直接回注，2020 年平均日注酸气量达到 $11.5 \times 10^6 \mathrm{m}^3$，D 岛 KED-08 观察井显示井底压力已回升 2.5MPa（图 1-2-19），注气开发可以起到很好的稳压效果。

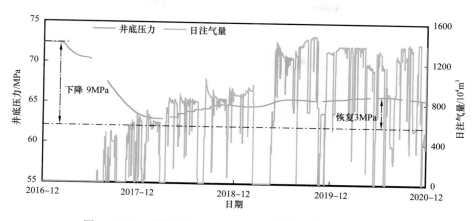

图 1-2-19　卡沙甘油田 KED-08 观察井井底压力变化曲线

第三节　土库曼斯坦地区裂缝孔隙（洞）型边底水碳酸盐岩气藏

土库曼斯坦阿姆河盆地阿姆河右岸区块卡洛夫—牛津阶碳酸盐岩气藏储层以裂缝—孔隙型为主，气藏受构造和岩性双重控制，多发育边底水。以阿姆河右岸 B 区中部别—皮、扬—恰等气田为例介绍边底水裂缝—孔隙型碳酸盐岩气藏特征。

一、地层和构造特征

阿姆河盆地地层可分为古生界基底、二叠系—三叠系过渡层和中新生界沉积盖层三大构造层（图 1-3-1）。阿姆河盆地基底包括前寒武纪变质基底和海西期构造运动形成的褶皱基底，基底埋深变化较大，卡拉库姆隆起最浅处不足 2000m，西南部山前坳陷最深达 14000m 以上；二叠系—三叠系的过渡层主要为红色磨拉石建造，岩石类型以陆源碎屑岩和火山岩为主，包括砾岩、砂岩、粉砂岩、泥岩、凝灰岩和火山角砾岩等，埋深和厚度明显受构造活动引起的地貌控制，坳陷内厚度较大，古隆起上厚度较薄；从侏罗纪盆地开始稳定广泛沉积，从早侏罗世到第四纪，经历了两次大的海进与海退，形成了三个大的构造旋回发展阶段，盆地大部分地区表现为连续沉积，只有在局部地区存在沉积间断或剥蚀不整合面。

阿姆河右岸 B 区块中部气田自上而下钻揭了新近系、古近系、白垩系和侏罗系，中侏罗统卡洛夫阶和上侏罗统牛津阶为边底水裂缝—孔隙型碳酸盐岩气藏主要目的层段，主要发育致密层状灰岩（XVI）、块状灰岩（XVa2）、致密岩（Z）、块状灰岩（XVa1）、礁上层（XVhp）及高伽马泥灰岩段（GAP），气藏平均埋深 3300m 左右，其地层岩性特征见表 1-3-1。

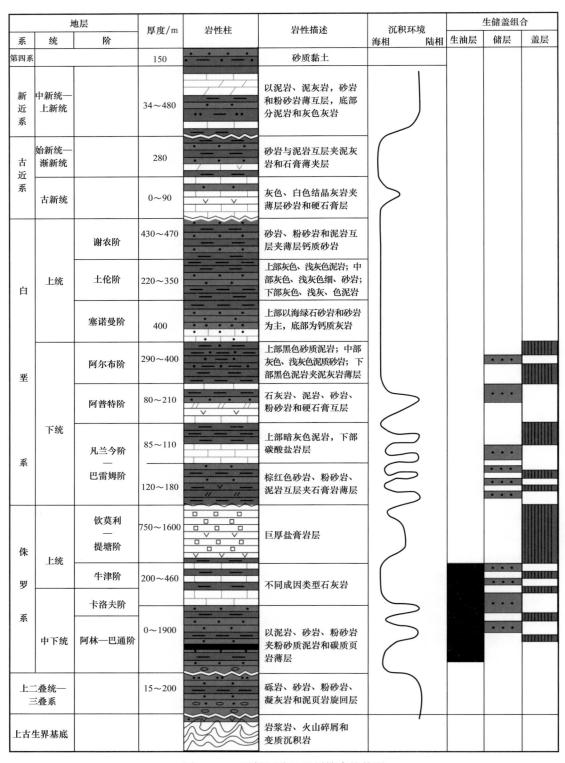

地层			厚度/m	岩性柱	岩性描述	沉积环境 海相 陆相	生储盖组合		
系	统	阶					生油层	储层	盖层
第四系			150		砂质黏土				
新近系	中新统— 上新统		34~480		以泥岩、泥灰岩，砂岩和粉砂岩薄互层，底部分泥岩和灰色灰岩				
古近系	始新统— 渐新统		280		砂岩与泥岩互层夹泥灰岩和石膏薄夹层				
	古新统		0~90		灰色、白色结晶灰岩夹薄层砂岩和硬石膏层				
白 垩 系	上统	谢农阶	430~470		砂岩、粉砂岩和泥岩互层夹薄层钙质砂岩				
		土伦阶	220~350		上部灰色、浅灰色泥岩；中部灰色、浅灰色细、砂岩；下部灰色、浅灰、色泥岩				
		塞诺曼阶	400		上部以海绿石砂岩和砂岩为主，底部为钙质灰岩				
	下统	阿尔布阶	290~400		上部黑色砂质泥岩；中部灰色、浅灰色泥质砂岩；下部黑色泥岩夹泥灰岩薄层				
		阿普特阶	80~210		石灰岩、泥岩、砂岩、粉砂岩和硬石膏互层				
		凡兰今阶 — 巴雷姆阶	85~110		上部暗灰色泥岩，下部碳酸盐岩层				
			120~180		棕红色砂岩、粉砂岩、泥岩互层夹石膏岩薄层				
侏 罗 系	上统	钦莫利 — 提塘阶	750~1600		巨厚盐膏岩层				
		牛津阶	200~460		不同成因类型石灰岩				
	中下统	卡洛夫阶	0~1900		以泥岩、砂岩、粉砂岩夹粉砂质泥岩和碳质页岩薄层				
		阿林—巴通阶							
上二叠统— 三叠系			15~200		砾岩、砂岩、粉砂岩、凝灰岩和泥页岩旋回层				
上古生界基底					岩浆岩、火山碎屑和变质沉积岩				

图 1-3-1 阿姆河盆地地层综合柱状图

表 1-3-1 B 区块中部地层层序特征表

地层				地层厚度 / m	岩性
系	统	阶	段（层）		
新近系	中新统—全新统			0～395	砂土、砂岩、泥岩、砂质泥岩互层
古近系	渐新统			0～221	
	始新统	松扎克层		25～55	砂岩与泥岩互层，夹泥灰岩和石膏薄夹层
	古新统	布哈尔层		48～98	石灰岩
白垩系	上统	谢农阶		380～541	砂岩、粉砂岩、泥岩及泥板岩互层
		土伦阶		153～316	泥岩及泥板岩互层，夹少量砂岩及灰岩夹层
		塞诺曼阶		230～301	砂岩、粉砂岩和泥岩互层
	下统	阿尔布阶		319～345	泥岩及泥板岩
		阿普特阶		85～100	上部为致密砂岩，下部为泥岩、泥板岩和石灰岩
		巴雷姆阶		39～105	砂岩与泥板岩和石灰岩交替
		欧特里夫阶		107～238	砂岩、泥岩、泥板岩、石灰岩互层
侏罗系	上统	提塘阶		30～81	泥岩、砂岩、石灰岩互层，时有硬石膏夹层
		钦莫利阶	上石膏层 HA	10～115	块状硬石膏
			上岩盐层 HC	176～302	白色岩盐
			中石膏层 HA	24～63	块状硬石膏
			下岩盐层 HC	64～181	白色岩盐
			下石膏层 HA	4.5～16.5	层状硬石膏
		卡洛夫—牛津阶	高伽马泥灰岩 GAP	15～35	泥岩夹薄层泥晶灰岩
			礁上层 XVhp	46～102	厚层状致密灰岩，可夹一定数量含孔隙、裂缝的灰岩
			块状灰岩 XVa1	8～52	含生物礁体的块状石灰岩
			致密岩层 Z	7～30	致密石灰岩
			块状灰岩 XVa2	26～63	含生物礁体的块状石灰岩
			致密层状灰岩 XVI	50～60	厚层状致密灰岩，几乎不含渗透性石灰岩
	中、下统	巴通阶		143～161	以泥岩、砂质泥岩为主，夹砂岩、粉砂岩及碳质页岩薄夹层
二叠系—三叠系				>400	砾岩、砂岩、粉砂岩、凝灰岩和泥板岩组成的交互层

阿姆河盆地是中—新生代大型沉积盆地，在古生界变质结晶基底和海西期褶皱基底上发育而成，阿姆河右岸区块横跨查尔朱阶地、别什肯特坳陷和西南基萨尔冲断带三个二级构造单元。根据构造分布特征，阿姆河右岸区块划分为查尔朱隆起、坚基兹库尔隆起、桑迪克雷隆起、卡拉别克坳陷、别什肯特坳陷和西南吉萨尔山前冲断带等6个构造带。

B区中部二叠系—三叠系基底为潜伏古隆起，构造上位于查尔朱阶地的桑迪克雷隆起。卡洛夫—牛津期表现为逆掩断裂背斜与短轴背斜并存的构造特征，其中，别列克特利—皮尔吉伊气田（简称别—皮）表现为一短轴背斜，构造走向近东西，高点海拔 –2800m，最低圈闭线 –2940m，主要发育走滑断层，走向为西北向和近东西向；而扬—恰气田表现为逆掩断裂背斜，构造走向与逆断层走向一致，为北东向，整体上较别—皮气田略低（图 1-3-2）。

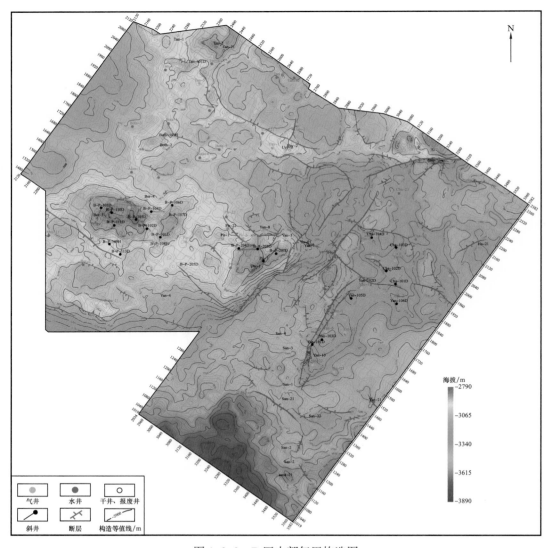

图 1-3-2　B区中部气田构造图

二、沉积和储层特征

阿姆河盆地中上侏罗统卡洛夫—牛津期发育大型碳酸盐岩台地，油气储层本身为一套浅水碳酸盐岩台地相—较深水斜坡相的碳酸盐岩沉积组合（张兵，2010），卡洛夫阶—牛津阶碳酸盐岩沉积具有缓坡型台地向镶边型碳酸盐岩台地演化的特征。根据区域沉积特征研究，从中侏罗世开始，阿姆河盆地开始接受稳定沉积，晚巴通期—早卡洛夫期，盆地发生海侵，沉积一套薄层泥岩及灰质泥岩，此后阿姆河右岸地区进入缓坡型碳酸盐岩台地沉积阶段（李浩武，2011），B 区块中部处于中缓坡外带，位于潮下带浪基面之上，水体能量相对较高，礁滩体较为发育，主要沉积了高能的生物礁滩体（图 1-3-3）。牛津期随着海侵进一步扩大，将卡洛夫期形成的缓坡碳酸盐岩台地淹没，台地向陆地方向退缩，建造形成牛津期镶边陆架型碳酸盐岩台地沉积体系。早牛津期，卡洛夫期中缓坡外带形成的礁滩复合体在开阔陆棚内带环境下继承性生长，形成追补型生物礁滩体（图 1-3-4）；晚牛津期，B 区块中东部碳酸盐岩缓坡被完全淹没，生物礁滩体停止生长，沉积了高伽马泥灰岩层（GAP）灰黑色泥岩段，在礁滩体部位沉积厚度薄，而礁滩间厚度大，可达 20～30m。

阿姆河右岸 B 区中部卡洛夫—牛津期的碳酸盐岩台地沉积体系，根据石灰岩结构和成因分类，可以分为泥—微晶灰岩、颗粒灰岩以及生物礁灰岩等三大类（张宝民，2009）。泥—微晶灰岩主要为礁间海及斜坡泥微相沉积，一般形成于较安静、能量较低的水体环境中，以薄层状为主，岩性较为致密，生物碎屑含量较少 [图 1-3-5（a）（b）]。颗粒灰岩为相对高能的滩相沉积，B 区块中部碳酸盐颗粒类型丰富，根据颗粒类型可分为砂屑灰岩、生屑灰岩和球粒灰岩，偶见鲕粒灰岩 [图 1-3-5（c）（d）]，因其位于台地边缘斜坡带，总体上水体能量较低，含有一定的灰、泥质，以泥晶、微晶砂屑生物屑灰岩为主。生物礁可进一步细分为障积礁和黏结丘。障积礁由原地生长的障积生物（例如枝状、丛状苔藓虫、珊瑚、海百合等）及其障积作用所形成，研究区主要发育苔藓虫和钙藻礁 [图 1-3-5（e）]，黏结丘由原地生物形成的薄板状或纹层状的结壳组成，因沉积颗粒微生物的捕获作用而具有纹理状、凝块状和隐晶质构造，主要包括两种类型：一种为具薄层和柱状结构的叠层石 [图 1-3-5（f）]；另一种为具凝块和微晶结构的凝块石。剖面上常见到多层障积灰岩和黏结灰岩与生屑、砂屑灰岩的频繁互层，常称为礁滩复合体，简称生物礁滩体。

阿姆河右岸 B 区中部卡洛夫阶—牛津阶碳酸盐岩储层岩石类型多样，碳酸盐岩储集空间类型较为丰富，由孔隙、溶洞和裂缝组成，孔、洞、缝的不同组合方式及其所占比例的差异性导致孔隙结构复杂，总体上以孔隙和裂缝为主，孔隙分为原生孔隙和次生孔隙，主要储集空间有剩余原生粒间孔、粒内孔、晶间孔、生物体腔孔、粒内溶孔、粒间溶孔、铸模孔、非组构选择性溶孔、构造缝和溶蚀缝等。

由于阿姆河右岸经历了多期次的构造运动及相应构造应力场的变化，使储层中的构造裂缝在成因类型和分布规律等方面具有多期性与多样性的特点，裂缝分布异常复杂。B 区中部气田裂缝的充填程度较低，充填裂缝占裂缝总数小于 7%，绝大多数裂缝为半充填缝，充填物主要为方解石。裂缝走向与断层走向基本保持一致，以北西走向为主，次为北东向和

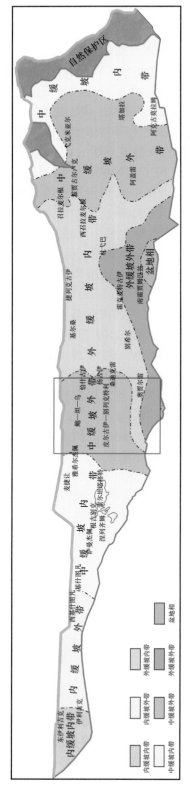

图1-3-3 阿姆河右岸卡洛夫期沉积相平面图

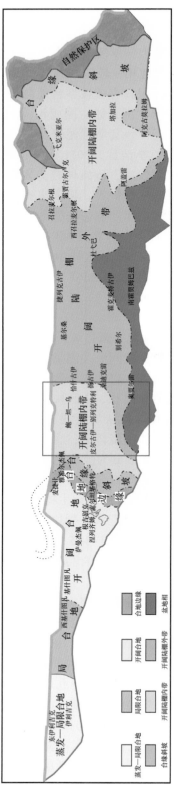

图1-3-4 阿姆河右岸牛津期沉积相平面图

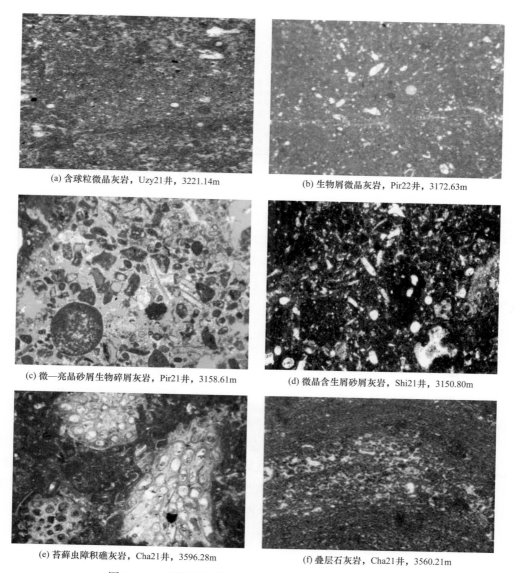

(a) 含球粒微晶灰岩，Uzy21井，3221.14m

(b) 生物屑微晶灰岩，Pir22井，3172.63m

(c) 微—亮晶砂屑生物碎屑灰岩，Pir21井，3158.61m

(d) 微晶含生屑砂屑灰岩，Shi21井，3150.80m

(e) 苔藓虫障积礁灰岩，Cha21井，3596.28m

(f) 叠层石灰岩，Cha21井，3560.21m

图 1-3-5　阿姆河右岸 B 区中部典型岩石类型微观结构

近东西向，裂缝倾角近似正态双峰分布，即发育一组 20°～40° 的低角度缝和一组 70°～80° 的高角度缝，总体上看，低角度裂缝发育密度更大，平均裂缝倾角 36.27°（图 1-3-6）。

　　岩心物性分析资料统计结果显示，孔隙度分布在 0.1%～27.8% 之间，平均值为 5.61%，主要分布在 2%～8% 区间，渗透率分布在 0.000063～6557mD，几何平均 0.07mD，从渗透率分布直方图上可以看出大部分样品点渗透率小于 1mD，约占总数的 80%（图 1-3-7 和图 1-3-8）。

　　综合利用岩心、测井、地震及生产测试等静动态资料，在阿姆河右岸识别出孔隙（洞）型、裂缝—孔隙型、缝洞型、裂缝型等 4 种主要储层类型，B 区中部以裂缝—孔隙型储层为主，此类储层孔隙度和渗透率线性关系不明显，部分岩样具有低孔隙度、高渗

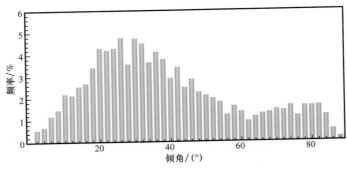

图 1-3-6　阿姆河右岸 B 区中部卡洛夫—牛津期不同井点裂缝倾角分布图

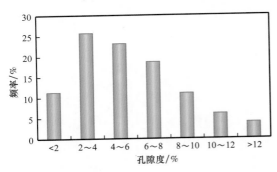

图 1-3-7　阿姆河右岸 B 区中部卡洛夫—牛津期
岩心孔隙度频率直方图

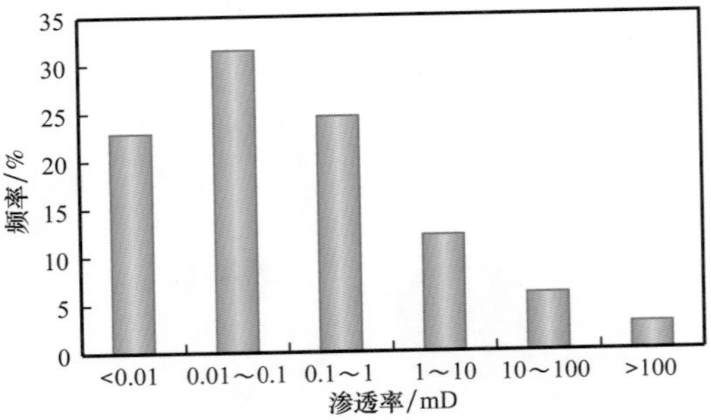

图 1-3-8　阿姆河右岸 B 区中部卡洛夫—牛津期
岩心渗透率频率直方图

透率特征，双对数曲线中导数曲线出现明显的"凹子"，具有双重介质特征。

卡洛夫—牛津阶碳酸盐岩储层主要发育在 XVhp 层、XVa1 层和 XVa2 层，平面上别—皮气田、桑迪克雷气田储层厚度大，连续性好，扬—恰气田储层厚度分布不均，横向变化较大。储层厚度分布主要受构造及沉积微相的控制，构造高部位及有利的沉积微相带储层发育，构造低部位储层欠发育（图 1-3-9）。

三、流体和气藏特征

阿姆河右岸 B 区中部气田天然气组分以 CH_4 为主，属于低—中含 H_2S、中含 CO_2 的碳酸盐岩湿气气藏。气藏主要受构造控制，局部受岩性影响，大部分气田均发育边底水。

1. 流体特征

根据阿姆河右岸 B 区中部多口探井和评价井地下流体样品的组分分析资料，气藏天然气组分以 CH_4 为主，含量约为 90%，C_{5+} 以上重烃含量为 0.78%～1.32%，H_2S 含量为 0.017%～0.07%，CO_2 含量为 3.3%～4.7%（表 1-3-2）。

Pir-21 井地下流体样品组成的相图分析显示（图 1-3-10），气藏在初始和井口条件下始终位于单相区，不会出现反凝析现象，而分离器条件位于两相区，有凝析油析出，表明气藏属于低含凝析油的湿气气藏。Pir-21 井 H_2S 含量 0.03%，CO_2 含量 4.15%，属于低含 H_2S、中含 CO_2 碳酸盐岩气藏。

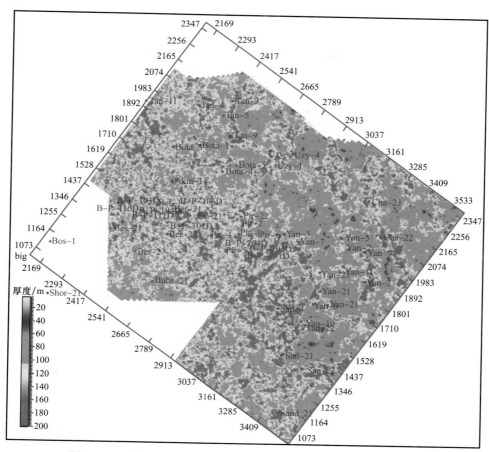

图 1-3-9　阿姆河右岸 B 区中部卡洛夫阶—牛津阶储层厚度平面图

表 1-3-2　阿姆河右岸 B 区中部部分井流体摩尔组成

项目		Ber-21 井	B-P-105D 井	B-P-108H 井	B-P-109H 井	B-P-111D 井	Pir-21 井	Pir-23 井
摩尔分数 / %	N_2	0.4372	0.4316	0.2925	0.3584	0.4104	0.3889	0.3865
	CO_2	3.9831	4.1956	3.3062	4.7106	4.1756	4.1547	3.831
	H_2S	0.0695	0.0246	0.0172	0.0186	0.0214	0.0304	0.0566
	非烃元素	4.4898	4.6518	3.6159	5.0876	4.6074	4.574	4.2741
	C_1	89.2011	89.5673	90.6093	89.2327	89.284	89.4768	89.9018
	C_2	3.9625	3.6544	3.5742	3.6245	3.679	3.8099	3.7849
	C_3	0.8879	0.7663	0.8189	0.7512	0.7708	0.8626	0.8875
	iC_4	0.1665	0.1553	0.1676	0.1382	0.1557	0.1627	0.1705
	nC_4	0.2076	0.1878	0.2033	0.1764	0.1909	0.1985	0.1961

续表

项目		Ber-21 井	B-P-105D 井	B-P-108H 井	B-P-109H 井	B-P-111D 井	Pir-21 井	Pir-23 井
摩尔分数 / %	iC_5	0.0852	0.0749	0.118	0.0835	0.0794	0.0784	0.0714
	nC_5	0.0708	0.077	0.1717	0.0686	0.0823	0.0625	0.0664
	C_6	0.0963	0.0868	0.2264	0.1163	0.0971	0.0709	0.0779
	C_7	0.1471	0.1416	0.1357	0.1615	0.1688	0.1072	0.1061
	C_{8+}	0.6870	0.6368	0.1888	0.5596	0.8848	0.5966	0.463
	烃元素	95.5102	95.3482	96.3841	94.9124	95.3926	95.426	95.7259
	C_{5+}	1.2275	0.9156	1.1952	0.7848	1.0864	1.3181	0.8406
C_{5+} 重质组分含量 / g/m^3		57.62	53.51	47.88	50.11	71.32	50.78	41.65

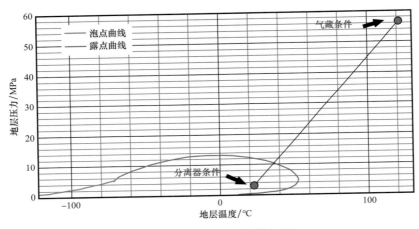

图 1-3-10　Pir-21 井流体相图

　　根据水分析资料，研究区地层水密度为 1.03～1.08g/cm³，总矿化度为 61841～127400mg/L，水型为 $CaCl_2$ 型，pH 值 6.6 左右（表 1-3-3）。

表 1-3-3　阿姆河右岸 B 区中部水样分析统计表

项目		Ber-21 井	Cha-22 井	Gad-21 井	Kish-21 井	NGad-21 井	SHojb-21 井	Yan-23 井
出水深度 /m		3150.00～3037.00	3554.50～3518.50	2230.00～2251.00	2408.40～2458.30	2302.00～2306.00	4152.00～4128.00	3623.00～3611.00
阳离子 / mg/L	K^+	712	231	341	287	285	223	341
	Na^+	20860	26208	26297	37614	33827	25891	32684
	Ca^{2+}	721	11460	6523	1728	2306	15407	10156
	Mg^{2+}	473	973	2930	273	243	1553	877

续表

项目		Ber–21 井	Cha–22 井	Gad–21 井	Kish–21 井	NGad–21 井	SHojb–21 井	Yan–23 井
阳离子 / mg/L	Ba^{2+}	0	0	0	0	0	0	0
	NH_4^+	9	59	11	0	4	318	92
	Li^+	4	17	5	3	0	42	15
	小计	22779	38948	36107	39905	36665	43434	44165
阴离子 / mg/L	Cl^-	35261	63643	60734	59732	55876	70142	70723
	SO_4^{2-}	3223	880	348	2943	973	2583	916
	CO_3^{2-}	0	0	0	0	0	0	0
	HCO_3^-	491	20	83	316	1024	1054	28
	OH^-	0	0	0	0	0	0	0
	F^-	2	6	5	4	2	38	11
	NO_3^-	85	59	46	38	15		38
	小计	39062	64608	61216	63033	57890	73817	71716
总矿化度 / (mg/L)		61841	103556	97323	102938	94555	117251	115881
水型分类		$CaCl_2$	$CaCl_2$	$CaCl_2$	$CaCl_2$	$CaCl_2$	$CaCl_2$	$CaCl_2$

2. 气藏特征

根据测井解释成果，XVhp 层和 XVa1 层以气层为主，而 XVa2 层以气水同层或水层为主，新钻井测试结果表明，B 区中部构造高部位以产气为主，构造最低圈闭线以下主要产水或气水同产，从常规测井解释结果分析，卡洛夫阶—牛津阶 XVhp 层和 XVa1 层储层物性一般较好，电阻率相比水层高，含水饱和度低，表现为气层特征，构造最低圈闭线以下储层物性与上部气层相似条件下，电阻率逐渐降低、含水饱和度变高，气水过渡带较长，扬—恰气田卡洛夫阶—牛津阶未见到纯水层，别—皮气田构造最低圈闭线以下以水层为主，表明构造是控制 B 区中部气藏的主要因素，同时由于礁滩体碳酸盐岩储层非均质性强，各单井压力数据折算到同一海拔高度存在差异，单井气水界面也存在一定差异，表明气藏局部可能还受岩性控制。整体上 B 区中部以受构造控制的边—底水气藏为主，局部受岩性影响（图 1–3–11 和图 1–3–12）。

根据测井解释及测试成果等资料确定各气田气水界面，其中别—皮气田主体受构造控制，气水界面 –2945m，礁间受岩性因素控制，气水界面变化较大；扬古伊气田受构造控制，具有统一的气水界面，确定为 –3300m；恰什古伊气田单井测试未发现纯水层，综合考虑多口井以 –3330m 作为气水界面；桑迪克雷气田受构造控制，气水界面为 –3350m（表 1–3–4）。

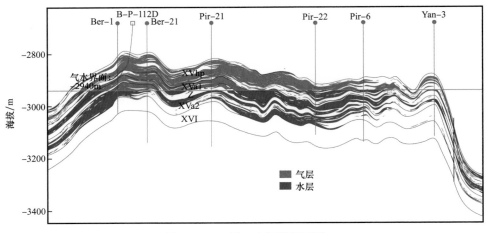

图 1-3-11 别—皮气藏剖面图

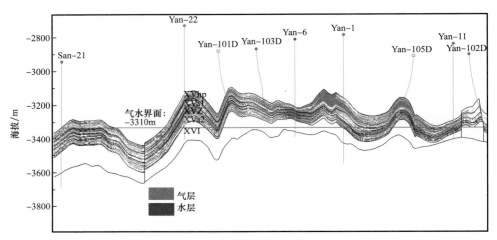

图 1-3-12 扬—恰气藏剖面图

表 1-3-4 研究区气田气水界面统计表

序号	气田	气水界面 /m
1	别—皮气田	−2945
2	扬古伊气田	−3300
3	恰什古伊气田	−3330
4	桑迪克雷气田	−3350
5	鲍塔气田	−2944
6	坦格古伊气田	−2950
7	乌兹恩古伊气田	−2970
8	基尔桑气田	−3380

序号	气田	气水界面 /m
9	捷列克古伊气田	-3400
10	奥贾尔雷气田	-3690
11	伊拉曼气田	-3325
12	南霍贾姆巴兹气田	-3894
13	莫拉朱玛气田	-3586
14	北希林古伊气田	-3304
15	多瓦姆雷气田	-3344
16	布什鲁克气田	-2988

四、开发现状及开发特征

阿姆河右岸边底水发育，赋存在裂缝—孔隙型储层中，使得气藏开发特征变得复杂多样。考虑不同的地质因素和开发特征，将阿姆河右岸的边底水气藏分为连片礁滩型底水气藏、连片礁滩型边水气藏、分散点礁型底水气藏和整装礁滩型弱边水气藏四大类。

1. 开发现状

1）别—皮气田连片礁滩型底水气藏

别—皮气田发育相对连片的缓坡礁滩体，储层平均孔隙度 7.5%，渗透率 0.5mD，基质储层低孔隙度、低渗透率。气田低角度和中高角度缝均有发育，试井渗透率高达 100mD 以上，裂缝与孔隙相互沟通形成储渗空间，具有总孔隙度低而渗流能力高的特征，气田东、西区块内部具有较好的连通性，东、西区块之间连通性相对较差。该气田于 2014 年 4 月投产，投产前两年采气速度约 5.5%，部分气井有出水迹象，下调采气速度至 4% 左右，气田水气比控制在 0.9m³/10⁴m³ 以下稳产近 7 年（图 1-3-13）。截至 2020 年 12 月 31 日，气田采气井开井 23 口，日产气量达 580×10⁴m³，日产水量 695m³，水气比为 1.2m³/10⁴m³，地质储量采出程度为 34%。与投产初期相比，地层压力由 54.3MPa 降至 32.3MPa，单井平均无阻流量由 576×10⁴m³/d 降为 292×10⁴m³/d。

2）扬古伊气田连片礁滩型边水气藏

扬古伊气田礁滩体沿断裂呈条带状展布，储层平均孔隙度为 7.8%，渗透率为 0.03mD，基质储层低孔隙度、特低渗透率。气田中—低角度裂缝发育，与孔隙相互沟通形成良好的储渗空间，试井渗透率高达 200mD 以上，具有总孔隙度低而渗流能力高的特征，气田整体具有较好的连通性。该气田于 2014 年 5 月投产，2016 年 5 月以前最高采气速度达到 10.9%，气田边部两口高产井明显出水后，将气藏采气速度下调为 5% 左右，其后进一步下调至 3% 左右。截至 2020 年 12 月 31 日，气田采气井开井 8 口，日产气量达到 150×10⁴m³，日产水量 485m³，水气比为 3.2m³/10⁴m³，地质储量采出程度约 35%。与投产初期相比，地层压力由 61.5MPa 降为 30.2MPa，单井平均无阻流量由 $675 \times 10^4 m^3/d$ 降至 $202 \times 10^4 m^3/d$（图 1-3-14）。

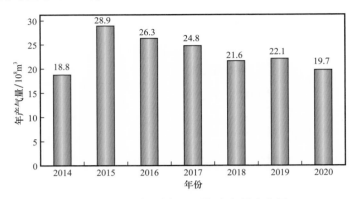

图 1-3-13　别—皮气田历年产气量直方图

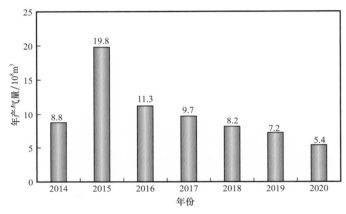

图 1-3-14　扬古伊气田历年产气量直方图

3）恰什古伊气田分散点礁型底水气藏

恰什古伊气田内部由多个点礁体组成，各点礁体的储层物性及单井产能差异大，水体普遍较小且封闭，为典型的分散点礁型底水气藏，各井区之间连通性较差。该气田于 2014 年 6 月投产，采气速度保持在 5.5% 左右。截至 2020 年 12 月 31 日，气田采气井开井 9 口，日产气量 $320 \times 10^4 m^3$，日产水量 $60 m^3$，水气比为 $0.19 m^3/10^4 m^3$，地质储量采出程度约 26%。与投产初期相比，地层压力由 60.9MPa 降至 25.8MPa，单井平均无阻流量由 $340 \times 10^4 m^3/d$ 降至 $163 \times 10^4 m^3/d$，气田已经连续稳产近 7 年（图 1-3-15）。

4）萨曼杰佩气田整装礁滩型弱边水气藏

萨曼杰佩气田发育规模性的台缘礁滩体，整体连片分布，储层平均孔隙度为 13.2%，渗透率为 70.79mD，基质储层中高孔渗，整体连通性好。该气田于 2009 年 12 月复产，采气速度约 4.5%；2016 年后气田部分采气井开始平输压进入产量递减阶段，年产量递减率最高达到 36%；2017 年 11 月实施增压采气开发。截至 2020 年 12 月 31 日，气田采气井开井 41 口，日产气量达到 $1700 \times 10^4 m^3$，日产水量 $126 m^3$，水气比为 $0.08 m^3/10^4 m^3$，地质储量采出程度约 68%。与投产初期相比，地层压力由 26.8MPa 降为 7.2MPa，单井平均无阻流量由 $411\times10^4m^3/d$ 降为 $137\times10^4m^3/d$（图 1-3-16）。

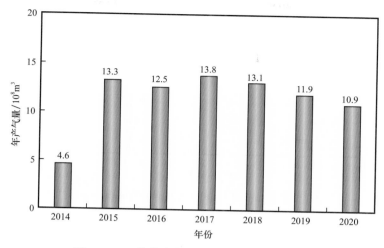

图 1-3-15　恰什古伊气田历年产气量直方图

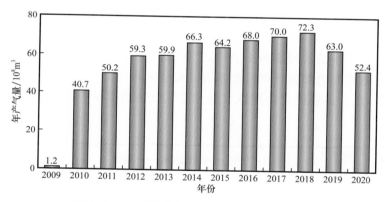

图 1-3-16　萨曼杰佩气田历年产气量直方图

2. 气藏开发特征

（1）别—皮气田连片礁滩型底水气藏裂缝发育、底水能量强且分布不均，控水稳产难度大。

别—皮气田由别列克特利区块和皮尔古伊区块组成，各区块内部连通性好，但相互之间的连通性较差。别区块中高角度裂缝发育，存在 4 倍以上底水水体。投产前两年气田采气速度平均约 5.5%，最高达到 6.5%，部分采气井有出水迹象，2016 年调整采气速度至 4% 左右，别区块继续维持无水采气期，但皮区块见水采气井日产水量快速升高至 200m³ 以上，控水采气难度大。截至 2020 年 12 月 31 日，水气比达到 $1.2m^3/10^4m^3$（图 1-3-17）。随着气田气水界面抬升，产水量将进一步上升，气田将全面进入带水生产阶段，导致产能递减幅度大，严重影响气田稳产形势。

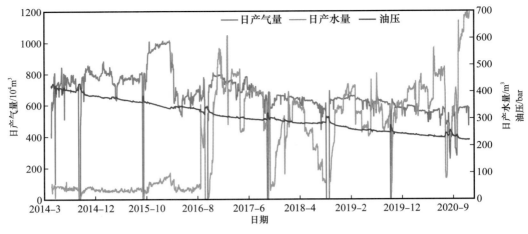

图 1-3-17　别—皮气田采气曲线

（2）扬古伊气田连片礁滩型气藏边水能量强，防止边部水体突进难度大。

扬古伊气田投产第一年最高采气速度达到 10.9%，气田边部两口高产井相继出水，水气比快速上升，降产控水仅在短期内取得效果，但整体产水趋势仍呈持续攀升的态势（图 1-3-18）。气田见水原因为扬古伊断层沟通了桑迪克雷气田能量较大的水体，受开发早期采气速度过高影响，水体沿断层裂缝发育带侵入，导致边部两口日产量百万立方米以上的高产井受水侵影响日产气量全部降为 $10 \times 10^4 \text{m}^3$ 以下，水气比最高达到 $66\text{m}^3/10^4\text{m}^3$，有效控制边部裂缝沟通水体的侵入是保障气田开发效果的关键，将边部出水井作为排水井使用，需要优化合理排水量，使气田达到排侵平衡，避免水体进一步侵入气藏内部。

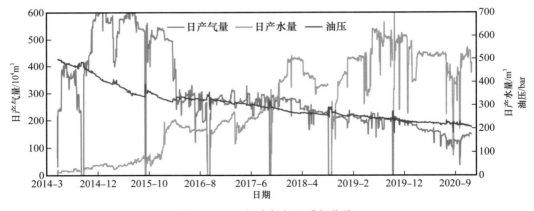

图 1-3-18　扬古伊气田采气曲线

（3）恰什古伊气田分散点礁型底水气藏各礁滩体的单井产能及控制储量差异大，整体开发优化难度大。

恰什古伊气田自 2014 年 6 月投产以来，采气速度控制在 5.5% 左右。虽然气田总产气量持续保持稳定（图 1-3-19），但目前的 9 口采气井分布在 7 个压力系统下，各系统的气水关系、气井产能和单井控制储量均存在较大差别，导致生产过程中各系统的采气速度、地层压力下降程度均有明显不同。截至 2020 年 12 月 31 日，各礁滩体的采气速度分布在 3%～6%，地层压力维持在 15～37MPa，部分气井开井即产水，而部分气井始终不产水，生产动态特征差异较大。气田各系统平输压时间参差不齐，如何整体优化各礁滩体的单井产能及压力的下降速度难度大。

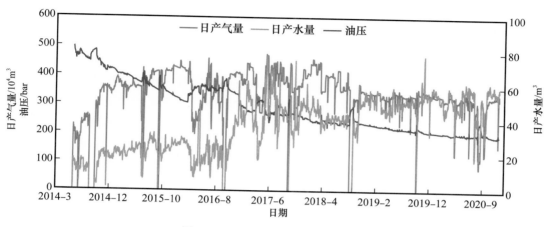

图 1-3-19　恰什古伊气田采气曲线

（4）萨曼杰佩气田整装礁滩型弱边水气藏进入开发中后期，产量递减逐步加大。

萨曼杰佩气田是阿姆河右岸项目储层物性最好、储量最大的气田。截至 2020 年 12 月 31 日，气田地质储量采出程度 68%，平均单井累计产气量达到 $16×10^8m^3$，且气田产水量小，表现出定容气藏的开发特征（图 1-3-20）。

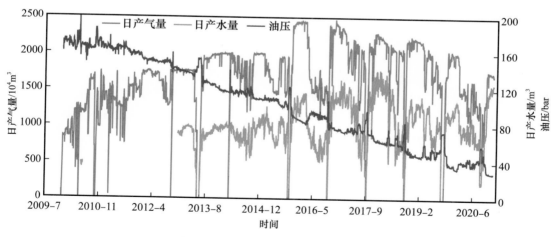

图 1-3-20　萨曼杰佩气田采气曲线

该气田自 2016 年开始逐渐进入平输压阶段，产量递减明显，增压采气成为延长气田稳产期、提高采收率的主要手段。但气田横跨土库曼斯坦—乌兹别克斯坦边界，受邻国乌兹别克斯坦强采影响，导致气田地层压力平面上呈现"西高东低"的压力斜坡，压力分布不均衡、开发指标的优化成为增压开采面临的主要难点。

第二章　丝绸之路经济带大型碳酸盐岩油气藏精细描述

中亚和中东地区碳酸盐岩油气藏具有不同的地质特征，其中伊拉克地区气藏主要为孔隙型生物碎屑灰岩储层，哈萨克斯坦地区气藏主要为裂缝—孔隙型碳酸盐岩储层，土库曼斯坦地区气藏主要为裂缝孔隙（洞）型碳酸盐岩储层。各地区碳酸盐岩储层均具有储集空间复杂、非均质性强等特点。"十三五"期间通过技术攻关，丝绸之路经济带大型碳酸盐岩油气田开发由粗犷式逐步向精细化转变，实现了不同类型碳酸盐岩储层的精细表征，发展了孔隙型生物碎屑灰岩油藏隔夹层与高渗透层定量识别技术、裂缝—孔隙型碳酸盐岩储层分类评价技术、裂缝孔隙（洞）型储层礁滩体内幕刻画和裂缝预测技术。实现了孔隙型生物碎屑灰岩油藏隔夹层与高渗透层厚度表征精度达到 2m，裂缝—孔隙型碳酸盐岩储层分类结果与开发动态符合率达到 81% 以上，裂缝孔隙（洞）型储层优质储层纵向分辨率由 15m 提高到 5m，地震裂缝预测符合率由 60% 提高到 87.5%。

第一节　孔隙型生物碎屑灰岩油藏精细描述

伊拉克哈法亚油田、艾哈代布油田、鲁迈拉油田和西古尔纳油田以大型生物碎屑灰岩油藏为主，储层类型以孔隙型为主。与国内缝洞型碳酸盐岩油藏不同，孔隙型生物碎屑灰岩储层具有孔隙结构多种模态并存、物性夹层及高渗透条带广泛分布等强非均质性特征，对油田水驱开发效果和储量动用程度产生较大的影响。围绕孔隙型生物碎屑灰岩油藏储层精细表征，揭示了生物碎屑灰岩储层非均质性的 4 种主控因素，建立了隔夹层和高渗透层定量识别标准，实现了隔夹层和高渗透层的表征精度达到 2m，为油田细分层系开发和分层注水开发奠定了基础。

一、孔隙型生物碎屑灰岩储层非均质性特征及主控因素

1. 生物碎屑灰岩储层非均质性特征

白垩系大型碳酸盐岩沉积于被动大陆边缘台地—浅海环境，该时期气候温暖湿润，生物繁盛，生物碎屑灰岩大量发育。生物碎屑灰岩储层在形成过程中受沉积作用、成岩作用、生物活动及构造运动等多种因素影响，在微观上和宏观上均具有强烈的非均质性（姚子修等，2018；李峰峰等，2020）。

1）微观非均质性特征

生物碎屑灰岩的微观非均质性主要体现在岩石结构、孔隙类型、孔隙结构及物性等 4

个方面。

（1）岩石结构复杂。

生物碎屑灰岩岩石结构的复杂性是生屑灰岩储层强非均质性的根本原因，岩石结构的差异性在一定程度上影响了储层微观特征的差异。

生物碎屑类型多样，构成生屑灰岩的颗粒类型有厚壳蛤、非固着类双壳、棘皮类、底栖有孔虫、浮游有孔虫、珊瑚类、海绵类等生物碎片，还混杂了似球粒、内碎屑及鲕粒等。生屑结构差异大，从形态上，生屑形态具有尖棱角状、次棱角状、次圆状等多种形态；从分选上，生屑分选可见好分选、中等分选、差分选；从粒度上，生屑粒径为 5～2000μm 不等，粒级上砾屑、砂屑、粉屑均发育。灰泥含量差别大，主力油藏 Mishrif 组既发育了不含灰泥的纯净生物碎屑灰岩，也发育了灰泥含量很高的泥晶灰岩，灰泥含量从 0 至 90% 以上不等，主要分布在 15%～75%。

（2）孔隙类型多及孔隙组合复杂。

对于 Mishrif 组生物碎屑灰岩储层，除少量的原生粒间孔和有孔虫等生屑体腔孔外，主要为次生孔隙。共划分为 6 种孔隙类型，包括原生 / 次生粒间孔、铸模孔、生屑微孔、残余铸模孔、原生 / 次生粒内孔和晶间孔。6 种孔隙类型具有 7 种孔隙组合关系，包括粒间孔为主、铸模孔为主、残余铸模孔为主、微孔为主、粒内孔为主、晶间孔为主、混合孔。

（3）孔隙结构复杂，孔喉分布多种形态。

孔隙类型的多样性决定了孔隙系统的强非均质性和微观孔喉结构的复杂性。综合孔喉的偏态、大小和形态特征，将微观孔喉特征分为 6 类，分别为偏细态微喉单模态型、偏细态细微喉单模态型、偏粗态中细喉单模态型、偏粗态中细喉双模态型、偏粗态中粗喉双模态型和偏粗态粗喉多模态型（图 2-1-1）。

（4）储层孔渗相关性差。

生物碎屑灰岩储层渗透率的大小主要受喉道的控制，生物碎屑灰岩喉道类型主要有管状喉道、缩小型喉道、片状喉道等。这些喉道连通着类型不一、大小不等的孔隙，因此在这种储层中孔隙度和渗透率相关性较差，相同的孔隙度下，渗透率的级差可达三个数量级。

2）宏观非均质性特征

生物碎屑灰岩宏观非均质性主要体现在以下 4 个方面：沉积相类型平面及纵向分布复杂多变、储层层间及层内非均质性强、储层内部不同类型隔夹层厚度及规模分布不等、高渗透层或条带的存在加剧了储层的非均质性。

（1）沉积相类型多样，岩相平面及纵向分布复杂多变。

白垩系 Mishrif 组处于次盆地碳酸盐岩缓坡—弱镶边台地环境，发育局限台地、弱镶边台地边缘、缓坡滩和滩前斜坡等 4 种沉积相，并进一步识别出各类沉积亚相。在亚相内，按照岩性组成不同，又可划分为多种微相类型，如台缘滩发育在台地边缘的高能带，发育厚壳蛤滩、生屑—砂屑滩、生屑—似球粒滩和生屑滩 4 类滩体，在平面上这些相带较窄且变化较快。

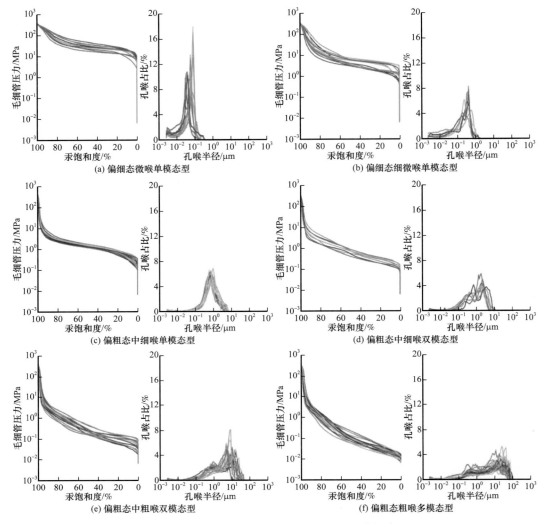

图 2-1-1　哈法亚油田 Mishrif 组微观孔喉特征类型

（2）储层层间及层内非均质性强。

哈法亚油田 Mishrif 组 MB2–MC1 各小层的变异系数均超过了 0.7，层内非均质性强。受不同小层之间的渗透率差异较大影响，不同层的产液强度和吸水强度差异较大，储量动用程度也存在较大差异。

（3）储层内部不同类型隔夹层厚度及规模分布不等。

生物碎屑灰岩的隔夹层按照成因划分潮下带型、沼泽碳质泥型、潮道堤坝型 / 下切谷型、潟湖型和强压实 / 强胶结型等 5 类。各类隔夹层的厚度在平面上分布变化大，在油藏内部复杂交错分布，形成了流体流动过程中的渗流屏障网络，增强了生物碎屑灰岩的非均质性。

（4）高渗透层或条带的存在加剧了储层的非均质性。

伊拉克生物碎屑灰岩储层内存在大量高渗透带，注水过程中，注入水易沿高渗透带突进，导致水驱波及体积小、采油井快速水窜。高渗透层可发育在单期滩体的顶部和潮道内，随着滩体的迁移或潮道的摆动，高渗透层位置发生变化，多期滩体叠置时发育在储层内部，进一步加剧了厚层碳酸盐岩的非均质性，给油田开发带来巨大的挑战。

2. 生物碎屑灰岩储层非均质性主控因素

1）层序对非均质性的控制作用

三级和四级层序控制了沉积体系和沉积相的发育，从而影响储层的分布，高位体系域沉积期是储层主要的分布位置。在一个完整的三级层序中，从海侵体系域到高位体系域，沉积体系的发育体现出从斜坡—台地边缘或台内洼地—开阔台地的演变。如哈法亚M316井，在MC–MB2层中为三级层序，层序早期为MC2层的斜坡沉积，层序晚期为台地边缘沉积，体现了海退过程中台地生长的建造过程。MA层为三级层序，沉积体系由台内洼地逐步演变为开阔台地沉积（图2-1-2）。三级和四级层序的最大海泛面和层序顶部岩溶致密胶结带控制区域性隔层的发育；五级层序内的海进低能相带控制了层内夹层的展布。层序界面和沉积相的配置关系影响了成岩改造作用，进而控制高渗层的分布。三级—五级层序界面处，若发育高能沉积相带，则沉积相与大气淡水溶蚀的优势叠合会形成高渗透层或高渗透条带。

2）沉积相对非均质性的控制作用

（1）沉积微相控制了岩石的结构与组构类型。

不同沉积环境水动力强度不同，导致生屑和灰泥的相对含量存在差异。台地边缘生屑滩礁环境水动力最强，细粒灰泥被淘洗掉，仅剩下各类分选相对较好的厚壳蛤、双壳等生屑颗粒，往往发育厚壳蛤滩、生屑—砂屑滩、生屑—似球粒滩和生屑滩4类滩体。局限—开阔台地和前斜坡等环境水动力相对较弱，灰泥含量较高，生屑分选差，发育了台内滩，岩相以生屑泥粒灰岩为主，底栖有孔虫颗粒组分增多。

（2）沉积相控制了原生孔隙发育程度并影响次生孔隙的发育程度。

由于沉积环境不同，各相带内的颗粒成分及基质不同，经历的后期成岩改造作用不同，导致各相带内的孔隙类型也不同。台地边缘相带内，原生孔隙和次生孔隙均大量发育，粒间孔、生物骨架孔、粒间溶孔、粒内溶孔和铸模孔发育较多；台内洼地中发育少量铸模孔、微孔和微裂缝；斜坡带中以铸模孔、晶间孔和微裂缝为主，发育少量的粒间孔及粒内溶孔。

（3）高能沉积相带物性相对较好，低能沉积相带物性相对较差。

开阔台地台内滩的孔隙度相对最好，其次是台地边缘厚壳蛤生屑滩，再者是台地边缘的生屑—砂屑滩、似球粒—生屑滩、生屑滩，最后是局限台地生屑滩。非滩相中，孔隙度由高到低的顺序为局限台地滩间、开阔台地滩间、局限台地灰坪和斜坡相。在渗透率方面，台地边缘厚壳蛤生屑滩的渗透性最好，其次是台地边缘的生屑、砂屑、似球粒滩，再者是开阔台地生屑滩，最后为局限台地生屑滩。而其他非滩相的渗透性由高到低的顺序为局限台地滩间、开阔台地滩间、局限台地灰坪和斜坡相。

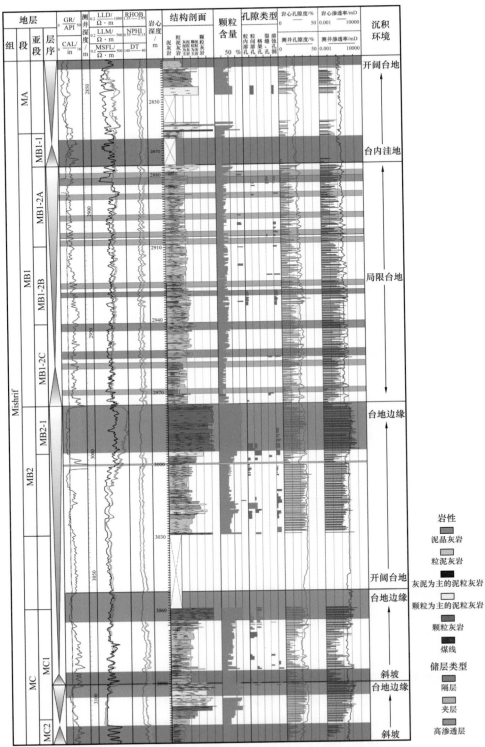

图 2-1-2　哈法亚油田 M316 井层序与沉积、隔夹层和高渗透层的关系

（4）不同沉积相带内的微观孔隙结构具有差异。

台缘滩、台内滩和潮道内发生表生溶蚀和同生—准同生期溶蚀作用，发育大量溶蚀粒间孔，孔喉分布以粗喉的多模态—复模态曲线为主，毛细管压力较低，主要发育高渗透层。台内滩主要受同生—准同生期溶蚀作用，发育少量粒间孔隙及粒内孔，孔喉分布以粗喉—中喉的单模态—复模态曲线为主，毛细管压力中等，以普通储层为主。潟湖、滩间、灰坪等低能相带胶结作用较强，以微孔和残余粒内孔、铸模孔为主，孔喉分布以细喉的单模态曲线为主，主要发育隔夹层（表2-1-1）。

表2-1-1　不同相带内微观结构特征

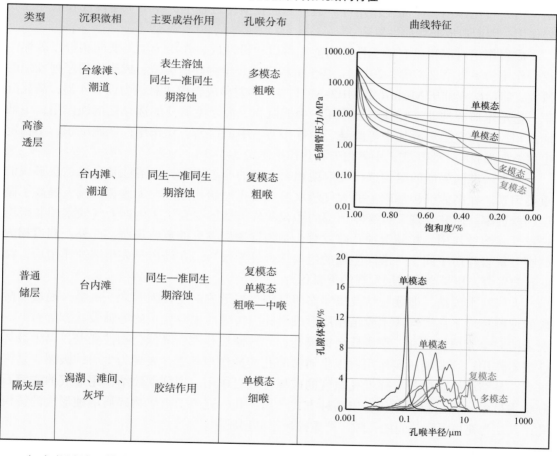

（5）沉积相对隔夹层和高渗层的分布控制。

沉积相在一定程度上控制了物性的分布，进而对隔夹层和高渗层的分布产生一定影响。根据研究，生物碎屑灰岩内的隔夹层按照岩性分为颗粒灰岩类、泥粒灰岩类、粒泥灰岩和泥灰岩类等，其中，粒泥灰岩和泥灰岩类主要受沉积相的控制，主要分布在潟湖相、斜坡相带内，分布广泛，厚度较大，往往是生物碎屑灰岩内的夹层；另外，还发育在单期台内滩的底部，局部分布，往往形成储层内的夹层。通常情况下，台缘滩和台内滩的顶部受到的溶蚀作用最为强烈，是高渗透层发育的理想场所；另外，在潮道相带内，受颗粒成分和溶蚀作用的影响，也是高渗透层发育的部位，如西古尔纳油田 MB1-2 层内潮道相与高渗透层分布是相互对应的。

3）岩石类型对生物碎屑灰岩储层内部物性差异的控制作用

生物碎屑灰岩岩石类型（RRT）依据孔喉分布曲线、物性和岩性等因素可综合划分为 5 类，各岩石类型之间孔喉分布存在一定的差异，物性也不同。

4）溶蚀和胶结等成岩作用对岩溶带的发育程度和微观孔喉结构特征的控制作用

建设性成岩作用和破坏性成岩作用并存，加剧了非均质性的复杂性。建设性成岩作用主要有溶蚀作用、新生变形和压溶作用等。破坏性成岩作用主要有胶结作用、压实作用、白云石化作用和泥晶化作用等。通常储层在演化过程中，经历了建设性和破坏性成岩作用，因而造成非均质性复杂。

成岩作用对沉积具有继承性，高能相带以建设性成岩作用为主，低能相带以破坏性成岩作用为主（余义常等，2018）。基于沉积环境、生物碎屑类型、成岩作用序列及强度研究，将哈法亚油田 Mishrif 组 MB2-MC1 层段的差异成岩模式总结为以下 4 类：高能沉积，稳定生屑叠加非选择性溶蚀作用；中能沉积，混合生屑叠加选择性溶蚀作用；中低能沉积，不稳定生屑叠加中等胶结、中等压实、中弱白云石化作用；低能沉积，不稳定生屑叠加强胶结、强压实、中等白云石化作用（图 2-1-3）。

同生—准同生期的组构选择性溶蚀和表生期的非组构选择性溶蚀是高渗透层形成的重要因素。在高能沉积基础上的大气淡水溶蚀使得原始孔隙度大大改善，极大提高了储层的渗透率。研究发现，台缘滩顶部的颗粒灰岩类储层受到了表生期大气淡水的非组构选择性强溶蚀作用，粒间溶蚀孔隙发育，是高渗透层发育的重要场所。此外，潮道相内的颗粒灰岩经历了同生—准同生期的组构选择性溶蚀后，在经历早表生溶蚀作用后，粒间孔隙发育，也是高渗透层发育的重要场所。

大气淡水胶结、埋藏胶结及压实作用是隔夹层形成的主控因素之一。早—晚成岩阶段的埋藏环境下，大气淡水胶结作用形成沿孔隙边缘向中心生长的等轴粒状方解石，一般未能完全充填铸模孔，形成残余铸模孔，导致储层孔隙度降低，物性变差，属于破坏性成岩作用；埋藏期压实作用对于生屑粒间孔改造作用显著，表现为生屑的破裂、紧密排列，是缩小孔隙体积、降低孔隙度的破坏性成岩作用。埋藏期胶结作用形成的方解石胶结物呈中—粗晶粒状结构，以两种方式产出：其一充填了由生物碎屑溶蚀形成的铸模孔；其二为充填了颗粒间的孔隙，严重破坏了储层质量。

二、生物碎屑灰岩隔夹层和高渗透层的定量识别与预测

1. 隔夹层类型及成因

综合精细岩心观察与描述、铸体薄片镜下观察，依据岩性可将生物碎屑灰岩隔夹层分为颗粒灰岩、泥粒灰岩、粒泥灰岩、泥灰岩和泥岩隔夹层等 5 类；依据成因可将隔夹层划分为沉积型和成岩型 2 种类型，结合发育环境，可进一步划分为 5 种亚类，即潮下带型、沼泽碳质泥型、潮道堤坝型—下切谷型、潟湖型和强压实—强胶结型（表 2-1-2）。

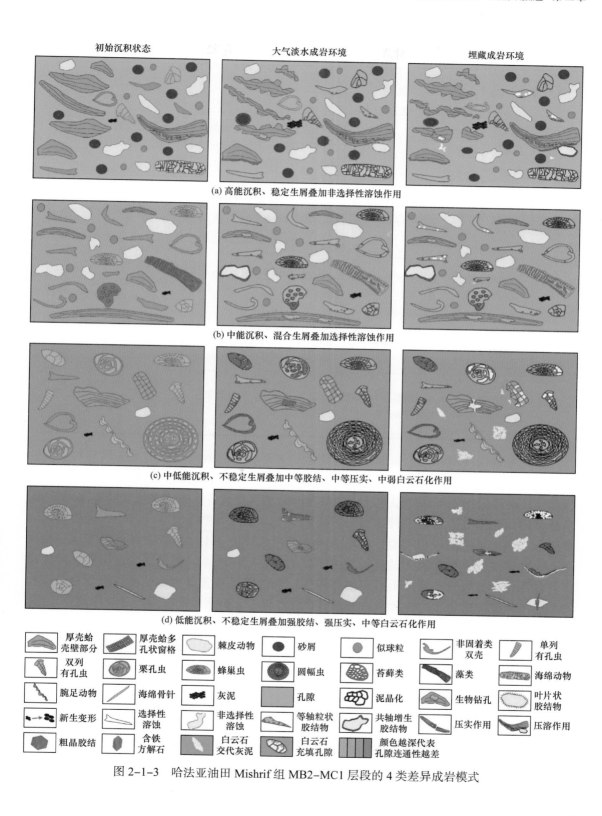

图 2-1-3 哈法亚油田 Mishrif 组 MB2—MC1 层段的 4 类差异成岩模式

表 2-1-2 生物碎屑灰岩隔夹层分类特征

隔夹层类型		成因	特征	分布规律	隔挡能力
沉积型	①潮下带型	海平面上升初期，较深水沉积	以粒泥灰岩等细粒沉积为主，少量生屑，孔隙度变化较大，渗透率低	发育于旋回底部，海侵—高位体系域沉积早期为主	垂向隔挡
	②沼泽碳质泥	滩顶暴露沼泽或滩间受限潟湖	以含煤泥岩为主，孔隙度高，渗透率极低	发育于旋回顶部，高位体系域沉积中晚期为主	垂向隔挡
	③潮道堤坝型—下切谷型	潮道顶部或上部低能沉积或低位期形成下切，海侵期充填低能沉积	以泥晶灰岩为主，孔隙度和渗透率均低	旋回顶部潮道中上部或下切谷形成于低位期，充填于海侵期	侧向隔挡
	④潟湖型	局限环境的低能沉积	粒泥灰岩或泥粒灰岩，微孔型粒间孔，渗透率低—超低	海侵—高位体系域沉积期均有分布	垂向隔挡
成岩型	⑤强压实—强胶结型	滩顶或潮道内成岩胶结导致孔隙变差	泥粒或颗粒灰岩，微孔型粒间孔，渗透率低	发育于旋回顶部或中上部，高位体系域沉积中晚期为主	侧向隔挡

　　研究中发现巨厚碳酸盐岩储层存在隐蔽隔夹层，隐蔽隔夹层指的是夹层和物性差的低渗透层在平面上和纵向上相互叠置联结组合成的一套低渗透带，不仅能阻挡流体纵向流动，还可以阻挡上下部储层地层压力差异时的相互传递。隐蔽隔夹层主要有潮下低能、沼泽碳质泥、潮道下切谷三种成因，对应图 2-1-4 中的类型①②③。其中，碳质泥岩隔夹层存在两种不同的成因类型，对应不同的沉积微环境。Ⅰ型沼泽主要发育于层序旋回顶部，并多发育于下伏滩体的顶部。由于处于高位域中晚期，海平面持续下降，滩体顶部低洼部位植被发育，逐渐形成覆盖于滩体顶部的薄层富含有机质的泥煤沉积物，该种类型沼泽相沉积产物相对较薄。局部多期叠置发育。Ⅱ型沼泽同样发育于层序旋回顶部，但其发育于滩体之间的局限潟湖环境。由于处于高位体系域沉积中晚期，海平面持续下降，潟湖部位逐渐沼泽化，形成相对较厚的富含有机质的泥煤沉积物，该种类型沼泽相沉积产物相比Ⅰ型沼泽更厚。

2. 隔夹层的定量识别与预测

　　根据不同类型隔夹层和储层的声波时差—中子孔隙度、声波时差—密度交会图可以看出，声波时差与中子孔隙度、声波时差与密度均具有很好的相关性，且不同类型隔夹层和储层均分布在明显不同的区域，由此可以确定出不同类型隔夹层的测井识别标准（表 2-1-3）。

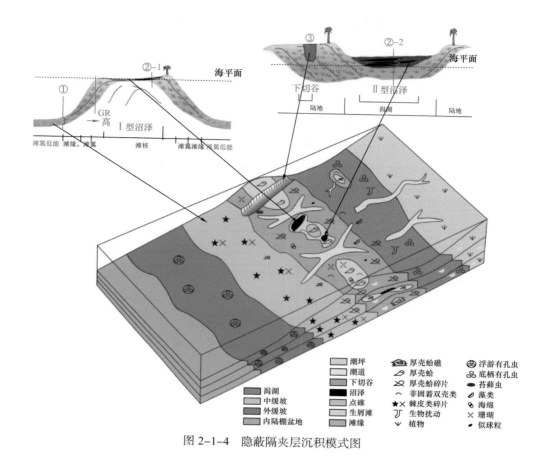

图 2-1-4　隐蔽隔夹层沉积模式图

表 2-1-3　不同类型隔夹层测井识别标准

岩性类型	声波时差 / μs/m	中子孔隙度 / %	密度 / g/cm³	自然伽马 / GAPI	MDT 测试	气测
颗粒灰岩	<246	<15	>2.40	—	邻井生产 造成压力 突变	气测值低
泥粒灰岩	<213	<16	>2.58	—		
粒泥灰岩	<197	<10	>2.62	—		
泥灰岩	<213	<10	>2.6	—		
泥岩	—	—	—	>50		

　　哈法亚油田各类储层和隔夹层横向变化快，纵向上叠置关系复杂，同时隔夹层的厚度薄，常规地震解释难度大。研究中形成了以岩心刻度和产吸剖面为约束的地质 + 测井隔夹层识别与评价技术，精细刻画隐蔽隔夹层空间展布特征。首先，利用岩心和测井资料分析不同类型隔夹层成因和特征，在单井上进行隐蔽隔夹层的识别；其次，采用沉积相约束的高精度薄层反射系数反演来提高地震分辨率，识别隔夹层在井间的位置；最后，利用产液剖面和吸水剖面资料进行最终的校正。

地震反射系数剖面可清晰反映隐蔽隔夹层的展布特征，与单井上识别结果对应较好，同时隔夹层的产状特征明显，如 MC1-3 小层滩前斜坡和 MC1-1 小层底部缓坡滩间垂向加积形成的层状分布隔夹层，MB2-2 和 MB2-1 小层台地边缘垂向加积形成的层状分布隔夹层和侧向加积形成的倾斜状隔夹层（图 2-1-5）。对于厚度较小的隔夹层，反射系数剖面响应特征不明显，需要在层序格架和已识别隔夹层的约束下，刻画其井间展布特征。

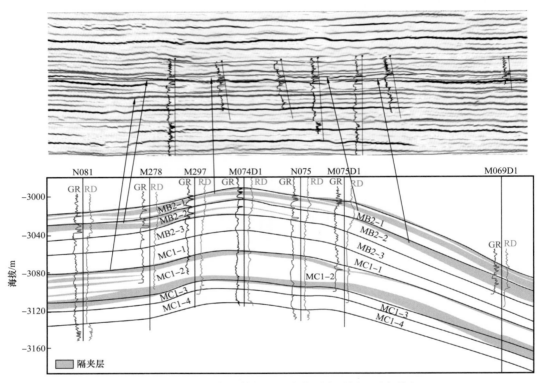

图 2-1-5　基于反射系数剖面的多井隔夹层剖面展布特征

3. 高渗透层的类型与成因

生物碎屑灰岩油藏因高渗透层的存在，采油井具有投产初期产量高和注水后见水快等特点。目前对于高渗透层的定义没有形成统一的标准。结合生物碎屑灰岩高渗透层的固有特点，将高渗透层定义为储层固有渗透率较高、与相邻储层渗透率之比较高的储层。高渗透层在动态上表现为较强的产液能力或吸水能力，在 M307 井产液剖面测试段中，2960～2980m 段的产量贡献为 399.7t/d，占该井总产量的 72%，远远超过其他射孔段的贡献，这段储层即为高渗透层（图 2-1-6）。

高渗透层在形成过程中受到沉积作用、成岩作用、构造运动及生物扰动等作用的影响，根据成因可划分为 4 类：沉积主控型，如西古尔纳油田 MB1 层；成岩主控型，如西古尔纳油田 MB2-U 层的顶部；构造控制型，如西古尔纳油田 MA 层断层附近；和生物扰动型，如艾哈代布油田 Kh2 层。中东地区生物碎屑灰岩高渗透层成因类型及其特征见表 2-1-4。

表 2-1-4　中东地区生物碎屑灰岩高渗透层成因类型及其特征

类型	成因机理	沉积相	岩相	孔隙类型	分布特征	代表性层位
沉积主控型	四级层序内潮道或滩体受到同生—准同生期大气淡水溶蚀而形成	潮道、台内滩、台缘滩（四级层序界面）	泥粒—颗粒—砾屑灰岩	粒间孔	带状分布或坨状	西古尔纳油田 MB1 层、哈法亚油田 MB1-2 层
成岩主控型	在三级层序不整面或暴露面下伏的礁滩体受表生期大气淡水的强烈溶蚀而形成	台缘滩（三级层序界面）	泥粒—颗粒—砾屑灰岩	粒间孔	厚层席状	哈法亚油田、西古尔纳油田、鲁迈拉油田 MB2 层顶部
构造控制型	同生—准同生期的溶蚀和埋藏期流体沿断层、微裂缝进入丘滩体内溶蚀改造而成	断层附近的丘滩体	泥粒—颗粒灰岩	粒间孔（含微裂缝）	沿断层分布	西古尔纳油田 MA 层
生物扰动型	受胶结程度和溶蚀程度的差异所控制，在弱压实条件下，硬底中的虫孔内填充较粗的颗粒物，受同沉积时期的溶蚀改造而成	受生物扰动改造的硬底	粒泥—泥粒灰岩	粒间孔 + 溶孔 + 溶缝	薄层席状	艾哈代布油田 Kh2 层

1）沉积主控型高渗透层

涨潮时潮水的冲击将原有的滩相沉积物打碎并带入潮道中，输送到台地内部，退潮时沉积物沉积于潮道中。潮道内颗粒成分复杂，既有打碎的生物碎屑，又有搬运产生的内碎屑，以及沉淀的藻类及灰泥等。水动力越强，泥质含量越少。在颗粒堆积的过程中，存在大量的粒间孔隙及泥质半充填的原生孔隙。在大气淡水作用下，不稳定的矿物逐渐溶解，形成粒间溶孔及铸模孔。海平面下降时，在早成岩表生阶段，在淡水作用下，原先的粒间孔隙成为大气淡水的淋滤通道，溶蚀作用进一步增强，储层的孔渗性也进一步增强，经过溶蚀改造后的潮道逐步演化形成高渗透条带（图 2-1-7）。

2）成岩主控型高渗透层

成岩主控型高渗透层主要成因模式是高

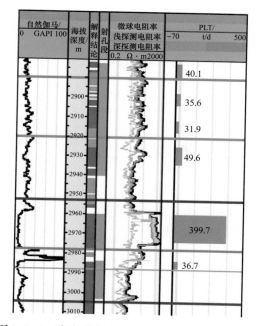

图 2-1-6　哈法亚油田 M307 井产液剖面测试剖面

能滩体的暴露溶蚀。由于原始沉积过程中高能颗粒滩相储层沉积物颗粒较粗，粒间孔隙发育，泥晶基质充填少，原始储层物性较好，且处于相对较高的古地理位置，在短时期海平面波动过程中，该区域极易暴露于海平面之上接收大气淡水的淋滤作用，因此而形成大量的连通的粒间溶孔、铸模孔等，使得该类储层的孔隙结构被极大地改善，渗透率也得到极大地提高（图2-1-8）。

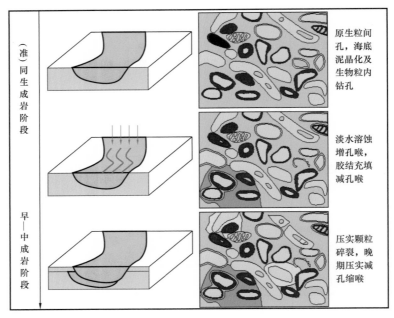

图2-1-7　沉积主控型高渗透层成因模式图

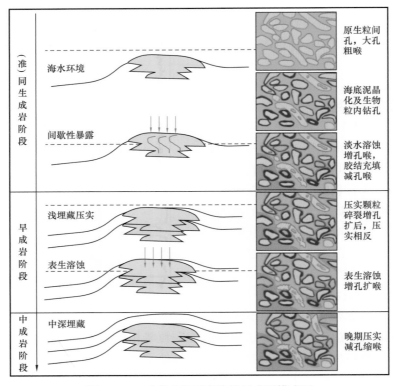

图2-1-8　成岩主控型高渗透层成因模式图

3）构造控制型高渗透层

以西古尔纳油田 MA 层为代表，该层原油产量大多来自断层周围的高渗透层，这类储层具有低孔隙、高渗透性、高电阻率的特点，通常分布于断层周围，成岩作用和破裂作用增强了储层的流动特性。在同沉积、准同生时期，丘滩内存在粒间孔隙，在海平面短期的升降过程中，接受大气淡水的淋滤，文石质珊瑚藻及不稳定的有孔虫溶解，增大了孔隙空间；在白垩纪末期，构造运动抬升形成不整合面的同时，在 MA 层内形成了断距较小的断层，断层附近发育微裂缝。经历中白垩纪末期的长期暴露，使得大气淡水沿断层进入丘滩体内，并沿裂缝快速流动，造成一定的溶蚀；中深埋藏后，储层底部的酸性流体也可沿断层进入储层进一步溶蚀。在多期溶蚀作用之下，MA 层断层附近的丘滩体渗透性得到极大的改善，形成了高渗透层。

4）生物扰动型高渗透层

生物扰动型高渗透层的形成受层序演化、相对海平面变化、沉积环境、硬地形成、生物扰动及（准）同生期暴露淋滤等多因素共同控制（图 2-1-9）。以艾哈代布油田为例，Khasib 组沉积时期处于晚高位体系域沉积期，在 Kh2-1-2L 段上部沉积过程中，发生首次相对海平面下降，形成沉积间断，沉积间断期间硬地和区域规模性的生物扰动同时发育，在 Kh2-1-2L 段硬地尚未被胶结的相对疏松的基质中掘穴，形成几十厘米厚、迂曲状互相贯通的生物扰动通道，沉积间断结束后，晚期高位体系域层序背景下，相对海平面上升，携带松散生屑砂屑充填扰动通道，由于沉积物堆积速率较快，限制了胶结作用的发生，使扰动通道内充填物能够发育连通性好的粒间孔，而后相对海平面再次下降，发生（准）同生期暴露淋滤，由于扰动部位连通性好，成为溶蚀流体优势通道，导致沿扰动部位发育溶蚀孔洞及扩溶缝，从而形成了"粒间孔＋溶蚀孔洞＋溶缝"高渗透疏导网络。

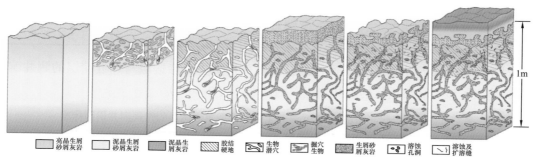

| 亮晶生屑砂屑灰岩 | 泥晶生屑砂屑灰岩 | 泥晶生屑灰岩 | 胶结硬地 | 生物潜穴 | 掘穴生物 | 生屑砂屑灰岩 | 溶蚀孔洞 | 溶蚀扩溶缝 |

图 2-9　生物扰动型高渗层成因模式图

4. 高渗透层的定量识别

对于沉积型、成岩型和构造控制型高渗透层，测井响应分析显示反映高渗透层的敏感曲线包括电阻率（ILD）、自然伽马（GR）和孔隙度（PHIE），根据此特征建立了高渗透层识别特征参数 RPG，表达式为：

$$RPG = \frac{ILD}{GR} \times PHIE$$

（2-1-1）

岩心渗透率与 RPG 关系图显示高渗透层具有高的 RPG 值（图 2-1-10），并根据渗透率的范围得到高渗透层的常规测井识别标准（表 2-1-5）。

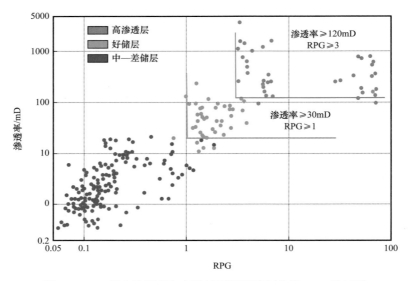

图 2-1-10　岩心渗透率与高渗透层识别特征参数 RPG 关系图

表 2-1-5　西古尔纳油田 Mishrif 油藏高渗透层常规测井识别标准

类型	自然伽马 GR/GAPI	电阻率 ILD/Ω·m	高渗透层识别特征参数 RPG	渗透率 PERM/mD
高渗透层	＜10	＞100	≥3	＞120
好储层	10～15	30～100	1～3	30～120
中—差储层	＞15	＜10	＜1	＜30

对于生物扰动型高渗透层，通过综合对比分析该类高渗透层与邻近储层的测井响应差异，建立了该类高渗透层的测井响应识别标准（表 2-1-6）。

表 2-1-6　艾哈代布油田 Kashib 油藏生物扰动型高渗透层的常规测井识别标准

类型	自然伽马 GR/GAPI	电阻率 ILD/（Ω·m）	声波时差 DT/（μs/m）
生物扰动型高渗透层	＜20	＞5.0	197～243

三、生物碎屑灰岩储层非均质性定量评价与三维地质建模

1. 基于饱和度的岩石分类和渗透率计算方法

在孔喉分布曲线形态分类的基础上，利用 Thomeer 方法对哈法亚油田 Mishrif 油藏 890 块压汞及孔喉分布曲线进行数值模拟（欧瑾等，2016），并提取进汞压力、峰值孔喉半径和孔喉几何因子等参数对岩石孔隙结构进行定量刻画。

　　在孔隙度相近的情况下，孔喉半径较大孔隙的渗透率相对较高，但由于孔喉分布曲线存在单峰、双峰及多峰的情况，因此结合孔喉半径（R_d）的大小对孔喉类型进行分类组合。根据 R_d 分布频率直方图可以将孔喉划分为 5 个分布区间，对应 5 种岩石类型（图 2-1-11）。

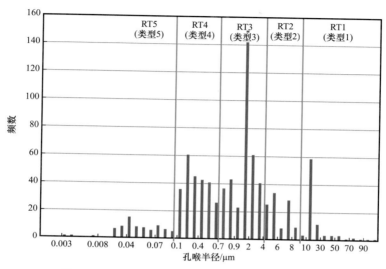

图 2-1-11　哈法亚油田 Mishrif 油藏孔隙类型划分

　　按照 5 个孔候半径（R_d）分布区间分类绘制毛细管压力曲线（MICP），各类孔喉的MICP 分布与 5 个孔隙类型区间对应关系良好（图 2-1-12）。从各岩石类型对应的孔隙度和渗透率交会图上也可以看出，不同岩石类型 RT1、RT2、RT3、RT4 和 RT5 之间渗透率具有明显的区间性（图 2-1-13）。

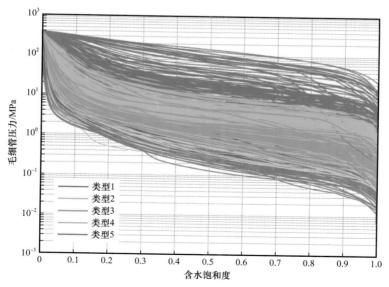

图 2-1-12　哈法亚油田不同岩石类型毛细管压力曲线

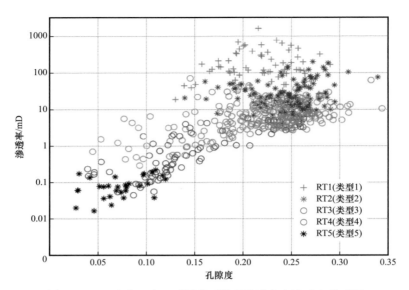

图 2-1-13　哈法亚油田不同岩石类型孔隙度和渗透率关系图

非取心段岩石类型的判别，则需要利用阿尔奇计算的饱和度和取心段的毛细管压力获得。过程为：

首先，依据图 2-1-12 求取各岩石类型的平均毛细管压力曲线（图 2-1-14）。

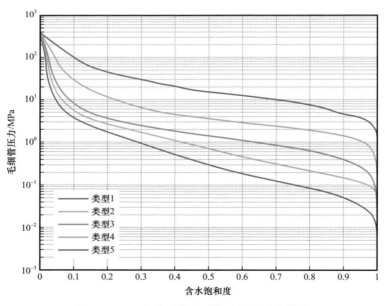

图 2-1-14　各岩石类型平均毛细管压力曲线

其次，将 5 条平均的毛细管压力曲线转化为油藏深度范围内的 5 条含水饱和度曲线（图 2-1-15），具体步骤为：

（1）利用 MDT 测试、测井和毛细管压力曲线等资料，确定哈法亚油田 Mishrif 油藏自由水界面（FWL）约为 –3110m。

（2）计算给定深度 H 的毛细管压力：

$$(p_{\text{cow}})_{\text{RES}} = 0.00986(H - \text{FWL})(\rho_{\text{w}} - \rho_{\text{o}})\qquad（2\text{--}1\text{--}2）$$

式中　$(p_{\text{cow}})_{\text{RES}}$——毛细管压力，MPa；

　　　　ρ_{w}——地层水密度，g/cm^3；

　　　　ρ_{o}——地下原油密度，g/cm^3；

　　　　H——给定地层深度，m；

　　　　FWL——油藏自由水界面深度，m。

（3）然后利用 Purcell 公式（Obeida et al.，2005）将油藏条件下的毛细管压力 $(p_{\text{cow}})_{\text{RES}}$ 转换为实验条件下气—汞毛细管压力 $(p_{\text{cHg}})_{\text{LAB}}$，公式为

$$(p_{\text{cHg}})_{\text{LAB}} = \frac{(p_{\text{cow}})_{\text{RES}}(\sigma_{\text{Hg}}\cos\theta_{\text{Hg}})_{\text{LAB}}}{(\sigma_{\text{ow}}\cos\theta_{\text{ow}})_{\text{RES}}}\qquad（2\text{--}1\text{--}3）$$

式中　θ_{Hg}——汞的润湿角，（°）；

　　　　θ_{ow}——油相润湿角，（°）；

　　　　σ_{Hg}——气—汞界面张力，N/m；

　　　　σ_{ow}——油—水界面张力，N/m；

　　　　下角 LAB 和 RES——实验室条件和油藏条件。

（4）通过 $(p_{\text{cHg}})_{\text{LAB}}$，结合图 2-1-14 得到给定深度 H 的 5 种岩石类型对应的含水饱和度（图 2-1-15）。

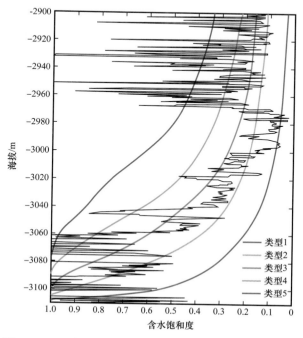

图 2-1-15　平均毛细管压力曲线转化的含水饱和度曲线

岩石类型与渗透率和饱和度息息相关，同一油水系统下，孔喉半径较大的岩石类型储层含油饱和度高，反之，含油饱和度低。以某岩心样本孔隙度 ±2% 范围内的岩石分类数据库样点的孔隙度—含水饱和度交会图为例可以看出，在相同孔隙度下，同一岩石类型的含水饱和度大致在同一水平，而不同岩石类型则存在明显的台阶（图 2-1-16）。若要求解图中红色点处的岩石类型，实际上只需计算该点距离各岩石分类含水饱和度平均值的距离即可。这一现象说明了同一深度和孔隙度条件下，含水饱和度越低则物性越好。由此可以将非取心井点岩石分类问题简化为求解该点含水饱和度距离 5 条岩石分类平均含水饱和度毛细管压力曲线的最近距离。根据求解深度点的含水饱和度落在图 2-1-15 上的区间位置（相当于靠谁近就属于谁），即可得到相应的岩石类型。

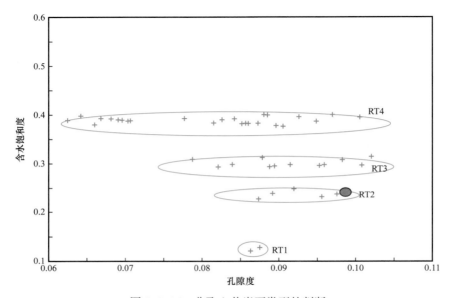

图 2-1-16　非取心井岩石类型的判断

图 2-1-17 中最后一道为 M316 井部分井段岩心分析及预测岩石类型对比，两者具有很好的匹配关系。统计显示该方法预测的岩石类型准确率可达 85% 以上，且实践证明，采用该方法对碳酸盐岩油藏岩石类型进行划分，可以大幅度提高碳酸盐岩油藏地质模型对储层非均质性、高渗透条带和隔夹层的刻画。

对测井曲线某一深度点计算其渗透率，可以按照以下步骤：

① 依据该点的油柱高度和阿尔奇饱和度确定该点的岩石类型；

② 依据该点岩石类型和孔隙度，对孔隙度开个窗口（−0.02～+0.02），到不同岩石类型孔渗关系图版库（图 2-1-13）中选取样品点，共 N 个；

③ 通过毛细管压力公式推算该深度的毛细管压力，取得 N 个样品的毛细管压力曲线上该压力对应的饱和度；

④ 对饱和度进行方差分析，利用平均值和 ± 标准差可以将饱和度分为三个区间；

⑤ 通过阿尔奇饱和度与三个区间对比，进行饱和度的筛选，统计出筛选后饱和度对应的样品点的渗透率平均值，即为该点的渗透率值。

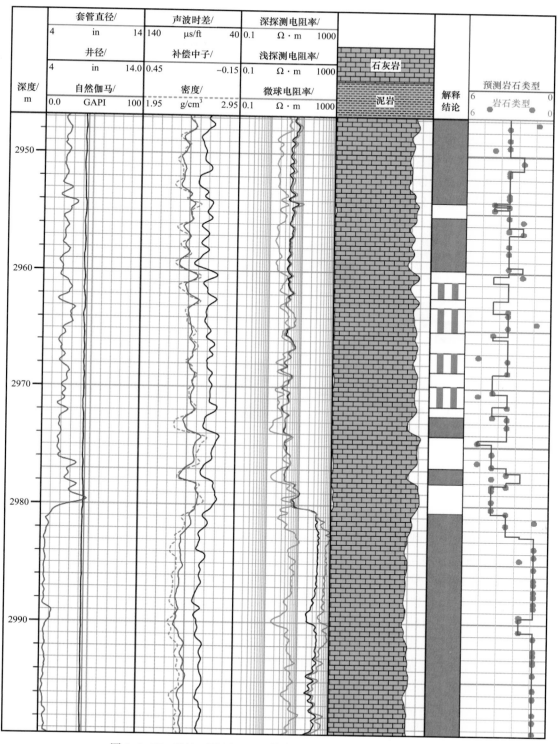

图 2-1-17 哈法亚油田 M316 井岩心分析及预测岩石类型对比

2. 生屑灰岩储层多信息一体化建模

在碳酸盐岩油田评价早期阶段，若岩心分析资料不足以开展岩石分类研究时，建模过程可简化采用沉积相概念建模方法。进入评价中后期和开发期阶段，油田积累了大量的资料，对于碳酸盐岩储层的建模采用分层次建模方法。首先，从基础地质研究入手，开展储层沉积成因分析，利用地震资料进行综合储层预测，并以其研究成果作为约束条件，建立沉积相模型及相控岩石分类模型；然后，根据不同岩石分类的分布规律分别进行随机模拟，建立储层参数模型。这个阶段的碳酸盐岩储层建模，关键是准确划分岩石类型，建立岩石类型模型和渗透率模型，为开发优化奠定坚实的地质基础。图 2-1-18 为研究中提出的以岩石分类为基础的建模流程。

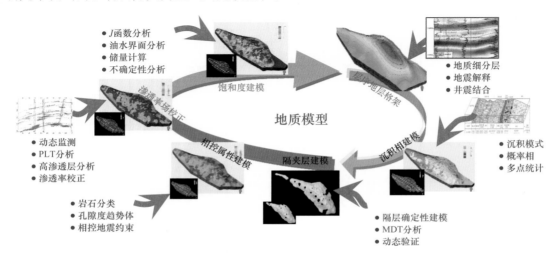

图 2-1-18　基于岩石分类的建模流程

为提高沉积相建模的精度，提出了在沉积模式控制下，依据纵向韵律及波阻抗反演提取的沉积相概率体开展井震结合的随机沉积相建模的方法，该方法可以提高沉积相建模的精度，实现滩—潮道高渗透层及潟湖隔夹层的空间分布表征。以沉积相模型为基础，对每种相中所包含的岩石类型、不同岩石类型在纵向的分布比例进行统计分析。在此基础上，采用截断高斯模拟算法（TGS），以各岩石类型波阻抗反演的概率体作为趋势约束、变差函数控制岩石类型的空间展布，生成岩石类型模型。

基于岩石类型与储层孔隙度的关系，在岩石类型模型的控制下，以波阻抗反演体作为软约束，应用序贯高斯模拟算法（SGS）建立孔隙度模型。在岩石类型模型的基础上，以井点计算的渗透率为硬数据，以孔隙度模型作为协克里金变量实现渗透率模拟，从而实现了沉积微相—岩石类型—孔隙度—渗透率各模型之间的分级控制。饱和度函数由岩石类型、孔隙度以及自由水界面之上的高度三个要素决定。在确定油藏的原始流体分布特征及自由水界面深度的基础上，以自由水界面为基准面，构建每种岩石类型关于自由水界面之上的饱和度与高度的关系函数，进一步以阿尔奇公式测井解释的饱和度作为硬数据，饱和度与高度函数作为纵向趋势，以孔隙度体作为协克里金变量约束建立饱和度模型。

3.地质模型渗透率校正

通过以上方法建立的地质模型是仅能反映基质渗透率的地质模型。随着动态资料的增多，研究发现动态资料反映的渗透率更符合油藏开发实际，因此需要将静态渗透率场校正为动态渗透率场。通过研究，引入了基于产液剖面测试数据的渗透率扩大系数，实现了地质模型静态渗透率与动态渗透率的校正，从而建立了符合油藏地下实际的动态渗透率模型，为油藏数值模拟研究提供可靠保障。具体步骤：一是将模型的渗透率转换为渗透率曲线；二是对比射孔层段内产液剖面计算的渗透率与模型静态渗透率；三是计算渗透率扩大因子曲线，并将产液剖面计算的渗透率与模型渗透率相除得到该射孔层段的渗透率扩大系数；四是利用扩大系数计算动态渗透率，即利用该系数确定地质模型最终的渗透率参数值。图2-1-19为渗透率校正前后的平面分布对比图，验证显示校正后的渗透率更加符合油藏地下实际情况。

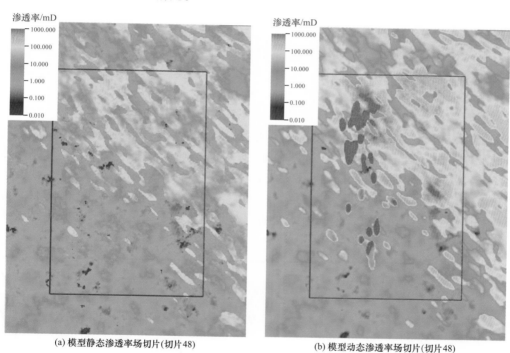

(a) 模型静态渗透率场切片(切片48)　　　(b) 模型动态渗透率场切片(切片48)

图2-1-19　渗透率校正前后对比图

第二节　裂缝—孔隙型碳酸盐岩油藏精细描述

裂缝—孔隙型碳酸盐岩储层在滨里海盆地东缘和南缘的让纳若尔油田、肯基亚克油田盐下、北特鲁瓦油田和卡沙甘油田均有发育，以低渗透、特低渗透为主。该区碳酸盐岩储层孔、缝、洞组合关系复杂，非均质性强，水驱油效率和波及程度差异大。为了精细表征储层非均质性，针对储层分类开展系统研究，建立了考虑孔隙连通性以及孔隙度与渗透率关系的裂缝—孔隙型碳酸盐岩储层分类评价技术，将储层类型由以前的 4 类划分为 6 类，储层分类结果与开发动态符合率达到 81% 以上。

一、裂缝—孔隙型碳酸盐岩储层成因机理

裂缝—孔隙型碳酸盐岩储层形成过程复杂，碳酸盐碎屑物质沉积到成岩、岩溶都是经历了多期次、多环境、多机理的交互作用（Moore et al.，2013），这也是碳酸盐岩储层特征及分布规律复杂的原因，本节以哈萨克斯坦北特鲁瓦油田为例对滨里海盆地裂缝—孔隙型碳酸盐岩储层的成因机理进行论述。

1. 台地相碳酸盐岩沉积作用

滨里海盆地东缘在晚古生代处于低纬度的热带或亚热带，为炎热、潮湿气候条件下的正常海水沉积环境，海相生物十分丰富。从早泥盆世开始，盆地东缘的沉积类型由陆源碎屑陆棚沉积逐渐转为海相碳酸盐岩台地沉积，沉积了厚逾千米的碳酸盐岩。钻井岩心资料显示盆地东缘岩石类型以颗粒灰岩为主，表明该区在石炭系沉积时期处于水动力较强、阳光和养料充足的浅海环境。薄片研究表明石炭系沉积时期生物类型多样，包括腹足类、腕足类、瓣鳃类、海百合、蜓类、有孔虫、藻类、珊瑚等生物碎屑，总体上反映了一个海水畅通、氧气充足、营养丰富、水体动荡、适宜于各种生物发育的正常浅海环境，即开阔海台地环境。研究区部分井石炭系 KT-Ⅰ层发育膏岩、盐岩、含膏云岩、含膏泥岩等，指示蒸发环境，代表蒸发台地相；部分井 KT-Ⅰ层上部发育含膏盐假晶、结核的泥粉晶白云岩，指示形成于局限台地相；而粉晶及细、中、粗晶白云岩则形成于回流渗透、混合水及埋藏白云石化等多种成岩环境。

总体上，滨里海盆地东缘在晚古生代经历了多次较大规模的海侵和海退事件，综合岩石相和测井相特征确定沉积模式为浅海陆棚—开阔台地—局限台地—蒸发台地的演化过程（徐可强，2011）（图 2-2-1）。

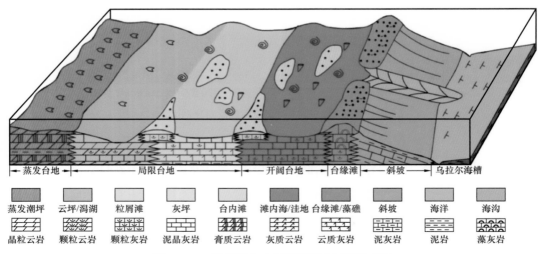

图 2-2-1　滨里海盆地东缘石炭系沉积模式图

北特鲁瓦油田石炭系 KT–Ⅰ层埋藏深度 2100～2300m，主要发育蒸发台地、局限台地和开阔台地三个亚相，发育潟湖、蒸发潮坪、白云坪、灰坪、粒屑滩、台内滩、藻礁、滩间海和滩间洼地等9个微相；KT–Ⅱ层埋藏深度 2700～3100m，主要发育台内滩、藻礁、滩间海、滩间洼地等4种微相。在上述微相中，蒸发潮坪和白云坪微相以晶粒云岩为主，为优质储层发育奠定了基础；粒屑滩、台内滩和藻礁以颗粒灰岩和泥粒灰岩为主，大部分亮晶胶结，部分为泥晶基质，为优质储层发育提供了物质基础，但后期是发育优质储层还是致密储层，则受后期古岩溶和成岩作用的控制；滩间海和滩间洼地以泥晶灰岩为主，同时发育泥质灰岩、含泥灰岩和粒泥灰岩等，储层不发育；灰坪以泥质灰岩为主，潟湖沉积以泥岩为主，储层均不发育。

2. 碳酸盐岩台地古岩溶作用

滨里海盆地东缘二叠世早期构造运动使地层经历了构造抬升作用，导致中—上石炭统（KT–Ⅰ层）暴露地表，遭受风化剥蚀和大气淡水淋滤溶蚀作用，形成了大量的溶蚀孔洞和各类裂缝，使北特鲁瓦油田 KT–Ⅰ层上部广泛发育古岩溶储层。

影响北特鲁瓦油田石炭系 KT–Ⅰ层古岩溶发育的因素众多，综合分析后认为岩性、不整合面、古地貌和古气候对于古岩溶作用起主要控制作用（曹建文等，2012）。

基于对北特鲁瓦油田石炭系 KT–Ⅰ层古岩溶地貌的恢复、古地貌平面分区、古岩溶垂向分带及其各带发育特征的分析，综合古岩溶孔、洞、缝的发育规律研究，在现代岩溶理论的指导下，系统、全面地建立了研究区主控因素为"岩性、不整合面、古地貌和古气候"的古岩溶发育模式（何江等，2013）（图2-2-2）。

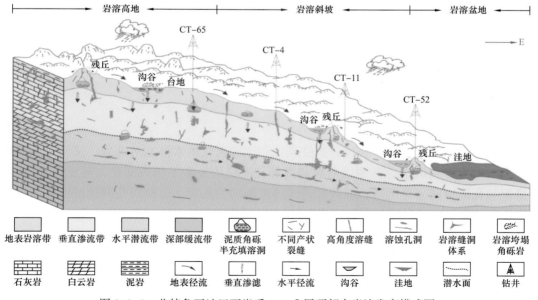

图 2-2-2　北特鲁瓦油田石炭系 KT–Ⅰ层顶部古岩溶发育模式图

北特鲁瓦油田古地貌分区性明显（图2-2-3），岩溶高地、岩溶斜坡和岩溶盆地均有发育（王振宇等，2008），并且地表和地下岩溶水由于受控于重力驱动，使得表生期古岩

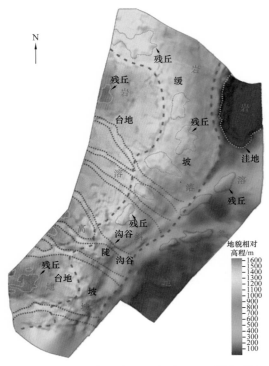

图 2-2-3 北特鲁瓦油田石炭系 KT-Ⅰ层古岩溶地貌平面分区图

溶垂向结构具有水动力学的分带性特征，可划分为地表岩溶带、垂直渗流带、水平潜流带和深部缓流带（张宏等，2008），不同平面古地貌单元的岩溶特征亦不相同（Geesaman et al.，2012）。北特鲁瓦油田大多数井都钻遇了垂向 4 个岩溶带，岩溶作用高差范围为 85～155m，总厚度自岩溶高地、岩溶斜坡到岩溶盆地方向逐渐减薄。地表岩溶带厚度较小，平均厚度为 8m，总厚度从岩溶高地、岩溶斜坡到岩溶盆地方向逐渐减薄，地下岩溶水以地表径流和垂直渗滤为主，主要发育小规模的溶洞和溶缝等储集空间，但易被泥、砂和角砾等不同程度充填，储层质量一般；垂直渗流带厚度较大，平均厚度为 36m，总厚度从岩溶高地、岩溶斜坡到岩溶盆地方向逐渐减薄，地下岩溶水以垂直渗滤为主，主要发育高角度溶缝和少量小型溶洞等储集空间，储层质量较好；水平潜流带厚度较小，平均厚度为 25m，总厚度在岩溶高地、岩溶斜坡和岩溶盆地三个区差异不显著，地下岩溶水以水平径向流为主，主要发育囊状溶蚀孔洞夹近水平溶缝及网状扩溶缝等储集空间，缝洞体系发育，储层质量最好；深部缓流带厚度较大，平均厚度为 33m，总厚度在岩溶高地、岩溶斜坡和岩溶盆地三个区差异最不显著，岩溶作用较弱，储层质量较差。北特鲁瓦油田 KT-Ⅰ层主力小层 A3 层主要发育垂直渗流带和水平潜流带，储集空间类型多样，为有利储层发育奠定了基础。

3. 主要成岩作用

北特鲁瓦油田石炭系碳酸盐岩遭受风化剥蚀和大气淡水淋滤溶蚀后，又经过多期次、多类型的成岩作用改造，其原始面貌和内部孔隙结构发生了很大变化，甚至出现原始岩石格架与孔隙空间完全倒转，即颗粒等粒屑被溶蚀为孔隙，而粒间孔则被胶结成为格架，最终导致储集空间的形成与演化序列复杂化。

通过对 26 口取心井的岩心观察与描述、薄片鉴定与分析、阴极发光、电子探针、岩石组构特征及地球化学分析，认为北特鲁瓦油田 KT-Ⅰ层古岩溶储层主要发育 5 种成岩作用类型，其中白云石化作用、溶蚀作用和破裂作用对储层孔隙形成和储渗性能改善等方面起到建设性的作用；而压实—压溶作用、胶结和充填作用使储层孔隙减小，对储渗性能起到破坏性作用。现今储层中的各类次生孔隙和裂缝等主要储渗空间是破坏性和建设性成岩作用长期相互影响后的最终产物。

1）白云石化作用

北特鲁瓦油田 KT-Ⅰ层古岩溶储层段白云岩广泛发育（石新等，2012），是主要的高产油层。通过锶同位素、有序度、碳氧同位素、微量元素、氧同位素古地温等对白云岩成因机制的分析，总结了早期白云石化作用对储层的三点重要建设性作用：

（1）早期白云石化形成的晶间孔（及晶间微孔），是后期成岩流体改造储层的溶蚀通道［图 2-2-4（a）、（b）］，为大量晶间溶孔的形成提供条件（闫相宾等，2002）。

（2）白云岩抗压实性强，有利于防止先期孔隙遭到破坏，压溶产物缝合线非常少见［图 2-2-4（c）］，能够抑制胶结作用，进一步保护孔隙（张静等，2010）。

（3）白云岩脆性强于石灰岩，更易产生脆性裂缝，这些裂缝是成岩流体及有机质运移通道［图 2-2-4（c）］。

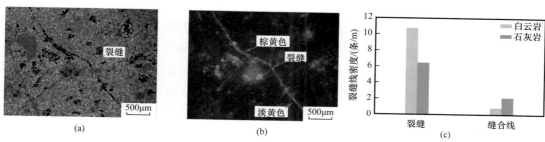

图 2-2-4　北特鲁瓦油田石炭系 KT-Ⅰ层白云岩对储层的建设性作用

（a）CT-4 井，2349.23m，残余生屑粉晶云岩，发育晶间孔和溶孔，见张开的构造缝，宽度不一，延伸欠规则；（b）CT-4 井，2349.23m，残余生屑粉晶云岩，裂缝发棕黄色、淡蓝色荧光；（c）白云岩和石灰岩中裂缝和缝合线线密度分布

2）溶蚀作用

溶蚀作用可产生极其可观的不同类型的次生孔隙（余家仁等，1998），是最主要的建设性成岩作用。通过分析发现，研究区溶蚀作用存在多期次的特征，主要包括同生—准同生期溶蚀作用、表生期岩溶作用和埋藏期溶蚀作用三个期次（图 2-2-5）。

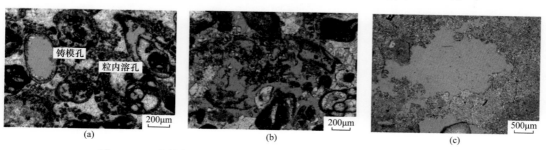

图 2-2-5　北特鲁瓦油田石炭系 KT-Ⅰ层古岩溶储层溶蚀作用特征

（a）CT-22 井，2299.43m，亮晶藻团块有孔虫灰岩，见组构选择性溶蚀形成的粒内溶孔和铸模孔；（b）CT-22 井，2299.85m，亮晶有孔虫灰岩，粒间溶孔为主；（c）CT-4 井，2342.48m，粉晶残余生屑云岩，见 3mm 左右的溶洞

3）破裂作用

北特鲁瓦油田早成岩期构造破裂产生的构造缝通常为未充填—半充填，在后期表生

岩溶和埋藏溶蚀的作用下，溶蚀流体沿构造缝发生溶蚀扩大，进一步改善了储层物性，形成的溶蚀缝与溶蚀孔洞组成了古岩溶背景下的孔洞缝系统，为北特鲁瓦油田石炭系最优质的储层。

4）胶结和充填作用

胶结和充填作用主要为孔隙水发生化学作用沉淀出的矿物质（胶结物）将松散的沉积物固结起来的一种主要破坏性成岩作用，可分为原始孔隙内沉积物的沉淀及次生孔隙内化学沉淀物的充填。北特鲁瓦油田胶结和充填物的成分主要以亮晶方解石和泥晶方解石为主，含少量白云石和黏土矿物，其他自生矿物含量很少 ［图 2-2-6（a）、（b）、（c）］。胶结作用在减少孔隙空间的同时还可以抑制压实作用，使部分原生孔隙得以保存，对储层质量具有深远的影响。

5）压实—压溶作用

压实—压溶作用是在上覆沉积物的重力作用下，导致颗粒发生紧密堆积，接触方式变为点、线和镶嵌接触，甚至会发生颗粒变形拉长以及压断作用 ［图 2-2-6（d）、（e）］。随着埋藏加深，上覆沉积物重力不断加大，导致碳酸盐岩各类颗粒接触的部位发生溶解，形成压溶作用的典型产物，即压溶缝（缝合线），后期多被有机质、沥青等充填 ［图 2-2-6（f）］，但其中的易溶组分可被运移至其他孔隙空间进行沉淀，进而使孔隙遭到破坏。压实—压溶作用多见于中—深埋藏阶段，是典型的破坏性成岩作用。

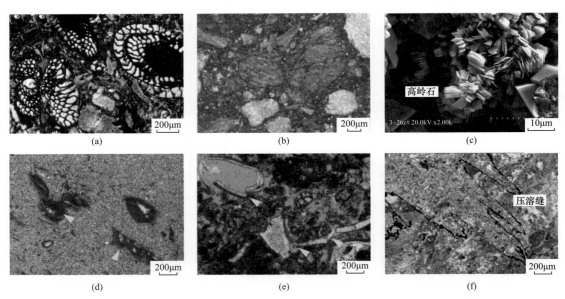

图 2-2-6　北特鲁瓦油田石炭系 KT-Ⅰ层古岩溶储层充填、压实和压溶作用特征
（a）CT-22 井，2338.38m，泥晶棘皮蜓灰岩，粒间由泥晶方解石充填；（b）CT-59 井，2383.01m，古风化角砾泥灰岩，角砾间充填黏土质；（c）5555 井，2335.24m，晶间孔内充填书页状高岭石；（d）5555 井，2340.19m，泥晶云岩，黄色箭头处砂屑因压实作用而具有拉长状形态特征；（e）CT-22 井，2304.15m，泥晶藻团块有孔虫灰岩，黄色箭头处生物壳体因压实作用而被压断；（f）CT-22 井，2354.3m，亮晶砂屑有孔虫灰岩，见较大幅度压溶缝

二、裂缝—孔隙型碳酸盐储层分类评价

1. 储层类型划分

滨里海盆地石炭系碳酸盐岩储层储集空间类型及组合方式的多样性决定了储层类型的复杂性。综合岩心观察资料、岩心薄片、成像测井解释结果，考虑储集空间类型、储层孔隙连通性，根据不同类型储层在孔隙度和渗透率交会图上所体现出来的特有位置，将滨里海盆地碳酸盐岩储层划分为孔洞缝复合型、孔洞型、裂缝—孔隙型、孔隙型、裂缝型和弱连通孔洞型等 6 种类型，分别统计了不同类型储层的岩电和物性特征（图 2-2-7 和图 2-2-8）。

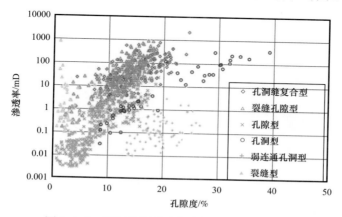

图 2-2-7 不同类型碳酸盐岩储层岩心孔渗关系

孔洞缝复合型、孔洞型储层物性好，为高级别储层类型；裂缝—孔隙型和孔隙型储层物性中等，为中等级别储层类型，弱连通孔洞型和裂缝型储层物性差，为低级别储层类型（Craig，1988）。

2. 储层类型定量判别

由于北特鲁瓦油田岩心和成像测井资料相对较少，为了定量识别储层类型，依据理论模型，利用常规测井曲线建立不同类型储层的定量识别标准。岩石体积物理模型主要是通过岩心分析结果结合岩石物理模型建立不同类型储层孔隙度解释模型（总孔隙度、基质孔隙度和裂缝孔隙度）。

Aguilera 多次发表了含裂缝和（或）孔洞储层测井评价方面的文章，1976 年提出了双重孔隙模型，该模型中的储层孔隙度被分为基质孔隙度和次生孔隙度（包括裂缝孔隙度和孔洞孔隙度）。2003 年提出了改进的储层模型，该模型包含自然裂缝和（或）连通孔洞。2004 年又提出了三重孔隙模型，该模型主要包含基质、裂缝和非连通孔洞三种储集空间类型。

参考 Aguilera（2004）三重孔隙模型，将北特鲁瓦油田的空隙空间划分为三个部分（RuiLin et al.，2009 年）：基质孔隙空间 V_p，连通裂缝和（或）孔洞孔隙空间 V_c 以及非连通孔洞孔隙空间 V_{nc}（图 2-2-9）。基质（不含孔隙空间）和基质孔隙空间形成了基质系

储层类型	岩心照片	成像测井	铸体薄片	孔隙度/%	渗透率/mD
孔洞缝复合型		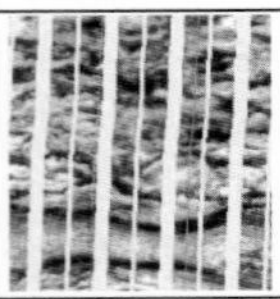	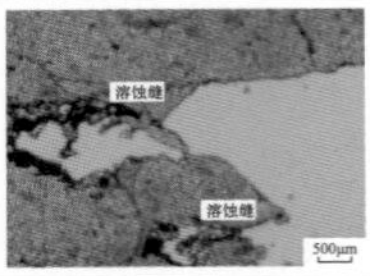	7.4~25.7 (16)	0.93~349 (54.6)
孔洞型		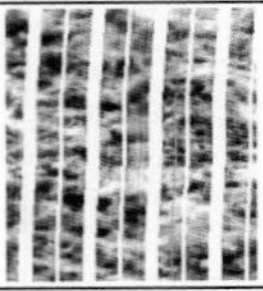	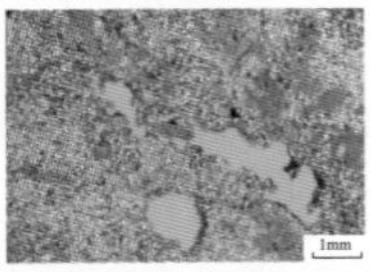	26.7~38.4 (30.6)	9.94~230 (103.2)
裂缝—孔隙型		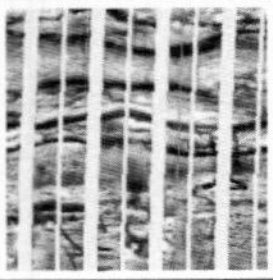		1.18~25.4 (6.34)	0.01~27.6 (3.71)
孔隙型	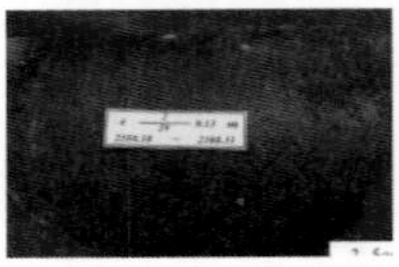	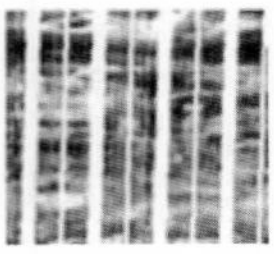	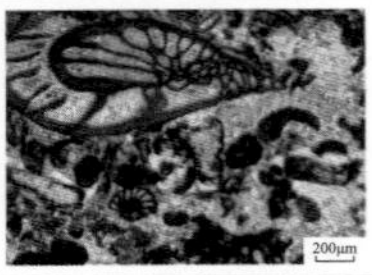	4.5~20.8 (11.1)	0.01~8.16 (0.74)
裂缝型		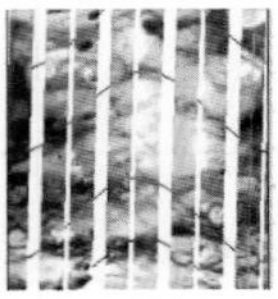	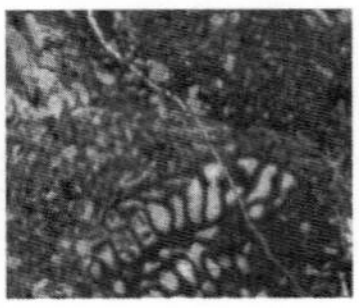	0.1~2.76 (1.41)	0.01~2.53 (0.25)
弱连通孔洞型	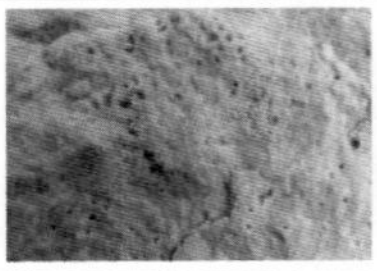	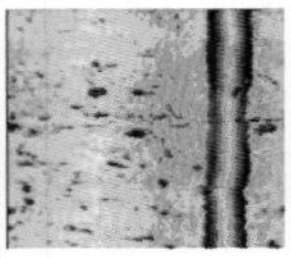	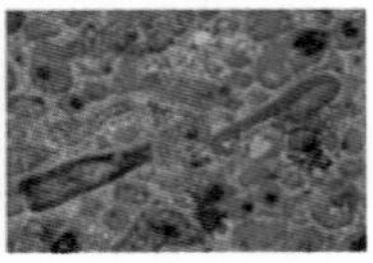	10.3~33.3 (25.2)	0.01~1.04 (0.19)

图 2-2-8 不同类型碳酸盐岩储层岩电和物性特征

统。基质系统的体积 V 是基质体积和基质孔隙空间体积 V_p 的总和。在三重孔隙模型中，连通的裂缝和（或）孔洞孔隙空间 V_c 代表了张开裂缝、侵蚀裂缝和（或）连通孔洞的体积。非连通孔洞孔隙空间 V_{nc} 代表了分离的或非连通孔洞的体积，例如分散粒孔隙、堵塞裂缝等。

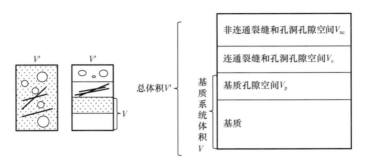

图 2-2-9 三重孔隙模型示意图

三重孔隙模型中的孔隙度 ϕ 包含基质孔隙度 ϕ_m，基质系统孔隙度 ϕ_b，连通裂缝和（或）孔洞孔隙度 ϕ_c 以及非连通孔洞孔隙度 ϕ_{nc}。其中基质孔隙度 ϕ_m 和基质系统孔隙度 ϕ_b 分别被定义为：

$$\phi_m = \frac{V_p}{V'}$$

（2-2-1）

$$\phi_b = \frac{V_p}{V}$$

（2-2-2）

式中　ϕ_m——基质孔隙度；

ϕ_b——基质系统孔隙度；

V_p——基质孔隙空间体积；

V'——储层岩石的总体积；

V——基质系统总体积。

根据式（2-2-1）和式（2-2-2），可以得到以下公式：

$$V_p = V\phi_b = (V' - V_c - V_{nc})\phi_b$$

（2-2-3）

$$\phi_m = (1 - \phi_{nc} - \phi_c)\phi_b$$

（2-2-4）

式中　ϕ_c——连通裂缝和（或）孔洞孔隙度；

ϕ_{nc}——非连通孔洞孔隙度。

总孔隙度 ϕ 为：

$$\phi = \phi_m + \phi_{nc} + \phi_c$$

（2-2-5）

$$\phi_{nc} = (\phi - \phi_c - \phi_b + \phi_c\phi_b) / (1 - \phi_b)$$

（2-2-6）

具体各类孔隙度计算方法如下：

1）总孔隙度 ϕ

通过岩石物理实验可知中子和密度测井反映的是岩石的总的孔隙度，因此利用中子—密度模型计算岩石总孔隙度。

$$\phi_N = CNL - SH \times \frac{CNL_{ma} - CNL_{sh}}{CNL_{ma} - CNL_f}$$

（2-2-7）

$$\phi_D = \frac{\rho_{ma} - \rho_b}{\rho_{ma} - \rho_f} - SH\frac{\rho_{ma} - \rho_{sh}}{\rho_{ma} - \rho_f}$$

（2-2-8）

$$\phi = \sqrt{\frac{\phi_D^2 + \phi_N^2}{2}}$$

（2-2-9）

式中　ϕ_N——中子测井孔隙度；

CNL——中子测井值，%；

SH——泥质含量；

CNL_{ma}——岩石骨架中子测井值，%；

CNL_f——地层流体中子测井值，%；

CNL_{sh}——泥岩中子测井值，%；

ϕ_D——密度测井孔隙度；

ρ_{ma}——岩石骨架密度，g/cm^3；

ρ_b——地层密度测井值，g/cm^3；

ρ_f——地层流体密度，g/cm^3；

ρ_{sh}——泥岩密度，g/cm^3。

2）基质孔隙度 ϕ_b

纵波在地层中主要是沿着岩石骨架传导，因此声波时差测井反映的是储层的基质孔隙体积，通过将北特鲁瓦油田岩心测试的孔隙度与声波时差测井曲线进行刻度，可以得到声波时差与基质孔隙度的关系式（图 2-2-10）：

$$\phi_b = 0.2887 \times D_T - 44.332 \qquad (2\text{-}2\text{-}10)$$

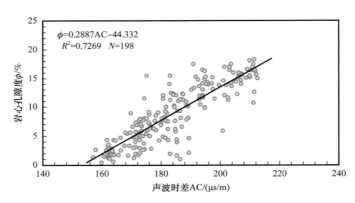

图 2-2-10 声波时差与岩心孔隙度关系图

3）非连通孔洞孔隙度 ϕ_{nc}

依据 2009 年 Liu 等提出的方法，基于深浅侧向电阻率计算非连通孔洞孔隙度。

对于高角度裂缝发育地层，计算公式如下：

$$\begin{cases} R_{LLD} = \phi_{nc}R_{mf} + (1-\phi_{nc})R_{fo} \\ \dfrac{1}{R_{fo}} = \dfrac{\phi_c}{R_{mf}} + \dfrac{1-\phi_c}{R_{mf}F_{LLS}}, \ F_{LLS} = \dfrac{R_{LLS}}{R_w} \end{cases} \qquad (2\text{-}2\text{-}11)$$

对于低角度裂缝发育地层，计算公式如下：

$$\begin{cases} \dfrac{1}{R_{LLD}} = \dfrac{\phi_c}{R_{mf}} + \dfrac{1-\phi_c}{R_{fo}} \\ R_{fo} = R_{mf}\phi_{nc} + (1-\phi_{nc})R_{mf}F_{LLS} \end{cases} \qquad (2\text{-}2\text{-}12)$$

式中　R_{LLD}——深侧向电阻率，$\Omega \cdot m$；

　　　R_{LLS}——深侧向电阻率，$\Omega \cdot m$；

　　　R_w——地层水电阻率，$\Omega \cdot m$；

　　　R_{mf}——钻井液滤液电阻率，$\Omega \cdot m$；

　　　R_{fo}——中间变量。

4）孔洞孔隙度 ϕ_c

基于上文获得的 ϕ、ϕ_b、ϕ_{nc} 和 ϕ_m，则连通裂缝和（或）孔洞孔隙度 ϕ_c 为

$$\phi_c = \phi - \phi_{nc} - \phi_m \qquad (2-2-13)$$

5）裂缝孔隙度 ϕ_f

裂缝孔隙度主要与裂缝的开度和裂缝密度相关。采用双侧向测井曲线，依据斯伦贝谢公司提出的解释模型进行裂缝孔隙度计算，首先利用深浅电阻率曲线，计算出裂缝状态判别指数 Y。

$$Y = \frac{R_{LLD} - R_{LLS}}{\sqrt{R_{LLD} \cdot R_{LLS}}} \qquad (2-2-14)$$

依据裂缝状态判别指数，确定不同裂缝对应的 A_1、A_2 和 A_3 值等裂缝特征参数（穆龙新等，2009）（表2-2-1），在确定裂缝计算参数的情况下，利用式（2-2-15）计算裂缝孔隙度。

$$\phi_f = \left(\frac{A_1}{R_{LLS}} + \frac{A_2}{R_{LLD}} + A_3 \right) R_{mf} \qquad (2-2-15)$$

表 2-2-1　裂缝状态判别指数

裂缝状态	Y	A_1	A_2	A_3
低角度裂缝	$Y<0$	−0.992417	1.97247	0.00031829
倾斜裂缝	$0 \leqslant Y \leqslant 0.1$	−17.6332	20.36451	0.00093177
高角度裂缝	$Y>0.1$	8.522532	−8.242788	0.00071236

总体上，岩心分析孔隙度与计算基质孔隙度整体上吻合较好，总孔隙度与基质孔隙差异大的储层，裂缝及溶孔溶洞发育。

6）储层类型定量判别标准

根据不同类型储集空间孔隙度的大小，制定了北特鲁瓦油田6类储层类型的定量划分标准：

（1）当 $\phi_b < 6\%$，且 $\phi_f > 0.12\%$ 时，为裂缝型储层；

（2）当 $\phi_b > 6\%$，$\phi_f < 0.12\%$，$\phi_{nc} > 0.75\phi$ 时，为弱连通孔洞型储层；

（3）当 $\phi_b \geqslant 6\%$，$\phi_f < 0.12\%$ 时，为孔隙型储层；

（4）当 $\phi_b \geq 6\%$，$\phi_f \geq 0.12\%$，$\phi_c < 3\%$ 时，为裂缝—孔隙型储层；

（5）当 $\phi_b \geq 6\%$，$\phi_f \leq 0.12\%$，$\phi_c > 3\%$ 时，为孔洞储层；

（6）当 $\phi_b \geq 6\%$，$\phi_f \geq 0.12\%$，$\phi_c \geq 3\%$ 时，为复合型储层。

图 2-2-11 和图 2-2-12 为常规测井定量判定储层类型结果与取心观察和成像测井解释结果对比图，统计结果表明，利用常规测井确定的储层类型与成像测井符合率在 80% 左右。

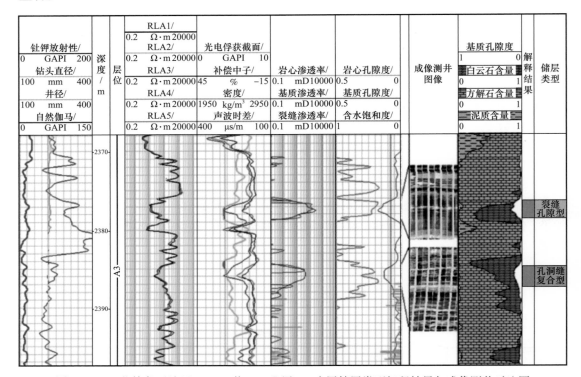

图 2-2-11　北特鲁瓦油田 CT-10 井 KT-Ⅰ层 A3 小层储层类型解释结果与成像测井对比图

三、裂缝—孔隙型碳酸盐岩储层非均质模式及表征

1. 宏观非均质评价

1）基于储层类型的非均质性表征

依据不同类型储层测井识别标准，完成滨里海盆地各油田储层类型识别，并从不同类型储层发育程度空间分布的角度表征了研究区储层的宏观非均质性特征，其中北特鲁瓦油田 KT-Ⅰ层古岩溶储层类型最多，非均质性最强，最为典型，因此以北特鲁瓦油田 KT-Ⅰ层古岩溶储层为例论述宏观非均质性表征方法和及其主控因素。

首先，在平面上绘制了北特鲁瓦油田主要的 6 类储层类型平面分布图，结合有效厚度的平面分布特征与古岩溶地貌平面分区图可以看出，古岩溶地貌对储层类型的发育和分布具有显著的控制作用。

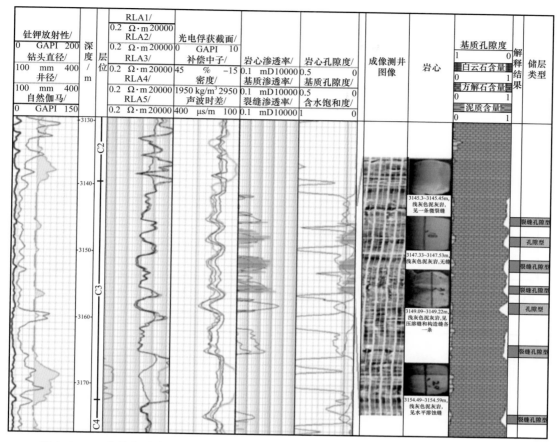

图 2-2-12　北特鲁瓦油田 CT-10 井 KT-II 层 Г3 小层储层类型解释结果与成像测井对比图

　　孔洞缝复合型储层分布较为局限，连片性较好，主体分布在油田中部，部分位于西北部（图 2-2-13），与古岩溶地貌图对比来看，孔洞缝复合型储层主体区分布在岩溶斜坡，且以岩溶缓坡为主，少部分位于在岩溶高地。

　　孔洞型储层主要分布在油田中部，少量分布在西部（图 2-2-14），连片性相对较差，多数呈土豆状分布，与古岩溶地貌图对比来看，孔洞型储层主要分布于岩溶缓坡，少部分位于岩溶高地。

　　裂缝—孔隙型储层整体连片性较好，除油田南部局部及中部零星区域无分布外，其余区域均有分布，但厚度分布存在差异（图 2-2-15）。与古岩溶地貌图对比来看，裂缝—孔隙型储层主体区位于岩溶高地和岩溶斜坡，岩溶盆地、洼地及斜坡带和高地北部厚度减薄。

　　孔隙型储层整体连片性最好，除油田中部和西部零星区域无分布外，其余地区广泛发育，厚度差异相对最小（图 2-2-16），与古岩溶地貌图对比来看，主体区分布于岩溶斜坡、岩溶高地北部和岩溶盆地。

　　裂缝型和弱连通孔隙型储层发育较少，只少见于局部单井（图 2-2-17 和图 2-2-18）。

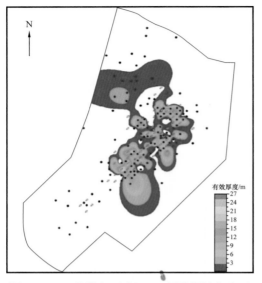

图 2-2-13　北特鲁瓦油田 A3 层孔洞缝复合型
储层有效厚度分布图

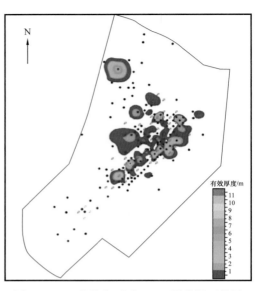

图 2-2-14　北特鲁瓦油田 A3 层孔洞型储层
有效厚度分布图

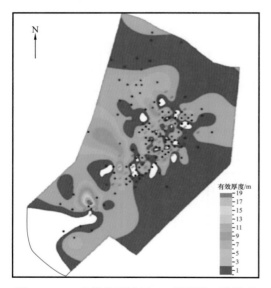

图 2-2-15　北特鲁瓦油田 A3 层裂缝—孔隙型
储层有效厚度分布图

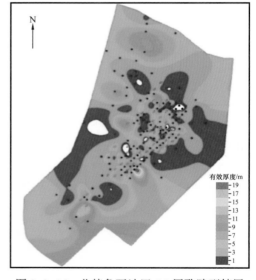

图 2-2-16　北特鲁瓦油田 A3 层孔隙型储层
有效厚度分布图

　　上述各储层类型分布结果表明，风化壳古岩溶储层宏观非均质性主要体现在纵向和平面的非均质性，古岩溶垂向的分带性控制了古岩溶储层纵向非均质性，古岩溶平面地貌单元控制的储层类型发育不均及组合方式多样则是古岩溶储层横向非均质性的决定性因素。总结来说，古岩溶储层宏观非均质性主要表现为"储层类型发育全、各类储层厚度差异大、纵横分布不均衡"的特征（金振奎等，2001）。

　　综合来看，孔洞缝复合型储层和孔洞型储层是最有利的两类储层，主要分布在岩溶

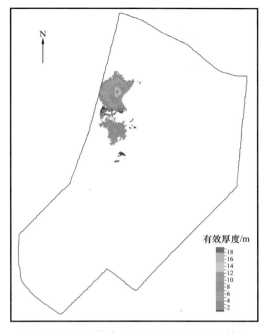

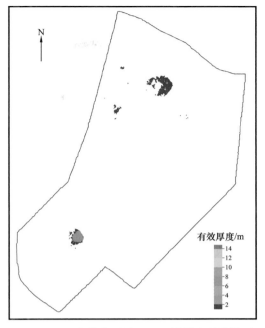

图 2-2-17　北特鲁瓦油田 A3 层裂缝型储层
有效厚度分布图

图 2-2-18　北特鲁瓦油田 A3 层弱连通孔洞型
储层有效厚度分布图

缓坡，少部分位于岩溶高地，岩溶陡坡分布最少。裂缝—孔隙型储层和孔隙型储层整体
呈现全区广泛分布的特征，但在发育程度方面，裂缝—孔隙型储层非均质性最强，孔隙
型储层非均质性相对较弱。

纵向上，通过对北特鲁瓦油田 KT-Ⅰ层纵向主要的储层类型的发育情况进行统计可
知（图 2-2-19）：KT-Ⅰ层古岩溶发育层段为 A2—Б1 层（A1 层仅在油田南部保留，其
余地区均被剥蚀）储层类型组合最为复杂，纵向上从 A2 层到 Б1 层孔洞缝复合型储层发
育频率为先增大后减小，孔洞型储层的发育频率为逐渐增大。这是由于垂直渗流带多发育
垂向或高角度溶蚀缝和溶蚀孔洞，更容易形成缝洞系统，因而孔洞缝复合型储层相对发育；
而水平潜流带在潜水面的控制下，更容易形成近似顺层分布的溶蚀孔洞，因而孔洞型储层
相对更加发育。综上所述，孔洞缝复合型和孔洞型两类有利储层在纵向上受控于古岩溶垂
向结构中的垂直渗流带和水平潜流带，即古岩溶作用为有利储层形成的主控因素。

对于裂缝—孔隙型和孔隙型储层的发育程度，前者从 A2 层到 Б1 层纵向上比例变化
较小，表明岩溶垂向结构对其影响不大，主要原因是裂缝的发育并非仅受岩溶作用控制，
岩性和构造作用扮演的角色往往更为关键。孔隙型储层发育比例从 A2 层到 Б1 层纵向上
呈先减小后增大的趋势，这是由于孔隙型储层是有利储层发育的基础，即岩溶作用在各
类孔隙基础上扩溶形成溶蚀孔洞，沿裂缝发生扩溶形成孔洞缝复合型和孔洞型等有利储
层，因此呈现出孔隙型储层与孔洞缝复合型、孔洞型有利储层发育程度"此消彼长"的
分布特征，表明岩溶垂向结构对储层的改造能力具有先增强后减弱特征，间接体现了其
对有利储层的控制作用。

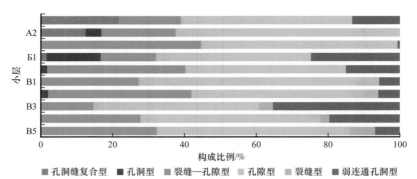

图 2-2-19　北特鲁瓦油田 KT-Ⅰ层古岩溶储层段不同类型储层纵向分布特征

2）古岩溶下的储层非均质模式及控制因素

基于以上分析，古岩溶作用控制了北特鲁瓦油田不同类型储层的空间分布和发育程度，导致古岩溶储层具有强烈的宏观非均质性，有利储层的分布规律明显受控于古岩溶平面地貌和垂向结构（邹胜章等，2016）。通过将北特鲁瓦油田各井古岩溶层段的主要储层类型发育厚度统计结果与古地貌平面分区图叠合开展综合分析，发现不同地貌单元的储层类型组合样式存在差异，这与古岩溶的控制作用密切相关。因此，基于对古岩溶控制下的储层空间分布表征和综合分析，明确了古岩溶储层宏观非均质性的主控因素为不同古岩溶地貌单元控制下的差异化储层类型组合模式。

不同地貌单元的储层类型组合模式如下：岩溶高地的储层类型组合模式为孔洞缝复合型储层 + 裂缝—孔隙型储层，岩溶缓坡的储层类型组合模式为孔洞缝复合型储层 + 孔洞型储层 + 裂缝—孔隙型储层 + 孔隙型储层 + 弱连通孔洞型储层，岩溶陡坡的储层类型组合模式为孔、洞、缝复合型储层 + 裂缝—孔隙型储层 + 孔隙型储层，岩溶盆地的储层类型组合模式为裂缝—孔隙型储层 + 孔隙型储层（图 2-2-20）。

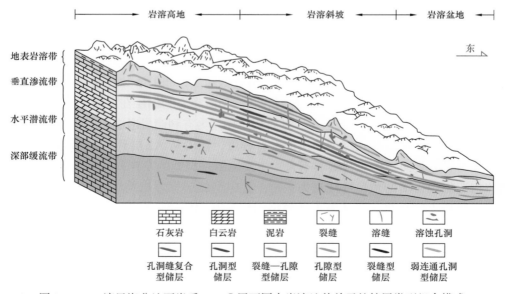

图 2-2-20　滨里海盆地石炭系 KT-Ⅰ层不同古岩溶地貌单元的储层类型组合模式

2. 微观非均质评价

1）储集空间类型及特征

北特鲁瓦油田石炭系 KT-Ⅰ 层碳酸盐岩储集空间类型多样，孔隙、溶洞、裂缝及多种类型的喉道均较为发育，但大型溶洞、洞穴系统不发育。通过对石炭系 KT-Ⅰ 层顶部古岩溶储层取心井的岩心观察、薄片鉴定及扫描电镜资料分析，将储集空间归纳为原生孔隙、次生孔隙和裂缝 3 个大类和 13 个亚类。基于对 609 张薄片的鉴定和统计，明确了各储集空间类型的规模和发育频率，KT-Ⅰ 层古岩溶储层储集空间主要以孔隙为主，占总面孔率的 93.5%；其次为裂缝，占总面孔率的 4.4%；溶洞含量较低，占总面孔率的 2.1%（图 2-2-21）。

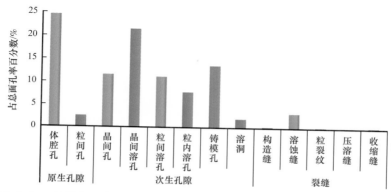

图 2-2-21　北特鲁瓦油田石炭系 KT-Ⅰ 层古岩溶储层储集空间类型和发育频率

2）孔喉结构的复杂性

研究发现，北特鲁瓦油田 KT-Ⅰ 层古岩溶层段具有复杂的孔喉结构，表现为"喉道发育类型多、孔喉模态乱如麻、孔喉大小分布散"三个主要特征。

（1）"喉道发育类型多"。北特鲁瓦油田喉道类型丰富，主要发育孔隙缩小型喉道、片状喉道、管束状喉道和网络状喉道等四种类型（图 2-2-22）。

　　(a) 孔隙缩小型喉道　　　　(b) 管束状喉道和孔隙缩小型喉道　　　　(c) 片状喉道

图 2-2-22　喉道类型

（2）"孔喉模态乱如麻"。北特鲁瓦油田孔喉半径分布曲线形态如同"乱麻状"，体现了从单模态、双模态到多模态等多种模态共同发育的特征，孔喉大小分布跨度很大，最大可达 4 个数量级，非均质性极强（图 2-2-23）。

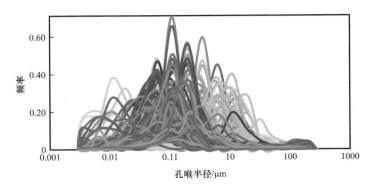

图 2-2-23　北特鲁瓦油田石炭系 KT-Ⅰ层古岩溶储层孔喉半径分布叠合曲线图

（3）"孔喉大小分布散"。孔喉大小分布三角图表明，孔喉大小整体上呈现"近三角状"杂乱散布的特征；通过深入分析压汞样品对应铸体薄片中的储集空间发育类型、发育程度和组合方式，对压汞样品的储层类型进行了细分，发现不同类型储层的孔喉大小表现出差异明显的分布样式：孔洞缝复合型储层和孔洞型储层整体上以大—中孔喉为主，孔隙型储层以中—小孔喉为主，裂缝—孔隙型储层以小孔喉为主（图 2-2-24）。

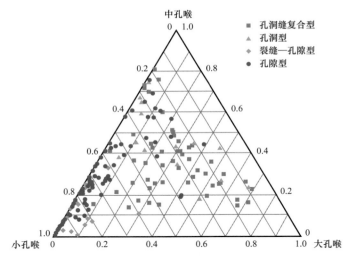

图 2-2-24　北特鲁瓦油田石炭系 KT-Ⅰ层古岩溶储层段不同类型储层孔喉大小分布三角图
（大、中和小孔喉以 2.5μm 和 0.5μm 为界限进行划分）

3）微观非均质模式

由于渗透率主要受控于孔隙的发育程度（即孔隙度）和孔喉结构（Aguilera，2002），以前对储层类型进行划分主要考虑了储集空间发育类型和组合方式，并未考虑孔喉结构的差异，从而导致同一类型储层孔隙度与渗透率相关性较差。为了有效提高渗透率计算精度，需要对孔喉结构的分类和表征开展深入分析。

北特鲁瓦油田 KT-Ⅰ层古岩溶层段 4 类储层 183 块压汞样品的孔喉大小分布曲线显示，每类储层的孔喉半径频率分布均呈现多种分布特征。总体上，储层孔喉结构可划分为 4 种模式：多模态宽广型、双模态宽广型、单模态集中型和双模态高低不对称型（图 2-2-25）。

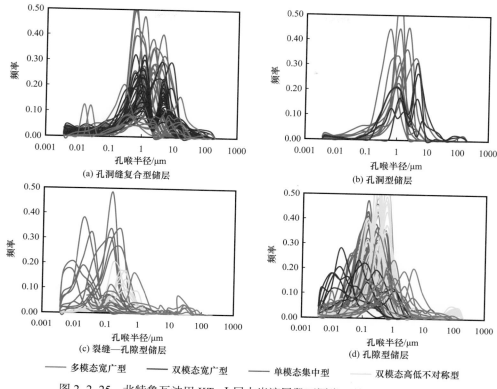

———— 多模态宽广型　　———— 双模态宽广型　　———— 单模态集中型　　———— 双模态高低不对称型

图 2-2-25　北特鲁瓦油田 KT-Ⅰ层古岩溶层段不同类型储层孔喉分布图

多模态宽广型储层的孔喉半径频率峰值通常为 3～4 个，曲线形态呈现很强的不规则性，峰值分布频带较宽，孔喉半径平均值为 3.42μm；双模态宽广型储层的孔喉半径频率峰值通常为 2 个，主峰和次峰的峰值相差较小，曲线形态呈现较强的不规则性，峰值分布频带较宽，孔喉半径平均值为 3.52μm；单模态集中型储层的孔喉半径频率峰值只有 1 个，曲线形态较为规则，峰值分布频带较窄，孔喉半径平均值为 0.9μm；双模态高低不对称型储层的孔喉半径频率峰值通常为 2 个，与双模态宽广型储层不同的是，其主峰和次峰的峰值相差较大，通常具有一个峰值很高的优势主峰，其孔喉半径通常大于 0.14μm，平均值为 0.32μm，同时具有一个峰值很低的劣势次峰，其孔喉半径平均值为 98.78μm。双模态高低不对称型储层的曲线形态呈现较弱的不规则性，峰值分布频带较宽。

4 种储层孔喉结构模式中，多模态宽广型和双模态宽广型储层孔喉半径较大、孔喉分选性较差、孔隙连通性和储层物性相对较好，其中双模态宽广型储层物性要优于多模态宽广型储层。多模态宽广型储层的孔喉结构非均质性极强，表现为孔喉大小分布跨度大，不同大小的孔喉分布频率差异显著，2.5μm 以上的大孔喉占比小于双模态宽广型孔喉结构，因此，纵使有大孔喉分布，但在极为不均的孔喉大小配置下，也一定程度上影响了该类储层孔喉结构的物性。单模态集中型储层具有较小的孔喉半径、较好的分选性、孔隙连通性和储层物性，而双模态高低不对称型储层则具有较大的孔喉半径、一般的孔喉分选性、较差的孔隙连通性和储层物性，为 4 类储层孔喉结构模式中储层物性最差的一类（表 2-2-2）。

表 2-2-2　北特鲁瓦油田 KT-Ⅰ层古岩溶储层微观孔喉结构模式及特征

孔喉结构模式	孔喉半径频率分布形态	平均孔喉半径/μm	分选系数	退汞效率/%	孔隙度/%	渗透率/mD
多模态宽广型		0.3～10.92（3.42）	1.58～3.86（2.61）	16.4～62.5（39.9）	1.18～25.4（11.98）	0.07～199（27.9）
双模态宽广型		0.03～11.1（3.52）	1.41～3.87（2.62）	6.3～59.1（33.7）	4.5～35.7（17.5）	0.01～209（48.7）
单模态集中型		0.01～4.65（0.9）	0.96～2.59（1.75）	2.4～74.1（33）	2.4～38.36（13.3）	0.01～349（26.7）
双模态高低不对称型		0.25～10.3（4.1）	1.14～3.12（2.17）	8.4～57.7（27.4）	3～16.9（10.9）	0.01～2.68（0.56）

注：0.3～10.92（3.42）为最小值～最大值（平均值）。

受不同孔喉结构模式对渗透率贡献上的差异影响，不同孔喉结构模式的水驱油效率和气驱油效率不同（万云等，2008）。双模态宽广型储层水驱油效率最高，其次是多模态宽广型储层，双模态高低不对称型储层和单模态集中型储层驱油效率最低。多模态宽广型储层由于大孔喉对渗透率贡献大，气驱更易气窜，其气驱油效果明显低于水驱油效率（图 2-2-26）。

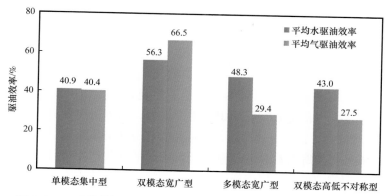

图 2-2-26　不同储层孔隙结构模态平均水驱油和气驱油效率对比图

　　不同类型储层由于储集空间发育类型和组合方式的差异，形成了差异化的孔喉结构模式组合（图 2-2-27），进而控制了不同类型储层的微观非均质性，即孔隙型储层整体非均质性最强，4 种孔喉结构模式均有发育；其次是孔洞缝复合型和裂缝—孔隙型，主要发育 3 种孔喉结构模式，孔洞缝复合型发育双模态宽广型和多模态宽广型等有利孔喉结构模式，裂缝—孔隙型发育多模态宽广型孔喉结构模式和物性最差的双模态高低不对称型孔喉结构模式；孔洞型储层非均质性相对较弱，主要发育单模态集中型和双模态宽广型两种孔喉结构模式。

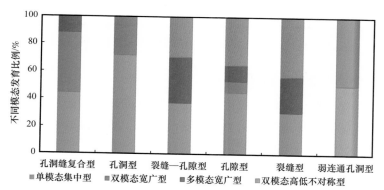

图 2-2-27　北特鲁瓦油田 KT-Ⅰ层古岩溶层段不同类型储层孔喉结构模式分布

第三节　裂缝—孔隙型碳酸盐岩气藏精细描述

　　土库曼斯坦阿姆河右岸裂缝—孔隙型碳酸盐岩储层生物礁滩体分布复杂，平面连续性较差，纵向上多期叠置，受盆地经历多期构造运动影响，裂缝也较为发育，储层非均质性强。针对优质储层的识别与精细表征开展研究，形成了巨厚盐膏层下缓坡型礁滩体刻画技术、五维 OVT 域多参数裂缝预测技术、裂缝—孔隙型碳酸盐岩储层非均质性表征技术，实现生物礁滩体优质储层纵向分辨率由 15m 提高到 5m，地震裂缝预测符合率由 60% 提高到 87.5%，为阿姆河右岸气田的井位部署、开发策略优化提供重要的技术支撑。

一、巨厚盐膏层下缓坡型礁滩体刻画

阿姆河右岸中部的缓坡带发育礁滩体储层，受上部覆盖800～1400m巨厚盐膏层影响，地震反射波能量屏蔽严重，目的层资料信噪比低，成像难度大。另外，该区受喜马拉雅期挤压运动较为强烈影响，与礁滩体叠置关系复杂的盐膏层变形严重，进一步加大了礁滩体的识别难度，内幕优质储层的识别难度更大，国内目前没有成熟经验与技术可以借鉴（吕功训等，2013）。针对上述难题，井震结合建立单井上覆膏岩层与生物礁滩叠置模式，提升生物礁滩外部轮廓解释精度；系统评价不同采气井产能与储层地震响应特征，明确优质储层地球物理响应模式；以多级次相控高分辨率反演技术为核心精细刻画礁滩体内幕，提升生物礁滩储层的识别精度，为后续开发井部署提供参考依据（图2-3-1）。

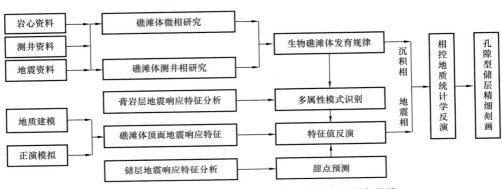

图2-3-1 地质—地震—测井综合预测技术的研究思路

1. 生物礁滩外部形态响应特征

阿姆河右岸中部地区上覆沉积厚度大、形变剧烈的巨厚膏岩层，膏岩与礁滩体叠置模式复杂，导致生物礁滩体地震反射外形特征变化大，难以准确识别。为提升生物礁滩体识别的精度，对已钻井的上覆膏岩层与生物礁滩体发育特征展开系统研究，建立了基于地震响应特征的4种典型生物礁滩识别模式（表2-3-1，图2-3-2）。

表 2-3-1 阿姆河右岸生物礁滩地震响应特征统计表

模式	礁滩体类型	地质特征		礁滩体外部形态地震响应特征			典型实例
		长度与高度之比	面积/km²	盐膏盐厚度变化	有无盐眼球	反射结构	
1	礁滩复合体	22：1～85：1	5.4～32.7	盐岩、膏岩厚度变化小	眼球特征不明显	平行反射	别—皮气田
2	丘滩复合体	26：1～73：1	3.0～10.3	石膏厚度变化小，局部盐厚度大	两侧发育眼球，规模小	亚平行反射	莫拉株玛气田
3	点礁	16：1～36：1	5.32～7.9	盐岩、膏岩厚度变化大	两侧发育眼球，规模较大	丘型反射	扬古依气田
4	塔礁	4：1～15：1	0.6～2.3	膏岩厚度变化小，局部盐岩厚度大	上倾方向发育眼球，规模大	丘型反射	奥贾尔雷气田

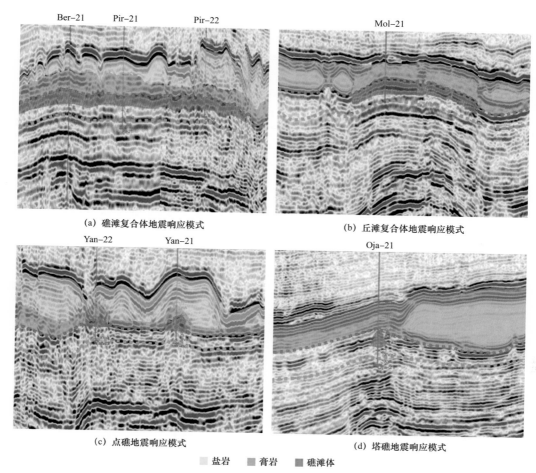

(a) 礁滩复合体地震响应模式　　　　(b) 丘滩复合体地震响应模式

(c) 点礁地震响应模式　　　　(d) 塔礁地震响应模式

◻ 盐岩　▨ 膏岩　▪ 礁滩体

图 2-3-2　盐膏岩和礁滩体储层的反射特征

2. 生物礁滩内幕储层响应特征

生物礁滩内幕储层地震响应特征与储层的厚度、物性、纵向分布位置及含气性等因素相关，响应特征复杂多样。为了进一步分析有利生物礁滩体内幕响应特征，在明确生物礁滩体外形的基础上开展内幕储层波动方程正演模拟，并与实际地震资料相结合建立了生物礁滩体内幕优质储层的地震响应特征。

以恰什古伊气田为例，对生物礁滩内幕储层响应特征研究进行详细介绍。恰什古依气田 Cha-21 井和 Cha-22 井两口井位于同一个构造，虽然相距仅 3.9km，但两口井的储层发育程度明显不同，Cha-21 井 XVhp 主力产层的储层总厚度和单储层厚度更大（图 2-3-3）；另外，两口井的生产测试也表现出明显的产气能力差异，Cha-21 井采用 12mm 油嘴测试，日产气量达到 $98 \times 10^4 m^3$；Cha-22 井采用 10mm 油嘴测试，日产气量仅 $5.25 \times 10^4 m^3$。基于以上分析，Cha-21 井和 Cha-22 井的储层发育程度不同，相应的地震响应特征也存在明显差异，Cha-21 井储层地震响应表现为强振幅、连续性好的特征；Cha-22 井储层地震响应表现为弱振幅、连续性好的特征（图 2-3-4）。

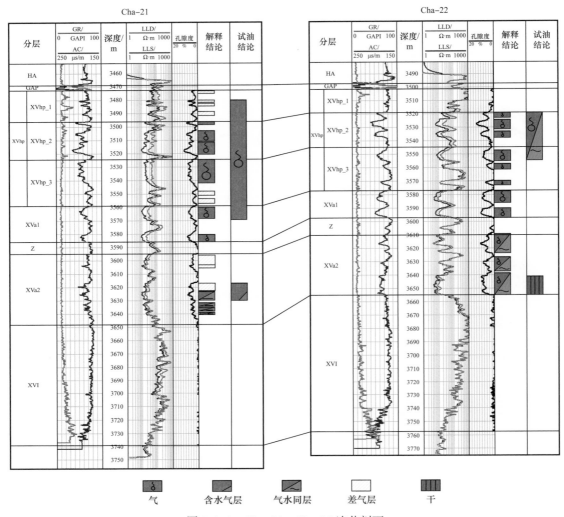

图 2-3-3　Cha-21—Cha-22 连井剖面

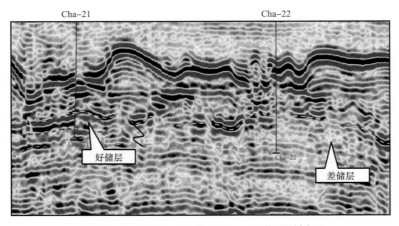

图 2-3-4　过 Cha-21 井和 Cha-22 井地震剖面

3. 生物礁滩储层预测

缓坡礁滩是一种特殊的碳酸盐岩沉积体，它的沉积建造和分布与沉积环境密切相关。由于经历了特殊的沉积作用和成岩过程，缓坡礁滩具有独特的地貌、结构、构造和岩石学特征，其地震反射波的振幅、频率和连续性等与围岩存在明显差别（王玲等，2010），因此，可以应用地震多属性识别缓坡礁滩发育带，但无法满足开发中后期气田储层精细表征的需求。为了提升生物礁滩内幕储层预测精度，在常规生物礁滩带预测的基础上进一步分析优质储层微相特征，多级次相控高分辨率反演技术与生产动态信息相结合精细刻画生物礁滩内幕优质储层的分布特征。

1）多级次相控高分辨率反演技术原理

多级次相控反演技术是以储层地质特征为基础，建立沉积相控低频模型，开展波阻抗反演，并在此基础上以不同岩石物理参数的概率密度分布函数作为约束进行随机反演的一种高分辨储层反演技术（图2-3-5）。此方法能将储层内幕细节刻画得更加细致，更能直观地反映生物礁滩的非均质性（Liu Qiang et al.，2020）。

2）低频模型建立

常规的模型构建方法是利用已钻井的阻抗曲线，在地层框架的约束下，沿着小层逐个插值得到三维空间阻抗体，但该方法仅适用于沉积相带相对稳定、平面变化小的地质条件。

阿姆河右岸中部地区生物礁滩呈网状分布，礁滩带储层主要为生物碎屑灰岩和颗粒灰岩，礁间主要为沉积泥质灰岩。受已钻井大部分位于礁滩相带，平面分布不均，且不同相带阻抗值域分布范围不同影响，利用常规方法建立的低频模型难以体现阻抗在平面上的变化规律（图2-3-6）。

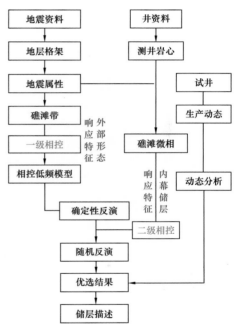

图2-3-5　多级次相控地质统计反演技术流程

综合分析已钻井的地质及生产动态资料，确定地层厚度和地层顶面反射强度等敏感地震属性与生物礁滩储层具有较好地相关性。在此基础上，开展地震多属性模式识别，预测生物礁滩带平面展布规律，并将其作为平面约束条件，建立了相控约束的阻抗低频模型（图2-3-7）。

相控约束下建立的阻抗低频模型剖面与常规方法相比，阻抗分布在礁滩带基本一致，但在礁间存在较大差异；常规方法的低阻抗在礁间连续分布，代表储层发育且连续；相控建模方法的阻抗在礁间则表现为高阻抗，储层不发育。前人研究表明阿姆河右岸礁间储层基本不发育，因此相控约束下建立的阻抗低频模型更符合地质认识（图2-3-8）。

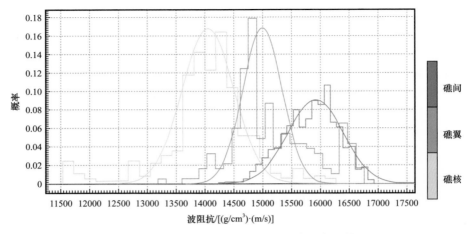

图 2-3-6 不同沉积相岩石阻抗概率分布函数

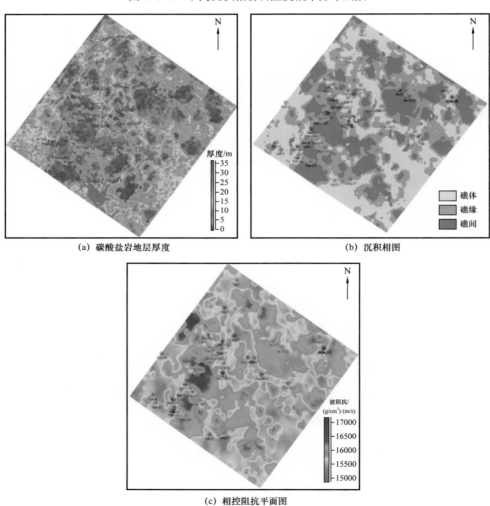

（a）碳酸盐岩地层厚度

（b）沉积相图

（c）相控阻抗平面图

图 2-3-7 相控阻抗建模平面图

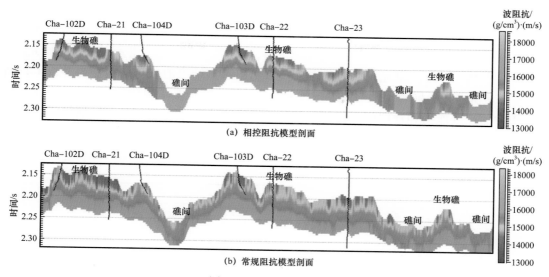

图 2-3-8 相控模型剖面

3）岩相概率模型

基于相控阻抗低频模型开展波阻抗反演，结果显示生物礁滩体外部轮廓清晰，但是分辨率较低，无法有效刻画礁滩体内幕储层（图 2-3-9）。为了进一步提升反演结果的分辨率，根据不同岩相阻抗值统计规律，估算岩相概率体模型（图 2-3-10），并将其作为高精度反演的空间约束条件开展更精细的储层反演研究（赵卫平等，2018）。

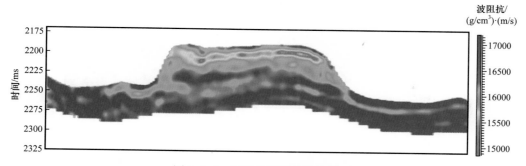

图 2-3-9 过礁体波阻抗反演剖面

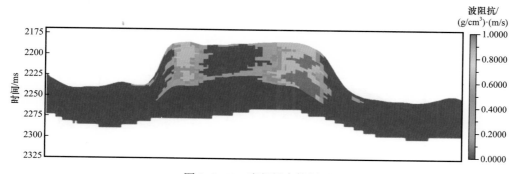

图 2-3-10 岩相概率体剖面

4）相控高精度反演

将岩相概率模型作为空间约束条件（张远银等，2019），开展地质统计学随机反演，并结合开发井的压力、试井和生产数据等动态资料，优选最终反演结果进行储层描述研究。

多级次相控反演结果显示，恰什古依气田储层预测结果的分辨率明显提升，生物礁滩体形态更为合理；同时，预测结果与各采气井的生产特征基本吻合，如 Cha-105D 井和 Shi-21 井的产气能力和地层压力保持水平均存在较大差异，表明两井间的储层不连通或连通性极差，与储层预测显示的两井分属不同的礁滩体结论基本一致。综上所述，采用多级次相控反演开展储层预测的结果是符合气田地质实际的（图 2-3-11 和图 2-3-12）。

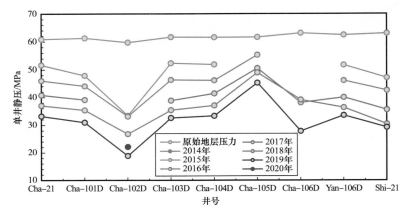

图 2-3-11　扬—恰地区单井历年地层压力变化对比图

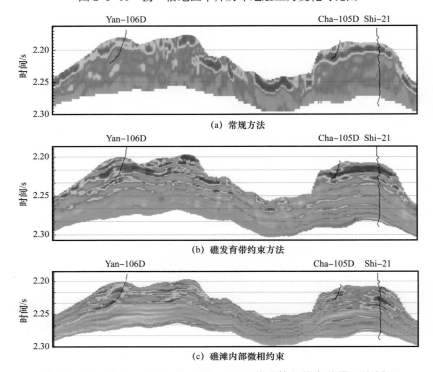

图 2-3-12　过 Yan-106D 井、Cha-105D 井礁体相控高分辨反演剖面

二、裂缝—孔隙型碳酸盐岩储层裂缝识别及预测

1.地震解释性目标处理

受上覆巨厚膏盐岩层的影响，目的层成像效果较差，难以满足裂缝识别的要求。采用带通滤波与构造导向滤波相结合的方法，聚焦目的层段有效信号，可有效提升裂缝的识别能力。

1）带通滤波处理

频率域带通滤波计算方法处理的数据能够很好地反映地下不同深度由于物性差异所引起的地球物理波场的变化特征（严文杰等，2011）。原始资料目的层段的频带范围是10～60Hz，在整个频带范围里面包含了一些与裂缝储层发育无关的信息。为聚焦裂缝型储层有效信号，通过有效信号扫描，可以优选出目的层段裂缝型储层对应的主要频带。

应用带通滤波进行地震资料处理，结果显示地震同相轴错断更明显，提升了微小断裂的识别能力（图2-3-13）。

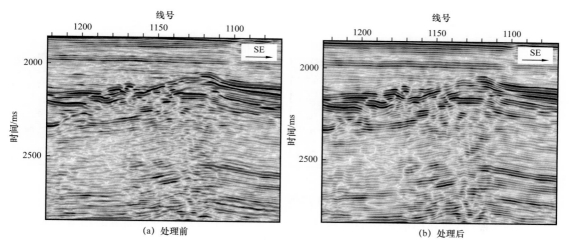

图2-3-13　带通滤波处理前后的地震资料对比

2）构造导向滤波处理

构造导向滤波技术是在不减弱横向不连续性的情况下增加地震资料的信噪比，它在分析同相轴的延伸方向及断点的基础上，沿同相轴进行平滑，平滑过程不跨越断点，能够使断点间的同相轴变得更加连续，同时使断点更为突出，以达到提高层位追踪可靠性（纪学武等，2011）。

构造导向滤波的实质是针对平行于地震同相轴信息的一种平滑操作，这种平滑操作不超出地震反射的终止形式（断层），其目的是沿着地震反射界面的倾向和走向，利用有效滤波方法去噪，增加同相轴的连续性，提高同相轴终止处（断层）的侧向分辨率，保存或改善断层的尖锐性。

应用构造导向滤波处理前后的断层识别能力明显提升，更有利于断裂的精细解释（图2-3-14）。

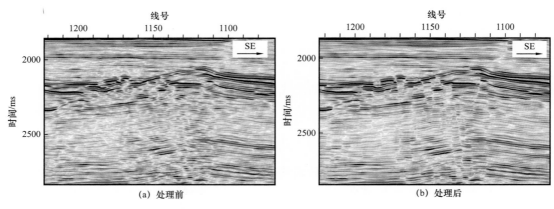

(a) 处理前　　　　　　　　　　　　　(b) 处理后

图 2-3-14　构造导向滤波处理前后的地震资料对比

采用带通滤波与构造导向滤波相结合的方法，相对单一滤波方法，能更好地聚焦目的层段有效信号，更有效地提升裂缝的识别能力（图 2-3-15）。

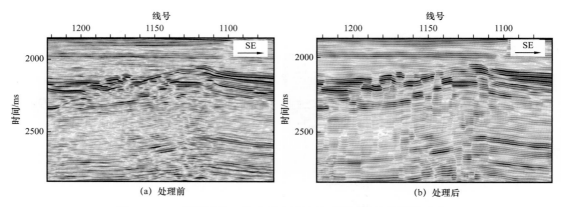

(a) 处理前　　　　　　　　　　　　　(b) 处理后

图 2-3-15　带通滤波＋构造导向滤波处理前后的地震资料对比

基于带通滤波和构造导向滤波预处理资料进行相干分析，与其他方法提取的相干平面图相比，在带通滤波与构造导向滤波处理基础上进行相干体分析，断裂刻画更精细，而且更准确（图 2-3-16）。

2. 叠后多属性裂缝预测

1）相干加强处理

相干加强处理的主要特点是断层自动拾取功能，理论上支持微裂缝的搜索。原始地震数据振幅的不连续（相干体）包含了两种信息：一种为与地质因素无关的噪声；另一种为不同尺度裂缝及断层等方面的信息。裂缝预测的目的就是去伪存真，压制噪声，加强并放大所需要的微裂缝等地质信息。具体流程如下：首先，进行线性滤波处理，即根据实际地质情况，正确认识噪声的展布规律，尽最大可能保存与地质相关的信息，提高数据品质；其次，通过线方向检测方式，合理选择检测线段长度，进行线性加强，将裂缝信息突出出来（董建雄等，2019）。

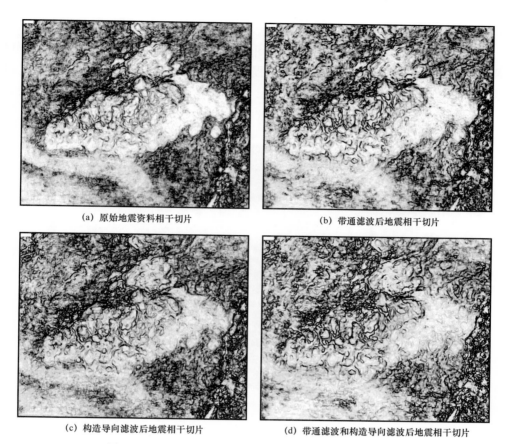

(a) 原始地震资料相干切片　　　　　　　(b) 带通滤波后地震相干切片

(c) 构造导向滤波后地震相干切片　　　　(d) 带通滤波和构造导向滤波后地震相干切片

图 2-3-16　在不同处理方法基础上做的相干切片图对比

　　在解释性目标处理的基础上开展线性相干加强分析，从相干切片图上可以看出，裂缝识别能力明显提升，反映的细节更多，微裂缝发育特征清晰（图 2-3-17）。

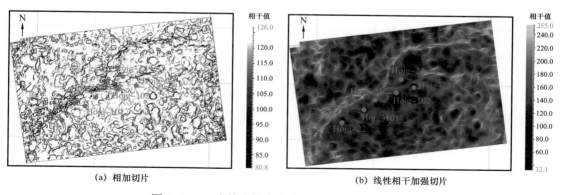

(a) 相加切片　　　　　　　　　　　　(b) 线性相干加强切片

图 2-3-17　在构造导向滤波基础上的相干切片图

2）曲率分析

　　应用曲率属性可以从沿层面属性上识别出小的挠曲、褶皱、凸起、差异压实等特征，最大正曲率、最大负曲率是在刻画断裂、裂缝和地质体时最易计算、最常用的曲率属性。

提取的最大正曲率平面图上显示裂缝发育方向以北东向为主（图2-3-18），其中 Hojg-21 井、Hojg-22 井、Hojg-101 井和 Hojg-102 井位于裂缝发育的优势区，裂缝发育程度高，Hojg-23 井和 Hojg-24 井裂缝发育程度较差。预测结果与已钻井测试产量结果一致，裂缝预测效果较好（表2-3-2）。

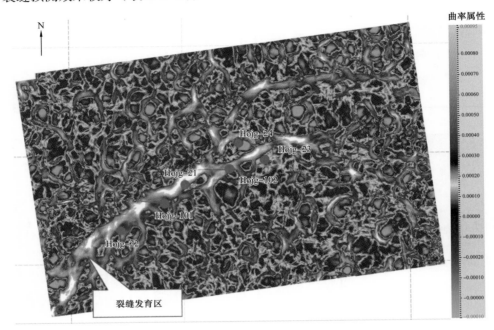

图 2-3-18 卡洛夫牛津阶层段最大正曲率平面图

表 2-3-2 东部霍贾古尔卢克气田试油结果统计表

井号	射孔井段（测深）/ m	工作制度 / mm	油压 / MPa	生产压差 / MPa	产量			试油结论
					气 / $10^4 m^3/d$	凝析油 / m^3/d	水 / m^3/d	
Hojg-21	3303.00～3374.67	11.11	49.90	1.350	74.99	28.26	4.17	纯气层
Hojg-22	3570～3591	11.10	34.60		57.20	20.28	4.28	纯气层
	3570～3591 3510～3534 3365～3470	12.70	49.30	1.160	96.61	32.20	4.56	纯气层
Hojg-101	3466～3939	14.00	48.64～48.86		122.00	28.00	17.00	纯气层
Hojg-102	3431～4095	14.00	46.64		116.00	27.00	19.00	纯气层
Hojg-23	3432～3572	12.00	4.35	54.240	8.20	0.96	10.08	纯气层
Hojg-24	3626～3698	14.00	1.74	54.897	4.12			纯气层

3）属性比例融合

属性比例融合技术是将多个敏感性属性数据体按照敏感程度以一定比例融合在新数据体中，可以明显提高断裂解释的精度（张建伟等，2015）。在属性提取过程中，通过敏感性属性参数的优化试验，获得裂缝型储层识别的优势属性，再将优选出的属性进行多次压缩从而得到最优化结果。

采用属性比例融合技术，将最大正曲率数据体与线性相干加强数据体进行融合，可以明显提升裂缝预测的可靠度，不仅可以消除生物丘造成的伪裂缝，还可以利用不同层段的切片分析立体展现裂缝展布特征（图 2-3-19）。

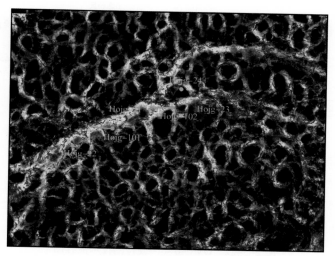

图 2-3-19　曲率体与线性相干体属性融合时间切片

3. 基于 OVT 道集五维裂缝预测

基于 OVT 域的数据处理是目前国际上高密度宽方位地震数据处理的核心技术。OVT 域全称为炮检距矢量片（Offset Vector Tiles），OVT 道集是新提出的一种数据分域方式，是十字排列子集的细分和重新整合形式，每个 OVT 子集就是一个限制方位角范围的偏移距组。OVT 域处理具有如下优势：炮检距矢量片能够拓展到整个探区，并且空间不连续性幅度小；偏移距和方位角相对恒定，有利于规则化和偏移处理；偏移后的数据更好地保持地震数据的方位角信息；有利于进行方位各向异性分析；有利于裂缝检测。

每个十字排列由多个 OVT 组成，通常 OVT 数目和设计覆盖次数相当，每个 OVT 都具有不同的方位角和炮检距信息（图 2-3-20），但在同一个 OVT 内，地震道具有相近的方位角和炮检距信息（图 2-3-21）。从整个工区内所有可能的十字排列中把相同编号的炮检距向量片（OVT）取出并组合到一起，形成单次覆盖的数据体，该数据体也称为 COV 体（Common Offset Vector）。

结合阿姆河右岸岩心分析、区域地质、构造解释、电缆测井与 FMI 成像测井的研究成果，建立了基于"两宽一高"地震资料的叠前"五维"（即三维空间位置和偏移距、方位角）地震裂缝预测评价技术流程（图 2-3-22）。

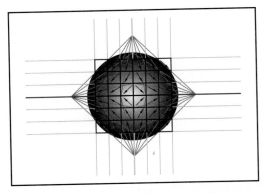

图 2-3-20　十字排列内的 OVT

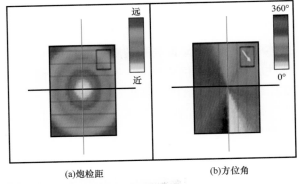

(a)炮检距　　　　　　　(b)方位角

图 2-3-21　同一 OVT 内炮检距和方位角分布

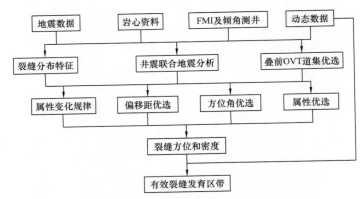

图 2-3-22　OVT 道集裂缝检测技术流程图

　　阿姆河右岸三维地震观测系统纵横比在 0.45 左右，不属于宽方位地震数据，虽然资料受到限制，但也开展了相关探索研究。经过 OVT 域偏移处理得到的螺旋道集，提供了更为精细的方位角划分，方位各向异性特征反映更为明显。在进行叠加成像前，应该消除方位各向异性的影响，提高螺旋道集叠加成像的质量。方位各向异性校正的关键是求取随方位角变化的速度函数。首先，在螺旋道集上拾取时差，利用带有方位角信息的时差计算方位各向异性属性体，主要包括快方向速度体、慢方向速度体和快方向方位体等，最后利用计算得到方位速度函数对螺旋道集进行校正处理。在系统分析的基础上，优选地震资料信噪比高的偏移距，利用优选的炮检距范围内的地震数据作为裂缝预测的主要叠前道集范围，分析炮检距与地震属性及地震属性随方位角的变化规律，最终优选出能够最大限度反映裂缝发育特征的方位角。为了确保裂缝模拟中具有足够的样本数和比较稳定的模拟参数，在能够反映裂缝特征的前提下，尽可能地扩大炮检距和方位角的范围，为各向异性校正、数据叠加、偏移成像及全区裂缝预测提供参数和评价依据（图 2-3-23）。

　　通过单井成像测井裂缝识别结果与五维 OVT 域地震裂缝预测联合分析，建立测井识别裂缝与地震裂缝预测之间的关系，从而实现利用五维 OVT 域地震资料准确预测全区裂缝。五维 OVT 域地震裂缝展布方向预测结果与 FMI 成像测井玫瑰图对比显示：地震资料

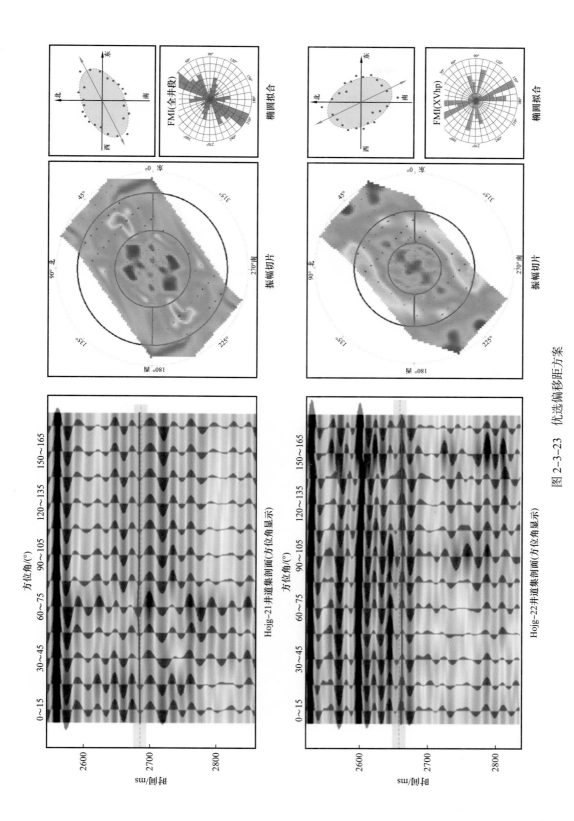

图 2-3-23　优选偏移距方案

预测的裂缝展布方向与 FMI 成像测井裂缝展布方向具有较好的一致性，如 Hojg-21 井的 FMI 成像测井和地震预测均能体现裂缝展布方向以北西、北东为主（图 2-3-24）。五维 OVT 域地震裂缝强度预测结果与已钻井试油结果分析显示：裂缝预测强度大的区域，采气井产气能力强，裂缝预测强度低的区域，采气井产气能力较弱。如 Hojg-21 井、Hojg-22 井、Hojg-101 井和 Hojg-102 井四口井均位于裂缝发育区，裂缝强度值在 0.8～1 之间，单井试气日产近百万立方米；Hojg-23 井和 Hojg-24 井两口井位于裂缝相对不发育的区域，裂缝强度值在 0.3～0.6 之间，单井试气日产量不到 $10 \times 10^4 \text{m}^3$（图 2-3-25）。

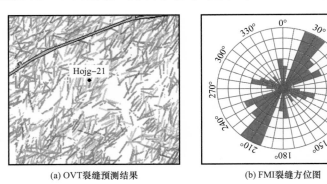

(a) OVT裂缝预测结果　　　　　　(b) FMI裂缝方位图

图 2-3-24　Hojg-21 井裂缝方位预测综合分析图

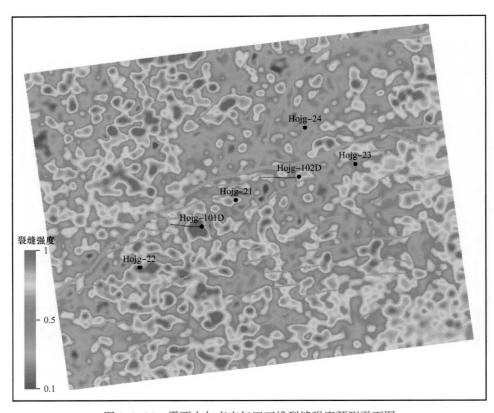

图 2-3-25　霍贾古尔卢克气田五维裂缝强度预测平面图

"十三五"期间，借助五维OVT域地震裂缝预测成果在东部地区部署采气井8口井，其中7口井钻遇裂缝发育带，5口单井测试日产超过百万立方米，裂缝综合预测符合率为87.5%（图2-3-26，表2-3-3）。

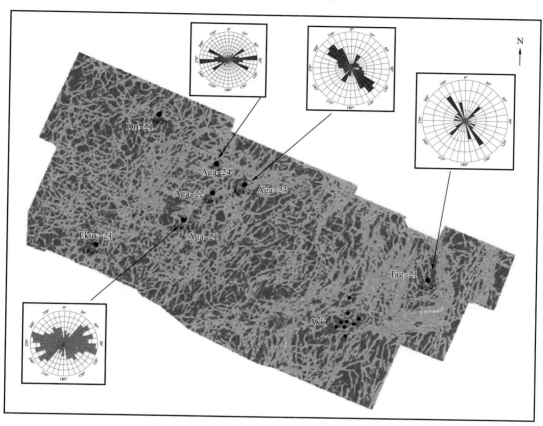

图 2-3-26　东部地区裂缝预测平面图

表 2-3-3　地震裂缝预测吻合率统计表

井号	测井裂缝发育情况	地震识别裂缝发育情况	符合率/%
Drt-21	发育	发育	
Ekuv-21	较差	发育	
WJor-22	发育	发育	
WJor-101D	发育	发育	
Hojg-101D	发育	发育	87.5
Jor-101D	发育	发育	
Hojg-102D	发育	发育	
Ehojg-101D	发育	发育	

三、裂缝—孔隙型碳酸盐岩储层非均质性表征

1.储层非均质性控制因素

1）沉积作用与储层非均质性

沉积微相控制了优质储层的平面分布。岩性是储层发育的物质基础，而岩性主要受沉积环境控制。从各种沉积微相类型的物性特征对比分析可知，生屑滩和砂屑滩的储层物性明显高于其他微相类型，为有利储集微相类型，其次为生物礁；滩间海和斜坡泥微相的沉积物粒度较细，导致储层物性较差，通常不能构成有效的储层（图2-3-27）。礁滩体微相的空间展布控制了阿姆河右岸卡洛夫阶—牛津阶碳酸盐岩基质储层的分布，特别是高能环境的生屑滩和砂屑滩沉积微相控制了优质储层的分布。

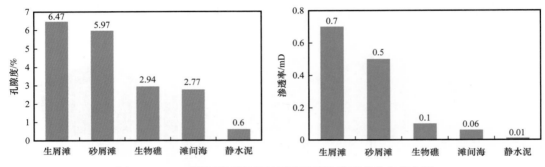

图2-3-27　不同沉积微相的储层孔隙度和渗透率分布直方图

层序控制了优质储层的纵向位置。三级层序界面和四级层序界面均是海平面由下降到上升的转换面，由于沉积基准面距离海平面很近，水体能量较高，岩性多为微—亮晶的颗粒灰岩，并且易受大气水溶蚀改造，因此界面附近发育大量的粒内溶孔和铸模孔等储集空间。三级层序界面附近的储层平均孔隙度为8.66%，平均渗透率为0.1mD；非三级层序界面附近的储层平均孔隙度为5.94%，平均渗透率为0.04mD，层序界面附近的储层物性总体上优于非界面处的储层（图2-3-28）。

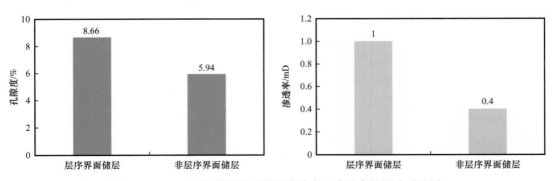

图2-3-28　三级层序界面对储层孔隙度和渗透率的影响对比图

2）构造作用与储层非均质性

对于碳酸盐岩储层而言，构造作用对储层的影响和改造作用是显而易见的。受构造

运动的影响，碳酸盐岩储层常常会伴生发育大量的裂缝，有利于储层物性的改善或将非储层改造为有利于油气运移的通道或油气储集的场所。

断层与裂缝在成因上关系密切，断层形成时，两侧产生大量裂缝，断层越多裂缝越发育，同时离断层越近，裂缝密度越大（Kim，2004；孙永河，2007）。此外，受断层类型影响，不同区域的构造裂缝的产状和性质等各不相同。阿姆河右岸按断层走向和性质可分为北西向走滑断层和北东向逆断层［图2-3-29（a）］。在北西向走滑断层附近伴生的裂缝主要为与断层面斜交的高角度张性缝及一组共轭剪切缝（Pir-21井和Ber-21井）；而在北东向逆断层附近伴生的构造裂缝主要为与断层低角度相交的张性缝及一组与断层面斜交的共轭剪切缝。从图2-3-29（b）钻井裂缝Wullf图可见，受喜马拉雅期强烈的挤压作用影响，在逆断层附近伴生的构造裂缝密度更高（Yed-21井）。

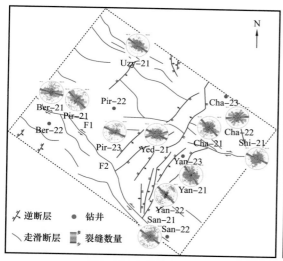

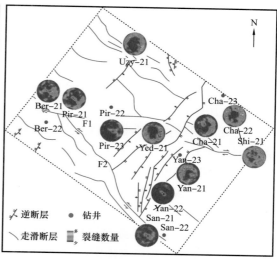

| （a）断裂系统及钻井裂缝走向玫瑰花图 | （b）断裂系统及钻井裂缝Wullf图 |

图2-3-29　阿姆河右岸B区块中部卡洛夫—牛津期断裂系统及钻井裂缝产状

破裂作用形成的裂缝为烃类或有机酸等流体提供了运移通道，由于流体的注入，部分矿物沿裂缝发生溶蚀，扩大了储集空间。破裂作用对储层的改造程度取决于储层沉积时孔隙的发育程度，发生于先期孔隙不发育的致密岩性中的裂缝，酸性流体仅能沿裂缝流动，在裂缝系统附近发生扩溶现象，裂缝对储层的优化改造效果不明显；形成于先期孔隙较发育的鲕滩储层中的裂缝，酸性流体可以沿连通的孔缝系统流动而使原有孔缝系统进一步扩大形成溶蚀孔洞，储层得到明显优化改造，从而形成较好的优质储层。因此，构造作用形成的裂缝及其后期溶蚀改造，不仅极大地提高了储层的局部渗流能力，也导致了储层非均质性的增强。

3）成岩作用与储层非均质性

成岩作用既可以促进次生孔隙的发育，又可破坏原生孔隙，按对储层储集的影响主要划分为两种类型，即建设性成岩作用和破坏性成岩作用（秦鹏等，2018），卡洛夫阶—牛津阶碳酸盐岩储层成岩作用类型多样，建设性成岩作用主要包括溶蚀作用和破裂作用；

破坏性成岩作用主要有压实作用、压溶作用、胶结作用、充填作用、膏化作用、硅化作用和天青石化作用。

（1）溶蚀作用。

溶蚀作用为储层提供各种溶蚀孔缝，自早期同生成岩期的大气淡水阶段到晚期成岩期或表生成岩期都可发生。溶蚀作用在礁灰岩和生物屑灰岩中较为常见，具有明显的选择性，如厚壳蛤、珊瑚、有孔虫、苔藓虫和红藻等生物化石容易遭受溶蚀形成丰富的粒间和粒内溶孔及铸模孔［图2-3-30（a）］，而棘屑和腕足等生物耐溶能力较强，保存较为完好。经溶蚀作用改造的各类石灰岩孔渗性大大改善，面孔率一般为2%~5%，最高可达17%，是对储层发育最有利的成岩作用方式之一。

（2）破裂作用。

破裂作用所产生的裂缝在阿姆河右岸卡洛夫阶—牛津阶碳酸盐岩普遍发育，岩心、薄片及成像测井上均可见［图2-3-30（b）］，是对储层具有重要的建设性意义的成岩作用类型。裂缝类型主要包括构造缝和成岩缝，高角度、垂直缝与溶蚀缝等因规模大，充填程度低，对储层建设性影响最大。裂缝不仅可以作为良好的渗流通道，同时大规模的裂缝也可以作为油气储集的重要空间。

（3）压实作用和压溶作用。

随着沉积过程的不断进行，在上覆岩层的压力作用下，下伏地层内部所承受的压力和温度不断升高，导致下伏地层孔隙减小。卡洛夫阶—牛津阶压实作用普遍发育，在颗粒灰岩中表现尤为明显，常见的压实现象有颗粒弯曲变形、颗粒之间接触频率增大、定向排列及颗粒局部破裂等，其中颗粒之间点、线至曲面接触，表明压实作用逐渐增强［图2-3-30（c）］；随着压实作用的不断增强，在接触点上受到最大应力和弹性应变增加，化学势能不断增强，导致接触部位发生局部溶解形成缝合线构造，且多被泥质及有机质等充填。压实作用和压溶作用使储层孔隙度降低，对储层产生的破坏性影响较大。

（4）胶结作用。

胶结作用是一种孔隙水的物理化学和生物化学沉淀作用，作用的结果是把松散的沉积物颗粒转变为固结的坚硬岩石。胶结与充填常常相互伴生，胶结作用主要发生在海底及浅地表大气淡水成岩环境，可以使沉积物中的原生孔隙及早期溶蚀孔隙全被充填，造成碳酸盐岩孔隙度降低，对储层储集空间具有破坏作用［图2-3-30（d）］。

（5）充填作用。

虽然破裂和溶蚀作用增加了储层孔渗性，有利于油气的运移，但受中成岩阶段晚期的自生矿物沉淀和充填作用的影响，部分溶蚀孔洞和裂缝被方解石、硬石膏和天青石等矿物充填，造成储层的孔喉被封堵而对储层发育不利［图2-3-30（e）］。

（6）其他破坏性成岩作用。

别—皮气田的卡洛夫阶—牛津阶还经历了硬石膏化、硅化、天青石化及次生矿物的充填等作用，与上述三类主要破坏性成岩作用相比，这些成岩作用对储层影响相对较小［图2-3-30（f）］。

根据储层非均质性控制因素分析可知，沉积作用控制了优质储层的分布；成岩作用

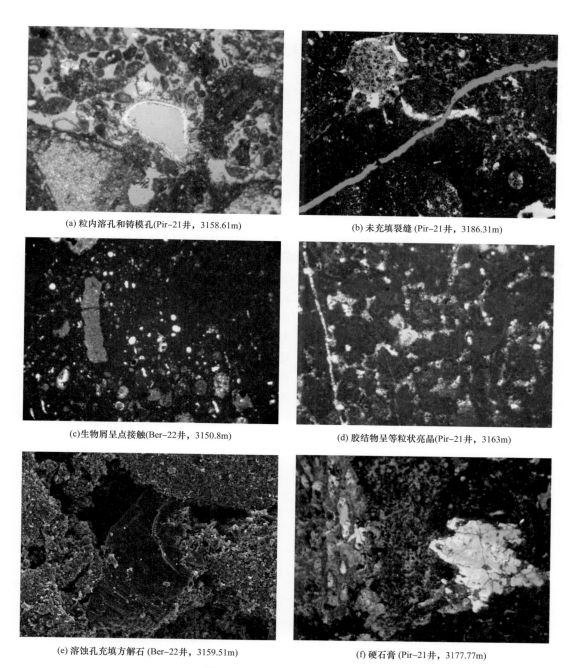

(a) 粒内溶孔和铸模孔(Pir-21井，3158.61m)　　　(b) 未充填裂缝 (Pir-21井，3186.31m)

(c)生物屑呈点接触(Ber-22井，3150.8m)　　　(d) 胶结物呈等粒状亮晶(Pir-21井，3163m)

(e) 溶蚀孔充填方解石 (Ber-22井，3159.51m)　　　(f) 硬石膏 (Pir-21井，3177.77m)

图 2-3-30　不同类型成岩作用

控制储层微观孔隙结构和岩溶发育，从而控制储层物性差异；构造作用控制裂缝发育及储层的改造程度，增强了储层非均质性。阿姆河右岸 B 区中部别—皮气田和扬—恰气田储层以颗粒滩相灰岩储层为主，原始物性条件较好，经历后期强烈的压实、胶结和充填作用以后，原生孔隙急剧减少，而溶蚀作用和破裂作用等改善了储层物性条件，剩余原生孔隙、次生溶蚀孔和裂缝成为主要的储集空间。

2. 储层非均质性综合评价

1）基尼系数及储层综合评价方法

近年来，经济学中一个很重要的参数"基尼系数"被引入到地质学中，用于对储层非均质性进行定量评价，并取得了较好的效果（康晓东等，2002）。基尼系数由洛伦兹曲

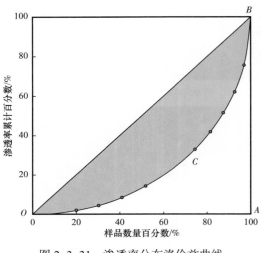

图 2-3-31 渗透率分布洛伦兹曲线

线计算得到，能够较全面地反映一组数据的均匀程度，最早用于评价国民收入分配的差异程度。与采用单参数进行非均质性评价的常规方法相比，该方法能够更加客观、准确地反映储层的非均质程度。

应用洛伦兹曲线评价储层非均质性，以岩样数百分比为 x 轴，以渗透率百分比为 y 轴，在平面直角坐标系上绘制洛伦兹曲线，对角线 OB 为完全均质线，OAB 为完全非均质线。在洛伦兹曲线的基础上计算渗透率的基尼系数，其定义为洛伦兹曲线与"完全均质线" OB 围成的弓形 OCB 面积与 $\triangle OAB$ 的面积之比，基尼系数介于 $0 \sim 1$ 之间，从而实现储层非均质定量评价（图 2-3-31）。

为了定义非均质性强度指标，将 $\angle BOA$（45°）分为 3 份。每 15° 为 1 份，由此可确定基尼系数 G 的定量评价标准：弱非均质 $0 \leqslant G \leqslant 0.422$；中等非均质 $0.422 < G \leqslant 0.732$；强非均质 $0.732 < G \leqslant 1$（图 2-3-32）。

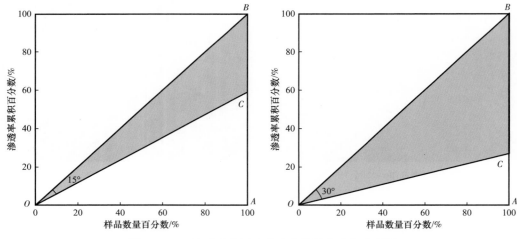

图 2-3-32 渗透率基尼系数法定量标准确定示意图

采用洛伦兹曲线法，对别—皮气田已钻井不同小层的非均质性进行评价，计算出的各层基尼系数显示 XVhp 层平均值最大，为 0.738，非均质性强；XVa1 层平均值最小，为 0.428，非均质性中等；XVa2 层平均值为 0.67，非均质性中等（图 2-3-33，表 2-3-4）。

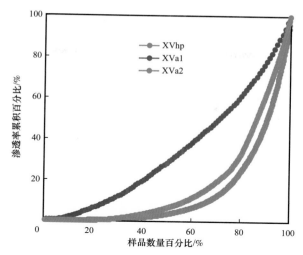

图 2-3-33　Ber-21 井不同小层总渗透率的洛伦兹曲线

表 2-3-4　别一皮气田已钻井不同小层总渗透率基尼系数统计表

井号	基尼系数		
	XVhp 层	XVa1 层	XVa2 层
Ber-21	0.728	0.327	0.647
Ber-22	0.776	0.555	0.793
Bush-21	0.706	0.504	0.679
Mes-21	0.655	0.513	0.761
Pir-21	0.792	0.332	0.782
Pir-22	0.792	0.494	0.437
Pir-23	0.660	0.309	0.579
Yed-21	0.795	0.408	0.690
平均值	0.738	0.428	0.670

2）裂缝—孔隙型碳酸盐岩储层非均质综合评价

由于别一皮气田碳酸盐岩储层非均质性受沉积作用、层序、成岩作用、构造作用等多个因素影响，要全面、科学地评价储层非均质性，利用一个相对独立的参数进行评价显得不够严谨，需要多角度、综合考虑影响储层非均质性的因素，将反映储层非均质性的参数有效地结合起来，形成一个综合评价值来代表储层的整体特征，综合指数法可以解决相对独立参数进行非均质性评价时的不确定性。其基本原理如下：

$$M = \sum_{i=1}^{n} E_i W_i \qquad (2-3-1)$$

式中　M——综合评价值；

E_i——第 i 个参数标准化值；

W_i——第 i 个参数的权重。

通常情况下，各个参数的单位及变化范围是不同的，故首先应对选取的参数进行标准化处理，将其转化成 0～1 之间的数值。参数的权重（W_i）可以通过参数变异系数除以各参数变异系数的和来求取。

（1）纵向非均质性综合评价。

能够表征储层纵向非均质特征的参数有很多（卜亚辉等，2016），在非均质控制因素分析基础上，考虑碳酸盐岩储层的特殊性，有针对性地优选了总孔隙度、总渗透率、裂缝和基质渗透率比值、隔夹层密度及隔夹层频率等五个评价参数（表 2-3-5）。

表 2-3-5　别—皮气田 XVhp 层纵向非均质评价参数权重系数表

评价参数	权重系数
总渗透率	0.244
总孔隙度	0.086
隔夹层密度	0.105
隔夹层频率	0.168
裂缝和基质渗透率比值	0.397

总孔隙度和总渗透率是储层的储集能力和渗流能力的集中反映，是表征储层非均质性的重要参数；裂缝是造成储层非均质性的重要因素，裂缝和基质渗透率比值则反映了裂缝的发育程度；隔夹层密度和隔夹层频率反映了海平面的变化频率，用于表征储层纵向渗流能力的差异，综合 5 个评价参数能够较好地反映储层纵向非均质性特征。将标准化后的参数值和权重系数代入非均质综合指数计算式（2-3-1）中，即可计算出不同层段的纵向非均质综合评价指数。从别—皮气田 XVhp 层的纵向非均质性综合评价图（图 2-3-34）可以直观看出，纵向非均质性总体较强，非均质性强的区域主要分布在研究区构造周缘低部位，主要原因为受沉积作用的影响礁滩体储层在构造低部位隔夹层个数多、厚度大。

（2）平面非均质综合评价。

针对 B 区中部碳酸盐岩礁滩体储层储

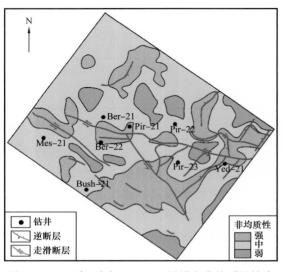

图 2-3-34　别—皮气田 XVhp 层纵向非均质性综合评价图

集空间既有孔隙又有裂缝、非均质控制因素多样的特点，有针对性地优选了储层厚度、总孔隙度、总渗透率、裂缝和基质渗透率比值等参数进行平面非均质评价（表2-3-6）。储层厚度反映了礁滩体储层规模大小、空间展布，用于表征储层平面分布的差异，综合4个评价参数能够较好地反映储层平面非均质性特征。将标准化后的参数值和权重系数代入非均质综合指数计算式（2-3-1）中，即可计算出不同层段的平面非均质综合评价指数。由别—皮气田XVhp层的平面非均质性综合评价图（图2-3-35）可以看出，平面非均质性总体中等，非均质性强的区域主要分布在断层附近，主要原因是受构造作用的影响，断层附近裂缝发育。

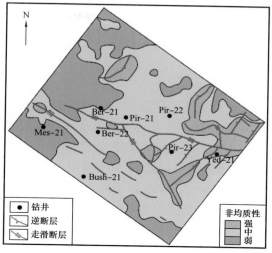

图2-3-35　别—皮气田XVhp层平面非均质性综合评价图

表2-3-6　别—皮气田XVhp层平面非均质评价参数权重系数表

评价参数	权重系数
储层厚度	0.085
总孔隙度	0.061
总渗透率	0.061
裂缝和基质渗透率比值	0.793

第三章　孔隙型生物碎屑灰岩油藏注水开发技术

伊拉克艾哈代布油田、哈法亚油田、鲁迈拉油田和西古尔纳油田均为孔隙型生物碎屑灰岩油藏，前者主要开发层系为 Kh2 薄层油藏，后三者主要为 Mishrif 巨厚油藏。伊拉克生物碎屑灰岩油藏孔隙结构复杂，呈多种模态类型；纵向及平面受高渗透条带分布影响，非均质性强。4 个油田主力油藏初期采用衰竭式开发，导致地层压力保持水平低（62%～66%），目前处于注水开发初期。艾哈代布油田 Kh2 油藏采用水平井整体注采方式，注水后为水平井快速水淹，剩余油分布复杂，需要落实剩余油分布模式，提出精细注水技术对策与综合挖潜技术。哈法亚油田、鲁迈拉油田和西古尔纳油田 Mishrif 油藏储层厚度超过 100m，注水开发后局部区域含水快速上升，产量递减加快，需要揭示孔隙结构与驱替机理，明确巨厚油藏注水开发主控因素和注水开发技术政策，实现改善开发效果。通过技术攻关，揭示了低矿化度水驱提高采收率机理和多种模态孔喉结构渗流模式，发展生物碎屑灰岩油藏水驱油理论；明确薄层油藏水平井整体注水开发效果的主控因素，提出分区稳油控水开发技术对策，实现艾哈代布油田地层压力保持水平由 2015 年 64% 回升至 2020 年 76%；哈法亚油田、鲁迈拉油田和西古尔纳油田 Mishrif 巨厚油藏的开发层系由一套开发层系细分为 3～4 套开发层系，并制订"平面分区、纵向分层"注水开发部署措施，支撑哈法亚油田、鲁迈拉油田和西古尔纳油田自然递减降低和地层压力回升、注水井网完善程度由 2015 年 12% 提升至 2020 年的 63.5%。

第一节　低渗透生物碎屑灰岩油藏水驱开发基础理论

伊拉克生物碎屑灰岩储层孔隙结构存在单模态、双模态和多模态三大类，受沉积作用和成岩作用可细分为 6 种类型，根据孔隙结构分布形态函数建立孔喉分布指数 $r^2 f(r)$，与传统的孔渗相关系数 0.050 相比，渗透率与孔喉分布指数相关系数提高到了 0.080 以上。建立不同孔隙结构类型的生物碎屑灰岩储层水驱油渗流特征图版，揭示生物碎屑灰岩油藏低矿化度水驱提高采收率机理，与注高矿化度水相比，低矿化度水驱效率提高4.3～10.3 个百分点。伊拉克哈法亚油田开展了 5 个低矿化度水驱的试验井组，井组产量由注低矿化度水前的 4088t/d 提高到 5209t/d。

一、不同孔隙结构类型的水驱特征与水驱效率

针对伊拉克大型生物碎屑灰岩储层混合润湿、孔隙结构复杂、地层水矿化度高及注水水质变化引起的渗流场耦合复杂难题，开展储层微观孔隙结构特征、水驱油实验研究，厘定不同孔隙结构流体赋存特征，研究"多种模态"孔隙结构储层的水驱油渗流规律，建立不同孔隙结构储层水驱油渗流模式图版，揭示低矿化度水驱提高微观驱油效率的机

理，为改善注水开发效果奠定基础。

1. 生物碎屑灰岩"多模态"孔隙结构特征

通过恒速压汞技术测定哈法亚油田生物碎屑灰岩的孔隙和喉道等参数，通过对进汞过程中压力涨落进行计算分析得到孔隙半径、喉道半径和孔喉比，研究分析孔隙和喉道结构分布规律，深入认识生物碎屑灰岩储层微观孔喉结构特征。

图 3-1-1 为恒速压汞测试生物碎屑灰岩储层孔隙半径分布图。从数值上看，岩样的孔隙半径分布范围在 100～200μm，主峰孔隙分布频率一般超过 10%。从曲线形态看，不同孔隙度和渗透率下的岩心样品，其孔隙半径分布曲线形态相近，皆为单峰、近正态分布，孔道分布差异小。由此结果可知，孔隙半径分布不是决定岩心渗透率大小的关键因素。

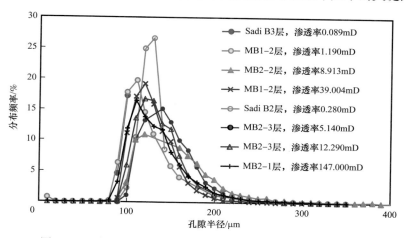

图 3-1-1　恒速压汞测试生物碎屑灰岩储层孔隙半径分布曲线

而岩样的喉道半径分布比较广、变化大。从分布形态上看，不同于孔隙半径的集中分布，渗透率低的岩样，喉道集中分布于小喉道区域，峰值分布频率较高；随着渗透率增大，喉道半径增大或喉道展布范围增大，峰值分布频率降低（图 3-1-2）。岩样渗透率大小基本与喉道半径大小或展布范围呈正相关关系，因此岩样的渗透率主要由喉道决定，而非孔隙半径决定。这就是伊拉克生物碎屑灰岩储层常常孔隙度相近，但渗透率差异巨大的原因。

与相同渗透率的砂岩储层相比（史兴旺等，2018），生物碎屑灰岩储层岩心喉道分布宽，但集中于小喉道，而砂岩喉道分布较窄，平均喉道略大于生物碎屑灰岩岩心（图 3-1-3）。从不同喉道半径的渗透率贡献曲线图看，在生物碎屑灰岩和砂岩渗透率相近情况下，砂岩储层喉道的分布范围较窄，大喉道对渗透率的贡献相对较小，而生物碎屑灰岩储层喉道的分布范围广，且大喉道的渗透率贡献率较大，生物碎屑灰岩非均质性更强的原因在于大喉道对渗透率的贡献更大（图 3-1-4 和图 3-1-5）。

针对孔喉半径不大于 100μm 微观尺度范围，开展孔喉类型进一步分类，受沉积作用和成岩作用，哈法亚油田生物碎屑灰岩储层存在 6 种孔隙结构类型（图 3-1-6）（Zhu et al., 2013）。生物碎屑灰岩储层具有多模态孔喉分布特征，分别为 Ⅰ 类多模态（沉积 + 溶孔 + 溶缝）、Ⅱ 类双模态（沉积 + 强溶蚀）、Ⅲ 类双模态（沉积 + 溶蚀缝）、Ⅳ 类双模态（沉积 +

弱溶蚀）、Ⅴ类单模态（细粒沉积＋弱溶蚀）和Ⅵ类单模态（细粒沉积型）。其中沉积主控基质孔隙，溶蚀改造影响储层渗透性；Ⅴ类和Ⅵ类单模态孔喉分布相对均匀，物性差；Ⅰ类多模态孔喉分布复杂，非均质性强，物性好。

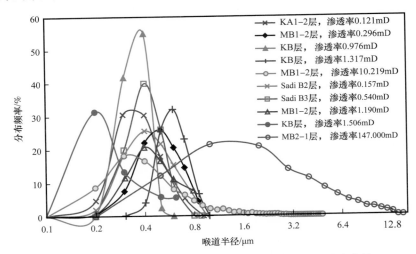

图 3-1-2　恒速压汞测试生物碎屑灰岩储层喉道半径分布曲线

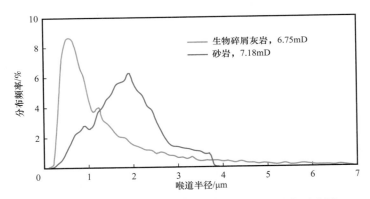

图 3-1-3　生物碎屑灰岩及砂岩储层喉道半径分布对比图

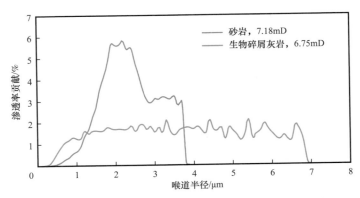

图 3-1-4　生物碎屑灰岩及砂岩储层渗透率贡献对比图

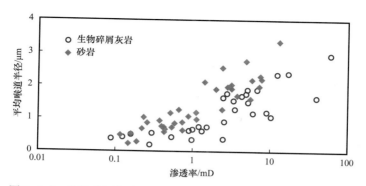

图 3-1-5　生物碎屑灰岩及砂岩储层喉道半径和渗透率关系对比图

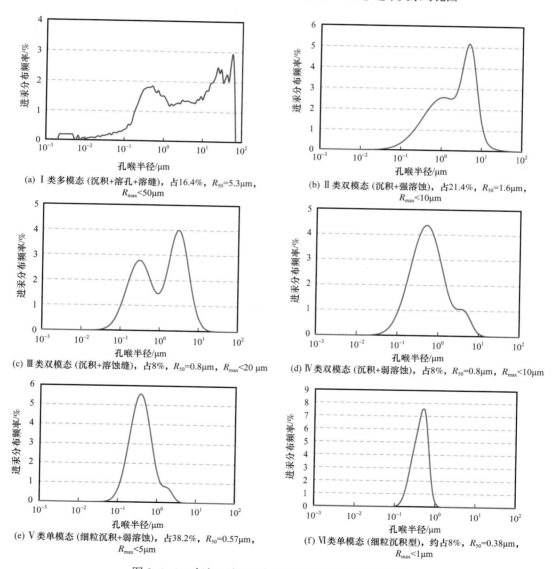

(a) Ⅰ类多模态 (沉积+溶孔+溶缝)，占16.4%，$R_{50}=5.3\mu m$，$R_{max}<50\mu m$

(b) Ⅱ类双模态 (沉积+强溶蚀)，占21.4%，$R_{50}=1.6\mu m$，$R_{max}<10\mu m$

(c) Ⅲ类双模态 (沉积+溶蚀缝)，占8%，$R_{50}=0.8\mu m$，$R_{max}<20\mu m$

(d) Ⅳ类双模态 (沉积+弱溶蚀)，占8%，$R_{50}=0.8\mu m$，$R_{max}<10\mu m$

(e) Ⅴ类单模态 (细粒沉积+弱溶蚀)，占38.2%，$R_{50}=0.57\mu m$，$R_{max}<5\mu m$

(f) Ⅵ类单模态 (细粒沉积型)，约占8%，$R_{50}=0.38\mu m$，$R_{max}<1\mu m$

图 3-1-6　哈法亚油田生物碎屑灰岩储层孔隙结构类型

通过研究结果构建了孔隙结构分布形态函数，利用式（3-1-1）可以表征生物碎屑灰岩油藏孔喉分布：

$$f(r) = \sum_{i=1}^{n} C_i \frac{1}{\sqrt{2\pi}} e^{\frac{(\lg r - \lg \alpha_i)^2}{2\sigma_i^2}}$$ （3-1-1）

式中 r——孔喉半径，μm；

$\quad\quad f(r)$——孔喉分布函数；

$\quad\quad C_i$——分布峰的数量，个；

$\quad\quad \alpha$——期望，μm；

$\quad\quad \sigma$——方差。

同时提出了孔喉分布指数 $r^2 f(r)$，完善生物碎屑灰岩油藏渗透率表征方法，有助于提高三维地质模型渗透率场表征精度。

$$r^2 f(r) = \sum_{i=1}^{n} C_i \frac{r^2}{\sqrt{2\pi}} e^{\frac{(\lg r - \lg \alpha_i)^2}{2\sigma_i^2}}$$ （3-1-2）

由于生物碎屑灰岩储层孔喉结构的复杂性，无论是 Mishrif 油藏还是其中的某一个小层，在相同孔隙度的情况下，其渗透率差值可以达到 1000 倍，因此传统的孔渗相关性较差，相关系数只有 0.050 左右；而以孔喉分布指数来描述渗透率的精度则可以大幅度提高，在相同孔喉分布指数的情况下，其渗透率差值最大只有 100 倍，其相关系数从传统孔渗法的 0.050 提高到 0.080（图 3-1-7）。

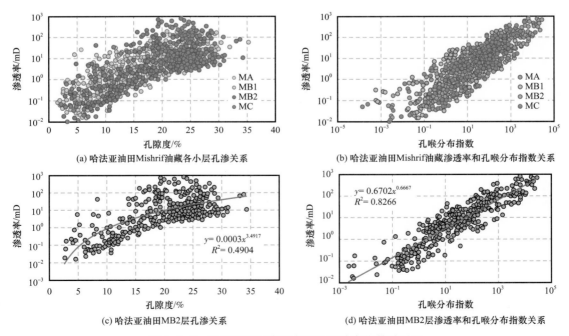

图 3-1-7　哈法亚油田渗透率及孔喉分布指数关系图

生物碎屑灰岩储层高渗透层的孔喉半径分布范围较广，其分布频率峰值对应的喉道半径超过 10μm，最大的喉道半径甚至达到 100μm 以上，其渗透率可达 1600mD（图 3-1-8）。在核磁共振 T_2 图谱上，对应的弛豫时间分布范围也较广，分布频率峰值对应的弛豫时间超过 1000ms，最大喉道半径对应的弛豫时间超过 10000ms（图 3-1-9）。

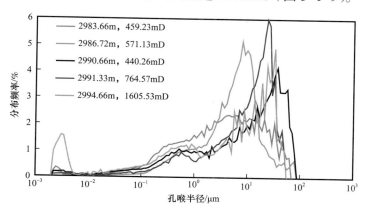

图 3-1-8 高渗透条带多模态孔喉分布曲线

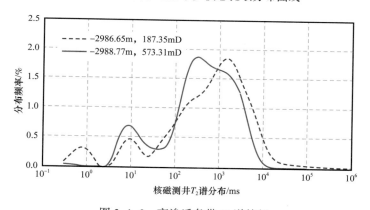

图 3-1-9 高渗透条带 T_2 谱特征

2. 不同孔隙结构储层水驱油特征

1）典型孔隙结构的流体赋存特征

随着渗流流体（边界—体相流体）理论系统的提出（黄延章，1999），人们逐渐意识到流体的赋存状态会对流体渗流过程产生影响，流体按赋存状态可划分为束缚流体、残余流体（边界流体）和可动流体（体相流体）。对于水驱油而言，上述流体赋存状态就对应着束缚水、残余油和可动油（水）。研究上述流体的赋存状态对掌握生物碎屑灰岩储层水驱油渗流机理有着重要的作用。

可动流体 T_2 截止值在核磁共振测量中是一项重要的参数，通过核磁共振岩心分析和室内离心标定法相结合进行确定，借助该参数能划分不同岩石类型的可动流体和束缚流体，从而对储层进行评价分析。利用核磁共振技术，标定生物碎屑灰岩可动流体 T_2 谱截止值，将地层中的流体细分为束缚流体、可动流体和残余流体 [图 3-1-10（a）]。

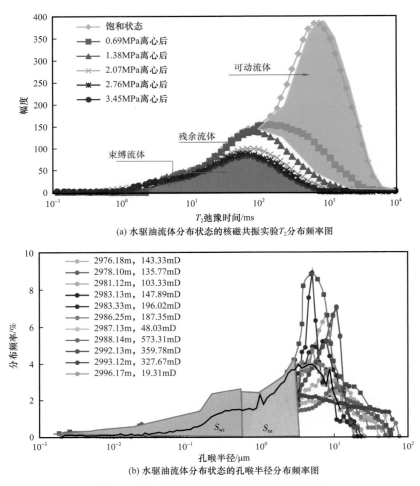

(a) 水驱油流体分布状态的核磁共振实验T_2分布频率图

(b) 水驱油流体分布状态的孔喉半径分布频率图

图 3-1-10　生物碎屑灰岩油藏流体赋存原理

　　根据束缚水及水驱油残余油数据，以哈法亚油田 Mishrif 油藏为例，研究束缚水、可动油和残余油等不同流体赋存的孔喉分布区间，MB2 储层孔洞孔隙型储层和粗孔孔隙型储层的流体赋存状态较为接近，束缚水（占总孔隙空间 12%～29%）孔喉半径界限为小于 0.2～1μm，残余油（占总孔隙空间约 30%）孔喉半径界限为 1～5μm，可动油孔喉半径界限为大于 3～8μm。裂缝—孔隙型储层受双重介质特征影响，束缚水（占总孔隙空间 39%）孔喉半径界限为小于 0.1～0.5μm，残余油（占总孔隙空间约 40%）孔喉半径界限为 0.5～3μm，可动油孔喉半径界限为大于 3μm。哈法亚油田 Mishrif 油藏 MB1 储层孔隙结构复杂，涵盖了多种类型，其主要类型为微孔孔隙型（占总孔隙空间约 36%），粗孔孔隙型（占总孔隙空间约 11%）和溶洞孔隙型（占总孔隙空间约 15%）；其束缚水（23%～29%）孔喉半径界限为小于 0.05～1μm；残余油（占总孔隙空间约 33%）孔喉半径界限为 0.1～3μm；可动油孔喉半径界限为大于 0.3～3μm［图 3-1-10（b）］。

　　表 3-1-1 为哈法亚油田 Mishrif 油藏典型孔隙结构特征，单模态孔隙型储层、双模态孔隙型储层和多模态孔隙型储层的束缚水饱和度（S_{wi}）孔喉界限分别为（＜0.05）～1μm、

（＜0.2）～1μm 和（＜0.1）～0.5μm，残余油饱和度（S_{or}）孔喉界限分别为 0.05～3μm、0.2～5μm、0.1～3μm，可动油饱和度孔喉界限分别为＞0.3～3μm、＞3～8μm 和＞3μm。

表 3-1-1　典型孔隙结构的流体赋存特征

孔隙类型	单模态			双模态			多模态		
岩心编号	193			56			164		
层位	MA2			MB1-2A			MB1-2C		
渗透率 /mD	9.22			12.70			6.83		
孔隙度 /%	23.73			21.31			9.84		
流体赋存状态	束缚水饱和度 22.17%，残余油饱和度 25.39%，驱油效率 67.38%			束缚水饱和度 32.46%，残余油饱和度 35.67%，驱油效率 47.18%			束缚水饱和度 35.16%，残余油饱和度 44.57%，驱油效率 31.27%		
小于流动孔喉下限区间占比 /%	11.32	4.51	8.64	23.33	23.99	3.98	27.97	34.63	17.68
大于流动孔喉下限区间占比 /%	10.86	20.88	58.74	9.13	11.68	43.19	7.19	9.94	13.59
束缚水 S_{wi} 孔喉界限 /μm	（＜0.05）～1			（＜0.2）～1			（＜0.1）～0.5		
残余油 S_{or} 孔喉界限 /μm	0.05～3			0.2～5			0.1～3		
可动油 S_{mo} 孔喉界限 /μm	＞0.3～3			＞3～8			＞3		

　　基于核磁共振测定结果，总结了 3 类典型储层孔隙结构的流体赋存特征（图 3-1-11 和图 3-1-12），分别为微孔孔隙型储层流体赋存特征、粗孔孔隙型储层流体赋存特征以及裂缝—孔洞孔隙型储层流体赋存特征。微孔孔隙型储层对应于单模态孔隙型储层流体赋存特征，粗孔孔隙型储层对应于双模态孔隙型储层流体赋存特征，裂缝—孔洞孔隙型储层对应于多模态孔隙型储层流体赋存特征。3 类孔隙结构类型储层中的大孔喉都是可动油的储集空间，单模态孔隙型储层及双模态孔隙型储层驱油效率较高。单模态孔隙型储层孔隙相对均匀，孔喉相对均匀，小的孔喉油水不容易饱和进入，残余油主要分布在大孔隙，整体上水驱动用难，但水驱油效率较高，开发潜力大。双模态孔隙型储层的粗孔与溶孔相互连通，水驱油首先动用粗孔和溶孔，残余油主要分布在小的孔喉内，整体上水驱动用较容易，水驱油效率中等，开发潜力中等。多模态孔隙型储层微裂缝和大孔洞是主要的储集空间，水驱油易在大孔洞和微裂缝形成优势通道，小孔喉中的油不易被波及，整体上水驱动用相对容易，但水驱效率相对略低，水驱开发潜力小（刘晓蕾等，2017）。

　　2）典型孔隙结构的水驱油特征

　　在生物碎屑灰岩储层中，优势渗流通道（裂缝、孔洞）系统和孔隙系统是共存的。水驱油过程实际上是两个系统各自驱油机理相互作用、相互影响的综合结果，驱油效率的高低同时受注水水质、注采速度、重力、毛细管力、润湿性等因素的共同影响。

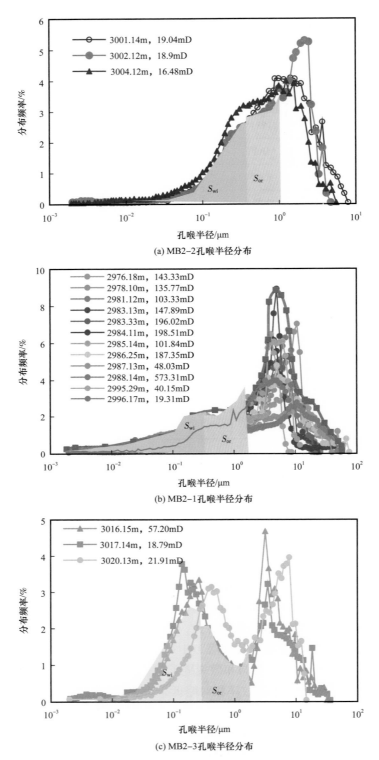

图 3-1-11 哈法亚油田 Mishrif 储层典型孔隙结构的孔喉半径分布图

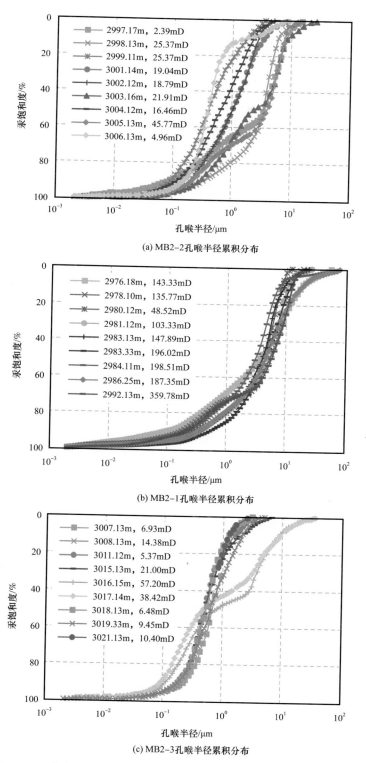

(a) MB2-2孔喉半径累积分布

(b) MB2-1孔喉半径累积分布

(c) MB2-3孔喉半径累积分布

图 3-1-12　哈法亚油田 Mishrif 储层典型孔隙结构的孔喉半径累积分布图

按照孔隙结构分类进行水驱实验，单模态、双模态和多模态三类典型孔隙结构的相对渗透率曲线残余油均较多，水相相对渗透率曲线上升较快，高含水阶段仍有原油采出，但水相相对渗透率曲线形态和油水相对渗透率等渗点存在一定差异（表3-1-2，图3-1-13和图3-1-14）。单模态孔隙型储层的水相相对渗透率曲线抬升较为缓慢，油水共渗区间较宽，残余油端水相相对渗透率小于0.5，油水相对渗透率等渗点相对渗透率较低且含水饱和度较高；双模态孔隙型储层的水相相对渗透率曲线抬升较快，油水共渗区间较窄，残余油端水相相对渗透率大于0.5，油水相对渗透率等渗点相对渗透率较高且含水饱和度较低；多模态孔隙型储层的水相相对渗透率曲线基本呈直线型、抬升快，油水共渗区间最窄，有"X形"双重介质油水相对渗透率曲线特征，残余油端水相渗透率大于0.5，油水相对渗透率等渗点相对渗透率高且含水饱和度最低。

表 3-1-2　典型孔隙结构的水驱油特征

储层孔隙结构类型	非均质性	分选性	孔隙结构	含水率变化	无水采油期	采出程度 /%
单模态	相对均匀	好	微孔、溶孔型为主	上升较缓	一般	33
双模态	强非均质	差	溶孔、粗孔型为主	上升快	较短	14～33
多模态	极强非均质	双重介质渗流	微裂缝、孔洞为主	上升极快	非常短	14

图3-1-15为综合压汞、CT扫描、铸体薄片、核磁共振NMR以及相对渗透率等实验结果，单模态孔隙型储层孔喉分布相对均匀，水相相对渗透率抬升慢，残余油饱和度小，两相渗流共渗区间宽，无水采油期相对较长，含水上升相对缓慢；双模态孔隙型储层受溶蚀影响孔喉分布相对不均，水相相对渗透率抬升较慢，残余油饱和度中等，两相渗流共渗区中等，无水采油期较短，含水上升快；多模态孔隙型储层由于强溶蚀形成溶孔、溶缝，孔喉分布极不均匀，优势通道导致水相相对渗透率抬升极快，残余油饱和度较大，两相渗流共渗区间窄，无水采油期最短，含水上升最快。建立单模态孔隙型储层（沉积型基质—微孔孔隙）、双模态孔隙型储层（沉积＋中等溶蚀）、多模态孔隙型储层（强溶蚀形成溶孔和溶缝）3种孔隙结构类型的生物碎屑灰岩储层水驱油渗流特征图版（图3-1-16），在相同含水饱和度下，单模态孔隙型储层水相相对渗透率小于双模态孔隙型储层水相相对渗透率，双模态孔隙型储层水相相对渗透率小于多模态孔隙型储层水相相对渗透率；单模态孔隙型储层油相相对渗透率大于双模态孔隙型储层油相相对渗透率，双模态孔隙型储层油相相对渗透率大于多模态孔隙型储层油相相对渗透率。单模态孔隙型储层水驱油效率最高，驱油效率范围为50%～55%，其次为双模态孔隙型储层，驱油效率范围为40%～45%，相对较差的是多模态孔隙型储层，驱油效率范围为30%～35%。

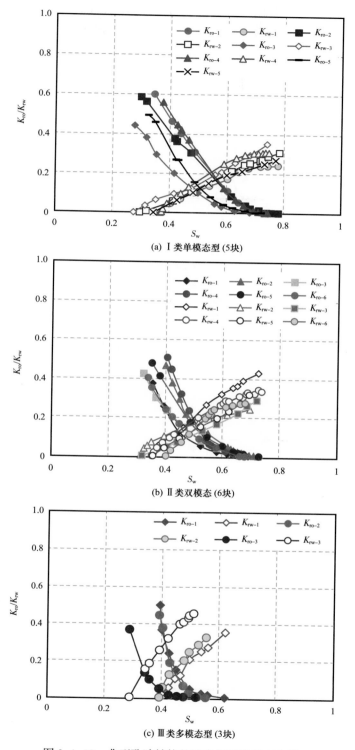

(a) Ⅰ类单模态型 (5块)

(b) Ⅱ类双模态 (6块)

(c) Ⅲ类多模态型 (3块)

图 3-1-13　典型孔隙结构的油水相对渗透率曲线

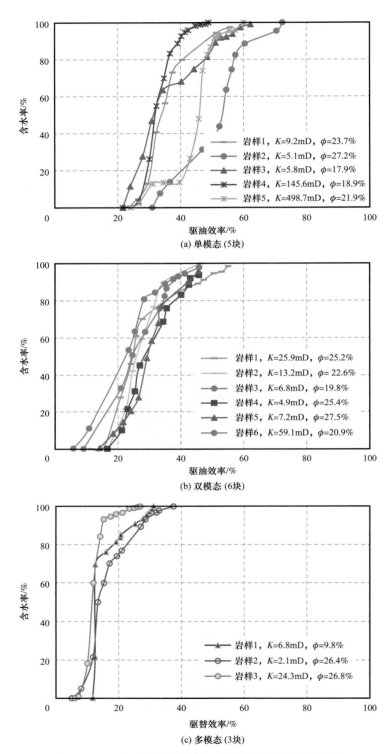

图 3-1-14　典型孔隙结构的含水率与驱油效率关系曲线

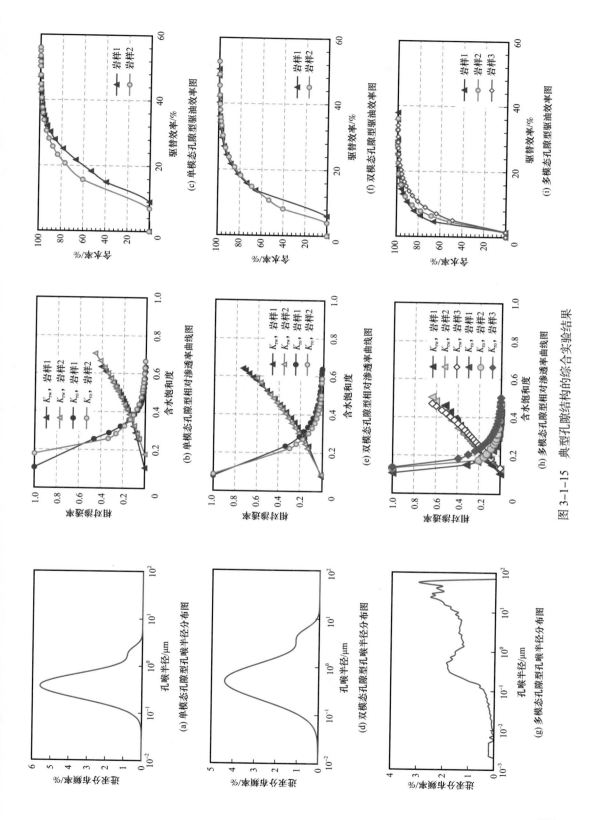

图 3-1-15 典型孔隙结构的综合实验结果

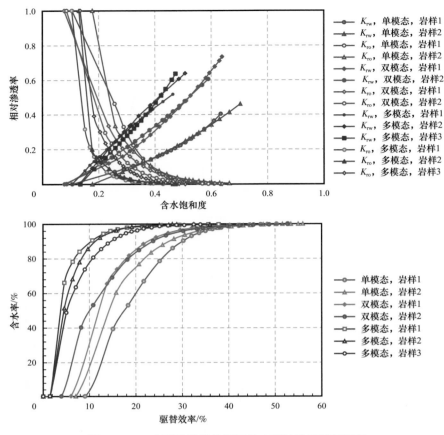

图 3-1-16 典型孔隙结构储层的水驱油渗流特征图版

二、低矿化度水驱及优化离子组成水驱提高采收率机理

通过核磁共振 NMR 技术及室内物理模拟实验，研究碳酸盐岩油藏低矿化度水驱及 Ca^{2+}、Mg^{2+} 和 SO_4^{2-} 优化离子组合技术，筛选适合伊拉克生物碎屑灰岩油藏开发的最优注入水类型（包括离子组成及矿化度），揭示低矿化度水驱和优化离子组成提高采收率机理及影响因素，实现改善生物碎屑灰岩油藏开发效果。

1. 低矿化度水驱提高采收率机理

伊拉克碳酸盐岩油藏地层水矿化度普遍较高（160000~210000 mg/L），而简单处理后的中东海湾地区海水矿化度约为 40000mg/L，相对于地层水矿化度而言，海水驱油属于低矿化度水驱。低矿化度水驱是指向油藏注入含有低浓度可溶性固体总量的水。降低注入水的矿化度并优化其离子组成，能够有效降低残余油饱和度，延缓见水时间，从而提高采收率。

低矿化度水驱提高生物碎屑灰岩油藏采收率的机理包括微粒运移、增加压力降、改变润湿性、矿物质溶蚀和离子交换等，其中改变润湿性是最主要的机理（图 3-1-17）。

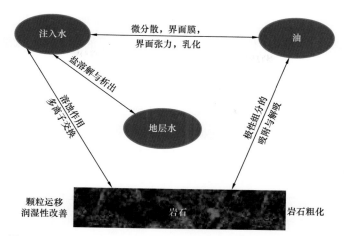

图 3-1-17 低矿化度水驱提高生物碎屑灰岩采收率机理示意图

低矿化度水驱提高采收率实验结果表明：

（1）低矿化度水驱改变油藏润湿性，油湿转向水湿。离子成分与储层中的阴阳离子发生交换，岩样内部油湿的颗粒被剥离，露出亲水的方解石和白云石，其溶解平衡破坏时，不仅能为储层和流体界面提供多离子交换、改善溶蚀处润湿性，还会由于孔隙结构发生变化导致渗透率增大（表 3-1-3，图 3-1-18）。水驱后的润湿角减少了 20°～116.9°，而水驱后渗透率是水驱前渗透率的 1.36～1.83 倍。

表 3-1-3 改善海水水质注水前后岩石润湿性改变

岩心号	孔隙度 /%	水驱前渗透率 / mD	水驱后渗透率 / mD	渗透率倍数	地层水润湿角 / （°）	水驱后润湿角 / （°）
208	16.98	0.29	0.41	1.45	121.7	13.9
275S	25.45	16.47	25.92	1.57	102.6	33.5
180S	29.26	15.27	20.70	1.36	131.8	14.9
168	29.74	3.54	5.32	1.50	135.0	115.0
119S	16.24	2.06	3.78	1.83	14.0	26.9

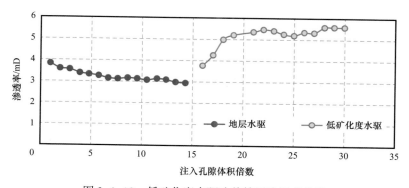

图 3-1-18 低矿化度水驱改善储层渗透率曲线

（2）注入水中的 Ca^{2+}、Mg^{2+} 和 SO_4^{2-} 浓度的大小对水驱采收率起主导作用（彭颖峰等，2019）。在油藏高温高压条件下，SO_4^{2-} 有助于降低原油黏度，降低油水界面张力，并使油与水之间形成微乳液相，从而提高采收率。此外，降低矿化度并增加 SO_4^{2-} 可以在一定程度上改变油—水界面流变学特征，增加界面黏弹性，利于水在岩石表面的铺展从而改善润湿性。注入水中的 Ca^{2+} 含量降低既会减小储层结垢堵塞风险，也利于储层中亲水的方解石和白云石与注入水发生离子交换，利于水驱提高采收率。

实验表明，随着 Ca^{2+} 浓度从 1408mg/L 降低到 88mg/L，水驱效率从 64.64% 升高至 70.48%，升高了 5.48 个百分点（图 3-1-19）；随着 SO_4^{2-} 浓度从 59mg/L 增大到 940mg/L，水驱效率从 64.2% 升至 72.8%，增加了 8.6 个百分点（图 3-1-20）；Ca^{2+} 浓度和驱油效率呈负相关关系，SO_4^{2-} 浓度和驱油效率呈正相关关系，降低注入水的 Ca^{2+} 浓度、提高 SO_4^{2-} 浓度可以提高水驱效率（图 3-1-21）。

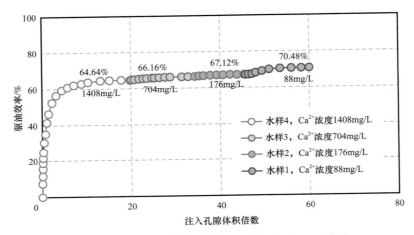

图 3-1-19 不同 Ca^{2+} 浓度连续驱替实验驱油效率曲线

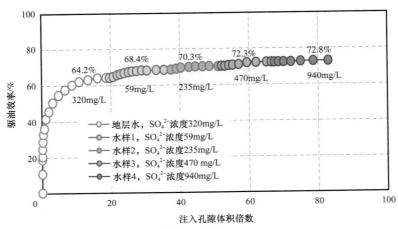

图 3-1-20 不同 SO_4^{2-} 浓度连续驱替实验驱油效率曲线

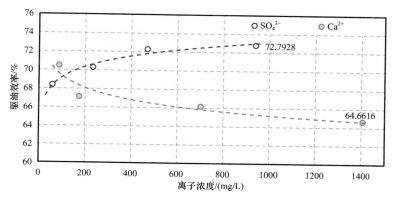

图 3-1-21 Ca^{2+} 及 SO_4^{2-} 浓度对驱油效率的影响曲线

2. 优化离子组成水驱提高采收率机理

1）确定注入水矿化度范围

根据哈法亚油田现场实际情况，选用稀释的地层水、优化离子组成的海水以及河水 + NaCl 来配置不同矿化度注入水（Zhang et al.，2015），驱替实验结果对比表明，哈法亚油田 Mishrif 油藏注水矿化度合理界限在 7000～9000mg/L 范围内，与低矿化度水驱（水驱效率 64.6%）相比，提高驱油效率 3～11.2 个百分点（图 3-1-22，表 3-1-4）。

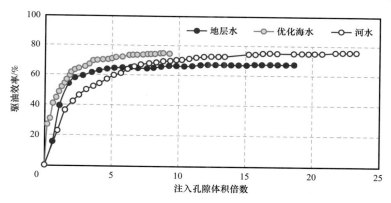

图 3-1-22 三种水质水驱油效率对比曲线

2）优化注入水离子组成

通过加大 SO_4^{2-} 浓度，减少 Ca^{2+} 浓度，筛选出适合哈法亚油田 Mishrif 油藏的注入水离子组成（Zhu et al.，2016），实验结果表明，与高矿化度地层水相比，河水 + 少量 SO_4^{2-} 注入水驱油效率提高 4.33 个百分点，河水 + 最佳 SO_4^{2-} 注入水驱油效率提高 8.83 个百分点，优化海水水驱油效率提高 10.3 个百分点（图 3-1-23 和图 3-1-24，表 3-1-5）。

数值模拟结果表明（张亚蒲等，2017），与注地层水相比，改善离子组成海水驱油可以提高原油采收率约 5%，含水率降低 2.7%，延长中低含水采油期 4～5 年；先注地层水后注海水与一直注地层水相比，不会影响油田最终采收率和含水率，同时延迟注海水时间（图 3-1-25）。

表 3-1-4　低矿化度注入水矿化度

项目		地层水稀释 20 倍	海水稀释 6 倍	河水 +NaCl
离子浓度 / (mg/L)	Na^+	3018.45	2345.17	2860.00
	K^+	85.35	0	4.00
	Ca^{2+}	400.00	146.67	151.00
	Mg^{2+}	97.20	231.83	70.00
	Fe^{2+}	0	0	0.17
	Sr^{2+}	24.90	0	0
	Cl^-	5724.40	4062.83	4290.00
	HCO_3^-	22.55	3.90	170.00
	CO_3^{2-}	0	0	1.00
	SO_4^{2-}	18.00	536.17	527.00
总矿化度 / (mg/L)		9390.85	7326.57	8073.17
驱油效率 /%		67.60	74.50	75.80

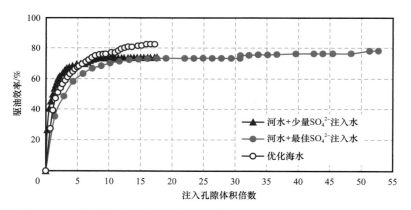

图 3-1-23　优化离子组成后的水驱油效率与注入孔隙体积倍数关系曲线

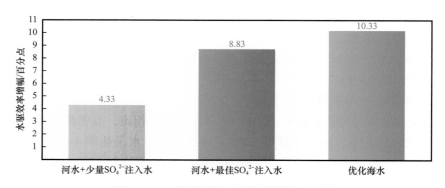

图 3-1-24　优化离子水驱效率增幅对比图

表 3-1-5　优化注入水离子组成

项目		河水 + 少量硫酸根离子注入水	河水 + 最佳硫酸根离子注入水	改善离子组成后的海水
离子浓度 / mg/L	Na^+	260.00	260.00	2345.17
	K^+	4.00	4.00	0
	Ca^{2+}	1000.00	151.00	146.67
	Mg^{2+}	70.00	70.00	231.83
	Fe^{2+}	0.17	0.17	0
	Cl^-	390.00	390.00	4062.83
	HCO_3^-	170.00	170.00	3.90
	CO_3^{2-}	1.00	1.00	0
	SO_4^{2-}	1000.00	5953.83	2209.60
总矿化度 / (mg/L)		2895.17	8000.00	8000.00

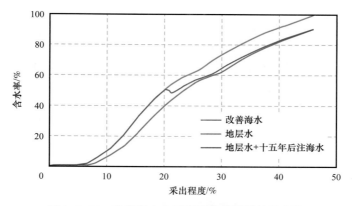

图 3-1-25　改善海水水质驱油数值模拟结果曲线

3. 低矿化度水驱应用效果

从 2018 年 7 月开始，在伊拉克哈法亚油田 Mishrif 油藏进行了 5 个井组的低矿化度水驱。哈法亚油田其余注水井组的注入水总矿化度在 $20×10^4 \sim 25×10^4$mg/L，低矿化度注水井水源主要来自处理优化后的河水，注入水总矿化度小于 $10×10^4$mg/L。注水井的 Hall 特征曲线显示出实施低矿化度注水后，储层物性有所改善，水井注水能力增大（图 3-1-26）。

5 个低矿化度水源注水井组共有 18 口生产井，产量由注低矿化度水前的 4088t/d 上升至高峰时的 5209t/d，增加了 1121t/d（图 3-1-27）。

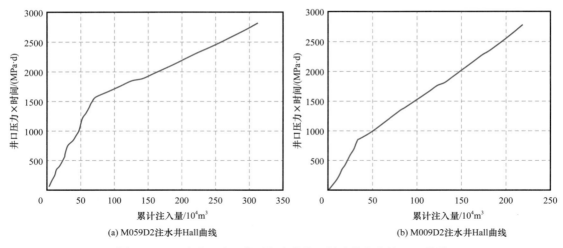

图 3-1-26 哈法亚油田典型注水井注入低矿化度水的 Hall 曲线

图 3-1-27 哈法亚油田 5 个低矿化度注水井组日产油量曲线

第二节 薄层油藏水平井整体注水稳油控水及综合挖潜技术

伊拉克艾哈代布油田 Kh2 主力产层为薄层中高孔隙度—中低渗透率孔隙型碳酸盐岩储层，天然能量弱，需要整体注水开发。储层中上部发育较薄的亮晶砂屑灰岩高渗层（厚度 0.5~3m，渗透率 762mD，渗透率级差 40 倍），水平井整体注水采用顶采底注模式，注采井垂向距离为 7~8m；注入水向上快速突破到高渗透小层，并沿高渗透小层窜入油井，导致油井快速水淹。储层局部区域还发育断裂带和高黏油，进一步加剧了注入水窜流的复杂性。针对这些挑战，揭示了薄层小层间强非均质碳酸盐岩油藏水驱油机理，刻画了注入水沿高渗透小层窜流的立体图景，解释了薄层碳酸盐岩油藏含水快速上升的原因，明确了水平井整体注水开发效果的主控因素，确定 3 种剩余油分布模式，提出一套稳油控水综合挖潜技术对策，据此成功实施了"一井一策"的差异化精细注采调整策略，实现了艾哈代布油田"十三五"期间年平均产油 $550×10^4$t 以上，含水上升率控制在 8% 左右，综合递减率从 17% 下降到 10% 以下，地层压力保持水平由 60.4% 逐渐回升到 76% 以上，改善了油田开发效果。

一、薄层油藏水驱油机理及注水开发效果主控因素

艾哈代布油田主力产层 Kh2 层宏观与微观非均质性都很强，其水驱油机理、注水开发主控因素以及注水开发策略不同于均质油藏、厚层油藏及砂岩油藏。

1. 薄层强非均质碳酸盐岩油藏水驱油机理

1）薄层强非均质碳酸盐岩油藏微观水驱油机理

艾哈代布油田白垩系广泛发育浅海相碳酸盐岩沉积物，主力产层 Kh2 层主要岩石类型有生屑灰岩、藻灰岩、砂屑灰岩、有孔虫灰岩、白云质灰岩和抱球虫灰岩等 6 大类。储层基质存在原生孔和溶蚀孔、洞，少许微裂缝，孔隙类型复杂多样，主要由原生粒间孔、生物体腔孔及次生的粒间溶孔、铸模孔、粒内溶孔和晶间孔等构成（图 3-2-1），这些基质孔隙由大小不同、形状复杂多变的喉道连通，形成网络状连通的孔隙空间，成为流体的微观渗流通道。

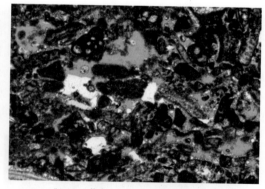

(a) AD-13 井岩心 2-30 泥晶生屑砂屑灰岩　　　　　(b) AD-8 井岩心 1-8-3 亮晶绿藻砂屑灰岩

图 3-2-1　艾哈代布油田 Kh2 层典型孔隙薄片

在微观层面，艾哈代布油田 Kh2 层孔隙型碳酸盐岩岩心驱油效率与渗透率和孔隙度没有相关性（表 3-2-1）。生屑灰岩渗透率最低，但平均水驱油效率最高，为 61.09%；砂屑灰岩驱油效率次之，为 52.32%，藻灰岩驱油效率最低，为 48.83%。在众多参数统计对比中发现，只有均质系数与驱油效率有较好的线性关系，说明渗透率较低的储层，只要孔喉结构好且分布均匀，最终水驱开发效果也会较好。Kh2 层不同小层段驱油效率差别大，说明岩性分段特征明显，纵向和微观非均质性强。

多次水驱后油水相对渗透率发生变化，岩心经过 3 次水驱油后，相对渗透率逐渐变差，第一次和第二次相差较小，与第三次相差较大（图 3-2-2）。说明岩心经过长时间水驱，孔隙结构发生变化，较大的水流通道将进一步扩大，降低了水驱效率。

表 3-2-1　不同岩性和物性的岩心对应的驱油效率

岩性	砂屑灰岩	生屑灰岩	绿藻灰岩
孔隙度 /%	21.70	25.33	24.57
渗透率 /mD	28.90	6.98	11.78
驱油效率 /%	52.32	61.09	48.83

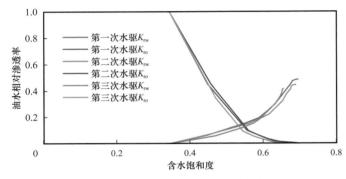

图 3-2-2　多次水驱后相对渗透率变化

通过实验观测分析得到（图 3-2-3），注入水首先进入大孔道，然后从大孔道向四周扩散，沿孔隙边缘渗入孔隙驱油。注入水沿着已连通孔隙的驱替速度要比注入水扩大波及面积的驱替速度快得多。在一些较大孔隙中，注入水将油从中部截断驱走前缘的油，剩余的油成为残余油，残余油多以油滴、不规则油块分布在孔隙中，还有少量残余油分布在孔隙角隅中、小孔隙中及小喉道中。水驱油包括水波及驱出的油，从水淹带冲刷出的残余油滴，以及水淹带细小孔道自吸出的油。

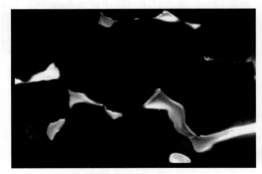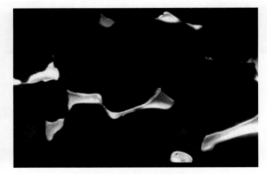

(a) 水驱油30min时的驱替状况　　　　　　(b) 水驱油240min时的驱替状况

图 3-2-3　艾哈代布油田岩心微观水驱油过程

2）薄层强非均质碳酸盐岩油藏宏观水驱油机理

艾哈代布油田主力产层 Kh2 层厚度仅 20m，其中上部发育的较薄亮晶砂屑灰岩高渗透小层在全区连续分布（图 3-2-4），Kh2 层水平井水平采油井段位于储层上部，注水井段位于储层下部（图 3-2-5）。通过油藏数值模拟（王自明等，2012）、井组示踪剂分析

（崔力公等，2019）、油田各层系产水特征对比分析（王自明等，2018 年）等研究，揭示了注入水沿高渗透小层整层水窜的水淹机理（简称高渗透层整层水淹机理），即在注采水平井段垂向距离仅 7～8m、水平渗透率为垂直渗透率 1.5 倍的条件下，注入水很容易向上突破到高渗透小层形成小层间水窜通道，低渗透小层原油被屏蔽无法有效驱出；在高渗透小层内部，高渗透层孔喉大小和形态差别较大，当大小孔喉并联时，注入水首先进入大孔道，小孔道中的原油将被绕过，互相连通的大孔道一旦被水突破，将形成水流优势通道，大量水流优势通道的累积导流作用使得油井见水后含水快速升高，表现出类似裂缝型储层的水驱油特征。该机理阐释了注入水向上快速突破到高渗透小层，并沿高渗透小层整层窜入油井，导致油井快速水淹，注水开发效果变差（图 3-2-6 和图 3-2-7）。

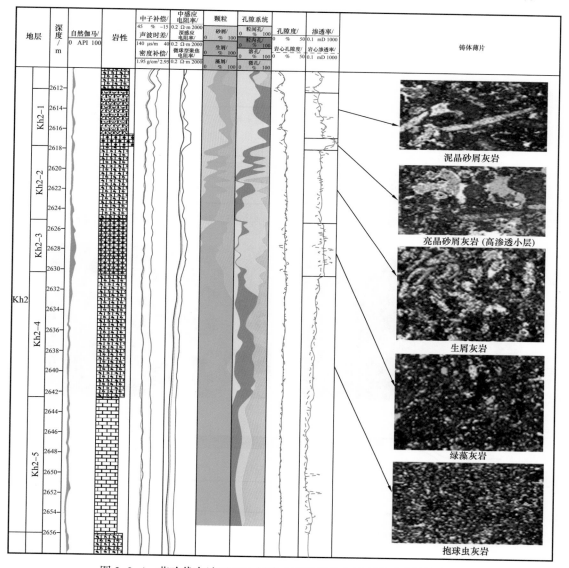

图 3-2-4　艾哈代布油田 Kh2 层中全区连续分布的高渗透小层综合图

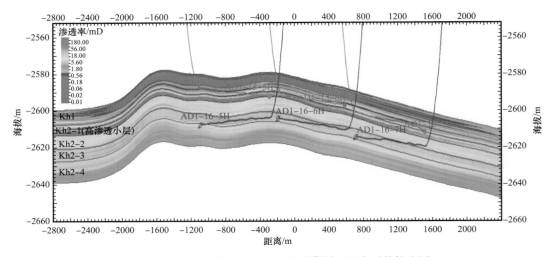

图 3-2-5　艾哈代布油田 Kh2 层油藏剖面及水平井轨迹图

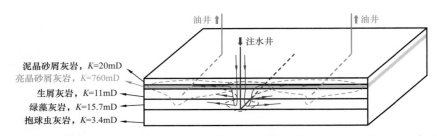

图 3-2-6　艾哈代布油田 Kh2 层宏观渗流通道解析及高渗透层整层水淹机理示意图

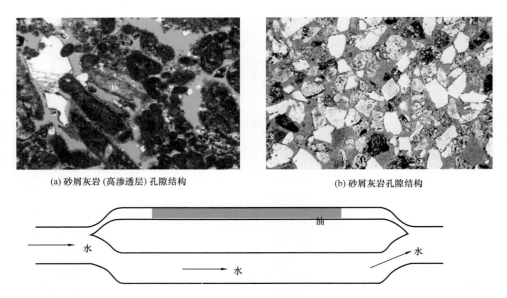

(a) 砂屑灰岩(高渗透层)孔隙结构　　　　　　(b) 砂屑灰岩孔隙结构

(c) 高渗透小层相互连通的大孔道形成水流优势通道示意图

图 3-2-7　艾哈代布油田 Kh2 层高渗透层快速渗流通道解析

水驱物理模拟表明，注入水先在相对低渗透层推进，0.3PV 左右进入高渗透层，随后水驱前缘主要在高渗透层内快速推进，并很快在生产井突破，采出端很快见水；到注入水达到 1.0PV 时，已经沿高渗透小层形成完整的优势水流通道，注入水基本已经不通过低渗透区域，低渗透区域水驱波及体积小，驱替效率低（图 3-2-8）。

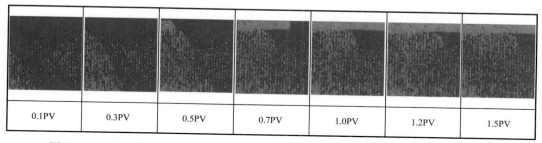

| 0.1PV | 0.3PV | 0.5PV | 0.7PV | 1.0PV | 1.2PV | 1.5PV |

图 3-2-8　艾哈代布油田 Kh2 层水驱油物理模拟水窜前缘动态变化图（CT 扫描结果）

注水两年后，以穿过注采井网区域的过路新钻井测井结果的变化来验证纵向驱替结果，在高渗透层处电阻率变小明显，其他层位电阻率变化不明显。说明高渗透层含水大幅度升高，水驱受效，其他小层受效不明显（图 3-2-9）。

2. 薄层强非均质碳酸盐岩油藏注水开发效果的主控因素

1）薄层油藏决定注采井网类型

主力产层 Kh2 层平面展布很稳定且分布面积大，渗透率低（18.5mD），适合采用水平井注采井网注水开发，水平采油井与储层的接触面积大，水平注水井水驱前沿宽阔且相对均匀，驱油效率高。Kh2 层采用线性正对水平井注采井网，井网参数为水平井井距 900m、排距 300m、水平段长度 800m，生产井和注水井水平段平行正对，水平生产井和注水井之间趾跟反向部署，水平注水井底部注水，水平生产井顶部采油（图 3-2-10）。

2）小层间强非均质性决定纵向动用程度

Kh2 层各小层间存在着岩性、物性特别是渗透率的强非均质性，其中亮晶

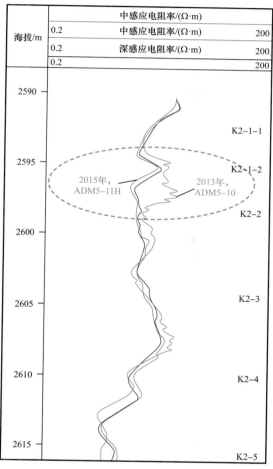

图 3-2-9　艾哈代布油田 Kh2 层注水前后电阻率变化曲线

砂屑灰岩高渗透小层吸水量占注入水总量的 41%，而其层厚度仅占储层总厚度的 10%（图 3-2-11）。Kh2 层高产井的生产历史表明，低含水采油期对油井累计产量有重要影响，油井 90% 的产量在低含水期采出。为避免含水快速上升，需要控制注采强度和工作制度，采取温和注水、均衡注水的策略，避免注采点强面弱的局面。

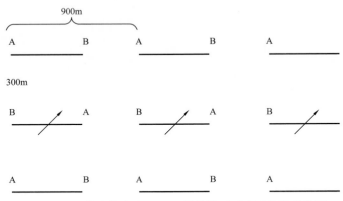

图 3-2-10　艾哈代布油田 Kh2 层线性正对水平井注采井网

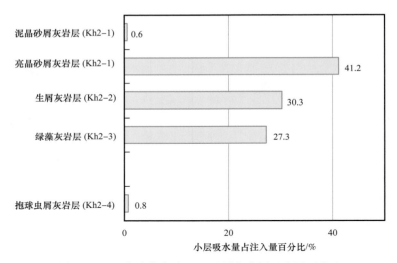

图 3-2-11　艾哈代布油田 Kh2 层各小层吸水量百分比

3）高渗透层内部平面非均质性和井轨迹决定见水时间和含水上升速度

艾哈代布油田 Kh2 层高渗透层内部也存在平面非均质性，该油田东部 AD1 井区和 AD2 井区相对高渗透，而 AD4 井区相对低渗透，从东往西，渗透率有减小趋势；高渗透层内部平面上的非均质性是决定某一个水平井注采井组含水上升的重要因素；同时，采油井井轨迹决定了水平段在高渗透层穿行的方式及长度，穿行长度越大，含水上升速度越快，生产特征受高渗透层影响也越大。如果井轨迹不穿行或很少穿行高渗透层，无水采油期长，累计产油量高（图 3-2-12）；如果井轨迹全部穿行或大部分穿行高渗透层，则无水采油期短，累计产油量低（图 3-2-13）。

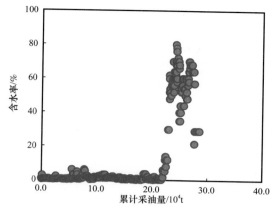

图 3-2-12 AD1-19-3H 水平井井轨迹不穿
高渗透层的含水率与累计采油量曲线

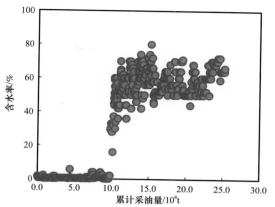

图 3-2-13 AD1-9-4H 水平井井轨迹主要穿
高渗透层的含水率与累计采油量曲线

4）储层强非均质性和原油性质决定注水时机

由于高渗透层的存在，注水并非越早越好，但也不能太晚而影响产量。注水时机的选择应兼顾尽量延长低含水采油期与补充能量之间的矛盾。物理模拟结果表明，艾哈代布油田原油不会因压力下降而成为"死油"，在地层压力很低时原油仍然能被水有效驱出（图 3-2-14）。综合物理模拟、数值模拟、生产气油比与井底流压关系，在实际生产时只要保持气油比不急剧升高即可，采用温和注水方式避免为了保持压力而强注导致的水窜，合理注水时机和油藏压力保持水平为原始地层压力的 60%～80%（图 3-2-15）。

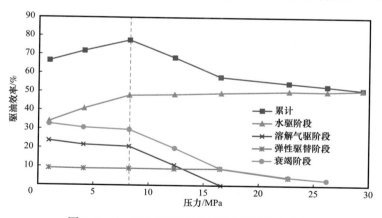

图 3-2-14 Kh2 层不同压力下水驱油效率分析

5）局部发育的断层裂缝和高黏油影响注水开发效果

Kh2 层储层非均质性除占全局地位的高渗透层外，还局部发育断层裂缝和高黏流体区，形成高渗透层+断层裂缝区、高渗透层+高黏油区等局部区域。在断层裂缝发育区，油井开井即见地层水，注水后，产出水为地层水和注入水组成的混合水，断层裂缝和高渗透层形成了双水窜模式，增加了沿高渗透层水窜的复杂性［图 3-2-16（a）］；在高渗透层+高黏油发育区，注水井位于高黏油区域，注入水平面上流动不畅，被高黏油憋压更加快速地向上进入高渗透层，加剧了沿高渗透层水窜［图 3-2-16（b）］。

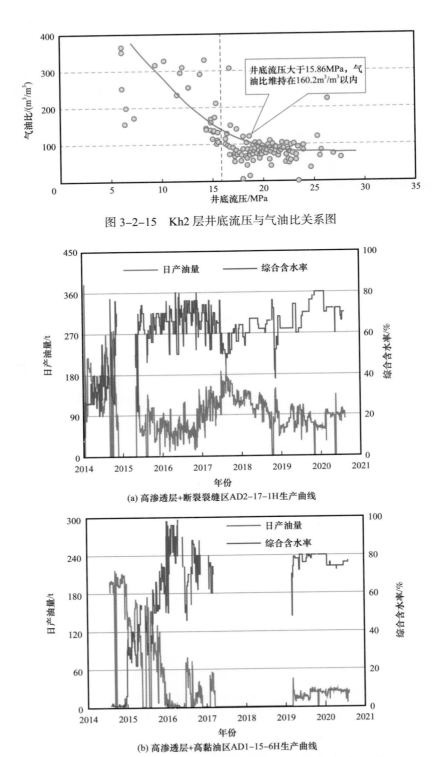

图 3-2-15　Kh2 层井底流压与气油比关系图

(a) 高渗透层+断裂裂缝区AD2-17-1H生产曲线

(b) 高渗透层+高黏油区AD1-15-6H生产曲线

图 3-2-16　艾哈代布油田 Kh2 层 AD4 区断层裂缝和高黏油对注水开发效果的影响曲线

6）高渗透层和井轨迹决定剩余油分布模式

由于储层纵横向非均质性特别是高渗透层发育，以及井轨迹穿行部位的差异等因素，导致不同井组的水淹区域存在较大差异，剩余油呈被纵向与横向高含水条带分割，导致剩余油分布参差不齐，总体上远离高渗透小层的低渗透区域剩余油较富集，高黏流体发育区的剩余油分布相对富集，断裂带发育区的剩余油分布相对较少（表3-2-2）。

表 3-2-2　Kh2 层剩余油分布模式及区域

主控模式	分布区域
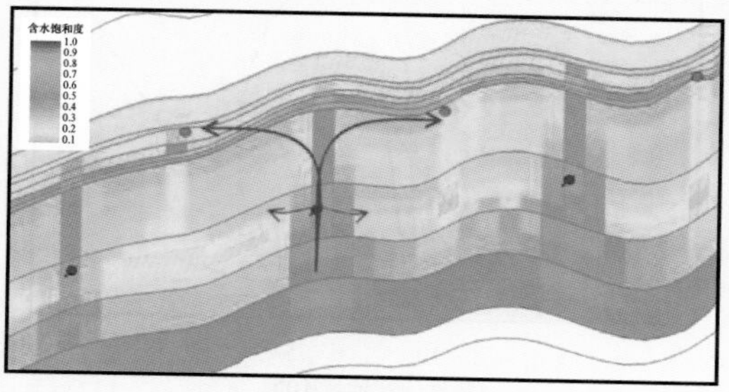 高渗透层主控模式	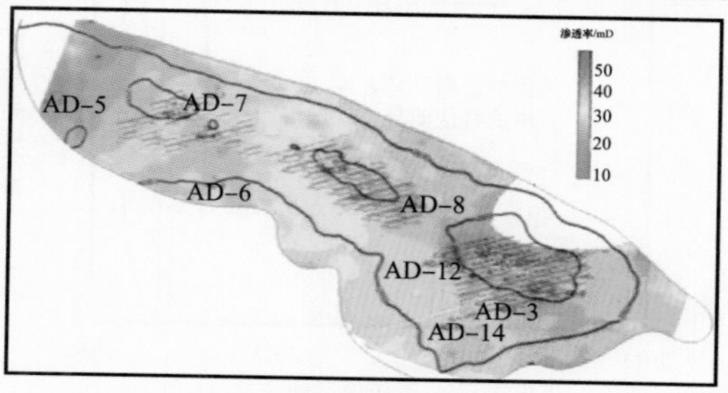 全区发育的高渗透小层
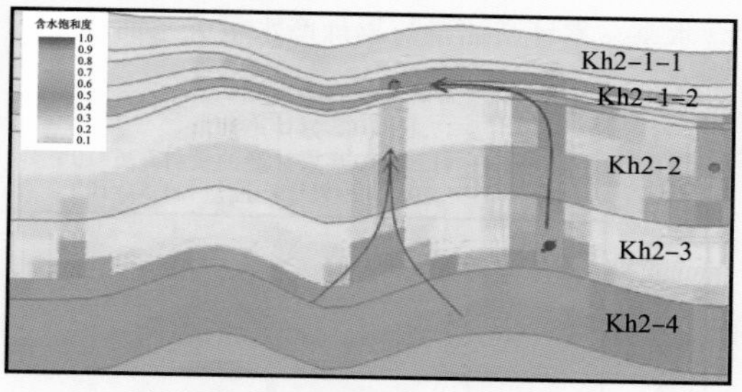 高渗透层 + 断裂带 + 底水主控模式	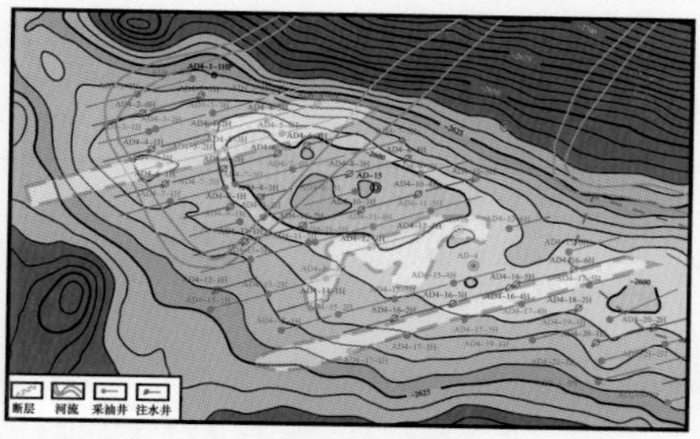 局部发育的断裂带
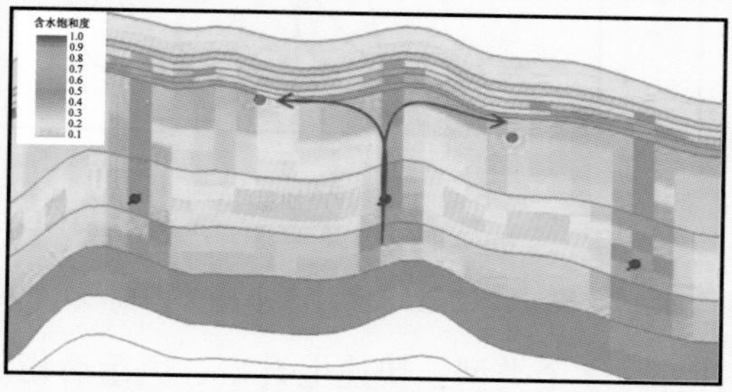 高渗透层 + 高黏油局部分布主控模式	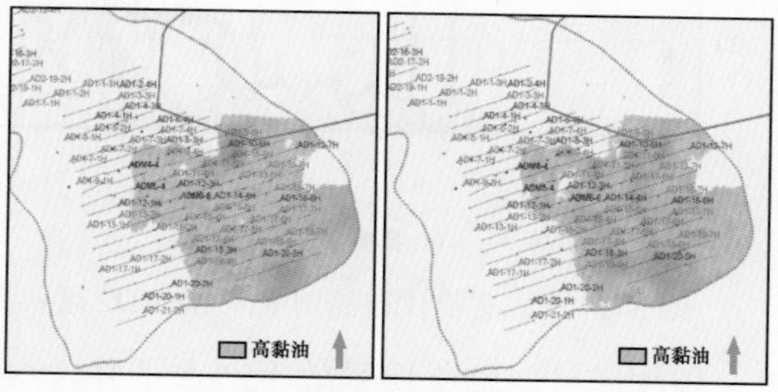 局部发育的高黏油区域

二、注水开发特征及开发效果评价体系

1. 薄层油藏水平井注采响应特征

艾哈代布油田 Kh2 层油井注水响应曲线印证了高渗透层整层水淹机理，油井见水后，含水迅速上升且趋势相同，各井见水特征相似，说明控制各井含水特征的为同一因素，

即注入水向上进入到亮晶砂屑灰岩高渗透层，再经高渗透层快速通过该层窜入油井，而其他相对低渗透小层的原油被屏蔽无法被注入水有效驱出。累计产油量与累计产水量曲线表明向纵坐标累计产水量偏移，部分单井曲线甚至于近乎平行纵坐标累计产水量，产油能力锐减（图 3-2-17 和图 3-2-18）。说明油井一旦注水突破，将迅速水淹，后续生产能力有限，延长低含水期对油井的最终生产效果至关重要。

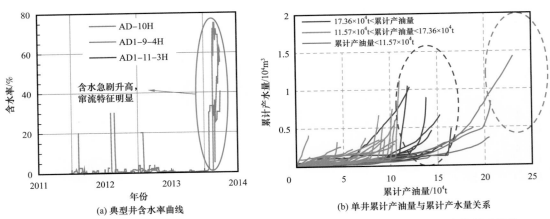

图 3-2-17　艾哈代布油田 Kh2 层 AD1 区典型井含水率、累计产油量与累计产水量关系曲线

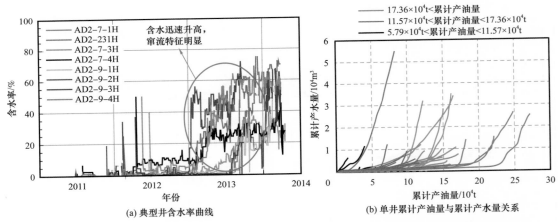

图 3-2-18　艾哈代布油田 Kh2 层 AD2 区典型井含水率、累计产油量与累计产水量关系曲线

根据统计，Kh2 层受效生产水平井含水上升分为 3 个类型：快速上升型、突窜后稳定型、突窜后持续上升型（图 3-2-19），突窜型出水为 Kh2 层最主要的出水类型，占比为59%，究其原因主要为 Kh2 层的 Kh2-1-2L 高渗透小层所致。

2. 薄层油藏水平井注水开发效果评价体系

结合生产动态特征、井轨迹特征、局部发育的断层裂缝及高黏流体影响，建立了一套薄层小层间强非均质性碳酸盐岩油藏注水开发效果评价体系。为差异化精细注水提供调整依据。

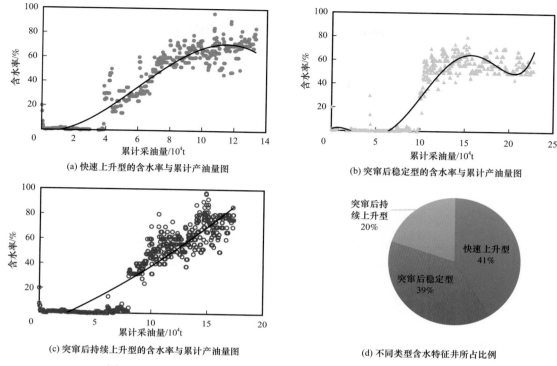

(a) 快速上升型的含水率与累计产油量图

(b) 突窜后稳定型的含水率与累计产油量图

(c) 突窜后持续上升型的含水率与累计产油量图

(d) 不同类型含水特征井所占比例

图 3-2-19　艾哈代布油田 Kh2 层主要含水上升类型及所占比例图

1）生产特征曲线法

归纳水平井整体注水生产特征，建立油井全生命周期生产特征曲线，并分为三类，即Ⅰ类井、Ⅱ类井、Ⅲ类井（图 3-2-20）。

Ⅰ类井为井轨迹斜穿储层，穿越高渗透层长度小，受高渗透层影响相对较小。其生产特征对应于图 3-2-20（a）中的 6 个阶段：（1）无水采油期，自喷后转抽保持产量稳定；（2）含水率范围为 0～25%，含水上升导致产量快速递减；（3）含水率范围为 25%～40%，提液使产油量回升；（4）含水率范围为 40%～50%，含水上升减缓，液量稳定，产量缓慢递减；（5）含水率范围 50%～80%，含水上升加快，液量稳定，产量递减快；（6）含水率大于 80%，含水上升变缓，液量稳定，产量缓慢递减。Ⅰ类井无水采油期间和注水提液后油产量高且稳定时间长，新钻井井轨迹应该采用这种方式。

Ⅱ类井为井轨迹部分或全部穿行高渗透层，其生产受高渗透层影响较大。其生产特征对应于图 3-2-20（b）中的 6 个阶段：（1）无水采油期，自喷后转抽保持产量稳定；（2）无水采油期内液量和产量快速递减；（3）含水率范围为 0～55%，通过提液实现产量回升；（4）含水稳定在 55% 水平，产液量和产油量趋于稳定；（5）含水率范围 55%～80%，含水上升加快，液量保持稳定，产油量递减快；（6）含水率大于 80%，含水上升变缓，液量稳定，产油量缓慢递减。Ⅱ类井无水采油期和注水提液后产油量均低于Ⅰ类井，这类井在注水前通过高渗透层采到了绝大多数原油，所在区域注水比较及时，提液生产后产量较高，经过差异化精细注水，可以将产量较长时间保持在较高位置。

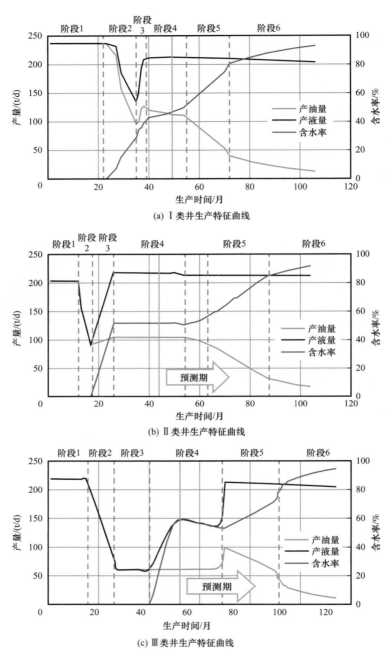

图 3-2-20　艾哈代布油田 AD1 区生产特征曲线

Ⅲ类井为井轨迹部分或全部穿行高渗透层，其生产受高渗透层影响较大，提液生产后产量明显低于Ⅱ类井，其生产特征对应于图 3-2-20（c）中的 6 个阶段：（1）无水采油期，自喷后转抽保持产量稳定；（2）无水采油期内液量和产量快速递减；（3）无水采油期内液量、产油量在低位稳定；（4）含水率范围为 0～60%，含水快速上升，提液后产量仍在低位稳定；（5）含水率范围为 55%～80%，含水上升加快，再提液，产量迅速回升后递减；（6）含水大于80%，含水上升变缓，液量稳定，产量缓慢递减。与Ⅱ类井相比，Ⅲ类井所在区域注水不及时，地层能量没有得到有效补充。通过差异化精细注水补充能量后，可以提高提液生产效果。Ⅱ类井和Ⅲ类井占全部井的主体部分，Ⅲ类井应通过调整注采向Ⅱ类井靠近。

2）单井注水生产潜力综合评价方法

建立了多因素影响下单井注水生产潜力综合评价方法（图3-2-21），影响因素包括历史生产因子、剩余储量因子和生产潜力因子。历史生产因子反映油井在生产历史中的储量控制能力，与油井所在构造位置、投产时间、累计产油量、产油能力变化程度、油井储量被周边井动用程度、井轨迹穿越高渗透层的位置和长度相关。剩余储量因子反映当前储量大小，与油井地质储量、累计产油量、边部油井储量校正因子相关。生产潜力因子反映油井未来生产中的储量控制能力，与历史生产因子、剩余储量因子相关。

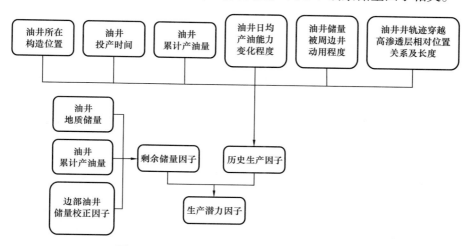

图3-2-21　单井注水生产潜力综合评价方法

在历史生产因子、剩余储量因子和生产潜力因子的基础上，在应用中又加入注水需求因子和提液生产因子。注水需求因子反映油井恢复地层压力对注水的需要程度，与油井初期产液量、油井当前产液量、累计注采比相关。提液生产因子反映油井提液生产后油量提升能力，与生产潜力因子、注水需求因子、井轨迹与高渗透层空间位置关系相关。

综合以上5个因子，形成具有5个评价指标因子的雷达图综合评价方法［图3-2-22（a）］，图中5条发散的轴线代表5个评价因子，每条轴线均为0～1的刻度线，根据累积概率分析确定数值。将3口代表性水平井的5个评价因子数值标在雷达综合评价图版上［图3-2-22（b）］，可以得出A1井五个评价因子指标均较好，在适当增加注水情况下，该井具有较强的提液生产能力。A2井评价因子指标远不如A1井，增加注水后该井实际提液生产能力低，A3井评价因子指标较A2井高，实际提液生产潜力好于A2井。

从A1井实际生产调整来看（图3-2-23），该井在适当提高两侧注水井的注水量后，历时38个月的提液生产调整，表现出良好的稳产能力。

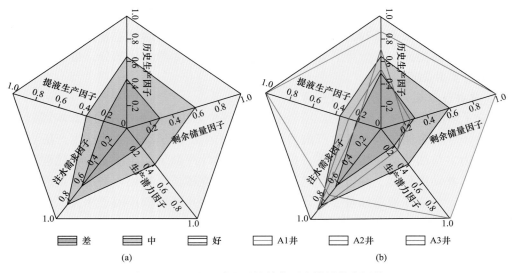

图 3-2-22　基于雷达图的单井开发效果综合评价

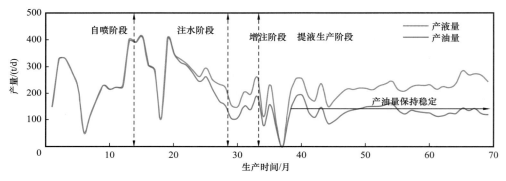

图 3-2-23　A1 井不同生产阶段产油量和产液量变化特征曲线

三、剩余油分布模式与差异化精细注水对策

1. 剩余油分布模式

注水未波及剩余油是由于各小层物性差异导致开采不均衡形成的剩余油（俞启泰等，2012），艾哈代布油田 Kh2 层的剩余油富集区总体上就属于这一大类。Kh2 层采用水平井顶采底注模式，注采水平井井垂向距离仅 7～8m，注入水向上快速突破到高渗透小层，并沿高渗透小层整层窜入油井，导致油井快速水淹，其他小层的原油被屏蔽无法被注入水有效驱出而形成剩余油。由于 Kh2 层储层高渗透层发育、水平井井轨迹穿越储层部位、局部断裂裂缝及高黏流体局部发育等因素，导致不同井组水淹区域存在差异。高渗透小层成为高含水小层，除高渗透小层外，其余各小层动用程度均较差，各小层间剩余储量存在很大差别（图 3-2-24）。由于注入水向上进入高渗透层，形成了纵向上的高含水条带，总体上，剩余油总体呈被横向的高渗透高含水小层和纵向的高含水条带分割（图 3-2-25）。

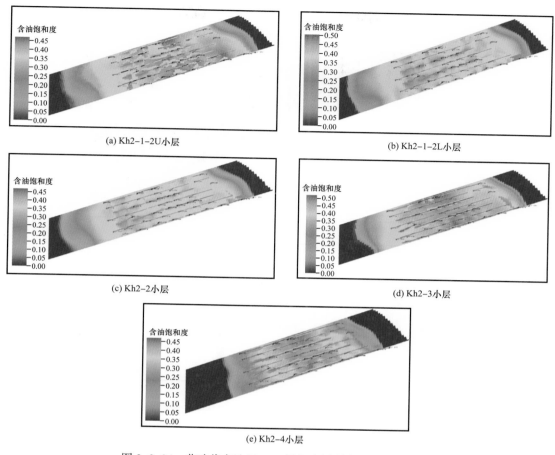

(a) Kh2-1-2U小层　　　　　　　　(b) Kh2-1-2L小层

(c) Kh2-2小层　　　　　　　　　　(d) Kh2-3小层

(e) Kh2-4小层

图 3-2-24　艾哈代布油田 Kh2 层各小层剩余油平面分布图

　　艾哈代布油田 Kh2 层总体呈现三类剩余油分布模式：高渗透层主控模式全区分布、高渗透层＋断裂带＋底水主控模式、高渗透层＋高黏油局部分布主控模式（表 3-2-2）。高渗透层主控模式是剩余油呈被注入水向上形成的纵向高含水带和注入水在高渗透层水窜形成的横向高含水带分割，剩余油在空间形状上比较规整。高渗透层＋断裂带＋底水主控模式是断裂带沟通的底水使高渗透层主控模式下的剩余油被进一步分割，断裂控制剩余油分布特征明显。高渗透层＋高黏油局部分布主控模式是位于注水井段层位的高黏油使注入水更快速水窜，使高渗透层主控模式下的剩余油分布特征更加明显。

2. 差异化注水区域划分与精细注水对策

1）差异化注水区域划分

　　将 Kh2 层在全区划分成高渗透层、高渗透层＋断层裂缝＋底水、高渗透层＋高黏油三类区域（图 3-2-26）。高渗透层＋断层裂缝＋底水和高渗透层＋高黏油这两类区域只是在油田部分区域局部分布。根据地震解释和注采动态综合分析，断裂带主要分布在 AD4 区部分区域、AD1 区北部及与 AD2 交界区、AD2 局部区域（刘俊海等，2020），高黏流体主要分布在 AD1 区的 Kh2-3 和 Kh2-4 小层的部分区域（陈明江等，2017）。

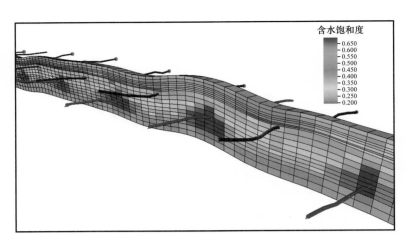

(a) Kh2层纵向井轨迹与驱替模式

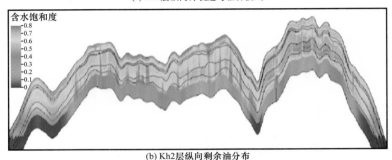

(b) Kh2层纵向剩余油分布

图 3-2-25　艾哈代布油田 Kh2 层纵向井轨迹与驱替模式及纵向上剩余油分布

2）差异化精细注水对策

高渗透层剩余油分布控制模式的综合挖潜对策为控制注采强度，实施温和注水、差异化注水、不稳定交替注水，开展老井侧钻、堵水调剖等措施；高渗透层＋断裂裂缝＋底水剩余油分布控制模式的综合挖潜对策为断裂带沟通天然水体较弱的区域，适当增加油井两侧注水井注入水量，驱动两侧原油向中间生产井流动；对于断裂带沟通水体较强的井，采用机械封堵和差异化注水方式；高渗透层＋高黏油剩余油分布控制模式的综合挖潜对策为更加严格地控制注采强度减缓含水上升，新打注水井水平段避开高黏油富集小层，采取差异化注水、不稳定交替注水方式，开展老井侧钻、堵水调剖等措施。

尽管主控因素相同，但由于井轨迹、油水井工作制度、注采强度等影响，不同区块相同主控因素的剩余油分布模式存在差异，地层压力保持水平和含水上升率这两项关键参数上也存在一定差异。通过在 AD1 区、AD2 区和 AD4 区细分主控因素区，根据目前地层压力和含水率，确定分区合理注采比和分区合理注采比界限，形成了一套薄层强非均质碳酸盐岩油藏差异化精细注水对策，分不同主控因素区优化合理注采比，恢复油藏压力到合理水平（原始地层压力的 80%），逐步均衡各区块的油藏压力（表 3-2-3）。具体实施步骤如下：（1）以单井井组为标准调整，按照流线劈分，确定单井井组当前合理注采比，按照表 3-2-3 中主控因素和井排分区，根据在不同油藏压力和含水条件下合理注采比进行优化调整；（2）以主控因素区的排状井组为标准调整，兼顾考虑前后排井组，确

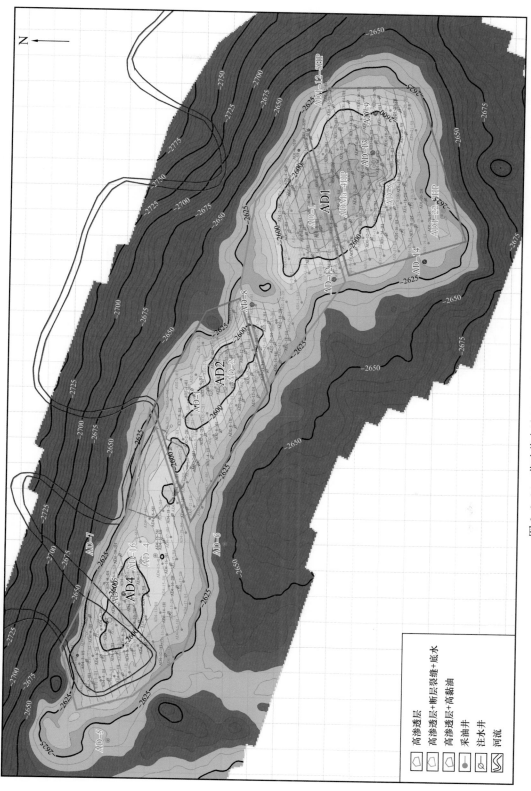

图 3-2-26 艾哈代布油田 Kh2 层差异化注水区域划分

表3-2-3 不同主控因素区合理注采比范围

分区	主控因素区	井排	分区合理注采比	合理注采比界限	地层压力大于21.4MPa			地层压力20.6~21.4MPa			地层压力小于20.6MPa		
					含水率<65%	含水率65%~80%	含水率>80%	含水率<65%	含水率65%~80%	含水率>80%	含水率<65%	含水率65%~80%	含水率>80%
AD1	断裂区	AD1-1—AD1-3		0.52~0.6	0.560	0.540	0.52	0.580	0.560	0.547	0.60	0.580	0.573
	高渗透区	AD1-5—AD1-9	0.94~1.13	0.94~1.13	1.035	0.988	0.94	1.083	1.035	1.003	1.13	1.083	1.067
	高黏油区	AD1-12—AD1-18		1.09~1.13	1.110	1.100	1.09	1.120	1.110	1.103	1.13	1.120	1.117
AD2	高渗透区	AD2-1—AD2-15	1.05~1.2	1.05~1.1	1.075	1.063	1.05	1.088	1.075	1.067	1.10	1.088	1.083
	断裂区	AD2-17—AD2-19		0.78~0.9	0.840	0.810	0.78	0.870	0.840	0.820	0.90	0.870	0.860
AD4	高渗透+底水区	AD4-1—AD4-9	0.9~1.2	1.06~1.2	1.130	1.095	1.06	1.165	1.130	1.107	1.20	1.165	1.153
	断裂+高渗透区	AD4-11—AD4-15		0.60~0.67	0.635	0.618	0.6	0.653	0.635	0.623	0.67	0.653	0.647
	高渗透区①	AD4-17—AD4-21		1.35~1.45	1.400	1.375	1.35	1.425	1.400	1.383	1.45	1.425	1.417

①脱气严重区域，关停井较多。

保单井组调整后的主控因素区注采比在合理区间；（3）以 AD1 区、AD2 区、AD4 区整体为标准调整，在步骤（1）和步骤（2）确定情况下，分别计算各区和整个油藏的注采比，确认在合理区间，保障井组、主控因素区、区块和油藏之间的压力恢复和含水上升速度均在合理变化区间；（4）当井组、井区和油藏相互之间存在差异时，对重点井组进行循环优化调整；（5）确定好合理注采比后，基于当前产量目标，给出对应油水井的配产配注指标，提出当前需要调整油井和水井的工作制度清单。

整体上，Kh2 层通过优化水平井注采和差异化精细注水对策后，实现了 Kh2 层注水整体上由"点强面弱"向"面强点弱"的转变，注水有效补充了地层能量，注水区注采相对平衡，平面压力分布趋于均衡，油藏压力及亏空得到极大恢复和补充，地层压力逐渐回升到原始地层压力的 76% 以上（图 3-2-27），油藏地层压力已持续恢复到泡点压力以上，2020 年底 AD1 区和 AD2 区平均地层压力分别为 21.46MPa 和 21.74MPa，高于泡和压力 20.89MPa；AD4 区平均地层压力为 22.5MPa，高于泡和压力 19.79MPa。含水上升总体平稳，含水上升率控制在 8% 左右（图 3-2-28）。产量递减得到缓解，综合递减率由 2015 年注水前的 17% 下降至 2020 年的 10%（图 3-2-29）。

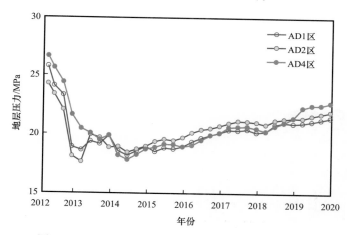

图 3-2-27　艾哈代布油田 Kh2 层各区地层压力曲线

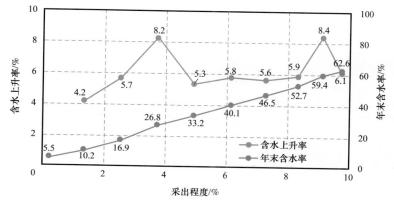

图 3-2-28　艾哈代布油田整体含水率与含水上升速率曲线

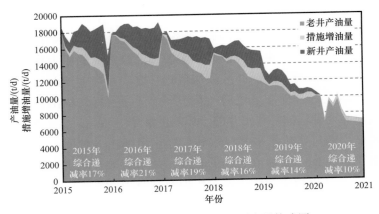

图 3-2-29　艾哈代布油田 Kh2 层产量构成图

3. 交替不稳定注水

交替不稳定注水是利用现有注采井网，改变注水量和调整液流方向实现提高平面和纵向波及系数，改善开发效果。从交替井组和非交替注采井组流线分布和纵向饱和度分布可以看出（图 3-2-30 和图 3-2-31），交替不稳定注入水波及范围更广，显著改善对常规注水井间难动用区域的水驱效果，大幅减缓了注入水沿高渗透层突进，显著提高了对高渗透层下部储层的水驱效果。

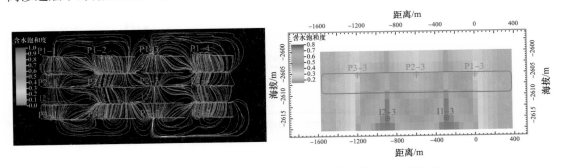

图 3-2-30　交替不稳定注采井组平面流线及纵向饱和度分布
注：图中井号首字母为 P 的井是采油井，井号首字母为 I 的井是注水井

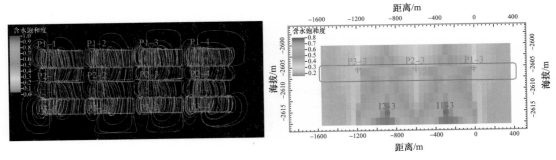

图 3-2-31　非交替不稳定注采井组平面流线及纵向饱和度分布
注：图中井号首字母为 P 的井是采油井，井号首字母为 I 的井是注水井

交替不稳注水试验在 Kh2 层 AD1 区 AD1-7 排至 AD1-17 排实施，包含 6 排水平采油井和 5 排水平水井，共 55 口油水井，自 2020 年 2 月 1 日开始实施，30 天为一个半周期，60 天为一个全周期，共实施了 5 个周期。总体来说从第三个周期开始，交替不稳注水效果开始体现，综合含水从 73% 下降到 69.8%。2020 年底井组产油量和产液量稳定，含水一直在 68%～69% 范围波动（图 3-2-32 和图 3-2-33）。

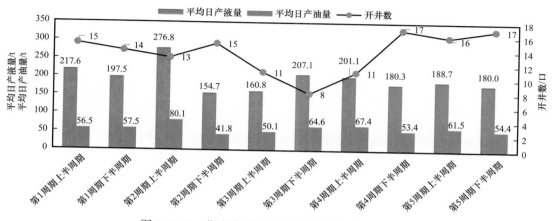

图 3-2-32　艾哈代布油田不稳定交替注水产量曲线

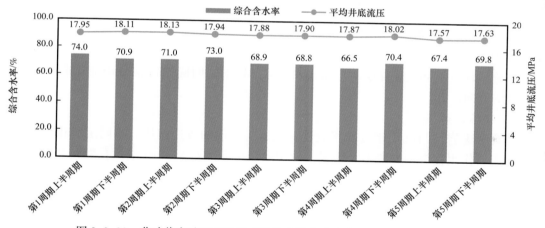

图 3-2-33　艾哈代布油田不稳定交替注水综合含水率和平均井底流压曲线

第三节　巨厚生物碎屑灰岩油藏注水开发技术

伊拉克南部鲁迈拉油田、西古尔纳油田和哈法亚油田 Mishrif 层为具有层状特征的巨厚生物碎屑灰岩油藏，有效厚度达到 100m 以上，纵向上普遍存在分布稳定的物性夹层和高渗透"贼层"。Mishrif 油藏开发过程中主要面临两个方面的难题：一是衰竭式开发，油藏地层压力下降速度快，预测合同期内采出程度仅为 7%，难以满足合同规定的达到高峰产量后还需稳产 7~16 年的目标；二是笼统注水先导试验表明注入水水窜严重，含水上升速度快，注水恢复地层压力和含水上升矛盾突出，上产稳产及高效开发面临巨大挑战。通过技术攻关，揭示影响巨厚生物碎屑灰岩油藏注水开发效果的主控因素，形成基于储层内部隔夹层、高渗透"贼层"及储层叠置模式分布特征的巨厚生物碎屑灰岩油藏分层系注水开发技术，制订"平面分区、纵向分层"注水开发策略，实现鲁迈拉油田、西古尔纳油田和哈法亚油田 Mishrif 油藏注水开发形势明显改善，地层压力保持水平由 62% 提升至 70% 以上，产量自然递减率由 2016 年的 17% 下降到 2020 年的至 10% 以下，支撑注水开发区的年产油快速上升，由 2016 年的 453×10⁴t 上升至 2020 年的 3685×10⁴t。

一、巨厚生物碎屑灰岩油藏储层分类和动用程度评价及注水开发效果的主控因素

Mishrif 油藏是鲁迈拉油田、西古尔纳油田和哈法亚油田的主力产层，开发初期被认为是块状底水油藏，初期采用一套井网衰竭方式开发，实现了油田的快速上产。"十二五"末，Mishrif 油藏逐步向注水开发方式转变，但受地质和开发等多重因素影响，普遍存在注入水沿高渗透层突进、水驱波及效率低和低品质储层难以有效动用等开发问题。基于数值模拟和油藏工程方法，系统评价 Mishrif 油藏储层动用程度，厘清影响注水开发效果的主控因素，建立注水开发技术政策图版，指导 Mishrif 油藏开发部署优化。

1. Mishrif 油藏储层分类和动用程度评价

基于沉积相带、岩石类型和成岩作用，利用象限单元法对生物碎屑灰岩储层的类型进行划分，评价不同类型储层对注水开发效果的影响，明确提高 Mishrif 油藏巨厚储层动用程度的方向。

1）储层分类

综合考虑岩性与沉积相带的相关性、成岩对储层的改造作用、不同沉积相带内各岩石类型成岩作用程度差异等多个因素，应用象限单元法对 Mishrif 油藏孔隙型生物碎屑灰岩储层进行分类评价。

以沉积相带、岩石类型和成岩作用作为 3 个控制端元，以 3 个控制端元对储层物性的综合影响为基础，将 Mishrif 油藏储层划分为 I 类、II 类、III 类和 IV 类等 4 个类型和 7 个亚类（图 3–3–1，表 3–3–1）。I 类储层为溶蚀孔和铸模孔非常发育的生屑滩 / 生物礁相生屑灰岩，孔隙度大于 27%，渗透率大于 100mD；II 类储层包括 2 个亚类，分别为溶蚀孔和铸模孔较发育的生屑滩 / 生物礁相生屑灰岩、溶蚀孔和铸模孔非常发育的滩后 / 滩前泥晶生屑灰岩，孔隙度在 17%~27% 之间，渗透率在 10~100mD 之间；III 类储层包括 3 个亚类，分别为残留部分孔隙的生屑滩 / 生物礁相生屑灰岩、经历次溶蚀后发育部分溶蚀孔的滩后 / 滩前泥晶生屑灰岩、遭受强溶蚀的潟湖相生屑泥晶灰岩，孔隙度在 11%~17% 之间，渗透率在 0.1~10mD 之间；IV 类储层为非储层，该类非储层包括包括 4 个亚类，分别强胶结的生屑滩 / 生物礁生屑灰岩、次胶结的滩后 / 滩前泥晶生屑灰岩、次溶蚀的潟湖生屑泥晶灰岩和浅水陆棚泥晶灰岩。孔隙度小于 11%，渗透率小于 0.1mD。

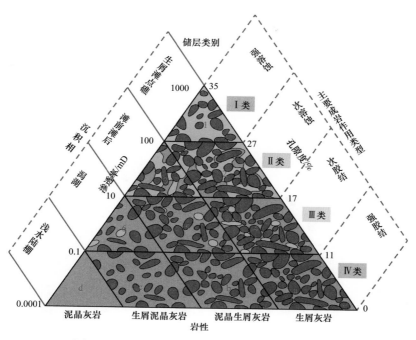

图 3-3-1　Mishrif 生物碎屑灰岩储层类型划分方法

表 3-3-1　Mishrif 生物碎屑灰岩储层类型与物性对应关系表

储层类型	Ⅰ类	Ⅱ类	Ⅲ类	Ⅳ类
亚类	1	2，3	4，5，6	7a，7b，7c，7d
孔隙度 /%	>27	17～27	11～17	<11
渗透率 /mD	>100	10～100	0.1～10	<0.1

2）储层动用程度评价

哈法亚油田、鲁迈拉油田和西古尔纳油田 Mishrif 油藏开发初期均采用一套井网开发，受储层纵向非均质性较强影响，各小层动用程度不同。以哈法亚油田为例（图 3-3-2），Mishrif 油藏中部可划分为 MA 层、MB1 层和 MB2 层等 3 个小层，其中 MA 层仅在局部井区零星分布，MB1 层为主力产层，MB2 层次之，产液剖面测试显示 MB1 层和 MB2 层的储层纵向动用程度之比约为 3：7。同时，受储层非均质性影响，同时钻遇 MB1 层和 MB2 层采油井的纵向水驱动用程度小于 50%。

MB1 层和 MB2 层储层动用程度差异大的主要原因为受两层发育的储层类型不同影响（图 3-3-3）。MB1 层储层主要发育Ⅰ类、Ⅱ类和Ⅳ类储层，其中Ⅰ类和Ⅱ类储层厚度较薄且交互发育；笼统注水开发过程中，Ⅰ类及Ⅱ类储层易形成水流优势通道，而Ⅳ类储层因物性差难以得到有效动用；受此影响 MB1 层采油井的无水采油期最短不足 3 个月，储层水驱动用程度仅为 27%。MB2 层主要发育Ⅰ类和Ⅲ类储层，Ⅰ类储层在该层顶部发育，下部Ⅲ类储层厚度较大，约占该层总储层厚度的 70%；水驱开发过程中，注入水沿

Ⅰ类储层快速突进的同时，受重力分异作用影响也会对Ⅲ类储层进行有效驱替，使得该层水驱动用程度明显提高，可以达到55%。综上所述，受多种储层类型纵向交互叠置影响，一套井网笼统注水的开发效果较差，需要通过细分开发层系进一步提高储层水驱动用程度和油藏的稳产能力。

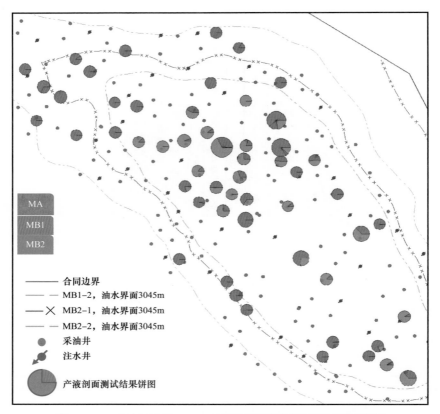

图 3-3-2　哈法亚油田 Mishrif 油藏单井产液剖面分层测试饼图

2. 注水开发效果的主控因素分析

1）储层非均质性

受高渗透层发育影响，Mishrif 油藏各小层及小层内单储层间的渗透率相差几十倍，甚至上千倍。岩心分析显示，MA 上部和下部储层的渗透率主要分布在 10mD 以下，仅少数大于 100mD；MB1 层渗透率略高于 MA 层，但 MB1 层下部渗透率超过 100mD 岩心样品的数值范围跨度较大，表明该层非均质性更强；MB2 层储层渗透率最高，其中 MB2-1 层超过 100mD 的岩心样品相对较多，而 MB2-2 层超过 100mD 的岩心样品仅零星分布（图 3-3-4）。综上所述，Mishrif 油藏在不同小层储层均有高渗透层分布，且主要分布在 MB2 层上部。应用渗透率变异系数对储层非均质性进行分析［式（3-3-1）］，显示 Mishrif 油藏储层的渗透率变异系数范围在 0.3～0.9 之间，其值越大，储层渗透率差异越大、非均质性越强。

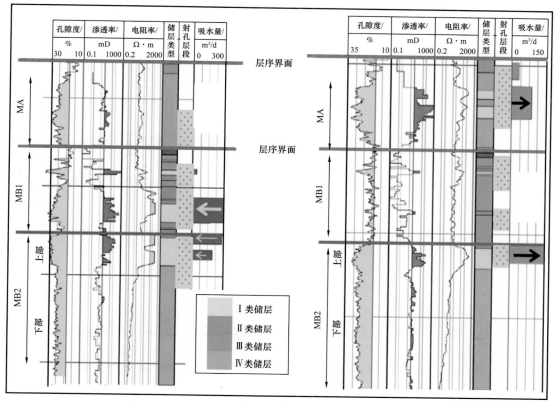

图 3-3-3　Mishrif 油藏不同类型储层的产吸剖面测试结果

$$V_{\mathrm{k}} = \frac{\sqrt{\sum_{i=1}^{n}\left(K_i - \bar{K}\right)^2 / n}}{\bar{K}} \qquad (3-3-1)$$

式中　V_{k}——储层渗透率变异系数；

　　　K_i——各小层样品的渗透率值，mD；

　　　$\bar{K}$——各小层所有样品的平均渗透率，mD；

　　　n——小层样品数。

　　选取哈法亚油田 Mishrif 油藏中部区域建立数值模拟机理模型（图 3-3-5），评价不同储层渗透率变异系数对油藏开发效果的影响（魏亮等，2019），模型中的地质油藏参数均采用油田实际数据，仅通过对渗透率场进行调整，使其渗透率变异系数分别为 0.3、0.5、0.7 和 0.9。

　　模拟结果显示：随着渗透率变异系数增大，油藏无水采油期缩短，含水上升速度加快，采出程度明显降低，表明了渗透率变异系数对油藏开发效果影响很大，储层强非均质性加剧了开发的矛盾（图 3-3-6）。Mishrif 油藏储层有效厚度超过 100m，渗透率变异系数为 0.3~0.9，通过细分开发层系降低开发单元内储层的非均质性，有助于提高油藏采收率。

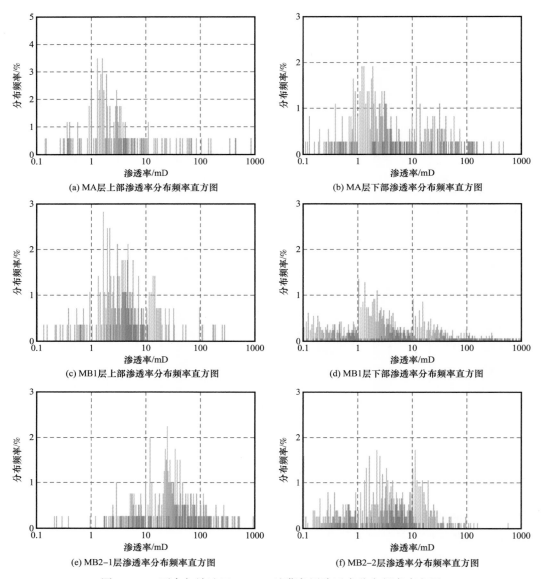

图 3-3-4　西古尔纳油田 Mishrif 油藏各层渗透率分布频率直方图

2）注采模式

Mishrif 油藏储层有效厚度超过 100m，具有细分层系开发的基础。建立哈法亚油田 Mishrif 油藏中部区域的数值模拟机理模型，对 4 种注采模式的开发效果进行评价，注采模式 1 为底部注水 + 笼统采油、注采模式 2 为笼统注水 + 笼统采油、注采模式 3 为 MB1 层笼统注水 +MB2 层底部注水 + 笼统采油、注采模式 4 为 MB1 层分注 +MB2 层底注 + 分层采油（图 3-3-7）。

研究结果显示（图 3-3-8 和图 3-3-9，表 3-3-2），不同注采模式下，油藏开发效果存在明显差异。各注采模式的水驱开发效果如下：

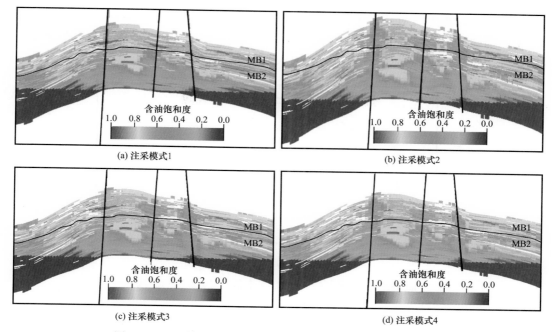

图 3-3-8　4 种注采模式注水开发第 15 年的含油饱和度剖面图

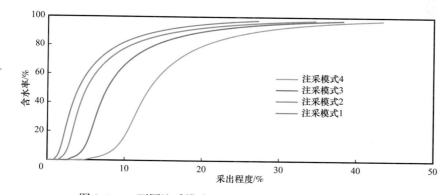

图 3-3-9　不同注采模式下的含水率和采出程度关系曲线

3）合理井距

合理的井网井距可有效提高油藏储层动用程度和原油采收率。Mishrif 巨厚生物碎屑灰岩油藏早期采用 500m 井距、直井 + 水平井五点法注采井网开发，其中采油井以水平井为主，注水井为直井。为了进一步提高井网控制程度、保持油田产量的稳定，逐步从平面上和纵向上对井网井距进行优化调整。具体流程为：首先，对纵向开发层系进行细分，将现有开发井进行层系归位，在此基础上对各细分层系的井网井距进行优化调整。以 MB1 层为例，调整初期通过层系归位可抽稀为 900m 井距排状井网，后期可逐步加密为五点法注采井网，但合理井距需要进一步论证。分别采用 900m、700m、500m 和 300m 井距，开展不同井距对 MB1 层开发效果的影响评价。

数值模拟结果表明：900m 井距开发条件下，油藏无水采油期最长，但受储层强非均质性影响，大井距无法对储量进行充分动用，因此其采收率最低；随着井距缩小，油藏无水采油期越短，受含水快速上升对油田开发效果的影响，油田采收率呈先升后降趋势，井距保持在 500m 左右时，采收率最高（图 3-3-10）。

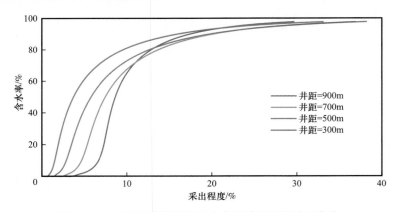

图 3-3-10　不同井距下的含水率和采出程度关系曲线

4）注采比

注采比是衡量地层能量是否得到有效补充的一个重要参数，合理注采比是维持油田注水高效开发的关键。Mishrif 油藏储层非均质性强，高渗透层发育区或高渗透层段对注采比的敏感性强，注采比过高可能导致注入水快速突进，采油井无水开发期短、含水上升快；注采比过低，则不能有效补充地层能量，产量递减快。取注采比分别为 0.6、0.8、1.0、1.2 和 1.4，开展不同注采比对油藏注水开发效果的影响评价。数值模拟结果表明注采比保持在 0.8～1.0 时，油藏含水上升趋势相对较慢，采收率最高（图 3-3-11）。

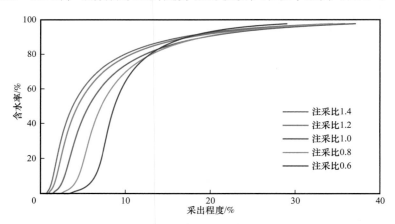

图 3-3-11　不同井距下的含水率和采出程度关系曲线

基于以上单因素分析，运用正交试验设计与方差分析方法，分析各因素对水驱波及体积、含水上升率和采收率等注水开发指标的综合影响程度。渗透率变异系数的影响程度系数最高，表明储层本身的非均质性是影响注水开发效果的内在影响因素；注采模式的影响程度系数次之，是影响注水开发效果的主要外在影响因素；注采比和井距的影响程度系数相对较低，是重要外在影响因素（图 3-3-12）。因此，改善 Mishrif 油藏的注水开发效果需要开展以下几方面的工作：（1）细分开发层系，降低层内非均质性，提高水驱动用程度；（2）选取合理的注采模式，降低储层非均质性和重力分异对注水开发效果的影响；（3）优化井距、注采比等注水开发技术政策，进一步提升油田开发效果。

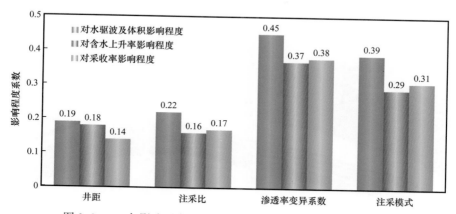

图 3-3-12　各影响因素对注水开发指标的综合影响程度直方图

二、巨厚生物碎屑灰岩油藏细分层系注水开发技术

伊拉克 Mishrif 巨厚生物碎屑灰岩储层有效厚度高达 100m 以上，受储层强非均质性影响，笼统注水开发过程中注入水水窜严重，对油田稳产造成较大的影响。基于储层内部隔夹层、高渗透"贼层"、储层叠置关系研究，制订了"平面分区、纵向分层"注水开发技术策略，为哈法亚油田、鲁迈拉油田和西古尔纳油田 Mishrif 油藏高效注水开发提供技术支撑。

1. 巨厚生物碎屑灰岩油藏开发层系细分

早期研究认为 Mishrif 油藏生物碎屑灰岩油藏比较纯净，内部泥岩含量不足 1%，尽管局部区域存在隔夹层，但隔夹层分布范围有限，并没有在全油藏形成大规模分布，是一套块状底水油藏［图 3-3-13（a）］。随着油田开发不断深入，基于综合地质研究和生产特征分析，深化隔层、夹层、低渗透非储层的空间分布及组合模式，明确 Mishrif 油藏内部存在全区稳定分布且具有渗流阻挡作用的隔夹层，为开发层系细分奠定了基础［图 3-3-13（b）］。

开发层系细分原则主要考虑以下 5 个方面：

（1）同一层系内各油层的物性相近，确保各油层对注水方式和井网具有共同的适应性，减少层间开发矛盾；

（2）各开发层系具备一定的储量，以满足较好的经济指标；

（3）各开发层系之间具有良好的隔夹层，注水开发时层系间不会发生窜通和干扰；

（4）同一开发层系内油层构造形态、油水边界、压力系统和原油物性相近；

（5）充分考虑当前采油工艺水平，在分层开采工艺所能解决的范围内，避免将开发层系划分过细，以减少建设工作量和投资规模，提高经济效益。

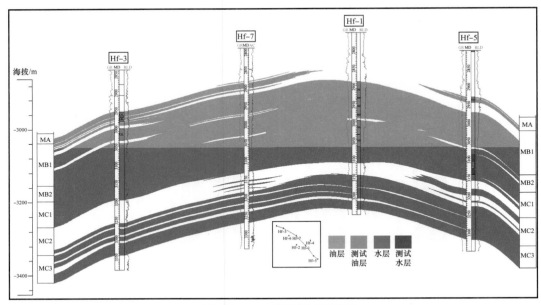

(a) 哈法亚油田Mishrif油藏剖面 (早期认识)

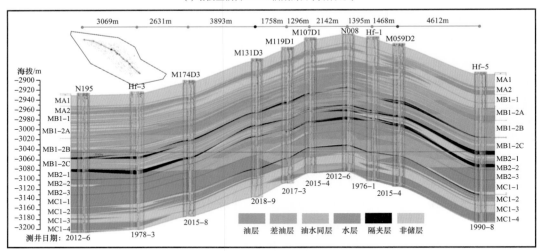

(b) 哈法亚油田Mishrif油藏剖面 (目前认识)

图 3-3-13 哈法亚油田 Mishrif 油藏类型对比图

以哈法亚油田 Mishrif 油藏为例，该油藏可划分为 MB1-2A&B、MB1-2C、MB2-1 和 MB2-2—MC1 等 4 个具有独立油水系统的层组，各层组间均存在稳定的隔夹层。根据以上开发层系划分原则，可将油藏划分为 4 套开发层系，其中 MB1-2A&B 层为层状边水油藏，原油地质储量 $6.5 \times 10^8 t$，可作为一套开发层系；MB1-2C 层为层状边水油藏，原油地质储量 $2.2 \times 10^8 t$，可作为一套开发层系；MB2-1 层原油地质储量 $1 \times 10^8 t$，为层状边水油藏，可作为一套开发层系；下部 MB2-2—MC1 层为底水块状油藏，原油地质储量 3×10⁸t，可作为一套开发层系。

基于以上原则，将鲁迈拉油田和西古尔纳油田的 Mishrif 油藏也进行了开发层系细分，其中鲁迈拉油田 Mishrif 油藏由一套开发层系划分为 MA 层、MB 层两套开发层系，西古尔纳油田 Mishrif 油藏由一套开发层系划分为 MA 层、MB1 层 和 MB2 层三套开发层系。

2. 巨厚生物碎屑灰岩储层纵向叠置模式及开发技术对策

受多种储层类型存在影响，Mishrif 巨厚油藏各细分层系内的储层非均质性仍然较强。基于储层类型的空间展布规律，明确不同类型储层的纵向叠置模式和生产动态特征，制定相应的注水开发技术政策，有助于进一步细分油藏纵向开发单元，提高油藏开发效果。

1）储层叠置模式划分

以鲁迈拉油田 Mishrif 油藏 MB 层为例，开展储层叠置模式研究。根据Ⅰ类、Ⅱ类和Ⅲ类储层的空间展布规律，将 MB 层的储层结构划分为 4 种叠置模式，分别命名为生屑滩、生屑滩＋潮道、潟湖和薄差层叠置模式，储层性质依次变差（图 3-3-14）。

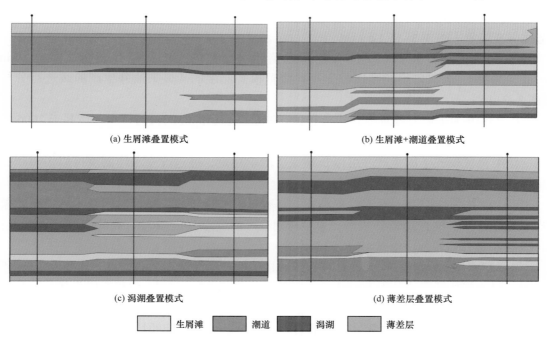

图 3-3-14　鲁迈拉油田 Mishrif 油藏 4 种储层类型叠置模式图

生屑滩叠置模式主要由Ⅰ类和Ⅱ类储层组成，其中Ⅰ类储层厚度占比大于 20%，主要发育在 MB2 层内。该叠置模式储层有效厚度大，存在物性较好的高渗透储层。

生屑滩＋潮道叠置模式由Ⅰ类、Ⅱ类和Ⅲ类储层组成，其中Ⅰ类储层厚度占比为 5%~20%，Ⅱ类储层厚度占比大于 30%。该叠置模式储层中Ⅰ类、Ⅱ类和Ⅲ类储层交互层状分布，物性好和差的储层都有，与生屑滩叠置模式相比Ⅰ类储层厚度占比减少，Ⅲ

类储层厚度占比增加。

潟湖叠置模式主要由Ⅱ类和Ⅲ类储层组成,其中Ⅰ类储层厚度占比小于10%,Ⅱ类储层厚度占比小于30%。该叠置模式储层以Ⅲ类储层为主,孔渗较低、物性较差。

薄差层叠置模式主要由Ⅲ类和Ⅳ类储层组成,不含Ⅰ类和Ⅱ类储层,且局部发育隔夹层。该叠置模式储层有效厚度小、物性差,经济开采价值低。

2)不同叠置模式生产特征

同一叠置模式内的储层物性差异相对较小,但纵向上不同叠置模式间的储层物性差异较大,且生产动态特征也存在一定差异。针对衰竭式开发和注水开发两个阶段,对不同叠置模式采油井的生产特征差异进行分析。

(1)衰竭式开发方式下不同叠置模式储层的生产特征。

① 地层压力响应特征。受不同储层叠置模式储层的纵向连通性差异,地层压力与地层深度的变化趋势存在较大差别。其中生屑滩叠置模式通常具有较大的储层厚度,且纵向连通性较好,生产一段时间后其地层压力仍与地层深度呈正相关关系,如R-519井下部图储层段[图3-3-15(a)];生屑滩+潮道叠置模式的储层中隔夹层较多,纵向连通性较差,地层压力与深度变化趋势不一致[图3-3-15(b)];潟湖叠置模式和薄差层叠置模式的储层纵向连通性差,地层压力随深度变化波动明显,隔夹层位置会出现压力趋势线突变现象[图3-3-15(c)(d)]。

② 采油井生产特征。不同叠置模式储层采油井的生产特征存在明显差异(Liu et al.,2018)。选取鲁迈拉油田位于不同叠置模式储层的4口采油井生产曲线进行分析(图3-3-16)。

R-238井为生屑滩叠置模式,具有日产油量高、稳产时间长的特点,该井于2006年投产,日产油量稳定在400~500t,高峰日产油量超过800t,至2010年注水前产量不递减。该类叠置模式下的生产井可以长期保持产量稳定,通过改变工作制度可以短时间提高单井产量。

R-178井为生屑滩+潮道叠置模式,具有日产油量较高、稳产时间较生屑滩叠置模式短的特点。该井于2007年投产,单井初期日产油量为300~400t,高峰产量可达500t;2009年产量开始递减,年减率约为13.4%。

R-337井为潟湖叠置模式,具有日产油量偏低、稳产难度大的特点。该井于2007年投产,初期单井日产油量为100t左右,后逐步上升至270t左右,但稳产时间较短,受地层压力保持水平低影响,2009年底日产油量又下降至100t左右。

R-471井为薄差层叠置模式,具有日产油量低、无稳产期的特点。该井于2008年投产,单井日产油量基本维持在100t,且衰竭式开发期内日产油量波动较大,该类井通常采用间开方式生产。

(2)注水开发方式下不同叠置模式储层的生产特征。

① 注水井吸水能力。不同叠置模式储层注水井的吸水能力差异大。鲁迈拉油田早期46口排状注水井统计结果表明,生屑滩叠置模式储层注水井的日注水量为843~2767m³,平均单井日注入量超过1500m³;生屑滩和潮道叠置模式储层注水井的日注水量为

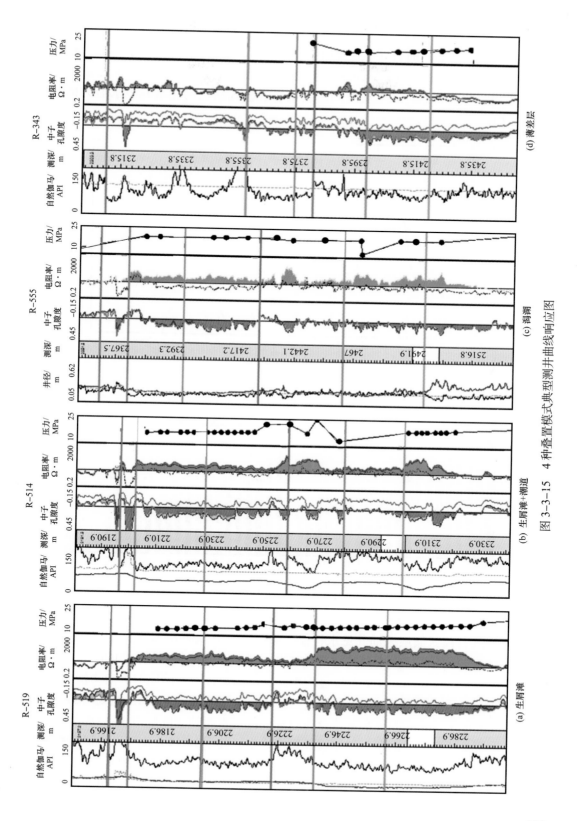

图 3-3-15　4 种叠置模式典型测井曲线响应图

398~2059m³，平均单井日注入量为1150m³，较生屑滩叠置模式储层的吸水能力差；潟湖叠置模式储层注水井的日注水量为191~1574m³，各井注入能力与层段中潟湖厚度占比相关，总体注入能力较差；薄差层叠置模式储层注水井整体注水能力最差，多数低于500m³/d。综上所述，从生屑滩到薄差层叠置模式储层的注水井吸水能力依次减弱（图3-3-17）。

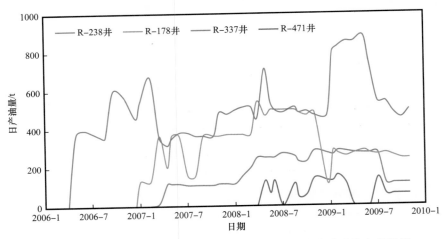

图3-3-16　鲁迈拉油田Mishrif油藏不同纵向叠置模式采油井生产特征

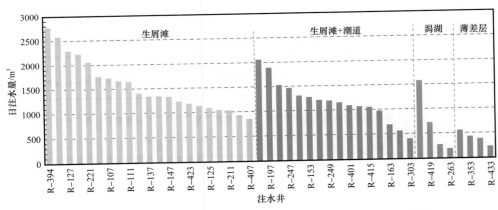

图3-3-17　鲁迈拉油田Mishrif油藏不同纵向叠置模式注水井注入能力

② 不同叠置模式储层采油井见水特征。鲁迈拉油田Mishrif油藏北部区域于2013年开始注水，早期采用两排注水井夹三排生产井的排状注水开发方式，2016年后逐步转换为反九点法面积注水井网。注水开发过程中，受不同叠置模式储层的纵向物性差异影响，采油井的见水特征存在明显不同。监测资料显示，鲁迈拉油田Mishrif油藏北部采油井的见水层位主要位于MB层，见水水源分为边水和注入水两种。区域内38口见水井分布在生屑滩、生屑滩+潮道、潟湖3种储层叠置模式中，其中20口井位于以生屑滩叠置模式为主的储层中，见水时间较早；其他6口井位于以生屑滩+潮道叠置模式为主的储层中、2口井位于以潟湖叠置模式为主的储层中，这两种叠置模式储层采油井的见水时间相对较

晚（图 3-3-18）。

3）不同叠置模式储层注水开发技术对策

以鲁迈拉油田 Mishrif 油藏为例，利用数值模拟方法对不同叠置模式储层的注水开发技术政策进行论证，明确了不同叠置模式储层的合理井网井距和采油速度。

（1）合理井网井距论证。

围绕反九点法井网和五点法井网，分别选取 900m、635m 和 450m 井距开展合理井网井距论证。研究结果显示：

不同井网井距条件下，不同叠置模式储层的地质储量采出程度与含水率关系具有相似特征。在相同井网条件下，井距越小，采油井见水时间越早、原油采收率越高；在相同井距条件下，五点法井网与反九点法井网相比，采油井见水时间较晚，原油采收率较高，注水效果较好（图 3-3-19）。

不同井网井距条件下，不同叠置模式储层的地质储量采出程度与含水率关系也表现出不同的开发特征。生屑滩叠置模式下，不同井网井距的原油采收率差别较小，但随着井距减小，采油井见水时间提前、含水上升速度加快，

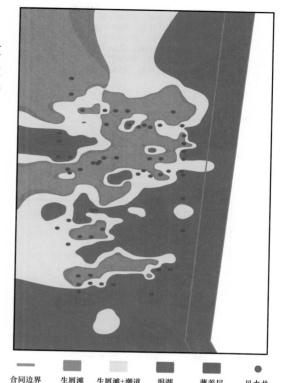

图 3-3-18　鲁迈拉油田 Mishrif 北部见水井与叠置模式关系图

且反九点法井网含水上升速度明显快于五点法井网，因此该类储层应采用五点法井网和 900m 较大井距开发，降低早期地面产出水处理压力；生屑滩 + 潮道叠置模式下，不同井网井距的地质储量采出程度和含水率关系与生屑滩叠置模式基本一致，但受物性差异影响，其采油井见水时间要早于生屑滩叠置模式，且大井距条件下的原油采收率也要略低于生屑滩叠置模式，因此该类储层应适当降低井距至 635m，以提高原油采收率；潟湖和薄差层叠置模式下，受储层物性较差影响，大井距开发时的注水效果差、原油采收率较低，因此该类储层应采用 450m 小井距开发，以提高注水开发效果和原油采收率。

（2）合理采油速度论证。

以生屑滩叠置模式为例，采用 900m 井距五点法井网开展合理采油速度论证，论证选取的采油速度分别为 0.5%、1%、2%、3% 和 4%。在同一种井网井距注水开发条件下，采油速度越小，采油井见水时间越晚，且不同含水率对应的原油地质储量采出程度相差不大（图 3-3-20）。考虑当采油速度达到 1.2% 时即可满足合同规定的高峰产量要求，因此为了延长油藏无水采油期及控制含水上升速度，Mishrif 油藏的合理采油速度为 1.2% 左右。

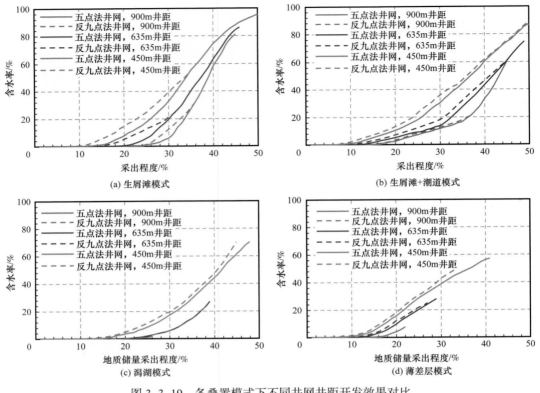

图 3-3-19 各叠置模式下不同井网井距开发效果对比

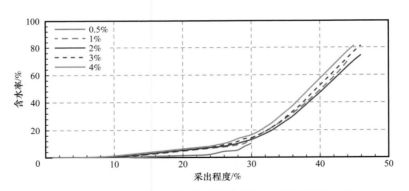

图 3-3-20 生屑滩叠置模式下不同采油速度开发效果对比

　　基于以上分析,各叠置模式储层适用不同的井网加密调整方式,其中生屑滩叠置模式储层的合理井网调整方式为由 900m 井距排状井网转换为 900m 井距反九点法井网,在适当时机转注成 900m 五点法井网;生屑滩+潮道叠置模式储层的合理井网加密调整方式为由 900m 井距排状井网转换 900m 井距反九点法井网后,一次加密成 635m 井距五点法井网;潟湖和薄差层叠置模式储层的合理井网加密调整方式为由转换 900m 井距反九点法井网后,一次加密成 635m 井距五点法井网,二次加密成 450m 井距五点法井网。

　　考虑储层物性及供油能力差异影响,不同叠置模式选取不同采油速度生产,其中生屑滩、生屑滩+潮道叠置模式等物性较好储层可适当提高采油速度，潟湖和薄差层叠置模式储层物性较差，可适当降低采油速度。

3. 含高渗透层的储层注采对应开发模式

伊拉克 Mishrif 油藏中存在高渗透层，即某一层位的渗透率远高于其他层位，该层是采油井的主要产层或是注水井的主要吸水层，此类储层存在对油田开发效果影响极大。基于 Mishrif 油藏高渗透层的刻画，建立了高渗透层位于储层不同位置的数值模拟机理模型（图 3-3-21）。均质模型平面为 1000m×20m，厚度为 25m 的各向均质剖面模型。模型孔隙度为 18%，水平渗透率为 20mD，垂直渗透率为 2mD，原始含油饱和度为 80%。设定高渗透层厚度为 3m，渗透率为 200mD，分别位于模型顶部、中部、底部，其他储层渗透率均匀即 20mD。

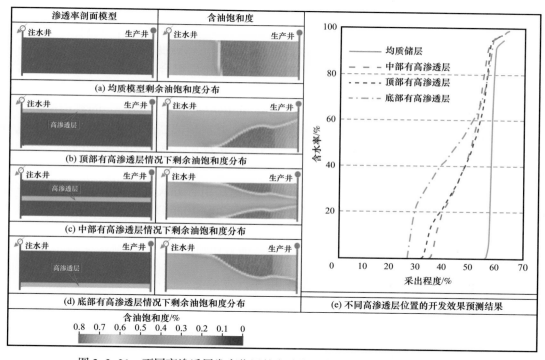

图 3-3-21 不同高渗透层发育位置的含油饱和度和开发效果预测结果对比

基于高渗透层发育在储层不同纵向位置时，明确高渗透层对注水开发效果的不同影响程度，提出适应不同高渗透层发育位置储层的注采对应模式。当高渗透层位于储层底部时，受重力分异作用影响，注入水主要沿底部高渗透层突进，导致采油井无水采油期最短，含水上升速度最快；当高渗透层位于储层顶部时，注入水沿顶部高渗透层快速推进的同时，受重力分异作用部分注入水会向下波及到其他储层，因此高渗透层位于储层顶部比位于储层底部的水驱波及程度高，且无水采油期也较长；当高渗透层位于储层中部时，注入水在沿中部高渗透层推进的同时，受重力分异及压力差作用，也可以扩大上下部储层的水驱波及程度，因此高渗透层位于储层中部的开发效果略好于高渗透层位于底部或顶部的储层。

以避免注入水沿高渗透层快速突进、充分利用重力分异作用提高水驱纵向波及系数为目标以避射注水井高渗透层、优化注水井分层注水及采油井射孔方式为手段，基于不同高渗透层的成因及组合方式，提出了不同高渗透层发育位置储层的注采对应开发模式（表3-3-3）。

注采对应开发模式1为生屑滩（岩溶型）。高渗透层组合方式为顶部缝洞高渗透"贼层"+中部溶蚀型高渗透层+正常沉积储层，三种储层的渗透率范围分别为1000～3000mD、200～500mD和20～100mD，射孔方式为注水井避射顶部高渗透"贼层"，下部高渗透层和正常沉积储层采用分层注水；采油井射开高渗透"贼层"、高渗透层和常规储层，并对常规储层采取改造措施。合理注水强度为上部温和注水，下部加强注水。

注采对应开发模式2为生屑滩（沉积型）。高渗透层组合方式为顶部溶蚀型高渗透层+正常沉积储层，两种储层的渗透率范围分别为200～300mD、10～50mD。射孔方式为注水井结合储层渗透率级差，避射顶部高渗透层，在中下部射孔注水；采油井射开高渗透层和常规储层，并对常规储层采取改造措施。合理注水强度为加强注水。

注采对应开发模式3为滩翼薄层（沉积型）。高渗透层组合方式为层内薄互层正常沉积储层+隔夹层+沉积型高渗透"贼层"交互分布，正常沉积储层储层的渗透率范围为10～50mD，隔夹层的渗透率范围为0.1～1mD，沉积型高渗透"贼层"的渗透率范围为200～300mD。射孔方式为注水井结合渗透率级差，避射顶部高渗透层，在上下部射孔分层注水；采油井射开高渗透"贼层"和常规储层，并对常规储层采取改造措施。合理注水强度为分层周期合理配注。

注采对应开发模式4为潮道（沉积型）。高渗透层组合方式为顶部正常沉积储层+底部沉积型高渗透层，两种储层的渗透率范围分别为20～100mD和200～500mD。射孔方式为避射底部高渗透层，在上部射孔注水；采油井射开高渗透层和常规储层，并对常规储层采取改造措施。合理注水强度为根据油井产液量加强注水。

4. Mishrif巨厚生物碎屑灰岩油藏细分层系开发部署

基于平面上储量丰度及储层叠置模式的分布特征、纵向上隔夹层及储层类型的分布特征，制定"平面分区、纵向分层"细分层系注水开发策略，以改善油田开发效果。

1）哈法亚油田Mishrif油藏细分层系开发部署

平面上分3期开发：一期动用油藏中部油层厚度较大区域，新建 $500×10^4$ t/a 产能；二期动用一期东南侧区域，新建 $500×10^4$ t/a 产能；三期动用油藏西北和边缘油层厚度较薄区域，新建 $1000×10^4$ t/a 产能（图3-3-22）。注水部署与产能建设保持一致，初期在一期集中注水，随后向二期和三期逐步扩展。

纵向上细分为4套开发层系，其中MB1-2A&2B和MB1-2C两套开发层系为层状边水油藏，采用五点法直井井网注水开发；MB2-1开发层系为层状边水油藏，采用排状注采井网，油藏中部水平井采油，边部直井注水；下部MB2-2开发层系为块状底水油藏，采用油藏内部五点法注采井网+边部注水的开发方式，水平井顶部采油，直井底部注水（图3-3-23）。

表3-3-3　不同高渗透层发育位置储层的注采对应开发模式

高渗透层成因	高渗透层组合方式	储层示意图	笼统注采	优化注采	注水井及采油井射孔方式	注水强度
生屑滩（岩溶型）	顶部缝洞型高渗透"贼层"+中部溶孔型高渗透层+正常沉积储层（三层结构）	薄层缝洞型高渗透"贼层" $K=1000\sim3000mD$；溶蚀型高渗透层 $K=200\sim500mD$；正常沉积储层 $K=20\sim100mD$			注水井避射顶部高渗透"贼层"，下部高渗透层和正常沉积储层采用分层开采；采油井射开高渗透"贼层"，并对高渗透层和常规储层采取措施改造	上部温和注水，下部加强注水
生屑滩（沉积型）	顶部溶蚀型高渗透层+正常沉积储层（双层结构）	溶蚀型高渗透层 $K=200\sim300mD$；正常沉积储层 $K=10\sim50mD$			注水井结合储层渗透率极差，避射顶部高渗透层，在中下部射孔注水；采油井射开高渗透层和常规储层，并对常规储层采取措施改造	加强注水
滩翼薄层（沉积型）	正常沉积储层+隔夹层+沉积"贼层"高渗透（多层结构）交互分布	隔夹层 $K=0.1\sim1mD$；薄层沉积型高渗透"贼层" $K=200\sim300mD$；正常沉积储层 $K=10\sim50mD$			射孔方式为注水井结合储层渗透率极差，避射顶部高渗透层，在上下部射孔分层注水；采油井射开高渗透"贼层"和常规储层，并对常规储层采取改造措施	分层周期合理配注
潮道（沉积型）	顶部正常沉积储层+底部沉积型高渗透层（双层结构）	正常沉积储层 $K=20\sim100mD$；沉积型高渗透层 $K=200\sim500mD$			注水井：避开底部高渗透层，上部射孔注水；采油井：射开高渗透层和常规储层，常规储层措施改造	分层合理配注

图例：含油饱和度/%　0.8　0.7　0.6　0.5　0.4　0.3　0.2　0.1　0

隔夹层　｜　隔夹层　｜　常规储层　｜　高渗透层　｜　高渗透"贼层"

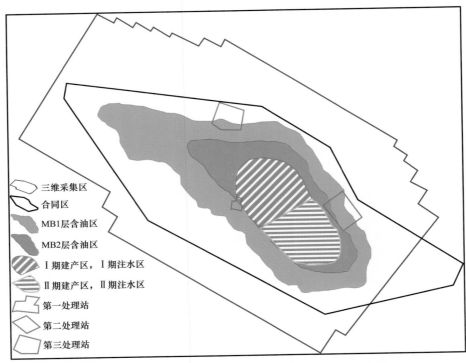

图 3-3-22　哈法亚油田 Mishrif 油藏分区注水开发部署图

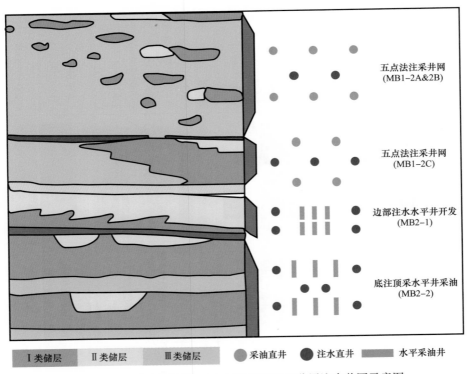

图 3-3-23　哈法亚油田 Mishrif 油藏纵向细分层注水井网示意图

2）鲁迈拉油田 Mishrif 油藏细分层系开发部署

平面上优先动用以生屑滩叠置模式为主、储层物性好、储量丰度大的北部区域，逐次动用以生屑滩+潮道叠置模式为主、储层物性较好、储量丰度较大的中部区域和潟湖叠置模式为主、储层物性较差、储量丰度较小的南部区域（图 3-3-24）。

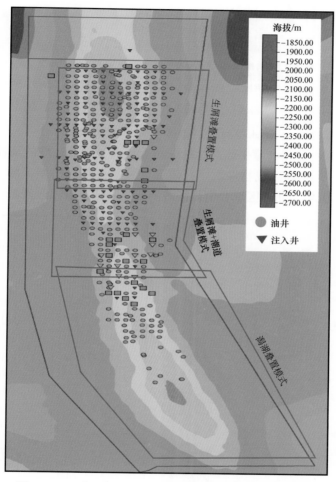

图 3-3-24　鲁迈拉油田 Mishrif 油藏分区注水开发部署图

鲁迈拉油田 Mishrif 油藏纵向上划分为 MA 层和 MB 层两套层系，由于 MB 层储量占比超过油藏总储量的 70%，且孔隙度和渗透率较高，因此优先动用 MB 层。MB 层纵向上储层厚度较大，且储层内部不同类型储层的物性差异较大，因此具有进一步细分开发层系的需求。针对 MB 层 I 类、II 类、III 类储层，通过井网转换和逐轮次加密的方式细分为三套开发层系开发，优先动用 I 类储层，第一轮次井网转换是将现有 900m 排状注采井网转换为 900m 井距的反九点法注采井网，第二轮次井网转换是随后逐步将 900m 反九点法注采井网转换为 900m 五点法注采井网。第一轮次加密将 900m 五点法井网加密为 635m 井距的五点法井网，开发 II 类储层；第二轮次加密将 635m 井距五点法井网进一步加密为 450m 五点法井网，开发 III 类储层（图 3-3-25）。

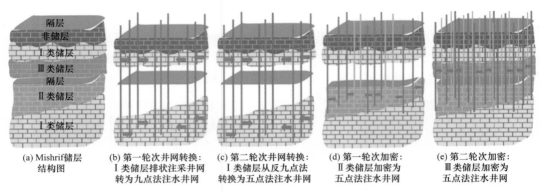

(a) Mishrif储层　　(b) 第一轮次井网转换：　(c) 第二轮次井网转换：　(d) 第一轮次加密：　(e) 第二轮次加密：
　　结构图　　　　　Ⅰ类储层排状注采井网　　Ⅰ类储层从九点法　　Ⅱ类储层加密为　　Ⅲ类储层加密为
　　　　　　　　　　转为九点法注水井网　　转换为五点法注水井网　五点法注水井网　　五点法注水井网

图 3-3-25　鲁迈拉油田 Mishrif 油藏纵向多轮次加密示意图

3）西古尔纳油田 Mishrif 油藏细分层系开发部署

西古尔纳油田 Mishrif 油藏平面上物性分布差异大，中部区域的物性最好，孔隙度可以达到 17%～28%；北部区域物性次之，南部区域物性相对略差（图 3-3-26）。在平面上，按照油田中部区域、北部区域和南部区域的顺序，依次投入开发。

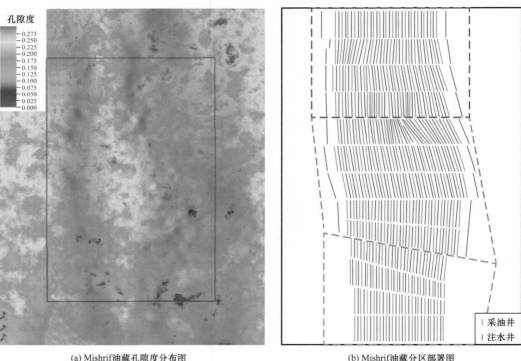

(a) Mishrif油藏孔隙度分布图　　　　　　　(b) Mishrif油藏分区部署图

图 3-3-26　西古尔纳油田 Mishrif 油藏孔隙度分布和分区部署图

纵向上基于隔夹层分布特征细分为 MA 层、MB1 层和 MB2 层等 3 套独立开发层系，MA 层通过将现有井全部上返并完善为 900m 井距直井反九点法井网开发，MB1 层在潮道部署不规则直井井网，井距保持 900m 以上，MB2 层部署为 500m 排距、1000m 水平段长的水平井底注顶采排状开发井网（图 3-3-27）。

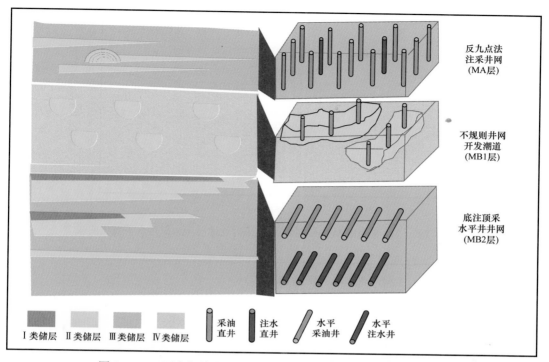

图 3-3-27　西古尔纳油田 Mishrif 油藏纵向细分层注水井网示意图

三、巨厚生物碎屑灰岩油藏细分层系注水开发实施效果

研究成果直接应用于 Mishrif 巨厚生物碎屑灰岩油藏细分层系注水开发。自 2016 年以来，针对鲁迈拉油田、哈法亚油田和西古尔纳油田早期衰竭式开发导致的地层压力亏空，围绕细分层注水开展了大量工作，实现了油田开发形势明显改善。

哈法亚油田 Mishrif 油藏自 2018 年开始实施规模注水，截至 2020 年 12 月底，共完成 45 个井组的转注工作，其中 23 口注水井实施了 MB1-2 层和 MB2-1 层的分层注水，10 口注水井实施了 MB2 层的底部注水。自实施注水以来，Mishrif 油藏开发效果得到明显改善，地层压力保持水平由 2016 年的 62.2% 恢复至 2020 年的 71.7%（图 3-3-28），产量综合递减由 2016 年的 28.3% 下降至 10% 以内（图 3-3-29）。

鲁迈拉油田自 2016 年以来共增加注水井 81 口，截至 2020 年底，注水井组共计 103 个。通过加强注水，Mishrif 油藏地层压力保持水平由 2015 年的 67.2% 恢复至 2020 年的 70.3%（图 3-3-30）；同时，随着油藏地层压力的恢复，175 口低压停产采油井逐步复产，油藏产量自然递减也从 2015 年的 15.6% 下降至 10% 以内。

西古尔纳油田 Mishrif 油藏 2014 年实施注水开发。截至 2020 年底，注水井组共计 102 个。通过加强注水，Mishrif 油藏地层压力保持水平由 2014 年的 61.9% 恢复至 2020 年的 71.3%（图 3-3-31）；随着地层压力恢复，油藏采油井开井数逐年增多，25 口低压停产井逐步复产；平均单井日产油量也从注水前的 255t 提升至 381t，注水后平均采油井单井日产油量达到注水前的 1.5 倍。

图 3-3-28　哈法亚油田 Mishrif 油藏地层压力及地层压力保持水平变化曲线

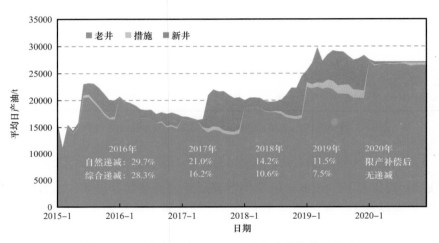

图 3-3-29　哈法亚油田 Mishrif 油藏产量构成与递减

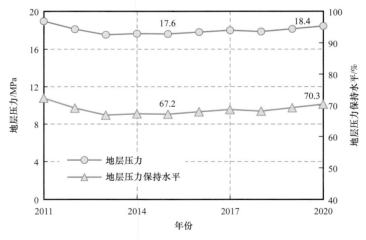

图 3-3-30　鲁迈拉油田 Mishrif 油藏地层压力及地层压力保持水平变化曲线

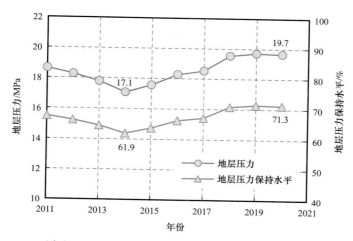

图 3-3-31 西古尔纳油田 Mishrif 油藏地层压力及地层压力保持水平变化曲线

随着油藏注水工作的推进和地层压力的回升，哈法亚油田、鲁迈拉油田和西古尔纳油田 Mishrif 生物碎屑灰岩油藏注水区域的产量呈快速上升态势，由"十二五"末的 $292 \times 10^4 t$ 上升至"十三五"末的 $3685 \times 10^4 t$，年均增长 $650 \times 10^4 t$（图 3-3-32）。

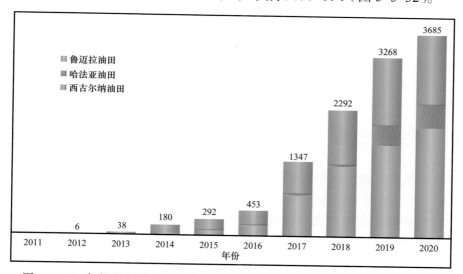

图 3-3-32 伊拉克南部三个油田 Mishrif 油藏注水作业产量直方图（单位：$10^4 t$）

第四章 裂缝—孔隙型碳酸盐岩油藏注水注气开发技术

哈萨克斯坦让纳若尔、北特鲁瓦和卡沙甘三个碳酸盐岩油田均为裂缝—孔隙型挥发性油藏，储层储集空间类型复杂，非均质性强。受所处的开发阶段不同影响，各油田开发面临主要的技术挑战也有所不同。让纳若尔油田处于注水开发中后期，地层压力保持水平 40%～60%，油层水淹程度较高，剩余油分布复杂，缺乏有效的表征技术。北特鲁瓦油田虽然处于开发初期，但是由于早期采用衰竭式快速开发方式，导致地层压力保持水平仅有 50.9%，注水开发后恢复油藏压力与油井含水快速上升矛盾突出，需要适用性的注水开发调整技术。卡沙甘油田为异常高压碳酸盐岩油藏，地层压力系数 1.8，原始地层压力 77.7MPa，溶解气中 H_2S 摩尔分数为 17.8%，CO_2 摩尔分数为 5.1%，天然气处理能力不足制约油田上产，需要揭示高含酸性伴生气直接回注混相驱油机理，制订合理的开发技术政策。通过技术攻关，形成了裂缝—孔隙型碳酸盐岩油藏剩余油表征技术、低压力保持水平弱挥发性碳酸盐岩油藏注水开发技术、低渗透碳酸盐岩油藏注气开发提高采收率技术，支撑哈萨克斯坦阿克纠宾项目（包括让纳若尔油田和北特鲁瓦油田）油气产量 $1000×10^4t/a$ 长期稳产，卡沙甘项目快速建成 $1500×10^4t/a$ 产量规模。

第一节 裂缝—孔隙型碳酸盐岩油藏剩余油分布规律及挖潜技术

让纳若尔油田实施注水开发已经超过 30 年，受储集空间及其组合方式复杂多样影响，储层剩余油分布非常复杂，导致新井井位部署难度大、射孔时极易射开水淹层，油藏开发调整部署难度逐年增大。以剩余油分布规律精细表征与挖潜为目标，建立了不同于碎屑岩储层的碳酸盐岩油藏水淹级别划分方法，揭示了裂缝—孔隙型储层微观水驱油机理，明确了不同储层类型和注水方式下的水驱油波及规律，并提出了针对性的挖潜技术对策，支撑让纳若尔油田开发中后期老油田新井初期日产油达到周围老井的 1.9～3.3 倍。

一、裂缝—孔隙型碳酸盐岩油层水淹层评价技术

揭示裂缝—孔隙型碳酸盐岩储层水淹机理，用三孔隙度（基质、裂缝、孔洞）模型代替双孔隙度（基质、裂缝）模型，建立裂缝—孔隙型储层水淹层测井解释模型和图版，实现水淹层解释符合率由 53.1% 提高到 87.5%。建立双重介质油藏水淹层定量评价标准，与碎屑岩相比各水淹级别含水率下限值明显降低；从孔缝洞复合型、裂缝—孔隙型到孔隙型水淹程度逐渐减弱。

1. 裂缝—孔隙型碳酸盐岩储层水淹机理

岩电实验与理论研究相结合，对研究区油层水驱油过程中的含水饱和度、电导率和含水率的变化规律进行分析，明确了不同类型储层水驱油过程中电阻率变化规律。

孔隙型储层岩心电阻率变化规律如图 4-1-1 所示，当地层水矿化度 C_w 为 80000mg/L，注入水矿化度 C_{wp} 为 40000mg/L 和 80000mg/L 时，岩心电阻率随含水饱和度增大而降低；当注入水矿化度 C_{wp} 为 500mg/L 和 4000mg/L 时，岩心电阻率随含水饱和度增大呈先降低后增高趋势，且矿化度越低，U 形曲线越宽，拐点越靠右。

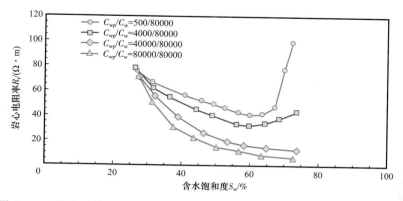

图 4-1-1　孔隙型储层注入不同水矿化度水条件下电阻率与含水饱和度关系图

裂缝—孔隙型储层岩心电阻率变化规律如图 4-1-2 所示，当地层水矿化度 C_w 为 80000mg/L，注入水矿化度 C_{wp} 为 40000mg/L 和 80000mg/L 时，岩心电阻率随含水饱和度增大而降低，且早期降低较快。当注入水矿化度 C_{wp} 为 500mg/L 和 4000mg/L 时，岩心电阻率随含水饱和度增大呈先降低后增高趋势，且矿化度越低，过拐点以后电阻率增长越快。该类储层由于存在裂缝，早期电阻率下降迅速。

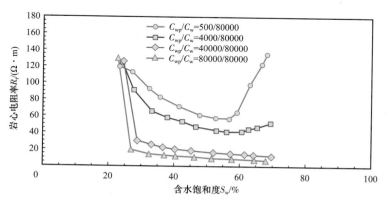

图 4-1-2　裂缝—孔隙型储层注入不同水矿化度水条件下电阻率与含水饱和度关系图

孔洞缝复合型储层岩心电阻率变化规律如图 4-1-3 所示，当地层水矿化度 C_w 为 80000mg/L，注入水矿化度 C_{wp} 为 40000mg/L 和 80000mg/L 时，岩心电阻率随含水饱和度增大而降低，下降速度比孔隙型储层快，比裂缝—孔隙型储层慢。当注入水矿化度 C_{wp} 为

500mg/L 和 4000mg/L 时，岩心电阻率随含水饱和度增大呈先降低后增高趋势，且矿化度越低，过拐点以后电阻率增长越快。由于该类储层存在裂缝，水驱初期电阻率快速下降，变化特征与裂缝—孔隙型储层相似。

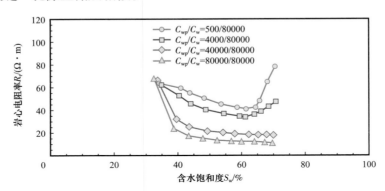

图 4-1-3　孔洞缝复合型储层注入不同水矿化度水条件下岩心电阻率与含水饱和度关系图

由不同类型储层水驱油过程中的岩电关系变化可知，当注入淡水时，电阻率 R_t 随含水饱和度 S_w 增大均呈 U 形变化，即水驱油过程中岩心电阻率先随含水饱和度增大而降低，但当含水饱和度达到一定程度后，岩心电阻率随含水饱和度增大而增大。当注入高矿化度水或污水时，随着含水饱和度的增加，孔隙型储层电阻率缓慢下降，水驱速度较慢；裂缝型孔隙型储层，电阻率迅速下降，水驱速度较快。

2. 裂缝—孔隙型碳酸盐岩油藏水淹级别划分

中国石油测井专业的水淹层划分标准是以含水率（f_w）的高低确定水淹级别，具体为：未水淹级别为 $f_w \leqslant 10\%$、弱水淹级别为 $10\% \leqslant f_w \leqslant 40\%$、中水淹级别为 $40\% \leqslant f_w \leqslant 80\%$、强水淹级别为 $f_w \geqslant 80\%$。这主要是针对碎屑岩油藏制定的水淹层划分标准，各油田又会根据各自的具体情况作出一些小的调整，目前国内还没有比较统一的碳酸盐岩油藏水淹级别划分标准。与碎屑岩储层相比，碳酸盐岩储层具有不同的含水率与含水饱和度的关系特征，基于不同类型碳酸盐岩储层水驱油实验得到的油水相对渗透率曲线、生产过程中油井自见水至水淹时的含水率变化规律，分别建立了孔隙型和裂缝—孔隙型弱挥发性碳酸盐岩油藏水淹级别划分标准（图 4-1-4 和图 4-1-5，表 4-1-1），考虑孔洞缝复合型储层的孔隙结构、含水饱和度与含水率变化规律与裂缝—孔隙型储层具有相似之处，因此孔洞缝复合型储层采用裂缝—孔隙型储层的水淹级别划分标准。

3. 水淹层定性识别方法

基于不同类型储层的测井响应特征和产吸剖面测试资料，多种手段相结合建立了碳酸盐岩油藏不同类型储层的水淹层定性识别方法。根据划分的储层类型，分别建立了孔隙型和裂缝—孔隙型碳酸盐岩储层水淹层识别图版，交会图法包括声波时差与深侧向电阻率交会图（图 4-1-6 和图 4-1-7）、声波时差与深浅侧向幅度差交会图（孙永涛，2014）。

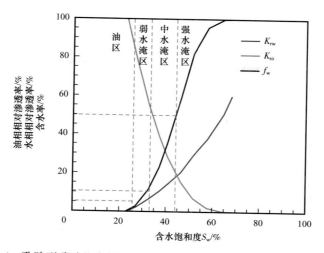

图 4-1-4 孔隙型碳酸盐岩储层不同水淹级别相对渗透率与含水率分区图版

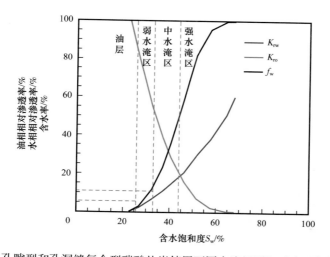

图 4-1-5 裂缝—孔隙型和孔洞缝复合型碳酸盐岩储层不同水淹级别相对渗透率与含水率分区图版

表 4-1-1 碳酸盐岩储层水淹级别划分标准

储层类型	油层	弱水淹区	中水淹区	强水淹区
	含水率 f_w/%			
孔隙型储层	≤5	5～20	20～50	≥50
裂缝—孔隙型、孔洞缝复合型	≤5	5～10	10～50	≥50

4. 水淹层定量解释方法

1）含水饱和度计算模型

裂缝—孔隙型碳酸盐岩油藏岩石孔隙结构复杂，非均质性强，阿尔奇公式解释含水饱和度效果不理想。研究引入三重孔隙含水饱和度评价模型（Aguilera，2004）（图 4-1-8）。

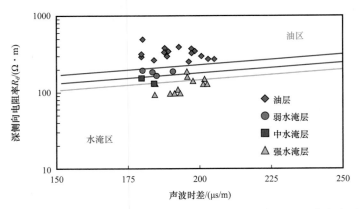

图 4-1-6　孔隙型储层不同水淹级别声波时差与深侧向电阻率交会图

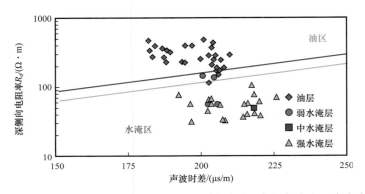

图 4-1-7　裂缝—孔隙型储层不同水淹级别声波时差与深侧向电阻率交会图

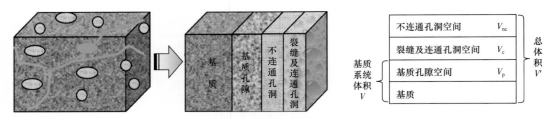

图 4-1-8　三重孔隙体积模型

利用该模型，改进阿尔奇公式（Archie et al.，1942）中胶结指数计算方法，可以较准确计算复杂孔隙结构储层的含水饱和度［式（4-1-1）、式（4-1-2）］：

$$S_{\mathrm{w}} = \left(\frac{a \times b \times R_{\mathrm{w}}}{R_{\mathrm{t}} \times \phi^{m}} \right)^{1/n} \tag{4-1-1}$$

$$m = -\frac{\lg V_{\mathrm{nc}} \times \phi + \dfrac{1 - V_{\mathrm{nc}} \times \phi}{V \times \phi + (1 - V \times \phi) \times \phi_{\mathrm{b}}^{m_{\mathrm{b}}}}}{\lg \phi} \tag{4-1-2}$$

式中　S_w——含水饱和度；

a——岩性附加导电性校正系数；

b——岩性润湿性附加饱和度分布不均匀系数；

R_w——地层水电阻率，$\Omega \cdot m$；

R_t——地层电阻率，$\Omega \cdot m$；

n——饱和度指数；

m——胶结指数；

ϕ——总孔隙度；

m_b——基质部分的胶结指数；

V_{nc}——不连通孔洞孔隙度与总孔隙度的比值；

V——裂缝孔隙度与总孔隙度的比值；

ϕ_b——基质系统孔隙度。

其中，a、m_b、b 和 n 等参数可以通过研究区 64 块孔隙型储层岩心的岩电实验数据获得，分别为 $a=0.7171$，$m_b=2.2666$，$b=1.0789$，$n=1.6867$（图 4-1-9 和图 4-1-10）。

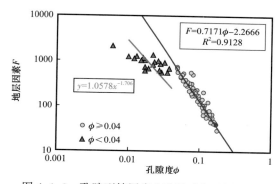

图 4-1-9　孔隙型储层岩心孔隙度与地层因素 关系图　　　　　　　　　图 4-1-10　孔隙型储层含水饱和度与电阻增大率 关系图

2）束缚水饱和度计算模型

根据压汞实验和水驱油实验等岩心分析数据，确定束缚水饱和度 S_{wi} 分布范围为 4.32%～93.94%，平均 29.38%，主要分布区间为 15%～45%，总体上束缚水饱和度随着孔隙度和渗透率的增大而减小。

基于岩心孔隙结构与束缚水饱和度之间的关系，建立了利用渗透率和孔隙度计算束缚水饱和度的模型（图 4-1-11），该模型计算的束缚水饱和度与岩心分析确定的束缚水饱和度具有较高的相关性（图 4-1-12）。

$$S_{wi}(\phi, K) = 0.6696\left[C(\phi, K)\right]^2 + 21.6588C(\phi, K) - 6.52 \quad R^2 = 0.8026 \quad (4-1-3)$$

$$C(\phi, K) = -0.218\sqrt{\phi K} + 0.006901K + 0.706\sqrt{K} - 5.314\sqrt{\phi} + 0.85\phi + 12.797 \quad (4-1-4)$$

式中　S_{wi}——束缚水饱和度；

ϕ——孔隙度，%；

K——渗透率，mD；

$C(\phi, K)$——过程参数。

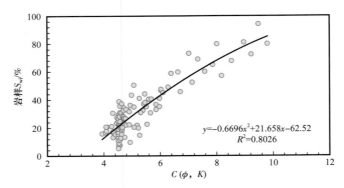

图 4-1-11　储层孔隙结构与束缚水饱和度交会图

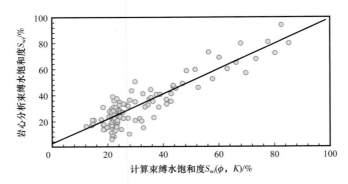

图 4-1-12　计算地层束缚水饱和度与实验分析束缚水饱和度交会图

3）相对渗透率及含水率计算模型

鉴于多孔介质中的流体流动与导电介质中的电流流动具有相似性的特征，借助导电介质中电流流动原理，计算得到多孔介质润湿相相对渗透率及非润湿相的相对渗透率（Li et al.，2006）。

$$K_{rw} = \frac{S_w - S_{wr}}{1 - S_{wr}} \frac{1}{I} \tag{4-1-5}$$

$$K_{ro} = (1 - S'_w)^2 (1 - K_{rw}) \tag{4-1-6}$$

$$S'_w = \frac{S_w - S_{wi}}{1 - S_{wi} - S_{or}} \tag{4-1-7}$$

式中　K_{rw}——水相相对渗透率；

　　　K_{ro}——油相相对渗透率；

　　　S_w——含水饱和度；

　　　S_{wr}——残余湿相饱和度；

S_{or}——残余油饱和度；

S_{wi}——束缚水饱和度；

I——电阻增大率。

利用岩心水驱油实验数据建立了含水率与油水相对渗透率之比之间的关系［式（4-1-8）］，将式（4-1-5）和式（4-1-6）分别计算的 K_{rw}、K_{ro} 代入式（4-1-8），即可得到基于测井解释的油水相对渗透率与含水率之间的关系，计算得到的含水率与岩心水驱油实验数据一致性较好（图 4-1-13 和图 4-1-14）。

$$f_w = \frac{1.0}{0.9992 + 0.9194 K_{ro} / K_{rw}} \tag{4-1-8}$$

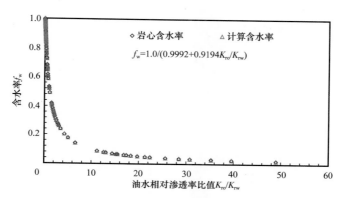

图 4-1-13　油水相对渗透率之比与含水率关系图

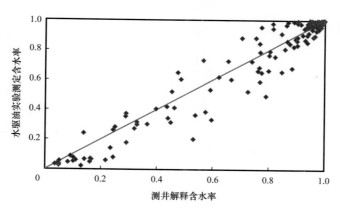

图 4-1-14　测井解释含水率与岩心水驱油实验结果对比

5. 碳酸盐岩水淹层测井解释效果评价

基于水淹层定性和定量评价方法，对让纳若尔油田 Г 北油藏 156 口井开展了分类储层的水淹层定量评价（图 4-1-15），与其中 16 口井产液剖面测试结果对比，水淹层测井解释符合率达到 87.5%，与原有方法相比提高 34.4 个百分点（表 4-1-2）。

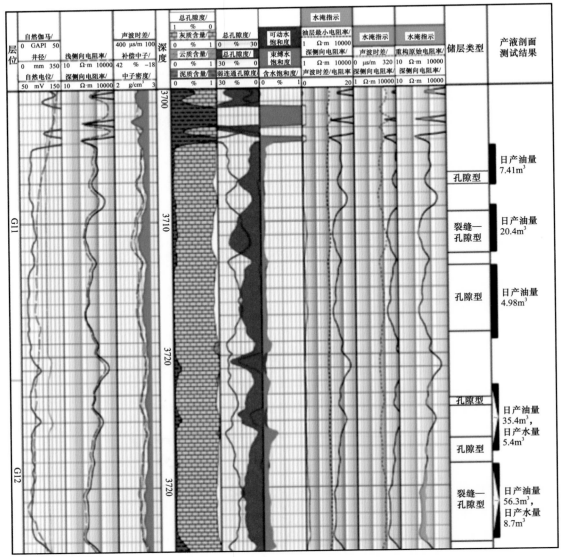

图 4-1-15　让纳若尔油田 3418 井水淹层测井综合解释成果图

表 4-1-2　产液剖面统计水淹层测井解释符合率对比表

测试井数 / 口	总测试层数	原方法		新方法	
		符合层数	符合率 /%	符合层数	符合率 /%
16	64	34	53.1	56	87.5

　　共完成水淹层测井解释 4301.6m，解释结果显示：孔洞缝复合型储层水淹程度最高，裂缝—孔隙型、裂缝型、孔洞型、孔隙型和弱连通孔洞型储层水淹程度依次降低（表 4-1-3，图 4-1-16），表明在基质孔隙发育相近的条件下，裂缝的存在导致注入水更容易快速推进，导致孔洞缝复合型和裂缝—孔隙型储层更容易水淹。

表 4-1-3 不同类型储层水淹层测井解释厚度统计表

水淹级别	厚度 /m						
	孔洞缝复合型	裂缝—孔隙型	裂缝型	孔洞型	孔隙型	弱连通孔洞型	合计
油层	328.3	913.3	24.7	338.7	1050.4	152.5	2807.9
弱水淹层	67.6	213.5	1.2	84.7	29.2	1.0	397.3
中水淹层	79.5	104.8	0.0	23.4	28.6	16.7	252.9
强水淹层	180.8	510.4	7.8	88.5	53.7	2.3	843.5
合计	656.3	1742.0	33.7	535.3	1161.9	172.5	4301.6

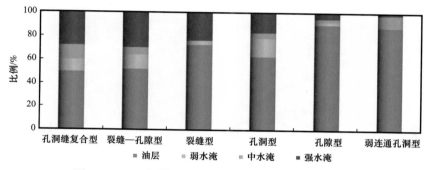

图 4-1-16 不同储层类型各水淹级别厚度比例构成图

二、裂缝—孔隙型碳酸盐岩储层微观水驱油波及规律及影响因素

孔隙型储层水驱油波及范围主要受孔喉连通性影响，裂缝—孔隙型储层主要受裂缝方向与注水方向相互配置关系影响。改变液流方向，孔隙型和裂缝—孔隙型储层驱油效率提高 17.1～19.6 个百分点，周期注水降低可动剩余油饱和度 7.9～14.8 个百分点。

1. 微观水驱油机理研究方法

认清油藏微观水驱油机理及渗流规律，对于实现油田高效开发具有重要意义，有助于判断目前开发方式是否合理，也可为后续开发调整指明方向。水驱机理与渗流规律研究方法和手段主要分为实验方法和理论研究（包括数值模拟）两大类。微观水驱油实验方法主要有岩心薄片驱替、玻璃刻蚀物理模拟等二维方法（于春磊等，2016）和驱替岩心 CT 扫描技术的三维方法（王璐等，2017）。

2. 碳酸盐岩储层微观水驱油机理

选择典型裂缝—孔隙型储层、孔隙型储层和孔洞型储层的铸体薄片，通过孔喉结构提取和图像拼接等方法进行玻璃刻蚀模型设计和物理模拟实验，并结合数字岩心模拟实验对不同储层类型、裂缝宽度、裂缝发育程度和不同驱替方式下碳酸盐岩储层的水驱波及规律及影响因素开展研究，揭示碳酸盐岩储层微观水驱油机理。

1）裂缝—孔隙型储层不同驱替方向的水驱油规律

采用平行于裂缝发育方向、与裂缝发育方向成 45° 夹角和垂直于裂缝发育方向等 3 种驱替方向开展裂缝—孔隙型储层水驱波及规律研究。研究结果显示，相同注采参数条件下，不同驱替方向的见水时间差异大，其中平行于裂缝发育方向注水见水最快，其余两种注水方向见水时间相差不明显；不同注水方向的波及效率不同，水驱方向与裂缝发育方向成 45° 夹角和垂直于裂缝发育方向时的水驱波及效率较好，裂缝和基质内的油相可以得到较好波及，且不会产生延裂缝发育方向快速水窜的现象。统计显示，平行于裂缝发育方向注水的驱油效率约为 41.58%，水驱方向与裂缝发育方向成 45° 夹角时的驱油效率为 51.18%，垂直于裂缝发育方向注水的驱油效率为 63.90%；垂直与平行于裂缝发育方向注水相比，驱油效率提高 22.32 个百分点（图 4-1-17）。

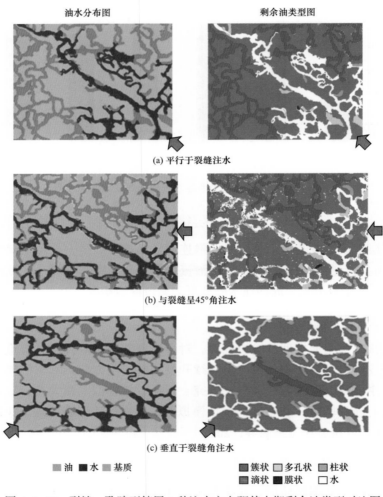

图 4-1-17　裂缝—孔隙型储层 3 种注水方向驱替末期剩余油类型对比图

不同水驱方向驱替末期的剩余油类型不同，平行于裂缝发育方向和与裂缝发育方向成 45° 夹角注水时的剩余油类型主要为簇状流，其次为多孔状流与柱状流，极少的膜状流与滴状流（图4-1-18），两种水驱方向下剩余油类型的差别主要是与裂缝发育方向成45°夹角注水时的簇状流占比低（占比64%），其他类型占比略高；垂直于裂缝发育方向注水时的主要剩余油类型为多孔状流（占比48.74%），其次为簇状流（占比35.80%）和柱状流（占比15.37%）。裂缝—孔隙型储层不同驱替方向的水驱油效率差异大，导致的剩余油类型也存在明显不同，驱替方向与裂缝延伸方向垂直时的水驱油效果最优。

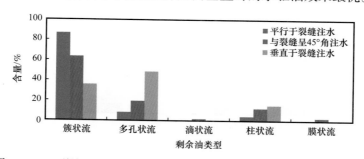

图4-1-18　裂缝—孔隙型储层3类注水方向驱替末期剩余油含量对比图

2）不同裂缝宽度的裂缝—孔隙型储层水驱油规律

针对裂缝宽度分别为0.25mm和0.84mm的裂缝—孔隙型储层开展水驱波及规律研究，实验结果表明，裂缝宽度影响水驱波及效率，裂缝宽度大的储层水驱波及效果较好，0.84mm缝宽储层比0.25mm缝宽储层的微观水驱油效率高约9.36个百分点，主要原因为注入水通过喉道进入裂缝后，裂缝宽度较大储层的水驱阻力小，利于水驱波及体积的增大（图4-1-19）。裂缝宽度影响剩余油类型，裂缝宽度较大储层的主要剩余油类型为

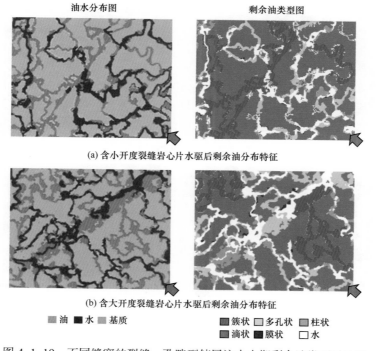

图4-1-19　不同缝宽的裂缝—孔隙型储层注水末期剩余油类型对比图

多孔状流与簇状流（40% 左右），其次为柱状流，存在极少的滴状流；而裂缝宽度较小储层剩余油类型为簇状流（50% 以上），其次为多孔状流，极少的膜状流，不存在滴状流（图 4-1-20）。总体上，裂缝宽度为 0.84mm 储层的渗流能力较好，水驱效果也较好，但与裂缝宽度为 0.25mm 储层的水驱效果相比增幅不大。

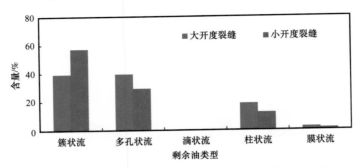

图 4-1-20　不同缝宽的裂缝—孔隙型储层注水末期剩余油含量对比图

3）不同裂缝密度的裂缝—孔隙型储层水驱油规律

选取两块裂缝密度不同的裂缝—孔隙型储层开展水驱油规律研究，实验结果表明，裂缝密度影响水驱波及效率，裂缝密度较大的储层水驱波及效果较好，主要原因为裂缝发育条件下储层的连通性与渗流能力明显提高，水驱波及范围更大，且见水后水驱波及范围可以继续扩大（图 4-1-21），裂缝密度大的储层微观驱油效率比裂缝密度小的储层高

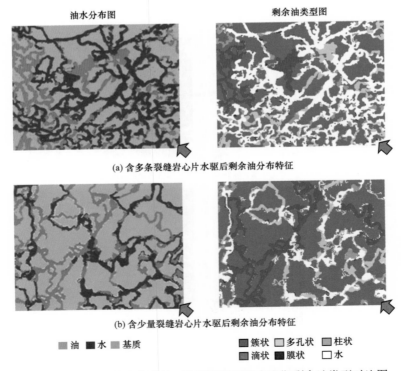

图 4-1-21　不同缝密度裂缝—孔隙型储层注水末期剩余油类型对比图

显示，周期注水后的可动剩余油饱和度降低了 7.9～14.8 个百分点。总体上，周期注水后可降低的剩余油饱和度与储层的非均质性呈正相关关系，非均质性越强，周期注水效果越好（图 4-1-28）。

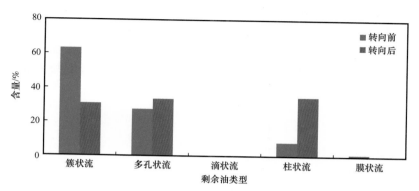

图 4-1-26　裂缝—孔隙型储层液流转向前后剩余油量化对比图

(a) 连续注水后期油水分布　　　　　　　　(b) 周期注水后期油水分布

图 4-1-27　连续注水转周期注水后油水分布变化
绿色—油；蓝色—水

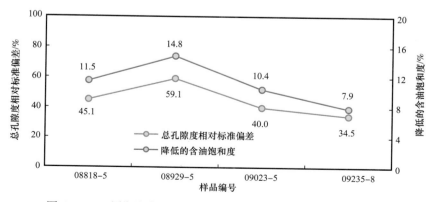

图 4-1-28　周期注水可采剩余油饱和度与总孔隙相对标准偏差图

三、碳酸盐岩储层剩余油分布规律表征

基于裂缝—孔隙型碳酸盐岩储层分类评价技术和岩心驱替实验分析获得的不同类型储层相对渗透率曲线，建立考虑储层分类的油藏数值模拟模型。通过历史拟合，得到油藏剩余油分布情况，在此基础上编制各小层剩余油饱和度分布图、剩余油可动用储量丰度图、不同类型储层剩余可动用储量丰度分布图等各种图件，表征各小层以及各类储层剩余油分布规律。本小节以让纳若尔油田 Γ 北油藏为例，介绍碳酸盐岩油藏剩余油分布规律表征及挖潜技术。

1. 基于储层类型建立油藏数值模拟模型

1）地质模型粗化

利用测井资料解释的单井储层类型资料，借助 Petrel 地质建模软件建立基于储层类型三维地质模型，通过对不同储层类型采用多数算法（Most of）进行粗化，孔隙度、渗透率等其他参数采用算术平均法粗化，建立三维地质粗化模型。

2）不同类型储层相对渗透率曲线确定

不同类型储层的物性特征和渗流特征不同，利用 Γ 北油藏岩心水驱油实验分析结果，分别确定了孔洞缝复合型、裂缝—孔隙型、孔洞型、孔隙型、裂缝型和弱连通孔洞型等 6 类储层相对渗透率曲线。从不同类型储层油水两相相对渗透率曲线图上可以看出，按照孔洞缝复合型、裂缝型、裂缝—孔隙型、孔洞型、孔隙型和弱连通孔洞型的顺序，不同类型储层油相相对渗透率曲线依次由左往右移动（图 4-1-29），束缚水饱和度由 8.45% 逐渐增大到 31.5%（表 4-1-4）；按照孔洞缝复合型、裂缝—孔隙型、孔隙型、孔洞型、裂缝型和弱连通孔洞型的顺序，同一含水饱和度下的水相相对渗透率呈下降趋势，储层残余油饱和度由 31.54% 逐渐增大到 36.01%，驱替效率由 65.5% 逐渐减小到 47.4%，反映了渗流能力逐渐变差的趋势。

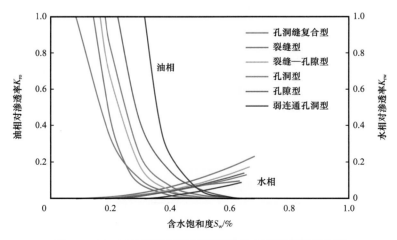

图 4-1-29　Γ 北油藏不同类型储层油水相对渗透率曲线

表 4-1-4 Γ北油藏不同类型储层物性及相曲线端点值统计

储层类型	束缚水饱和度 S_{wi}/%	残余油饱和度 S_{or}/%	可动油饱和度 /%	驱替效率 /%
孔洞缝复合型	8.45	31.54	60.0	65.5
裂缝—孔隙型	16.54	33.2	50.3	60.2
孔洞型	18.25	34.21	47.5	58.2
孔隙型	22.5	35.05	42.5	54.8
裂缝型	14.3	36.61	49.1	57.3
弱连通孔洞型	31.5	36.01	32.5	47.4

3）数值模拟模型建立及历史拟合

分别将 PVT 分析、油气相对渗透率、油气水产量等大量测试分析、生产动态数据导入模型，建立Γ北油藏数模模拟模型，输入的主要初始条件见表 4-1-5。模型计算的原油、溶解气、干气和凝析油原始地质储量与油藏批复储量的相对误差在 –3.2%～1.6% 之间，满足数值模拟研究需求。

表 4-1-5 Γ北油藏数模模型初始条件

油藏	参考深度 /m	原始地层压力 /MPa	油气界面 /m	油水界面 /m
Γ北	–3475	37.6	–3385	–3580，–3606

通过适当调整模型中的动静态参数，对Γ北油藏数值模拟模型进行历史拟合，最终实现模型计算的单井和区块产油量、产液量、产气量、注水量、井底流压和地层压力等开发指标与油田生产历史基本吻合，拟合后的数值模拟模型才能较准确地反映目前油藏的剩余油分布规律。

2. 裂缝—孔隙型碳酸盐岩油藏剩余油分布规律与分布模式

1）Γ北油藏剩余油分布规律

基于历史拟合的油藏数值模拟模型，对Γ北油藏分类储层原油储量的动用及剩余情况进行分析，孔洞缝复合型、裂缝型、裂缝—孔隙型储层受裂缝沟通影响，采出程度和综合含水率相对较高（图 4-1-30）。但受油藏裂缝—孔隙型、孔隙型、孔洞缝复合型、弱连通孔洞型 4 类储层广泛分布、地质储量较大影响，原油剩余可动用储量仍主要分布在这 4 类储层中，裂缝型和孔洞型储层剩余可动用储量较少（图 4-1-31）。

受碳酸盐岩储层平面和纵向非均质性强、不同类型储层在各小层的发育程度差异大影响，各小层不同类型储层的原油剩余可采储量分布情况存在较大差异。孔洞缝复合型储层剩余可动用储量主要分布在Γ4 小层、Γ3 小层和Γ1 小层；裂缝—孔隙型储层剩余可动用储量主要分布在Γ4 小层、Γ3 小层和Γ1 小层；孔洞型储层剩余可动用储量主要分布在Γ4 小层；孔隙型储层剩余可动用储量主要分布在Γ3 小层和Γ4 小层；弱连通孔洞型储层剩余可动用储量主要分布在 Γ4 小层和 Γ3 小层；裂缝型储层剩余可动用储量在各小层均少有分布（图 4-1-32）。

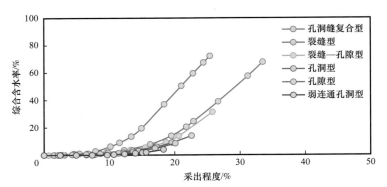

图 4-1-30　不同类型储层综合含水率与采出程度关系曲线

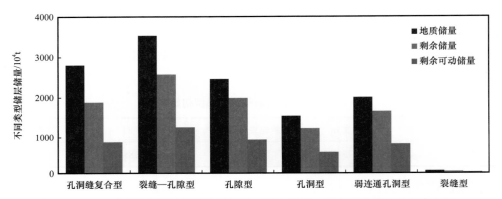

图 4-1-31　不同类型储层原油地质储量、剩余储量、剩余可动储量分布直方图

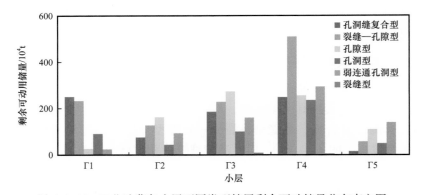

图 4-1-32　Γ北油藏各小层不同类型储层剩余可动储量分布直方图

2）Γ北油藏剩余油分布模式

Γ北油藏为带凝析气顶具有层状特征的裂缝—孔隙型碳酸盐岩油藏，经过近 30 年的开发，油藏已进入中后期开发阶段，剩余油分布非常复杂（图 4-1-33），针对油藏目前剩余油分布特征，总结归纳出 4 种剩余油分布模式：平面高丰度纵向局部集中、平面高丰

度纵向分散、平面低丰度纵向局部集中、平面低丰度纵向分散。各类剩余油分布模式具体特征为：

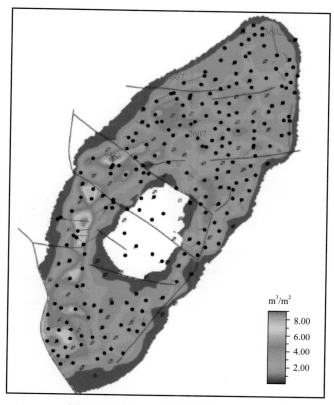

图 4-1-33　Γ 北油藏剩余储量丰度图

（1）平面丰度高纵向局部集中剩余油分布模式。该模式区域内油层总厚度大，但受纵向上高低级别储层类型均有发育影响，纵向储层动用程度差异大。其中，孔洞缝复合型、孔洞型储层类型发育层段的油层动用好，水淹程度高，可动油饱和度低；弱连通孔洞型和裂缝型储层类型发育层段油层动用程度低，剩余油饱和度较高，可动油饱和度高（图 4-1-34）。

（2）平面丰度高纵向分散剩余油分布模式。该模式区域内油层总厚度大，纵向上受储层类型级别相差较小、非均质性较弱影响，全层段油层动用相对较为均匀，水淹程度较为一致，各层剩余油饱和度和可动油饱和度也较为接近（图 4-1-35）。

（3）平面丰度低纵向局部集中剩余油分布模式。该模式区域内油层总厚度中等，纵向上储层类型级别差异较大，部分油层水淹程度高，剩余油和可动油饱和度低；部分油层动用程度低，水淹程度低，剩余油饱和度较高，可动油饱和度较高（图 4-1-36）。

（4）平面丰度低纵向分散剩余油分布模式。该模式区域内油层总厚度中等及以下，纵向上各油层水淹程度相对较低且差异较小，剩余油饱和度较高，可动油饱和度较高（图 4-1-37）。

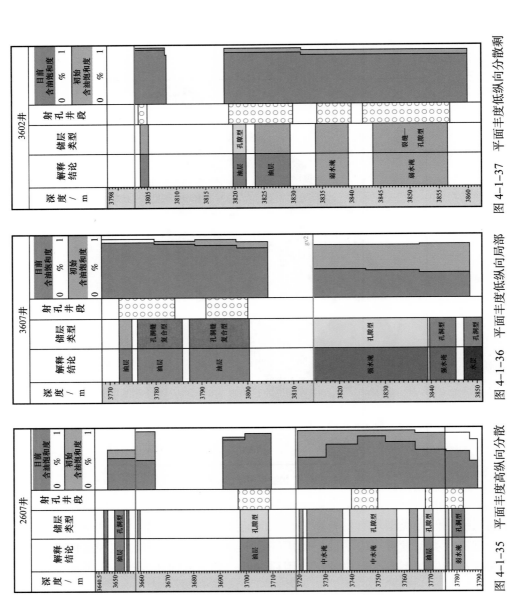

图 4-1-37 平面丰度低纵向分散剩余油分布模式图

图 4-1-36 平面丰度低纵向局部集中剩余油分布模式图

图 4-1-35 平面丰度高纵向分散剩余油分布模式图

图 4-1-34 平面丰度高纵向局部集中剩余油分布模式图

3. 裂缝—孔隙型碳酸盐岩油藏剩余油挖潜技术

让纳若尔油田Г北油气藏不同井区剩余油的分布规律及富集程度均有所不同，针对归纳的4种剩余油分布模式制订了针对性的挖潜技术策略。

（1）针对平面丰度高纵向局部集中和平面丰度高纵向分散两种剩余油分布模式，采用直井加密、老井侧钻或补孔等方式提高储量动用程度。

（2）针对平面丰度低纵向局部集中剩余油分布模式，采用新钻水平井或老井侧钻水平井等方式提高储量动用程度。

（3）针对平面丰度低纵向分散剩余油分布模式，根据井区所处油藏位置、油层和隔夹层发育情况，采用不同的剩余油挖潜方式。

① 油水边界附近、薄油层剩余油富集区：平行油水边界部署水平井，动用油藏边部油层厚度小、丰度低的剩余油。

② 下部有底水或上部有气顶区域且没有生产井控制的薄油层剩余油富集区：平行于构造线部署水平井或周边低产井侧钻，通过控制采油速度，减缓底水锥进和气顶气窜速度，高效动用该类剩余油。

③ 现有生产井气顶下部或底水上部避射井段产生的剩余油富集区：根据隔夹层发育情况，优化避射厚度，选择性补射气顶隔层下部和底水隔层上部原避射井段内的油层。

④ 在油层厚度较小，跨度小，物性较差，储层平面非均质性强的井区，部署水平井，提高优质储层钻遇率和单井产能。

（4）完善注采井网，优化注水方式，提高水驱储量控制程度。

① 现有井网储量控制程度高、注采井网不完善的井区，按方案设计注采井网，加强油井转注工作，补充地层能力，稳定并恢复地层压力。

② 在油层厚度小、储层物性相对差的区域开展整体水平井注采开发试验，提高低渗透区难动用储量注水开发效果。

③ 在油水井射孔层位不对应井区，实施油水井对应补孔，改善油水井注采对应关系。

④ 在裂缝较为发育、剩余油较为丰富、综合含水较高的井区，加大周期注水试验力度，释放孔隙中被"封闭"的剩余油，进一步提高注水开发效果。

（5）优化注采结构，提高低渗透储层动用程度。

① 通过分层酸压、分层酸化改善裂缝—孔隙型和孔隙型储层渗流能力，提高弱动用或未动用储层的动用程度。

② 在储层厚度大、不同类型储层同时发育区域，通过分层注水降低孔洞缝复合型储层的吸水量，增加裂缝—孔隙型和孔隙型储层的吸水量，提高水驱储量动用程度。

③ 在水淹程度较高且不同类型储层同时发育区域，注水井实施深部调驱，降低孔洞缝复合型储层吸水能力，优化注采结构，提高水驱储量动用程度。

④ 在隔层发育且其上部和下部油层厚度均较大的区域，实施分注轮采开发，提高水驱油效率。

四、剩余油挖潜应用实效

2017 年以来，该研究成果用于指导让纳若尔油田剩余油挖潜，为油田实现年产油气量 500×10^4t 以上稳产起到了重要作用。

1. 剩余油挖潜部署

1）新井部署

在剩余油分布规律研究基础上，在井网密度低，储量控制程度低，剩余油较为富集的井区部署新井，提高储量井网控制程度。让纳若尔油田共部署新井 140 口，其中油井 117 口、注水井 23 口。按井的性质分类，加密井 42 口、完善井 62 口、扩边井 36 口；按井型分类，直井 108 口、水平井 32 口。

2）措施优选

综合水淹层测井解释结果、生产动态和产液剖面测试等资料，优化避气和避水厚度，挖掘差油层潜力，与卡堵水措施相结合，提出"避射复合型弱水淹段、裂缝—孔隙型中水淹段、孔隙型强水淹段"的新井射孔技术对策，共筛选油井补孔井 203 口，补开油层 4419m/1127 层。油井转注与新井投注相结合，完善注采井网。设计油井转注水井 29 口，其中 26 口为补孔转注，补孔层段为 552.7m/167 层。

2. 剩余油挖潜实施效果

2017—2020 年共新钻油井 85 口，新投产的直井和水平井含水均明显低于周围老井，新井初产达到周围老井的 1.9～3.3 倍（图 4-1-38）。

图 4-1-38　让纳若尔油田新井与老井产量对比

2017—2020 年共实施油井补孔 57 口、酸压 6 口、卡堵水 5 井次；实施油井投转注水井 37 口、注水井分注 78 井次、周期注水 8 个井组。通过持续调整，让纳若尔油田年产油量自然递减率由 2015 年的 11.3% 下降到 2017 年以来的 9.9%～10.1%，综合递减率由 10.5% 下降到 8.1%～9.0%（图 4-1-39），油田开发形势得到有效改善，实现油气产量 500×10^4t/a 以上持续稳产。

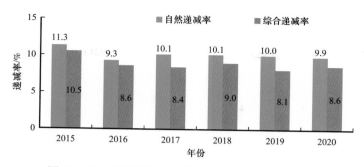

图 4-1-39 让纳若尔油田年产油量历年递减率变化

第二节 低压力保持水平弱挥发性碳酸盐岩油藏注水开发技术政策

哈萨克斯坦北特鲁瓦油田早期采用衰竭式开发，2013 年转注水开发时油田地层压力保持水平仅为 50.9%。转注水开发后，受储层裂缝发育影响，注入水快速推进，导致采油井过早水淹，油田注水恢复地层压力与含水快速上升矛盾突出。以改善低压力保持水平弱挥发性碳酸盐岩油藏注水开发效果为目标，揭示影响不同类型储层注水开发效果的主控因素，建立两种主要类型储层注水开发技术政策图版，明确采油速度、注采比、地层压力恢复速度、地层压力恢复水平和地层压力保持水平之间的合理匹配关系，支撑北特鲁瓦油田低压力保持水平油田自然递减由 2015 年的 31.5% 下降到 2020 年的 11.7%。

一、低压力保持水平弱挥发性碳酸盐岩油藏注水开发主控因素研究

根据北特鲁瓦带凝析气顶边底水碳酸盐岩油田实际地质油藏特征，建立孔隙型、裂缝—孔隙型两种储层类型的数值模拟机理模型，通过正交实验设计方法，分析影响两类储层注水开发效果的主控因素。

1. 孔隙型油藏注水开发主控因素评价

结合北特鲁瓦油田地质油藏特征和油田开发现状，优选气顶指数、水体倍数、基质渗透率、井距、注采比、注水时机、注水方式（连续注水和周期注水）等 7 个地质和开发因素，针对五点法和反九点法注水井网开展影响孔隙型储层注水开发效果主控因素研究。基质渗透率、气顶指数对注水开发效果影响最大，是油田开发内因；注水时机、注采比次之，是影响弱挥发油藏开发效果的外因（图 4-2-1）。

2. 裂缝—孔隙型油藏注水开发主控因素评价

优选气顶指数、水体倍数、裂缝基质渗透率比值、裂缝密度、井距、注采比、注水时机、注水方式等 8 个地质和开发因素，针对五点法和反九点法注水井网开展影响裂缝—孔隙型储层注水开发效果主控因素研究。受应力敏感影响，注水时机、注采比对注水开发效果影响最大，裂缝密度、注采井距次之（图 4-2-2）。

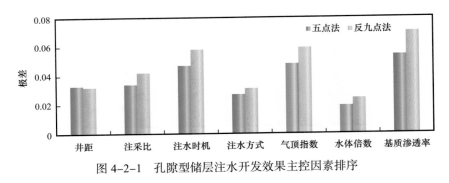

图 4-2-1　孔隙型储层注水开发效果主控因素排序

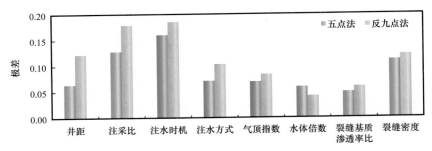

图 4-2-2　裂缝—孔隙型储层注水开发效果主控因素排序

3. 孔隙型与裂缝—孔隙型储层注水开发主控因素差异分析

孔隙型油藏和裂缝—孔隙型油藏影响注水开发效果的主控因素不同，对于孔隙型油藏而言，除储层渗透率对开发效果影响较大以外，油环地层压力下降导致的弱挥发性原油地层脱气和气顶气窜也会对油藏开发效果产生较大的影响，因此注水时机和气顶指数也是影响孔隙型储层开发效果较大的主控因素。裂缝—孔隙型油藏影响开发效果的主控因素与孔隙型油藏不尽相同，主要原因为裂缝的发育使得油藏储层非均质性更强，导致开发过程中不同位置储层的压力下降和原油脱气程度不同，且注水开发过程中注入水易沿裂缝方向突进导致采油井快速水淹。因此裂缝密度是裂缝—孔隙型储层注水开发效果主控因素之一；另外，注水时机和注采比等与弱挥发性油藏地层压力保持水平相关的开发参数也是影响开发效果较大的主控因素。

二、低压力保持水平弱挥发性油藏注水开发技术政策

明确不同压力保持水平条件合理转注时机、采油速度、注采比、地层压力恢复水平、地层压力恢复水平速度等关键注水开发参数，为改善北特鲁瓦油田注水开发效果提供指导。

1. 开发技术政策方案设计

针对孔隙型及裂缝—孔隙型两种典型储层分别建立了下北特鲁瓦油田油藏数值模拟模型，结合北特鲁瓦油田开发现状，分别设计采油速度、注采比、地层压力恢复水平、地层压力恢复速度等参数 5～7 个取值（表 4-2-1），开展地层压力保持水平分别为 60%、

70%、80%、90% 和 100% 时转注水后的合理开发参数论证，建立开发技术政策图版，从而可以确定不同储层类型、不同注采井网、不同压力保持水平条件下这些开发参数的合理取值。以五点法井网为例，分析不同地层压力保持水平下转注水时的各参数合理匹配关系。

表 4-2-1　北特鲁瓦油田油藏数值模型注采参数表

储层类型	参数名称	参数范围
孔隙型	采油速度 /%	0.5，0.7，1.0，1.3，1.5
	注采比	0.8，0.9，1.0，1.1，1.2，1.3，1.4
	压力恢复水平 /%	70，75，80，85，90，95，100
	压力恢复速度 /（MPa/a）	0.2，0.3，0.4，0.5，0.6
裂缝—孔隙型	采油速度 /%	0.7，1.0，1.2，1.4，1.6，1.8
	注采比	0.8，0.9，1.0，1.1，1.2，1.3，1.4
	压力恢复水平 /%	70，75，80，85，90，95，100
	压力恢复速度 /（MPa/a）	0.2，0.3，0.4，0.5，0.6

2. 孔隙型和裂缝—孔隙型储层开发技术政策

1）采油速度与转注时机合理匹配关系

假定在地层压力保持水平分别为 100%、90%、80%、70% 和 60% 转注水开发，开展孔隙型和裂缝—孔隙型碳酸盐岩储层合理采油速度论证（李超等，2015）。不同类型储层研究所采用的采油速度取值区间有所不同，孔隙型储层的采油速度采用 0.5%、0.7%、1.0%、1.3% 和 1.5%，裂缝—孔隙型储层的采油速度采用 0.7%、1.0%、1.2%、1.4%、1.6% 和 1.8%，基于数值模拟结果分别建立了孔隙型和裂缝—孔隙型油藏不同地层压力保持水平下合理采油速度关系图版（图 4-2-3 和图 4-2-4）。

由图 4-2-3 可以看出，孔隙型储层转注水开发时的地层压力保持水平不小于 90%时，对应的合理采油速度最高，约为 1.3% 左右；当转注时的地层压力保持水平不大于80% 时，合理采油速度随着转注时地层压力保持水平的降低而降低；转注时机在地层压力保持水平为 60% 时，对应的合理采油速度下降至 0.5%。

由图 4-2-4 可以看出，裂缝—孔隙性储层转注时的地层压力保持水平大于等于 90%时，对应的合理采油速度最高，约为 1.6% 左右；当转注时的地层压力保持水平小于 90%时，合理采油速度随着转注时地层压力保持水平的降低而降低；转注时机在地层压力保持水平为 60% 时，对应的合理采油速度下降至 1.0%。

总体上看，无论是孔隙型储层还是裂缝—孔隙型储层，转注水开发时对应的地层压力保持水平越高，合理采油速度越高，对应的原油采收率也越高，当注水时的地层压力保持水平小于 80% 以后，在合理采油速度条件下，不同地层压力保持水平所对应的原油采收率差异明显。孔隙型储层与裂缝—孔隙型储层相比，相同地层压力保持水平条件下转注水开发时，裂缝—孔隙型储层的合理采油速度更大，主要原因为裂缝发育起到了很好的沟通作用，增强了储层的供液能力。

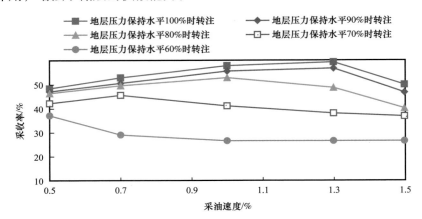

图 4-2-3　孔隙型储层五点法井网合理采油速度与转注时机关系图版

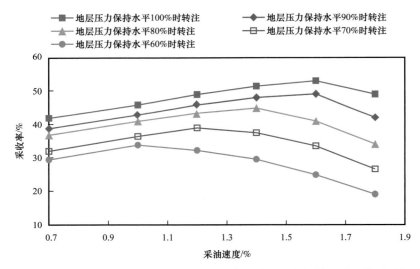

图 4-2-4　裂缝—孔隙型储层五点法井网合理采油速度与转注时机关系图版

2）注采比与转注时机合理匹配关系

基于确定的采油速度与注水时机合理匹配关系，开展注采比与注水时机合理匹配关系论证，不同类型储层研究所采用的注采比取值区间相同，分别为 0.8、0.9、1.0、1.1、1.2、1.3 和 1.4。基于数值模拟结果，分别建立了孔隙型和裂缝—孔隙型油藏五点法井网不同注采比与转注时机的关系图版（图 4-2-5 和图 4-2-6）。

由图 4-2-5 可以看出，孔隙型储层转注水开发时的地层压力保持水平从 90% 下降至60% 时，相应的合理注采比从 1.1 上升至 1.2，即转注水开发时的地层压力保持水平越低，对应的合理注采比越高。

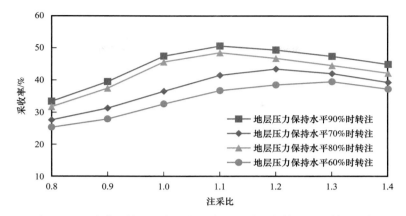

图 4-2-5　孔隙型储层五点法井网合理注采比与转注时机关系图版

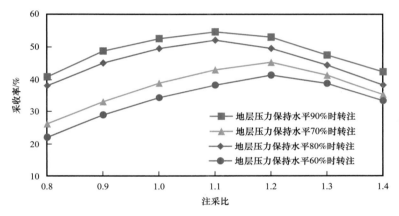

图 4-2-6　裂缝—孔隙型储层五点法井网合理注采比与转注时机关系图版

　　由图 4-2-6 可以看出，裂缝—孔隙型储层转注水开发时的地层压力保持水平从 90% 下降至 60% 时，相应的合理注采比也从 1.1 上升至 1.2，结论与孔隙型储层一致。

　　总体上看，无论是孔隙型储层还是裂缝—孔隙型储层，转注水开发时的地层压力保持水平越高，合理注采比越低，对应的原油采收率也越高，当转注时机在地层压力保持水平小于 80% 以后，需要的注采比较高，受注水滞后影响采收率有较大幅度下降。

　　3）地层压力恢复速度与转注时机合理匹配关系

　　结合确定的注采比与注水时机合理匹配关系，建立不同地层压力恢复速度与注水时机关系图版（图 4-2-7 和图 4-2-8），从图版上可以看出，不同类型储层的地层压力恢复速度与转注时机合理匹配关系具有相同变化规律。

　　由图 4-2-7 可以看出，孔隙型储层转注水开发时的地层压力保持水平从 90% 下降至 60% 时，相应的地层压力恢复速度从 0.4MPa/a 上升至 0.5MPa/a，即转注水开发时的地层压力保持水平越低，对应的合理地层压力恢复速度越高。

　　由图 4-2-8 可以看出，裂缝—孔隙型储层转注水开发时的地层压力保持水平从 90% 下降至 60% 时，相应的地层压力恢复速度也是从 0.4MPa/a 上升至 0.5MPa/a，结论与孔隙型储层一致。

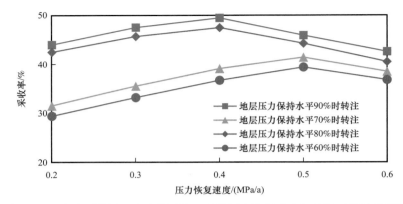

图 4-2-7　孔隙型储层五点法井网合理地层压力恢复速度与转注时机关系图版

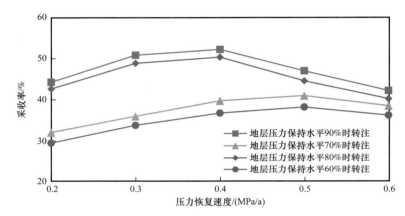

图 4-2-8　裂缝—孔隙型储层五点法井网合理地层压力恢复速度与转注时机关系图版

总体上看，无论是孔隙型储层还是裂缝—孔隙型储层，转注水开发时的地层压力保持水平越高，合理地层压力恢复速度越低，对应的原油采收率也越高；当注水时机在地层压力保持水平小于 80% 以后，需要的合理地层压力恢复速度变大，受早期地层压力亏空严重影响，采收率出现较大幅度下降。

4）地层压力恢复水平与转注时机合理匹配关系

基于确定的采油速度、注采比与转注时机的合理匹配关系，评价地层压力保持水平分别恢复到 70%、75%、80%、85%、90%、95% 和 100% 时的开发效果，基于数值模拟结果，分别建立了孔隙型和裂缝—孔隙型油藏五点法井网合理地层压力恢复水平与转注时机的关系图版（图 4-2-9 和图 4-2-10）。

由图 4-2-9 可以看出，孔隙型储层转注水开发时的地层压力保持水平从 70% 下降至 50% 时，相应的合理地层压力恢复水平从 85% 下降至 80%，即转注水开发时的地层压力保持水平越低，对应的地层压力恢复水平越低。

由图 4-2-10 可以看出，裂缝—孔隙型储层转注水开发时的地层压力保持水平从 70% 下降至 50% 时，相应的合理地层压力恢复水平也是从原始地层压力的 85% 下降至 80%，结论与孔隙型储层一致。

总体上看，无论是孔隙型储层还是裂缝—孔隙型储层，转注水开发时的地层压力保持水平越高，合理地层压力恢复水平越高；另外，通过加强注水，地层压力保持水平虽然均能恢复到较高水平，但受转注水开发时的地层压力亏空较大影响，注水时机越晚，对应的原油采收率越低。

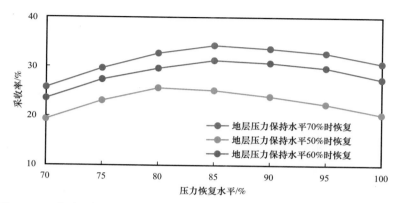

图 4-2-9　孔隙型储层五点法井网合理地层压力恢复水平与转注时机关系图版

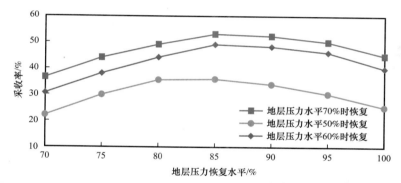

图 4-2-10　裂缝—孔隙型储层五点法井网合理地层压力恢复水平与转注时机关系图版

孔隙型储层和裂缝—孔隙型储层不同转注时机的合理采油速度、注采比、地层压力恢复速度和地层压力恢复水平具有相同的变化规律，但受裂缝发育提高储层孔隙的沟通作用影响，在不同转注时机与采油速度、注采比、地层压力恢复速度和地层压力恢复水平合理匹配关系条件下，裂缝—孔隙型储层的采收率较孔隙型储层高。

三、低压力保持水平油藏注水开发调整应用实效

2017 年以来，低压力保持水平油藏注水开发技术政策应用到北特鲁瓦油田注水开发调整中，通过不断完善和优化注采系统，改善注水结构，实现了油田开发形势逐步改善，取得了良好的效果。

1. 注水开发调整部署

（1）投转注和井网转换相结合，完善注采系统。

2017 年以来，北特鲁瓦油田加大油井转注水井和新钻井投注力度，逐步将 2015 年

以前的反九点法井网逐渐转变为五点法井网。2017 年以来新增注水井 52 口，到 2020 年底，注水井总井数达到为 163 口，主力油藏 KT–Ⅰ层注采井数比由 2015 年的 1∶2.3 提高到 2020 年的 1∶1.3，油田水驱储量控制程度由 2015 年的 30% 提高到 2020 年的 52%（图 4–2–11 和图 4–2–12）。

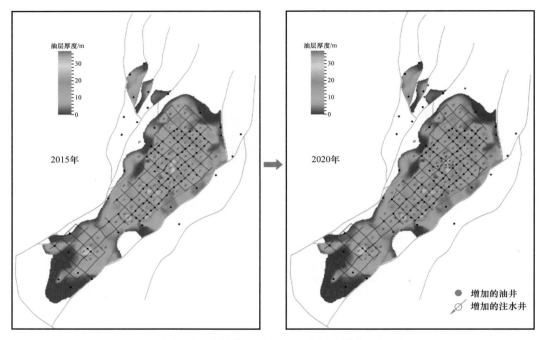

图 4–2–11　北特鲁瓦油田 KT–Ⅰ层注采井网调整

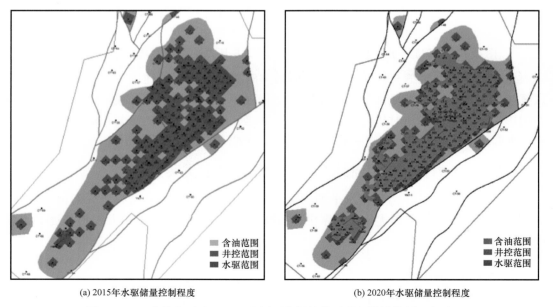

(a) 2015年水驱储量控制程度　　　　　　　　(b) 2020年水驱储量控制程度

图 4–2–12　北特鲁瓦油田 KT–Ⅰ层开发调整前后水驱储量控制程度对比

（2）加强分层注水，优化注水结构。

严重的储层非均质性导致注水井在纵向上储层吸水能力差异大，在吸水剖面测试确定各层吸水量的基础上，加大了分层注水力度。2017—2020 年间 47 口笼统注水井转为分层注水井，分层注水井数达到共 84 口，其中有效井数达到 79 口，有效率 94%。

2. 注水开发调整实施效果

2017 年以来累计投产新井 75 口，实施油井补孔 19 口，酸化 39 口，卡堵水 7 井次；投转注水井 52 口，注水井补孔 6 井次，分注 58 井次，酸化 120 井次，调堵 6 井次。油田注采比由最高时的 1.7 调整到合理值 1.2，控制了含水上升速度，有效减缓了地层压力快速下降趋势，实现油田地层压力稳中有升，地层压力保持水平由 2015 年的 50.9% 回升至 2020 年的 60.0%，油田原油年产量递减率得到有效控制，自然递减率由 2015 年的 31.5% 下降到 2020 年的 11.7%，综合递减率由 23% 下降到 10.6%（图 4-2-13）。

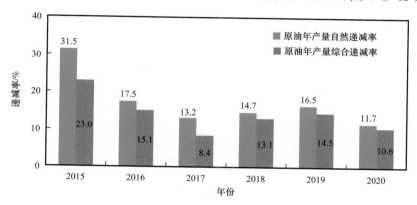

图 4-2-13　北特鲁瓦油田年产油量递减率历年变化

第三节　低渗透碳酸盐岩油藏注气开发提高采收率技术

哈萨克斯坦滨里海盆地石炭系碳酸盐岩油藏广泛发育低孔隙度、低渗透率储层，原油具有挥发性，原始溶解气油比高，在 $172\sim644\mathrm{m}^3/\mathrm{t}$ 之间。受储层物性差影响，低孔隙度、低渗透率储层注水井憋压严重、吸水能力差，难见注水开发效果。针对高含 H_2S 溶解气资源丰富、酸性气体处理费用高等特点，以改善低孔隙度、低渗透率储层开发效果为目标，系统开展注气开发技术研究，明确影响注气开发效果的主控因素，确定卡沙甘异常高压挥发性碳酸盐岩油藏和让纳若尔油田 Д 南低压力保持水平碳酸盐岩油藏伴生气回注开发技术政策，支撑卡沙甘油田成功实施酸性产出气直接回注开发，有效解决天然气处理能力不足制约的问题，实现油田日产油量由 $2.7\times10^4\mathrm{t}$ 快速提高到 $5.1\times10^4\mathrm{t}$，建成了 $1600\times10^4\mathrm{t/a}$ 产能规模。

一、注气混相机理研究

基于卡沙甘油田和让纳若尔油田 Д 南油藏的流体相态特征，从相平衡计算、相间传质、最小混相压力判断等方面，揭示挥发性油藏中高含 H_2S 伴生酸气直接回注混相驱油机理。

1. 相平衡计算方法

相平衡计算原理为通过迭代求解油气各组分逸度，当各组分逸度相等时，即认为达到相平衡（杨振骄等，1998；王杰祥等，2003；李孟涛等，2006）。目前相平衡算法针对挥发油与酸性烃类气体混合时的运算速度慢，常常计算不收敛。考虑组分对相平衡常数 K_i 的影响，结合 PR 状态方程建立了新的相平衡计算模型，同时，采用负闪蒸及修正的混合迭代算法，克服了在临界点附近原油性质发生剧烈变化时产生的计算不收敛问题，保证相平衡计算的稳定性。

最早提出负闪蒸概念的是 Curtis H.Whitson 等（1989），他们放宽了进行闪蒸计算的点必须在两相区的规定。因此，类似原油和注入气这种组成在三角相图中位于单向区的点都可以进行负闪蒸计算得到组成的液相和气相。例如图 4-3-1 中 A、B 和 C 三点都不位于三角相图的两相区，但是都可以进行负闪蒸计算得到气相和液相的组成。

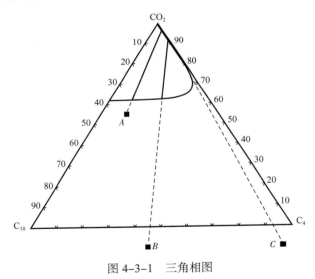

图 4-3-1　三角相图

和常规闪蒸计算一样，负闪蒸计算是从给定平衡比 K 的初值开始的，通常应用 Wilson 方程计算一个初始平衡比，然后，应用牛顿迭代法计算 Rachford-Rice 方程得到气相摩尔分数，迭代方程为

$$h(v) = \sum_{i=1}^{N} \frac{z_i(K_i-1)}{1+v(K_i-1)} \qquad (4-3-1)$$

通过迭代方程得到气相摩尔分数 v 后，体系的液相和气相组成分别为

$$x_i = \frac{z_i}{1+v\left(K_i-1\right)} \quad (i=1,\ N) \tag{4-3-2}$$

$$y_i = \frac{z_i K_i}{1+v\left(K_i-1\right)} \quad (i=1,\ N) \tag{4-3-3}$$

式中　z_i——体系（气相＋液相）中组分 i 的总摩尔分数；

　　　K_i——体系（气相＋液相）中组分 i 的平衡比；

　　　v——气相摩尔分数；

　　　x_i——组分 i 在液相中的摩尔分数；

　　　y_i——组分 i 在气相中的摩尔分数；

　　　N——组分数。

利用 PR 状态方程计算逸度，通过逸度重新计算体系中组分 i 的平衡比 K_i，直到迭代收敛为止。但是 Curtis H.Whitson 等（1989）认为上面介绍的闪蒸计算方法会遇到气相摩尔分数不收敛的问题，所以，将气相摩尔分数的范围从常规闪蒸计算的（0，1）扩大到下面的范围：

$$\frac{1}{1-K_{\max}} < v < \frac{1}{1-K_{\min}} \tag{4-3-4}$$

Rachford–Rice 迭代方程被广泛地应用于状态方程闪蒸计算相平衡组成，然而这种方法通常收敛很慢，有时甚至不能收敛，所以出现了很多简单而又稳定的方法来代替 Rachford–Rice 方法，其中 Wang 和 Orr 法就是其中之一（Wang et al.，1997）。在 Wang 和 Orr 法基础上，引入混合迭代方法，加强目标函数的线性化，进而提高了临界点处目标函数的收敛性。与 Curtis H.Whitson 等的方法相似，新的目标函数和范围的引出需要在 K 值的基础上对组分的顺序重新排序，并假设 $K_1 > 1 > K_N$。

$$z_i = x_i\left[1+\left(K_i-1\right)v\right] \quad (i=1,\ N) \tag{4-3-5}$$

由式（4-3-5）可知：

$$x_i = \frac{z_i x_1\left(K_1-1\right)}{\left(K_i-1\right)z_i + x_1\left(K_1-K_i\right)} \tag{4-3-6}$$

各组分之和一定为 1，故有：

$$x_N = 1 - \sum_{i=1}^{N-1} x_i \tag{4-3-7}$$

$$y_N = 1 - \sum_{i=1}^{N-1} y_i \tag{4-3-8}$$

$$x_i = y_i K_i \tag{4-3-9}$$

将式（4-3-7）和式（4-3-9）代入式（4-3-8），整理得到：

$$1+\frac{(K_1-K_N)}{K_N-1}x_1+\sum_{i=2}^{N-1}\frac{(K_i-K_N)}{K_N-1}x_i=0 \tag{4-3-10}$$

把式（4-3-6）代入式（4-3-10）中得到：

$$F(x_1)=1+\frac{(K_1-K_N)}{K_N-1}x_1+\sum_{i=2}^{N-1}\left[\frac{z_i(K_i-1)x_1}{(K_i-1)z_1+(K_1-K_i)x_1}\right]=0 \tag{4-3-11}$$

新的目标方程的正确解在一个小范围内，这个范围能保证式（4-3-6）是正的，所以 x_1 的范围为：

$$\left(\frac{1-K_N}{K_1-K_N}\right)z_1\leqslant x_1\leqslant\frac{1-K_N}{K_1-K_N} \tag{4-3-12}$$

这个新的目标函数总是能收敛到物理根，无论总组成是正是负，（1）当 $x_1=0$ 时，没有有效解；（2）当通过同一个组成的系线很多时，这个新的目标函数可以得到所有系线或者得到负闪蒸的解；（3）得到的解一定在式（4-3-12）这个范围内；（4）在式（4-3-12）这个范围内，目标函数总是线性的；（5）在式（4-3-12）这个范围的最小值处目标函数总是正的，在最大值处目标函数是负的；（6）和 Rachford-Rice 法相比新的目标函数能够减少截断误差。以上这些特点使得新的目标函数和 Rachford-Rice 法相比能够减少迭代次数。

该模型计算方法收敛性强、结果相对误差小于 0.005%，可以计算出不同压力条件下油气各组分的摩尔组成，为评价各组分相间传质能力奠定基础。

2. 相间传质能力的评价

利用建立的相平衡计算模型分析不同注入气组成与不同性质原油的相间传质能力，评价不同注入气组分（CO_2、CH_4、H_2S、$C_2—C_6$）对不同类型原油中间组分和重组分的萃取能力。相间传质能力利用相间传质能力系数求取，相间传质能力系数 = 注气后原油中各组分含量 / 注气前原油中各组分含量。通过对比，明确了对黑油相间传质能力的排序为 $C_2—C_6>CO_2>H_2S>CH_4$，对中含 H_2S 弱挥发性原油相间传质能力的排序为 $CO_2>CH_4>C_2—C_6>H_2S$，对高含 H_2S 挥发性原油相间传质能力排序为 $CO_2>CH_4>H_2S>C_2—C_6$。

3. 最小混相压力的确定

采用混合单元格法计算最小混相压力 MMP（Ahmadi et al.，2011），其过程如下：

（1）确定油藏温度和 1 个小于 MMP 的初始压力，由立方状态方程进行气液相平衡计算（图 4-3-2）。

（2）计算每一次接触后得到的每组气液相系线长度，即：

$$TL = \sqrt{\sum_{i=1}^{N}\left(x_i - y_i\right)^2}$$ （4-3-13）

式中　TL——系线长度；

x_i——液相混合物中 i 组分的摩尔分数；

y_i——气相混合物中 i 组分的摩尔分数；

N——组分数。

（3）将每次接触后的系线长度视作单元格数的函数，并计算该函数各点处的斜率。当连续 3 个单元格对应的函数斜率为 0 时，可作为关键系线；当给定压力下的 3 条关键系线都找到后，保存最小关键系线长度。

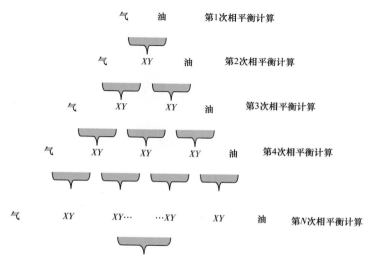

注：X 指油组分，Y 指气组分

图 4-3-2　混合单元格法注入气与原油接触过程示意

（4）小幅度提高压力值，重复步骤（2）（3），计算得到该压力值下的最小关键系线长度。把两个压力对应的关键系线长度绘制在横坐标为压力、纵坐标为系线长度的坐标系中，外推两点连线至横坐标，得到估算的最小混相压力 MMP。在估算最小混相压力 MMP 和其临近的压力点之间进行插值，并计算其对应的最小关键系线长度，再利用式（4-3-14）对得到的系线长度数据点作线性拟合，得到 a 和 b 两个参数，TL=0 时的压力 p 即为最小混相压力 MMP［式（4-3-15）］。

$$TL^n = ap + b$$ （4-3-14）

$$MMP = -b/a$$ （4-3-15）

式中　TL——系线长度；

MMP——最小混相压力，MPa；

n——指数；

a——斜率；

　　　　b——截距；

　　　　p——压力，MPa。

　　（5）重新设置步骤（4）中的压力点，计算多组最小混相压力 MMP，在满足误差要求后得到最终的最小混相压力 MMP，并作误差估计。

　　从不同类型油藏和不同注入气类型的最小混相压力对比上可以看出（图4-3-3），原油密度越大，注气最小混相压力越高，一般情况不同类型油藏注气开发时的最小混相压力排序为：挥发性油藏＜弱挥发性油藏＜黑油油藏＜稠油油藏。主要原因为黑油和稠油的 C_2—C_6 含量低，组分间传质能力差，最小混相压力高；挥发油轻质组分和中间组分含量高，组分间传质能力强，最小混相压力低。卡沙甘油田原油中的轻质组分和中间组分含量高于让纳若尔原油，最小混相压力相对较低（表4-3-1）。

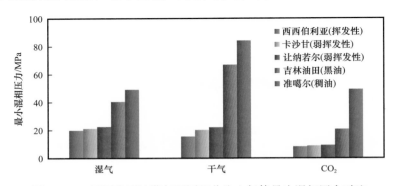

图4-3-3　不同类型油藏与不同组分注入气体最小混相压力对比

表4-3-1　卡沙甘油田和让纳若尔油田 Д 南油藏地下原油摩尔组成

组分 /%	让纳若尔油田 Д 南油藏	卡沙甘油田
N_2+C_1	50.80	48.82
CO_2+C_2	7.20	11.48
H_2S	2.78	15.07
C_3—C_4	9.05	7.05
C_5—C_8	12.93	6.81
C_{9+}	17.20	10.76
合计	100.00	100.00

　　当地层压力低于泡点压力以后，随着原油中的轻质组分不断析出，其注气最小混相压力也会不断发生改变。让纳若尔油田 Д 南油藏目前地层压力已低于泡点压力，原油物性随着轻质组分的析出不断发生变化。在不同地层压力下注入相同组分的产出气体时，随着地层压力降低最小混相压力出现缓慢上升趋势，当地层压力下降到原始地层压力的

40%左右时，最小混相压力上升幅度加大。主要原因是随着压力缓慢降低，轻组分含量降低，中间组分含量增加，混相压力上升幅度较小；但当压力降到某一程度时，轻组分和中间组分含量均开始降低，重组分含量升高，混相压力出现快速上升趋势（郭平等，2012）。CO_2和甲烷混相能力较好，主要是因为挥发油中CO_2和甲烷相间传质能力较强，而湿气组分复杂，最小混相压力较高（图4-3-4）。

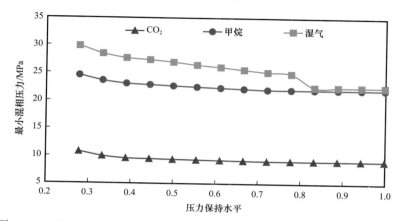

图4-3-4　让纳若尔油田Д南油藏最小混相压力随地层压力保持水平变化曲线

二、注气开发主控因素分析

为了明确不同地质油藏特征和开发参数对裂缝—孔隙型碳酸盐岩油藏注气开发效果的影响程度，应用正交试验方法开展注气开发主控影响因素分析研究，明确不同地质油藏特征和开发参数对裂缝—孔隙型碳酸盐岩油藏注气开发效果的影响程度，为有针对性地制订低渗透裂缝—孔隙型碳酸盐岩油藏注气开发技术政策、改善油田开发效果提供支撑。本小节以让纳若尔油田Д南油藏为例对注气开发的主控因素进行分析评价。

1. 评价参数及方法选择

基于渗流理论，优选10个地质特征参数和开发参数，对裂缝—孔隙型油藏注气开发主控因素进行分析研究，其中地质特征参数6个，包括储层基质渗透率、垂向与水平基质渗透率比值、裂缝渗透率与基质渗透率比值、地层倾角、储层有效厚度以及体积裂缝密度；开发参数4个，包括采油速度、注采比、注气时机及井距（Zhu et al.，2018）。

研究的10个参数中除地层倾角设计为4个水平外，其他各参数均设计为5个水平。为确保研究结果的适应性，各参数5个水平的取值均以让纳若尔油田Д南油藏低渗透区的实际值为参考，其中基质渗透率取值区间为5.65～113mD，为Д南油藏低渗透区实际基质渗透率的0.5～10倍；垂向与水平基质渗透率比值区间为0.1～1；裂缝渗透率与基质渗透率比值区间为1～100；采油速度区间为0.4%～1.6%；注采比区间为0.6%～1.4%；地层倾角区间为0～15°；注气时机区间为地层压力保持水平40%～100%；井距区间在200～600m；储层有效厚度区间在10～50m；体积裂缝密度区间在0.05～0.25cm^{-1}（表4-3-2）。同时，为了减少研究工作量，应用正交实验设计方法生成81个数值模拟方案，在此基础上开展碳酸盐岩油藏注气开发主控因素分析。

表 4-3-2　各参数水平设置表

水平	基质渗透率 / mD	垂向与水平 基质渗透率 比值	裂缝渗透率 与基质渗透率 比值	采油 速度 / %	注采比	地层 倾角 / (°)	注气 时机 / %	井距 / m	储层有 效厚度 / m	体积裂 缝密度 / m²/m³
1	5.65	0.1	1	0.4	0.6	0	100	200	10	0.05
2	11.3	0.3	10	0.7	0.8	5	85	300	20	0.1
3	22.6	0.6	20	1.0	1	10	70	400	30	0.15
4	56.5	0.8	50	1.3	1.2	15	55	500	40	0.2
5	113	1	100	1.6	1.4		40	600	50	0.25

2. 评价参数对注气采收率的影响程度分析

应用 Eclipse 油藏数值模拟软件对 81 个方案的开发指标进行预测，可以得到各方案相对应的采收率。应用 SPSS 软件的 BBD（Box-Behnken Design）数据分析模块对不同方案的数据进行分析处理，可得出各参数对注气开发采收率的影响程度，从而明确影响裂缝—孔隙型油藏注气开发效果的主控因素。

基质渗透率在 5.65～113mD 区间时，对注气开发效果的影响很大，采收率的变化范围在 38.5%～54%（图 4-3-5）。当基质渗透率在 5.65～22.6mD 区间时，注气采收率随基质渗透率的增加而增加；当基质渗透率在 22.6～113mD 区间时，注气采收率随基质渗透率的增加而逐渐降低。主要原因是随基质渗透率提高，采油井气窜时间有所提前。

垂向与水平基质渗透率比值在 0.1～1 时，对注气开发效果的影响较小，采收率的变化范围在 48.0%～52.6%（图 4-3-6）。当垂向与水平基质渗透率比值在 0.1～0.3 区间时，注气采收率随垂向与水平基质渗透率比值增加而增加；当垂向与水平基质渗透率比值在 0.3～1.0 区间时，注气采收率随垂向与水平基质渗透率比值增加而逐渐降低，主要原因是随垂向与水平基质渗透率变大，重力分异作用增强，下部储层气驱波及能力变弱（图 4-3-7）。

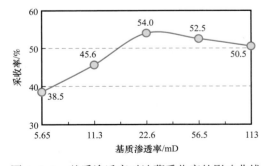

图 4-3-5　基质渗透率对油藏采收率的影响曲线

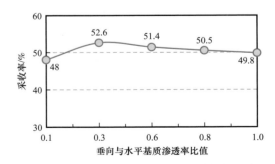

图 4-3-6　垂向与水平基质渗透率比值对油藏
采收率影响曲线

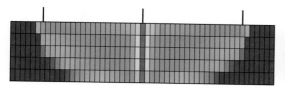 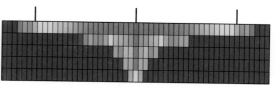

(a) 垂向与水平基质渗透率比值K_v/K_h=0.3 　　　　(b) 垂向与水平基质渗透率比值K_v/K_h=1

图 4-3-7 不同垂向与水平渗透率比值下注入气驱替效果对比

裂缝渗透率与基质渗透率比值在 1~100 时，对注气开发效果的影响较大，采收率的变化范围在 43.8%~52.8%（图 4-3-8）。当裂缝渗透率与基质渗透率比值在 1~50 时，注气采收率随着裂缝渗透率与基质渗透率比值增加而增加；当裂缝渗透率与基质渗透率比值在 50~100 时，注气采收率随着裂缝渗透率与基质渗透率比值增加而降低，主要原因是随裂缝渗透率增加，注入气的波及效率随之升高，但当裂缝渗透率过大时，也会造成采油井发生气窜的时间提前（图 4-3-9）。

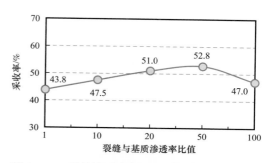

图 4-3-8 裂缝渗透率与基质渗透率比值对油藏采收率影响曲线

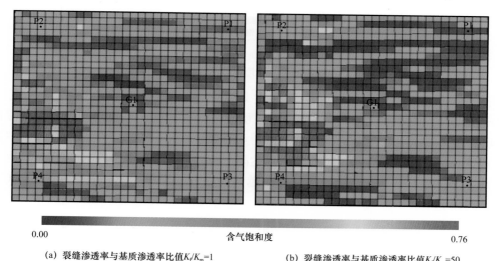

0.00　　　　　　　含气饱和度　　　　　　　0.76

(a) 裂缝渗透率与基质渗透率比值K_f/K_m=1 　　　(b) 裂缝渗透率与基质渗透率比值K_f/K_m=50

图 4-3-9 不同裂缝渗透率与基质渗透率比值下注入气驱替效果对比

采油速度在 0.4%~1.6% 时，对注气开发效果的影响较大，采收率的变化范围在 44.3%~57.2%（图 4-3-10）。整体上，随采油速度的增高，采收率呈下降趋势，主要原因是随采油速度的增高，在相同注采比条件下，注气井注入量大幅度提高，采油井发生气窜的时间提前（图 4-3-11）。

注采比在 0.6~1.4 时，对注气开发效果的影响很大，采收率的变化范围在 31.5%~

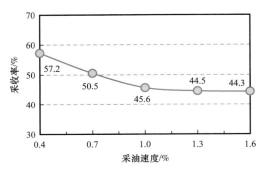

图 4-3-10 采油速度对油藏采收率影响曲线

61.4%（图 4-3-12）。当注采比在 0.6~1.0 时，注气采收率随着注采比的增加而增加；当注采比在 1.0~1.4 时，注气采收率随着注采比的增加而缓慢降低，主要原因是注采比的大小直接影响油藏的地层压力保持水平，随地层压力保持水平提高油藏开发效果会有所改善，但当注采比过大时，部分采油井发生气窜的时间提前，导致采收率出现缓慢下降趋势。

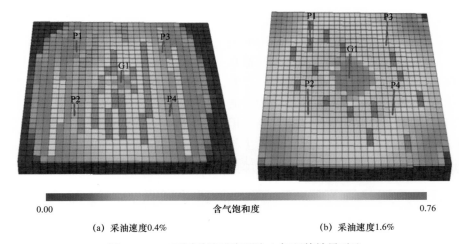

(a) 采油速度0.4%　　　　　(b) 采油速度1.6%

图 4-3-11 不同采油速度下注入气驱替效果对比

地层倾角在 0°~15° 时，对注气开发效果的影响较大，采收率的变化范围在 41.8%~55.7%（图 4-3-13）。整体上，随地层倾角增大，注气采收率呈先增大后保持稳定的趋势，主要原因是在低地层倾角时，受重力分异作用影响，注气初期注入气主要向高位驱动，导致高位采油井过早关井，到达高部位边界后，注入气驱动方式转换为重力辅助驱方式，向下驱动剩余油。地层倾角越大，注气辅助重力驱油效果越明显（Chang et al.，2016）。

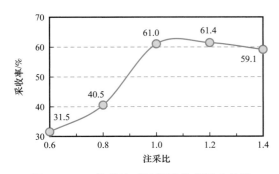

图 4-3-12 注采比对油藏采收率影响曲线

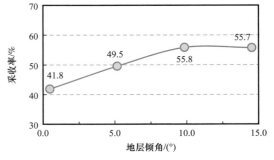

图 4-3-13 地层倾角对油藏采收率影响曲线

注气时机在地层压力保持水平为 40%～100% 时，对注气开发效果的影响相对较小，采收率的变化范围在 46.6%～54.0%（图 4-3-14）。整体上，随地层压力保持水平的升高，采收率成缓慢上升趋势，主要原因是油藏压力保持水平越高，注入气混相程度和降黏能力越强，开发效果越好，采收率也越高（Wang et al.，2016）。

井距在 200～600m 时，对开发效果的影响较大，采收率的变化范围在 45.5%～57.0%（图 4-3-15）。整体上，随着井距减小，采收率也出现下降趋势，主要原因是井距越小，采油井越容易发生气窜，开发效果变差。

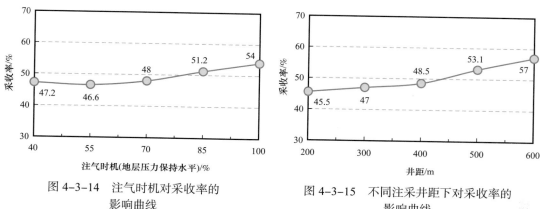

图 4-3-14　注气时机对采收率的
影响曲线

图 4-3-15　不同注采井距下对采收率的
影响曲线

储层有效厚度在 10～50m 时，对注气开发效果的影响较小，采收率的变化范围在 47.8%～54.7%（图 4-3-16）。随着有效厚度增加，采收率出现缓慢增加的趋势，主要原因是有效厚度从 10m 增加到 50m 时，注气辅助重力驱替效果有所提高，采收率随之增加。

裂缝体积密度在 0.05～0.25m^{-1} 时，对开发效果的影响较小，采收率的变化范围在 46.8%～55.7%（图 4-3-17）。随着裂缝体积密度的增加，采收率呈缓慢增加趋势，主要原因是随裂缝体积密度增加，注入气波及能力增强，采收率也会随之提高，但开发末期不同裂缝体积密度下注入气的最终波及体积差别并不大，从而导致裂缝密度对采收率的影响也较小（图 4-3-18）。

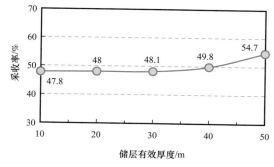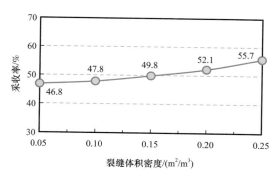

图 4-3-16　不同储层有效厚度对采收率
影响曲线

图 4-3-17　不同裂缝体积密度对采收率
影响曲线

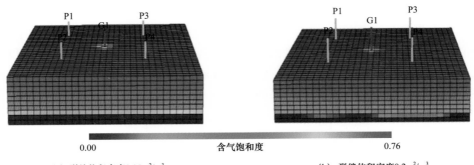

（a）裂缝体积密度0.05m²/m³   （b）裂缝体积密度0.2m²/m³

图 4-3-18　不同裂缝体积密度储层在开发末期含气饱和度图

3. 影响注气开发效果的主控因素分析

应用 SPSS 软件的 BBD（Box-Behnken Design）数据分析模块，可得出 10 个地质特征参数和开发参数对油藏注气采收率的影响程度排序：注采比＞基质渗透率＞地层倾角＞采油速度＞井距＞裂缝体积密度＞注气时机＞储层有效厚度＞裂缝渗透率与基质渗透率比值＞垂向与水平基质渗透率比值。其中，注采比、基质渗透率、地层倾角以及采油速度和注采井距等对注气采收率的影响超过 10 个百分点（表 4-3-3）。

表 4-3-3　不同地质参数和开发参数对注气开发采收率的影响

序号	分类	采收率 /%			影响排序
		最低	最高	差值	
1	基质渗透率	38.5	54.0	15.5	2
2	垂向与水平基质渗透率比值	48.0	52.6	4.6	10
3	裂缝渗透率与基质渗透率比值	43.8	52.8	9.0	6
4	采油速度	44.3	57.2	12.9	4
5	注采比	31.5	61.4	29.9	1
6	地层倾角	41.8	55.8	14.0	3
7	注气时机	46.6	54.0	7.4	8
8	井距	45.5	57.0	11.5	5
9	储层有效厚度	47.8	54.7	6.9	9
10	裂缝体积密度	46.8	55.7	8.9	7

上述影响碳酸盐岩油藏注气开发效果的主控因素排序是基于各评价参数各水平选取的数值区间来确定的，若各评价参数各水平选取的数值区间发生变化，主控因素的排序也会受到影响。为了降低各评价参数取值区间对注气主控因素排序的影响，引入了采收

率影响程度系数，即采收率影响程度系数 = 评价参数各水平所选数值对应采收率的变化斜率 × 评价参数各水平选取数值的平均参考值，该系数可以反应不同评价参数对注气采收率的贡献率（表 4-3-4）。主控因素排序为注采比＞井距＞采油速度＞注气时机＞基质渗透率＞地层倾角＞裂缝体积密度＞储层有效厚度＞裂缝渗透率与基质渗透率比值＞垂向与水平渗透率比值。

表 4-3-4　各评价参数注气采收率影响程度系数

序号	评价参数平均参考值		采收率影响程度系数	影响排序
1	基质渗透率与 Д 南油藏实际基质渗透率比值	3.7	0.085	5
2	垂向与水平基质渗透率比值	0.56	0.003	10
3	裂缝渗透率与基质渗透率比值	36.2	0.007	9
4	采油速度 /%	1	0.106	3
5	注采比	1	0.380	1
6	地层倾角 / (°)	7.5	0.072	6
7	注气时机（地层压力保持水平）/%	70	0.086	4
8	井距 /m	400	0.120	2
9	储层有效厚度 /m	30	0.048	8
10	裂缝体积密度 / (m²/m³)	0.15	0.071	7

从影响注气开发效果主控因素排序上可以看出排在前四位的均为开发参数，表明裂缝—孔隙型碳酸盐岩油藏储集空间虽然更为复杂，但影响其注气开发效果的主控因素并不是地质特征因素。因此，制订好合理的开发技术政策对提高注气开发效果更有效。

三、低渗透碳酸盐岩油藏湿气混相驱油开发技术政策

卡沙甘油田和让纳若尔油田 Д 南油藏的地层压力特征和所处的开发阶段不同，卡沙甘油田为异常高压油藏，原始地层压力高达 77.7MPa，饱和压力 27.95MPa，目前处于开发初期。让纳若尔油田 Д 南油藏为正常压力系统，原始地层压力高达 36.23MPa，饱和压力 29.01MPa，处于开发中期，目前地层压力为 21.0MPa，目前地层压力已低于地层原油的饱和压力。受两个油藏目前地层压力状况不同，注湿气开发实现的混相状态不同，分别建立了异常高压油藏和低压力保持水平油藏湿气回注技术政策图版。

根据前面的注气开发主控因素分析，影响注气开发效果的地质因素有基质水平和垂向渗透率、裂缝与基质渗透率比值、地层倾角、储层有效厚度、裂缝体积密度等。其中基质水平和垂向渗透率、地层倾角、储层有效厚度主要反映了基质储层物性特征；裂缝与基质渗透率比值、裂缝体积密度反应了裂缝特征。为了在注气开发技术政策图版中充分反应基质储层物性和裂缝特征，分别建立了表征基质储层物性和井网特征的无量纲系

数 f_1、表征裂缝特征参数的无量纲系数 f_2 [公式（4-3-16）、公式（4-3-17）]。

$$f_1 = \frac{L \times \cos\theta}{h} \times \frac{K_v}{K_h} \qquad (4-3-16)$$

$$f_2 = \frac{K_f}{K_m} \times \omega \qquad (4-3-17)$$

式中　f_1——储层井网特征参数；

　　　f_2——裂缝特征参数，m^{-1}；

　　　L——井距，m；

　　　θ——地层倾角，（°）；

　　　h——有效厚度，m；

　　　ω——裂缝体积密度，m^2/m^3；

　　　K_v——垂直渗透率，mD；

　　　K_h——水平渗透率，mD；

　　　K_f——裂缝渗透率，mD；

　　　K_m——基质渗透率，mD。

为了建立注采比、采油速度等开发参数与 f_1 和 f_2 两个无量纲系数的合理匹配关系，将反映这两个无量纲系数的井距、地层倾角、储层有效厚度、裂缝体积密度、基质垂向与水平渗透率比值、裂缝与基质渗透率比值等 6 个参数设置 3~5 个水平，采用正交变换方法，共设计 1125 组方案（表 4-3-5），并通过计算获得了每组方案对应的 f_1 和 f_2 系数。基于卡沙甘异常高压油藏和让纳若尔油田 Д 南低压力保持水平油藏实际分别建立了数值模拟机理模型，通过调整模型中的井距、地层倾角、储层有效厚度、裂缝体积密度、基质垂向与水平渗透率比值、裂缝与基质渗透率比值等 6 个参数，各自组建了与正交设计相对应的 1125 组数值模拟机理模型。通过数值模拟研究分别确定了各组方案对应的合理注采比、采油速度，从而建立了两类油藏基于 f_1 和 f_2 无量纲系数的湿气回注技术政策图版（图 4-3-19 至图 4-3-22）。利用图版即可针对卡沙甘油田和让纳若尔油田 Д 南油藏不同区域的储层物性确定湿气回注开发时的合理注采比和采油速度。

表 4-3-5　正交变换基础参数表

序号	井距 / m	地层倾角 / （°）	有效厚度 / m	裂缝体积密度 / m^2/m^3	K_v/K_h	K_f/K_m
1	300	0	10	0.05	0.05	10
2	600	10	20	0.1	0.1	30
3	900	20	30	0.15	0.15	50
4	1200		40		0.2	70
5	1500		50		0.25	90

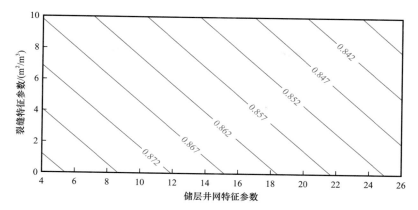

图 4-3-19　异常高压油藏注气开发合理注采比图版

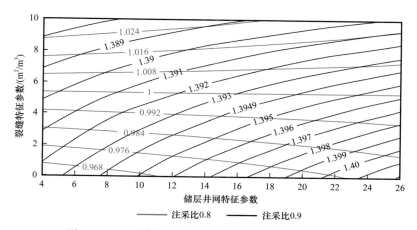

图 4-3-20　异常高压油藏注气开发合理采油速度图版

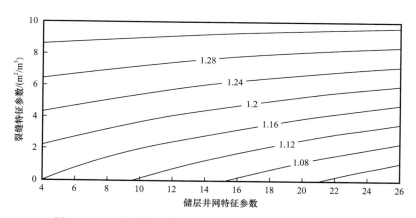

图 4-3-21　低压力保持水平油藏注气开发合理注采比图版

异常高压油藏技术图版适应于混相驱替油藏，即地层压力高于混相压力，注采比小于 1 时即可达到最佳开发效果。随着裂缝渗透率及裂缝密度的增加，注采比呈现降低趋势，可降低气窜对气驱波及系数的影响。低压力保持水平油藏技术图版适应于近混相驱油藏，注采比大于 1 可以增加混相程度，提高开发效果。随着裂缝渗透率及裂缝密度的增加，注采比呈增加趋势，可以尽快恢复地层压力，提高驱油效率。

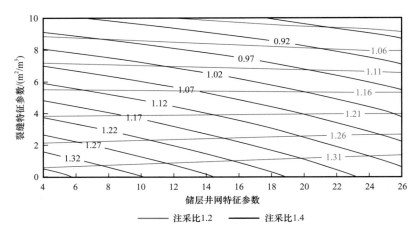

图 4-3-22　低压力保持水平油藏注气开发合理采油速度图版

四、低渗透碳酸盐岩油藏注气开发应用实效

本研究成果为异常高压的卡沙甘油田高含 H_2S 和 CO_2 伴生气回注提供了理论依据和技术支撑，2018 年以来油田陆续有 6 口井转为注气井，成功实施了伴生酸气直接回注，解决了伴生气处理能力不足难题，释放了油田产能。

1. 注气开发部署

1）注气开发部署

卡沙甘油田注气方案共部署人工岛 21 座，总井数 195 口，其中油井 163 口，注气井 31 口，观察井 1 口。考虑台缘裂缝较为发育，注气开发台缘采收率低于台内，优先在台内实施注气开发。

2）合理注气开发参数确定

卡沙甘油田台内储层井网特征参数值为 12.5，裂缝特征参数值为 3.9，由异常高压油藏注气开发合理注采比图版可知，台内注伴生气开发合理注采比为 0.9。由异常高压油藏注气开发合理采油速度图版可知，在注采比 0.9 时，台内合理采油速度为 1.4%。

2. 注气开发实施效果

2017 年 7 月卡沙甘油田人工岛 D 有 3 口井转为注气井，开始实施注气开发，2018—2019 年间 D 岛又有 3 口井陆续转为注气井（图 4-3-23），截至 2020 年底，共有 6 口注气井由 2 台注气压缩机供气，日注气量达 $1450×10^4 m^3$。

观察井显示，D 岛早期因衰竭开发压力下降约 9MPa，实施注气开发后，地层压力回升了 3MPa，地层压力下降趋势得到有效缓解（图 4-3-24）。数值模拟结果显示，油田注气开发与衰竭开发的采收率分别为 28.1% 和 46.2%，注气开发比衰竭开发采收率提高 18.1 个百分点。

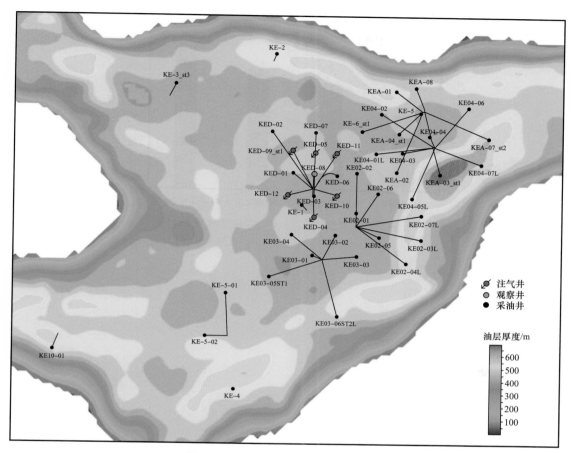

图 4-3-23 卡沙甘油田注气井部署图

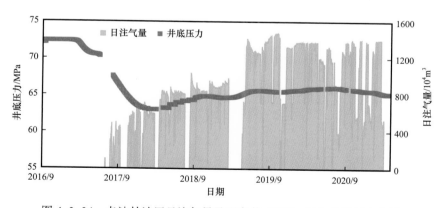

图 4-3-24 卡沙甘油田日注气量及观察井（KED-08）井底压力曲线

通过实施产出气回注，解决了卡沙甘油田高含酸性气体伴生气处理能力不足的问题，伴随着注气井数不断增加和注气量逐渐提高，油田日产油量从注气前的 $2.7×10^4$t 上升至 $5.1×10^4$t（图 4-3-25），动用地质储量采油速度达到 1.36%，年注采比 0.82，建成了 $1600×10^4$t/a 产能规模。

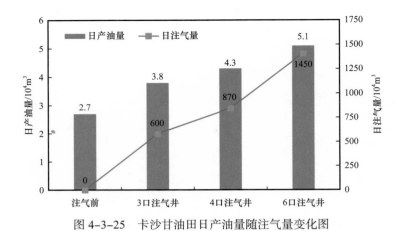

图 4-3-25 卡沙甘油田日产油量随注气量变化图

第五章　边底水裂缝—孔隙型碳酸盐岩气藏开发技术

　　土库曼斯坦阿姆河右岸项目所属气田为台内和台缘斜坡区边底水礁滩型碳酸盐岩气藏。气藏储集空间类型主要包括孔隙、溶孔、溶洞和裂缝；储层类型以孔隙（洞）型、裂缝—孔隙型、裂缝—孔洞型为主；气藏边底水较活跃，水体倍数约 3～20 倍。气田群高效开发主要面临 3 个方面的难题：一是为提高气藏单井产能，主要采用大斜度井开发，但国内外大斜度井试井解释理论和方法仍不成熟，大都是利用修正后的水平井或直井试井模型进行解释，导致储层和井筒参数解释结果误差较大；二是裂缝—孔隙（洞）型碳酸盐岩储层微观储集空间尺度跨度大，非均质性强，边底水气藏水侵机理认识不清；三是边底水裂缝—孔隙（洞）型碳酸盐岩气藏控水稳产技术有待深化研究。通过技术攻关，发展孔缝洞三重介质气藏大斜度井试井解释方法，揭示边底水碳酸盐岩气藏水侵机理，制订不同类型气藏控水稳产技术对策，形成裂缝—孔隙（洞）型边底水气藏控水稳产技术，支撑土库曼斯坦阿姆河右岸项目年产气量由 2015 年的 $134 \times 10^8 \mathrm{m}^3$ 上升至 2017 年的 $141 \times 10^8 \mathrm{m}^3$ 并持续稳产，总体水气比控制在 $60 \times 10^{-6} \mathrm{m}^3/\mathrm{m}^3$ 以内。

第一节　三重介质储层大斜度井试井解释及气藏动态描述

　　阿姆河右岸项目气田数量多、储量规模大小不一，普遍采用大斜度井开发，单井产能差异大。气藏开发过程中存在大斜度井试井解释理论不成熟、关井测压评价动态储量影响采气井生产时率、气田群协同稳产开发时各气藏采气速度与稳产时间匹配关系认识不清等难题。以提高气藏动态描述精度为目标，推导了三重介质单渗并行窜流大斜度井试井解释新模型、建立了不关井条件下"物质平衡—拟压力近似条件法"动态储量评价方法和气藏采气速度与稳产期定量评价方法，提高了阿姆河右岸项目不同类型气藏储层参数的描述精度和开发指标的预测精度。

一、三重介质大斜度井试井解释理论与方法

　　基于裂缝—孔隙（洞）型碳酸盐岩储层孔缝洞等孔隙介质与大斜度井段的连通关系，推导三重介质单渗并行窜流大斜度采气井渗流微分方程，并引入 Laplace 变换、Fourier 余弦变换、点源和线源函数、Stehfest 数值反演等数学方法，建立了适用于三重介质储层的大斜度井试井解释新模型并绘制解释图版，支撑阿姆河右岸裂缝—孔隙（洞）型气藏试井双对数曲线拟合和储层参数解释精度提高。

1. 物理模型建立

裂缝—孔隙（洞）型碳酸盐岩储层储集空间类型多样，孔缝洞均有发育。为了提高阿姆河右岸项目气藏的单井产量，普遍采用大斜度井型进行开发（图 5-1-1）。储层孔隙介质与大斜度井段的主要连通关系为：溶洞和基质孔隙与天然裂缝连通，天然裂缝与斜井井筒连通，3 种孔隙介质之间的渗流关系为单渗并行窜流模式（图 5-1-2）。

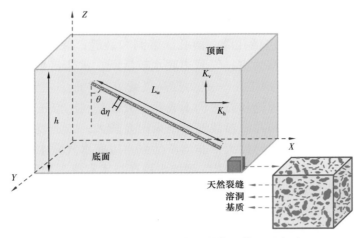

图 5-1-1　三重介质大斜度井物理模型示意图

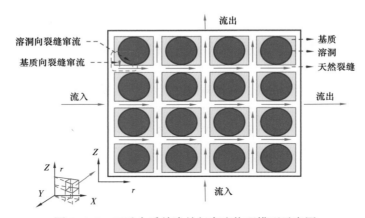

图 5-1-2　三重介质单渗并行窜流物理模型示意图

在建立三重介质单渗并行窜流大斜度井物理模型过程中假设以下条件：

（1）储层发育天然裂缝、溶洞、基质孔隙，其中天然裂缝系统的水平渗透率和垂直渗透率存在各向异性；

（2）单相等温流体在储层中的渗流方式符合达西定律，重力和毛细管力影响忽略不计；

（3）相比于气体的压缩性，缝洞型碳酸盐岩储层岩石的压缩性忽略不计；

（4）考虑天然气在储层中的渗流阻力远远大于气体在井筒中的渗流阻力，井筒摩阻损失忽略不计；

（5）储层水平等厚，上下界面及侧向外边界均为封闭边界；

（6）气藏开发前处于原始平衡状态，开发后大斜度井以定产量方式生产；

（7）基质孔隙系统和溶洞系统中的气体与天然裂缝系统发生并行窜流，同时仅有天然裂缝系统与斜井井筒相连通；

（8）大斜度井斜井段贯穿整个缝洞型碳酸盐岩储层，斜井段全部射开。

2. 数学模型建立

假设基质和溶洞与天然裂缝系统的渗流方式均为拟稳态流动，引入拟压力函数概念，达西定律、质量守恒定律和状态方程相结合建立了单渗并行窜流条件下的三重介质大斜度井渗流微分方程，其中，

控制方程

$$\frac{1}{r}\frac{\partial}{\partial r}\left(r\frac{\partial m_f}{\partial r}\right)+\frac{K_{fv}}{K_{fh}}\frac{\partial^2 m_f}{\partial z^2}=\frac{\phi_f \mu_g C_{tf}}{\alpha_t K_{fh}}\frac{\partial m_f}{\partial t}-\alpha_m\frac{K_m}{K_{fh}}\left(m_m-m_f\right)-\alpha_v\frac{K_v}{K_{fh}}\left(m_v-m_f\right)\qquad（5-1-1）$$

$$m_j=\int_0^{p_j}\frac{2p}{\mu_g z}\mathrm{d}p\qquad（5-1-2）$$

式中　m_f——天然裂缝系统拟压力，MPa；

　　　m_m——基质系统拟压力，MPa；

　　　m_v——溶洞系统拟压力，MPa；

　　　K_{fv}——天然裂缝系统垂直方向渗透率，mD；

　　　K_{fh}——天然裂缝系统水平方向渗透率，mD；

　　　K_m——基质系统渗透率，mD；

　　　K_v——溶洞系统渗透率，mD；

　　　ϕ_f——天然裂缝孔隙度；

　　　μ_g——天然气黏度，mPa·s；

　　　C_{tf}——天然裂缝系统压缩系数，MPa^{-1}；

　　　α_m——基质形状因子，m^{-2}；

　　　α_v——溶洞形状因子，m^{-2}；

　　　α_t——单位变换系数，0.0864；

　　　r——柱坐标下的径向坐标，m；

　　　z——柱坐标下的垂向坐标，m。

公式（5-1-2）中，j=f，m，v，分别代表裂缝、基质、溶洞系统。另外，基质向天然裂缝系统、溶洞向天然裂缝系统的拟稳态窜流分别为

$$\frac{\phi_m \mu_g C_{tm}}{0.0864}\frac{\partial m_m}{\partial t}=\alpha_m K_m\left(m_f-m_m\right)\qquad（5-1-3）$$

$$\frac{\phi_{\mathrm{v}}\mu_{\mathrm{g}}C_{\mathrm{tv}}}{0.0864}\frac{\partial m_{\mathrm{v}}}{\partial t}=\alpha_{\mathrm{v}}K_{\mathrm{v}}\left(m_{\mathrm{f}}-m_{\mathrm{v}}\right) \tag{5-1-4}$$

式中　ϕ_{m}——基质系统孔隙度；

　　　ϕ_{v}——溶洞系统孔隙度；

　　　C_{tm}——基质系统压缩系数，MPa^{-1}；

　　　C_{tv}——溶洞系统压缩系数，MPa^{-1}。

初始条件：

$$m_{j}\left(r,t=0\right)=m_{i} \qquad \left(j=\mathrm{f},\mathrm{m},\mathrm{v}\right) \tag{5-1-5}$$

其中，f，m 和 v 分别表示天然裂缝、基质和溶洞。

侧向外边界为封闭边界：

$$\frac{\partial m_{j}}{\partial r}\bigg|_{r=r_{\mathrm{e}}}=0 \qquad \left(j=\mathrm{f},\mathrm{m},\mathrm{v}\right) \tag{5-1-6}$$

式中　r_{e}——储层探测半径，m。

当一个点源（x_{w}，y_{w}，z_{w}）在内边界上以定产量 $\tilde{q}$ 生产时，其内边界条件表示为

$$\tilde{q}B_{\mathrm{gi}}=\begin{cases}\lim\limits_{\varepsilon\to0}\left(\lim\limits_{r\to0}\dfrac{K_{\mathrm{hf}}}{\alpha_{\mathrm{p}}\mu_{\mathrm{g}}\varepsilon}\displaystyle\int_{z_{\mathrm{w}}-\varepsilon/2}^{z_{\mathrm{w}}+\varepsilon/2}r\dfrac{\partial m_{\mathrm{f}}}{\partial r}\mathrm{d}z\right)&\left|z-z_{\mathrm{w}}\right|\leqslant\varepsilon/2\\0&\left|z-z_{\mathrm{w}}\right|>\varepsilon/2\end{cases} \tag{5-1-7}$$

式中　x_{w}，y_{w}，z_{w}——井筒中心坐标；

　　　ε——无穷小长度；

　　　B_{gi}——原始地层压力下的气体体积系数。

根据假设条件，储层顶底为不渗透边界，其顶底边界表示为

$$\frac{\partial m_{\mathrm{f}}}{\partial z}\bigg|_{z=0}=\frac{\partial m_{\mathrm{f}}}{\partial z}\bigg|_{z=h}=0 \tag{5-1-8}$$

式中　h——储层有效厚度，m。

为了使数学模型推导和求解方便，需要对渗流微分方程及其相应初始条件、边界条件进行无量纲处理。因此依据表 5-1-1 中各参数的无量纲定义，将式（5-1-1）至式（5-1-8）无量纲处理。

经无量纲处理后的数学模型为

$$\frac{1}{r_{\mathrm{D}}}\frac{\partial}{\partial r_{\mathrm{D}}}\left(r_{\mathrm{D}}\frac{\partial m_{\mathrm{fD}}}{\partial r_{\mathrm{D}}}\right)+\frac{\partial^{2}m_{\mathrm{fD}}}{\partial z_{\mathrm{D}}^{2}}=\omega_{\mathrm{f}}\frac{\partial m_{\mathrm{fD}}}{\partial t_{\mathrm{D}}}-\lambda_{\mathrm{m}}\left(m_{\mathrm{mD}}-m_{\mathrm{fD}}\right)-\lambda_{\mathrm{v}}\left(m_{\mathrm{vD}}-m_{\mathrm{fD}}\right) \tag{5-1-9}$$

$$\omega_{\mathrm{m}}\frac{\partial m_{\mathrm{mD}}}{\partial t_{\mathrm{D}}}=\lambda_{\mathrm{m}}\left(m_{\mathrm{fD}}-m_{\mathrm{mD}}\right) \tag{5-1-10}$$

表 5-1-1　三重介质单渗并行窜流大斜度井模型无量纲定义

无量纲参数	无量纲定义
无量纲拟压力 m_{jD}	$$m_{jD} = \frac{\pi K_f h T_{sc} \left[m_i(p_i) - m_j(p) \right]}{\alpha_p p_{sc} q_g T} \qquad (j = f, m, v)$$ T_{sc}——标识温度，K； T——地层温度，K； α_p——单位转换系数，$\alpha_p = 1.842$； p_{sc}——标识下大气压力，MPa； q_g——产气量，m^3/d； r_w——井筒半径，m。
无量纲时间 t_D	$$t_D = \frac{\alpha_t K_f t}{\mu_g r_w^2 (\phi C_t)_{f+m+v}}$$
无量纲半径 r_D	$$r_D = \frac{r}{r_w} \sqrt{\frac{K_f}{K_{fh}}}$$
无量纲地层半径 r_{eD}	$$r_{eD} = \frac{r_e}{r_w} \sqrt{\frac{K_f}{K_{fh}}}$$
x 方向无量纲化	$$x_D = \frac{x}{r_w} \sqrt{\frac{K_f}{K_{fh}}}, \; x_{wD} = \frac{x_w}{r_w} \sqrt{\frac{K_f}{K_{fh}}}$$
y 方向无量纲化	$$y_D = \frac{y}{r_w} \sqrt{\frac{K_f}{K_{fh}}}, \; y_{wD} = \frac{y_w}{r_w} \sqrt{\frac{K_f}{K_{fh}}}$$
无量纲化地层有效厚度 h_D	$$h_D = \frac{h}{r_w} \sqrt{\frac{K_f}{K_{fh}}}$$
z 方向无量纲化	$$z_D = \frac{z}{r_w} \sqrt{\frac{K_f}{K_{fh}}}, \; z_{wD} = \frac{z_w}{r_w} \sqrt{\frac{K_f}{K_{fh}}}$$
无量纲长度单元 ε_D	$$\varepsilon_D = \frac{\varepsilon}{r_w} \sqrt{\frac{K_f}{K_{fh}}}$$
无量纲井斜长度 L_{wD}	$$L_{wD} = \frac{L_w}{r_w} \sqrt{\frac{K_f}{K_{fh}} \sin^2\theta + \frac{K_f}{K_{fv}} \cos^2\theta}$$
储容比 ω_j	$$\omega_j = \frac{\phi_j C_{tj}}{(\phi C_t)_{f+m+v}} \qquad (j = f, m, v)$$
窜流系数 λ_j	$$\lambda_j = \frac{\alpha_j K_j r_w^2}{K_f} \qquad (j = m, v)$$

$$\omega_{\mathrm{v}} \frac{\partial m_{\mathrm{vD}}}{\partial t_{\mathrm{D}}} = \lambda_{\mathrm{v}} \left(m_{\mathrm{fD}} - m_{\mathrm{vD}} \right) \tag{5-1-11}$$

初始条件为

$$m_{j\mathrm{D}} \left(r_{\mathrm{D}}, t_{\mathrm{D}} = 0 \right) = 0 \qquad \left(j = \mathrm{f, m, v} \right) \tag{5-1-12}$$

侧向外边界条件为

$$\left. \frac{\partial m_{j\mathrm{D}}}{\partial r_{\mathrm{D}}} \right|_{r_{\mathrm{D}} = r_{\mathrm{eD}}} = 0, \left(j = \mathrm{f, m, v} \right) \tag{5-1-13}$$

内边界条件为

$$\lim_{\varepsilon_{\mathrm{D}} \to 0} \left(\lim_{r_{\mathrm{D}} \to 0} \int_{z_{\mathrm{wD}} - \varepsilon_{\mathrm{D}}/2}^{z_{\mathrm{wD}} + \varepsilon_{\mathrm{D}}/2} r_{\mathrm{D}} \frac{\partial m_{\mathrm{fD}}}{\partial r_{\mathrm{D}}} \mathrm{d}z_{\mathrm{D}} \right) = \begin{cases} -h_{\mathrm{D}} & \left| z_{\mathrm{D}} - z_{\mathrm{wD}} \right| \leqslant \varepsilon_{\mathrm{D}}/2 \\ 0 & \left| z_{\mathrm{D}} - z_{\mathrm{wD}} \right| > \varepsilon_{\mathrm{D}}/2 \end{cases} \tag{5-1-14}$$

顶底封闭边界条件：

$$\left. \frac{\partial m_{\mathrm{fD}}}{\partial z_{\mathrm{D}}} \right|_{z_{\mathrm{D}} = 0} = \left. \frac{\partial m_{\mathrm{fD}}}{\partial z_{\mathrm{D}}} \right|_{z_{\mathrm{D}} = h_{\mathrm{D}}} = 0 \tag{5-1-15}$$

式中 ω_{f}——天然裂缝系统储容比；

       ω_{m}——基质系统储容比；

       ω_{v}——溶洞系统储容比；

       λ_{m}——基质与天然裂缝之间的窜流系数；

       λ_{v}——溶洞与天然裂缝之间的窜流系数。

进一步对式（5-1-9）至式（5-1-15）进行 Laplace 变换，得

$$\frac{1}{r_{\mathrm{D}}} \frac{\partial}{\partial r_{\mathrm{D}}} \left(r_{\mathrm{D}} \frac{\partial \bar{m}_{\mathrm{fD}}}{\partial r_{\mathrm{D}}} \right) + \frac{\partial^2 \bar{m}_{\mathrm{fD}}}{\partial z_{\mathrm{D}}^{\,2}} = \omega_{\mathrm{f}} s \bar{m}_{\mathrm{fD}} - \lambda_{\mathrm{m}} \left(\bar{m}_{\mathrm{mD}} - \bar{m}_{\mathrm{fD}} \right) - \lambda_{\mathrm{v}} \left(\bar{m}_{\mathrm{vD}} - \bar{m}_{\mathrm{fD}} \right) \tag{5-1-16}$$

$$\omega_{\mathrm{m}} s \bar{m}_{\mathrm{mD}} = \lambda_{\mathrm{m}} \left(\bar{m}_{\mathrm{fD}} - \bar{m}_{\mathrm{mD}} \right) \tag{5-1-17}$$

$$\omega_{\mathrm{v}} s \bar{m}_{\mathrm{vD}} = \lambda_{\mathrm{v}} \left(\bar{m}_{\mathrm{fD}} - \bar{m}_{\mathrm{vD}} \right) \tag{5-1-18}$$

$$\left. \frac{\partial \bar{m}_{j\mathrm{D}}}{\partial r_{\mathrm{D}}} \right|_{r_{\mathrm{D}} = r_{\mathrm{eD}}} = 0 \qquad \left(j = \mathrm{f, m, v} \right) \tag{5-1-19}$$

$$\lim_{\varepsilon_{\mathrm{D}} \to 0} \left(\lim_{r_{\mathrm{D}} \to 0} \int_{z_{\mathrm{wD}} - \varepsilon_{\mathrm{D}}/2}^{z_{\mathrm{wD}} + \varepsilon_{\mathrm{D}}/2} r_{\mathrm{D}} \frac{\partial \bar{m}_{\mathrm{fD}}}{\partial r_{\mathrm{D}}} \mathrm{d}z_{\mathrm{D}} \right) = \begin{cases} -\dfrac{h_{\mathrm{D}}}{s} & \left| z_{\mathrm{D}} - z_{\mathrm{wD}} \right| \leqslant \varepsilon_{\mathrm{D}}/2 \\ 0 & \left| z_{\mathrm{D}} - z_{\mathrm{wD}} \right| > \varepsilon_{\mathrm{D}}/2 \end{cases} \tag{5-1-20}$$

$$\left.\frac{\partial \bar{m}_{\text{fD}}}{\partial z_{\text{D}}}\right|_{z_{\text{D}}=0} = \left.\frac{\partial \bar{m}_{\text{fD}}}{\partial z_{\text{D}}}\right|_{z_{\text{D}}=h_{\text{D}}} = 0 \tag{5-1-21}$$

其中

$$\bar{m}_{j\text{D}} = \int_0^\infty e^{-st_\text{D}} m_{j\text{D}}(t_\text{D}) \text{d}t_\text{D} \qquad (j=\text{f,m,v}) \tag{5-1-22}$$

式中 s——Laplace 变量；

$\bar{}$——Laplace 空间变量。

渗流微分方程经过拉普拉斯变换整理后得到：

$$\frac{1}{r_\text{D}}\frac{\partial}{\partial r_\text{D}}\left(r_\text{D}\frac{\partial \bar{m}_{\text{fD}}}{\partial r_\text{D}}\right) + \frac{\partial^2 \bar{m}_{\text{fD}}}{\partial z_\text{D}^2} = \bar{m}_{\text{fD}} f(s) \tag{5-1-23}$$

其中

$$f(s) = w_\text{f}s + \frac{\lambda_\text{v}\omega_\text{v}s}{\lambda_\text{v}+\omega_\text{v}s} + \frac{\lambda_\text{m}\omega_\text{m}s}{\lambda_\text{m}+\omega_\text{m}s}$$

以上即为考虑三重介质单渗并行窜流时的大斜度井综合微分方程。

3. 数学模型求解

为求解三重介质单渗并行窜流大斜度井的渗流数学模型，应用 Fourier 余弦变换、点源和线源函数方法，并结合 Bessel 函数通解，得到在 Laplace 空间下的压力解，最后通过 Stehfest 数值反演得到该模型的实空间压力分布。

1）井底压力响应推导

首先，引入 Fourier 余弦变换及其反演，即

$$\hat{m}_{j\text{D}} = \int_0^{h_\text{D}} m_{j\text{D}} \cos\left(\frac{n\pi z_\text{D}}{h_\text{D}}\right) \text{d}h_\text{D} \qquad (j=\text{f,m,v}) \tag{5-1-24}$$

$$m_{j\text{D}} = \sum_n \hat{m}_{j\text{D}} \frac{\cos\left(\dfrac{n\pi z_\text{D}}{h_\text{D}}\right)}{N(n)} \qquad (j=\text{f,m,v}) \tag{5-1-25}$$

$$N(n) = \int_0^{h_\text{D}} \cos^2\left(\frac{n\pi z_\text{D}}{h_\text{D}}\right) \text{d}z_\text{D} = \begin{cases} h_\text{D} & (n=0) \\ \dfrac{h_\text{D}}{2} & (n=1,2,3\cdots) \end{cases} \tag{5-1-26}$$

其中，式（5-1-24）和式（5-1-25）中带上标 ^ 的为 Fourier 变换后的变量。

然后对控制方程（5-1-23）在 Z 方向上做 Fourier 余弦变换，同时对其内外边界条件也做 Fourier 余弦变换。则式（5-1-23），以及式（5-1-19）和式（5-1-20）变为

$$\frac{\mathrm{d}^2 \bar{m}_{\mathrm{fD}}}{\mathrm{d}r_{\mathrm{D}}^2} + \frac{1}{r_{\mathrm{D}}} \frac{\mathrm{d}\bar{m}_{\mathrm{fD}}}{\mathrm{d}r_{\mathrm{D}}} - \left[u_n^2 + f(s) \right] \bar{m}_{\mathrm{fD}} = 0 \qquad (5\text{--}1\text{--}27)$$

其中

$$u_n = \frac{n\pi}{h_{\mathrm{D}}}$$

外边界条件为

$$\left. \frac{\partial \bar{m}_{j\mathrm{D}}}{\partial r_{\mathrm{D}}} \right|_{r_{\mathrm{D}} = r_{\mathrm{eD}}} = 0 \qquad (j = \mathrm{f}, \mathrm{m}, \mathrm{v}) \qquad (5\text{--}1\text{--}28)$$

内边界条件为

$$\lim_{r_{\mathrm{D}} \to 0} r_{\mathrm{D}} \frac{\partial \bar{m}_{\mathrm{fD}}}{\partial r_{\mathrm{D}}} = -\frac{h_{\mathrm{D}}}{s} \cos(u_n z_{\mathrm{wD}}) \qquad (5\text{--}1\text{--}29)$$

对式（5-1-27）进行变形整理后，变为零阶虚宗量的 Bessel 函数：

$$\left[r_{\mathrm{D}} \sqrt{u_n^2 + f(s)} \right]^2 \frac{\mathrm{d}^2 \bar{m}_{\mathrm{fD}}}{\mathrm{d}\left[r_{\mathrm{D}} \sqrt{u_n^2 + f(s)} \right]^2} +$$

$$r_{\mathrm{D}} \sqrt{u_n^2 + f(s)} \frac{\mathrm{d}\bar{m}_{\mathrm{fD}}}{\mathrm{d}\left[r_{\mathrm{D}} \sqrt{u_n^2 + f(s)} \right]} - r_{\mathrm{D}}^2 \left[u_n^2 + f(s) \right] \bar{m}_{\mathrm{fD}} = 0 \qquad (5\text{--}1\text{--}30)$$

基于零阶虚宗量的 Bessel 函数通解表达式和内外边界条件，通过进行 Fourier 反演得到大斜度井的井底压力点源解：

$$\bar{m}_{\mathrm{fD}} = \frac{1}{s} \left\{ \frac{K_1 \left[r_{\mathrm{eD}} \sqrt{f(s)} \right]}{I_1 \left[r_{\mathrm{eD}} \sqrt{f(s)} \right]} I_0 \left[r_{\mathrm{D}} \sqrt{f(s)} \right] + K_0 \left[r_{\mathrm{D}} \sqrt{f(s)} \right] \right\} +$$

$$\frac{2}{s} \sum_{n=1}^{\infty} \left\{ \frac{K_1 \left[r_{\mathrm{eD}} \sqrt{u_n^2 + f(s)} \right]}{I_1 \left[r_{\mathrm{eD}} \sqrt{u_n^2 + f(s)} \right]} I_0 \left[r_{\mathrm{D}} \sqrt{u_n^2 + f(s)} \right] + K_0 \left[r_{\mathrm{D}} \sqrt{u_n^2 + f(s)} \right] \right\} \qquad (5\text{--}1\text{--}31)$$

$$\cos(\mu_n z_{\mathrm{wD}}) \cos(\mu_n z_{\mathrm{D}})$$

式中　　I_0——第一类零阶修正 Bessel 函数；

I_1——第一类一阶修正 Bessel 函数；

K_0——第二类零阶修正 Bessel 函数；

K_1——第二类一阶修正 Bessel 函数。

在忽略气体在井筒内的摩阻损失假设条件下，大斜度井可以视为由无穷多个点源组成，此时将井筒看成一条线源，沿井筒积分叠加求和，便可得到在拉式空间内的三重介质单渗并行窜流大斜度井压力分布解：

$$\bar{m}_{fD} = \frac{1}{sL_{wD}} \int_{-\frac{L_{wD}}{2}}^{\frac{L_{wD}}{2}} \left\{ \frac{K_1\left[r_{eD}\sqrt{f(s)}\right]}{I_1\left[r_{eD}\sqrt{f(s)}\right]} I_0\left[\tilde{r}_D\sqrt{f(s)}\right] + K_0\left[r_D\sqrt{f(s)}\right] \right\} d\eta +$$

$$\frac{2}{sL_{wD}} \int_{-\frac{L_{wD}}{2}}^{\frac{L_{wD}}{2}} \left(\sum_{n=1}^{\infty} \left\{ \frac{K_1\left[r_{eD}\sqrt{u_n^2 + f(s)}\right]}{I_1\left[r_{eD}\sqrt{u_n^2 + f(s)}\right]} I_0\left[\tilde{r}_D\sqrt{u_n^2 + f(s)}\right] + K_0\left[\tilde{r}_D\sqrt{u_n^2 + f(s)}\right] \right\} \right.$$ （5-1-32）

$$\left. \cos(\mu_n \tilde{z}_{wD}) \cos(\mu_n z_D) \right\} \right) d\eta$$

其中

$$\tilde{r}_D = \sqrt{\left(x_D - x_{wD} - \eta\sin\theta_w\right)^2 + \left(y_D - y_{wD}\right)^2} \qquad （5-1-33）$$

$$\tilde{z}_{wD} = z_{wD} + \eta\cos\theta_w \qquad （5-1-34）$$

$$\theta_w = \tan^{-1}\left(\sqrt{\frac{K_{vf}}{K_{hf}}}\tan\theta\right) \qquad （5-1-35）$$

$$L_{wD} = \frac{L_w}{r_w}\sqrt{\frac{K_f}{K_{hf}}\sin^2\theta + \frac{K_f}{K_{vf}}\cos^2\theta} \qquad （5-1-36）$$

2）井筒储集效应和表皮效应的叠加

当考虑井筒储集效应和表皮效应影响时，其在拉式空间内的三重介质单渗并行窜流大斜度井压力分布解为

$$\bar{m}_{wD} = \frac{s\bar{m}_{fD} + S}{s + C_D s^2\left(s\bar{m}_{fD} + S\right)} \qquad （5-1-37）$$

$$C_D = \frac{C}{6.28\left(\phi C_t\right)_{f+v+m} h r_w^2} \qquad （5-1-38）$$

式中　s——Laplace 变化参数；

　　　S——表皮系数；

　　　C_D——无量纲井储系数；

　　　r_w——井筒半径，m。

3）拉式空间 Stehfest 解数值反演

为了便于计算分析，需要将 Laplace 空间下的拟稳态三重介质单渗并行窜流大斜度井压力分布解通过反演转换到实空间内。通常 Laplace 反演有解析法和数值法两种形式，其中解析法需根据 Laplace 变换性质，在变化表中找到相同或相似的变换形式或利用围道

积分求解，找到其对应的实空间解。但当 Laplace 空间解形式较为复杂时，在变换表中很难找到对应的反演结果，且围道积分计算繁琐，因此解析法在使用时存在较大的局限性。随着计算机行业的高速发展，数值法可以有效解决反演困难的问题。

在试井学科中，最常用的数值反演方法是基于函数概率论的 Stehfest 数值法，该方法最早由 Stehfest 提出（1970），但当该方法遇到变换剧烈的函数时，会发生数值弥散、振荡的情况。为此，Wooden 等（1992）提出了可以用于试井压力分析的修正方法：

设 $\overline{f}(s)$ 为拉式空间函数，$f(t)$ 为原函数，则其数值反演公式为：

$$f(t) = \frac{\ln 2}{t} \sum_{i=1}^{N} V_i \overline{f}\left(\frac{\ln 2}{t} i\right) \tag{5-1-39}$$

$$V_i = (-1)^{\frac{N}{2}+i} \sum_{k=\frac{i+1}{2}}^{\min\left(i, \frac{N}{2}\right)} \frac{k^{\frac{N}{2}}(2k+1)!}{(k+1)!k!\left(\frac{N}{2}-k+1\right)!(i-k+1)!(2k-i+1)!} \tag{5-1-40}$$

式中　N——偶数，取值在 10～30 之间。

通过将推导的 Laplace 空间拟压力解［式（5-1-37）］中的 s 变量用 $\frac{\ln 2}{t} i$ 替代，即可得到某给定时刻的实空间拟压力解。

4. 双对数试井图版及影响因素分析

应用阿姆河右岸气藏常规试井解释参数（表 5-1-2），建立了基于拟稳态三重介质单渗并行窜流大斜度井试井解释图版，并在试井图版流动段划分基础上对影响试井曲线的相关参数进行了分析。

表 5-1-2　模型参数取值汇总表

参数	取值
井筒半径 /m	0.0889
储层半径 /m	400
储层厚度 /m	30
裂缝渗透率 /mD	10
溶洞与天然裂缝系统窜流系数	2×10^{-4}
基质与天然裂缝窜流系数	2×10^{-6}
天然裂缝储容比	0.1
基质储容比	0.89
溶洞储容比	0.01
井斜角 /（°）	70

续表

参数	取值
斜井段长度 /m	120
初始压力 /MPa	24
井底压力 /MPa	20
气藏中深温度 /K	381.15
气井产量 / (m³/d)	600000
天然气黏度 / (mPa·s)	0.02
偏差因子 / (m³/m³)	0.97

图 5-1-3 为拟稳态下的三重介质单渗并行窜流大斜度气井的无量纲拟压力曲线和无量纲拟压力导数曲线，根据曲线特征，可将该图版划分为 5 个流动段：井筒储集和表皮控制段、井斜角控制段、溶洞与天然裂缝系统窜流段、基质与天然裂缝系统窜流段，封闭边界控制段。

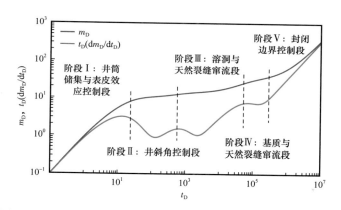

图 5-1-3 三重介质单渗并行窜流大斜度气井试井图版（拟稳态）

阶段 I 为井筒储集和表皮控制段，该段前期无量纲拟压力曲线与其导数曲线相重合，并且斜率为 1，为定井筒储集特征；后期两条曲线出现开口，开口大小受表皮系数控制。总体来说，本段主要反映井筒和井筒附近的压力响应。

阶段 II 为井斜角控制段，该段是大斜度井试井曲线的重要特征段，主要受井斜角影响。当井斜较大时，无量纲拟压力导数曲线出现"下凹段"，且随着井斜的增大，斜井段与储层接触面越大，"下凹段"的尾部斜率也越大。该段直接反映了井筒与储层之间由于接触方式不同所引起的压力场变化。

阶段 III 为溶洞与天然裂缝系统窜流段，该段反映了溶洞系统和天然裂缝系统由于压力差所引起的拟稳态窜流，溶洞中的流体向天然裂缝系统流动。无量纲拟压力导数曲线在形态上呈现一个明显的"下凹段"，这个"下凹段"的深度和出现的早晚分别与溶洞储容比 ω_v、溶洞与天然裂缝系统的窜流系数 λ_v 这两个参数有关。

阶段Ⅳ为基质与天然裂缝系统窜流段，反映了基质系统和天然裂缝系统由于压力差所引起的拟稳态窜流，基质中的流体向天然裂缝系统流动。无量纲拟压力导数曲线同样呈现一个明显的"下凹段"，这个"下凹段"的深度和出现的早晚分别与基质储容比 ω_m、基质与天然裂缝系统的窜流系数 λ_m 这两个参数有关。

阶段Ⅴ为封闭边界控制段，由于在建立物理模型和数学模型时，认为储层侧向外边界为封闭边界，所以在无量纲拟压力导数曲线上也有相对应的形态特征，其导数曲线斜率为1。

在表5-1-2所提供的数据基础上，对三重介质单渗并行窜流大斜度气井试井曲线（拟稳态）进行相关参数影响因素分析。具体涉及参数有井斜角、裂缝储容比、溶洞与天然裂缝窜流系数、基质与天然裂缝窜流系数。

图5-1-4展示了井斜角 θ 对三重介质单渗并行窜流大斜度气井试井曲线（拟稳态）的影响。从图中可以看出，井斜角的变化只影响井斜角控制段，随着井斜角越大，该流动段的拟压力导数曲线下凹越明显。当井斜角为35°时，导数曲线呈水平状态，这时出现类似直井的水平径向流特征；当井斜角增加至75°时，导数曲线后半部分开始出现近似水平井的1/2斜率段，此时大斜度井周围开始出现类似水平井的线性流特征（图5-1-5）。

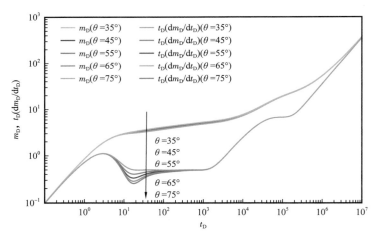

图5-1-4　井斜角对三重介质单渗并行窜流大斜度气井试井曲线的影响（拟稳态）

图5-1-6反映了天然裂缝储容比 ω_f 对三重介质单渗并行窜流大斜度气井试井曲线（拟稳态）的影响。从图5-1-6中可以看出，天然裂缝储容比 ω_f 变化会导致拟压力导数曲线变化较为剧烈，主要影响井斜角控制段的后半部分和溶洞与天然裂缝窜流段。由于天然裂缝系统是大斜度气井的唯一渗流通道，所以当天然裂缝储容比 ω_f 逐渐变大时，井斜角控制段（阶段Ⅱ）后半部分拟压力导数曲线会向下偏移，且变化幅度较为剧烈；溶洞与天然裂缝窜流段（阶段Ⅲ）拟压力导数曲线变化规律与阶段Ⅱ截然相反，随着天然裂缝储容比 ω_f 的增大，拟压力导数曲线中的"下凹段"会向上移动，但受溶洞系统储能的干扰，阶段Ⅲ的拟压力导数曲线较前一段的变化程度稍弱；随天然裂缝储容比 ω_f 增加，基质与天然裂缝窜流段（阶段Ⅳ）试井曲线变化很微弱，原因是天然裂缝储容比 ω_f 远小

于基质储容比 ω_m，导致其在该流动段影响甚微。综上所述，天然裂缝储容比 ω_f 在整体储能系统中的占比大小是影响模型试井曲线形态的关键。

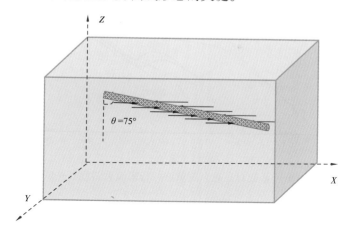

图 5-1-5　大斜度井近似线性流特征示意图

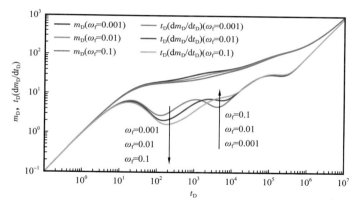

图 5-1-6　天然裂缝储容比对三重介质单渗并行窜流大斜度气井试井曲线的影响（拟稳态）

图 5-1-7 展示了溶洞与天然裂缝窜流系数 λ_v 对三重介质单渗并行窜流大斜度气井试井曲线（拟稳态）的影响。该参数反应了气体从溶洞系统向天然裂缝系统供给的窜流能力。溶洞与天然裂缝窜流系数 λ_v 主要影响溶洞与天然裂缝系统窜流段（阶段Ⅲ），随着 λ_v 增大，溶洞与裂缝系统中流体向裂缝系统的窜流能力越强，该流动段的"下凹段"会越早出现，且会对井斜角控制段（阶段Ⅱ）的拟压力导数曲线形态产生一定的干扰。

图 5-1-8 展示了基质与天然裂缝窜流系数 λ_m 对三重介质单渗并行窜流大斜度气井试井曲线（拟稳态）的影响。该参数反映了气体从基质系统向天然裂缝系统的窜流能力。基质与天然裂缝窜流系数 λ_m 主要影响基质与天然裂缝窜流段（阶段Ⅳ），该参数对拟压力导数曲线的影响规律与溶洞与天然裂缝窜流系数 λ_v 类似。随 λ_m 增大，基质系统中流体向天然裂缝系统的窜流能力越强，该流动段的"下凹段"会越早出现，且会对溶洞与天然裂缝窜流段（阶段Ⅲ）的拟压力导数曲线形态产生一定的干扰。

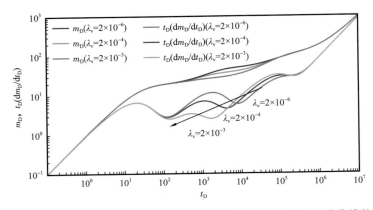

图 5-1-7 溶洞与天然裂缝窜流系数对三重介质单渗并行窜流大斜度气井试井曲线的影响（拟稳态）

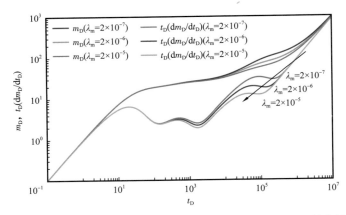

图 5-1-8 基质与天然裂缝窜流系数对三重介质单渗并行窜流大斜度气井试井曲线的影响（拟稳态）

5. 应用效果

以别—皮气藏 B-P-101D 井、B-P-106D 井和 B-P-110D 井三口大斜度采气井为例进行试井解释分析，这 3 口井均经历了长约 130h 的压力恢复测试，且在关井前均稳定生产了约 850h，各采气井试井解释所需基本参数见表 5-1-3。分别提取 3 口大斜度采气井的实测关井压力恢复数据绘制双对数试井曲线图，并根据地质认识和生产动态情况选取相应的模型进行了拟合解释，拟合图版如图 5-1-9 至图 5-1-11 所示，试井解释结果见表 5-1-4。

表 5-1-3 三重介质大斜度气井试井解释基础数据

参数	B-P-101D 井	B-P-106D 井	B-P-110D 井
井筒半径 /m	0.0889	0.0889	0.0889
有效斜井段长度 /m	168	210	131
井斜角 /（°）	73	67	69

续表

参数	B-P-101D 井	B-P-106D 井	B-P-110D 井
储层有效厚度 /m	33	38	28
孔隙度 /%	10.99	8.91	7.00
天然气相对密度	0.59	0.59	0.59
平均日产气量 / ($10^4 m^3/d$)	72	58	38

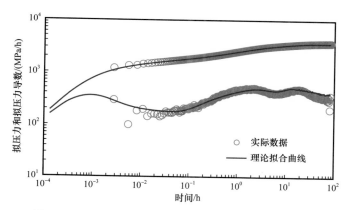

图 5-1-9 B-P-101D 井压力恢复测试双对数拟合曲线

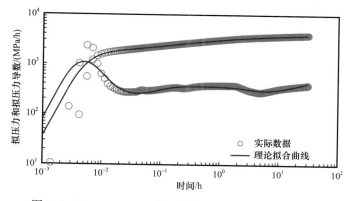

图 5-1-10 B-P-106D 井压力恢复测试双对数拟合曲线

从图 5-1-9 至图 5-1-11 试井双对数曲线图中可以看出，3 口井的拟压力导数曲线都具有明显的不同介质之间的窜流段特征，"下凹段"很容易识别，所以解释模型选择上述拟稳态模型。3 口井的双对数曲线均反映出了井储和表皮控制段（阶段 I）、井斜角控制段（阶段 II）、溶洞与天然裂缝窜流段（阶段 III）的特征，且 3 口井的溶洞与天然裂缝窜流段（阶段 III）均出现较快，说明溶洞与天然裂缝窜流系数较大，但 3 口井的"下凹段"的深度有所差异，表明天然裂缝储容比有所不同。同时，受关井压力恢复时间短影响，B-P-110D 井和 B-P-106D 井的双对数曲线仅反映出部分基质与天然裂缝窜流段（阶段

Ⅳ）的特征，而 B-P-101D 井的双对数曲线上未反映出基质与天然裂缝窜流段（阶段Ⅳ）的特征；在 3 口井所处层位、开关井时间都相同的前提下，表明 B-P-101D 井储层物性略差，压力波传播速度慢，需要更长的关井时间才有可能获得基质与天然裂缝窜流段的特征数据。总体来说，应用推导模型可以很好地实现对实际试井双对数曲线的拟合，证明推导模型具有可行性和实用性。

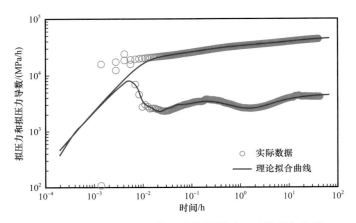

图 5-1-11　B-P-110D 井压力恢复测试双对数拟合曲线

表 5-1-4　B-P-101D 井、B-P-106D 井和 B-P-110D 井试井实例解释结果汇总

解释结果	B-P-101D 井	B-P-106D 井	B-P-110D 井
井筒储集系数 /（m³/MPa）	0.131	1.02	0.831
表皮系数	0.06	0.103	0.12
水平渗透率 /mD	6.83	3.18	5.03
垂直渗透率 /mD	0.12	0.09	0.27
弹性储容比	0.09	0.11	0.04
窜流系数	4.83×10^{-7}	—	2.83×10^{-7}
地层压力 /MPa	53.51	52.73	53.44

二、裂缝—孔隙（洞）型碳酸盐岩气藏动态描述技术

基于物质平衡原理，借助气体渗流数学模型和气井产能公式，分别建立了不关井条件下的物质平衡—拟压力近似条件法动态储量评价方法和定容气藏采气速度与稳产期定量评价方法，为阿姆河右岸项目不同类型、规模气田协同高效开发提供理论支撑。

1. 基于物质平衡—拟压力近似条件法的动态储量评价方法

考虑气藏的异常高压特征（岩石孔隙的收缩作用和束缚水的膨胀作用）和采气井的产量波动，基于物质平衡原理推导物质平衡条件，求解气体渗流数学模型得到拟压力近似条件，将二者结合而提出了物质平衡—拟压力近似条件法，建立不关井条件下气藏动态储量评价方法。

1）拟压力近似条件

由于天然气黏度 μ、偏差因子 Z 以及综合压缩系数 C_t 等物性参数会随地层压力变化而改变，因此对气体渗流控制方程进行直接求解较为困难。参考拟压力（Russell et al.，1966）和规整化拟变量（Meunier et al.，1984）的定义，引入拟压力和拟时间变量：

$$p_{\mathrm{p}} = p_{\mathrm{i}} + \frac{\mu_{\mathrm{i}}}{\rho_{\mathrm{gi}}} \int_{p_{\mathrm{i}}}^{p} \frac{\rho_{\mathrm{g}}(\xi)}{\mu(\xi)} \mathrm{d}\xi = p_{\mathrm{i}} + \frac{\mu_{\mathrm{i}} Z_{\mathrm{i}}}{p_{\mathrm{i}}} \int_{p_{\mathrm{i}}}^{p} \frac{\xi}{\mu(\xi) Z(\xi)} \mathrm{d}\xi \tag{5-1-41}$$

$$t_{\mathrm{a}} = \mu_{\mathrm{i}} C_{\mathrm{ti}} \int_{0}^{t} \frac{1}{\mu C_{\mathrm{t}}} \mathrm{d}t \tag{5-1-42}$$

式中 p_{p}——拟压力函数，Pa；

       p——地层压力，Pa；

       p_{i}——原始地层压力，Pa；

       μ——气体黏度，Pa·s；

       μ_{i}——原始压力条件下气体的黏度，Pa·s；

       Z——气体偏差因子；

       Z_{i}——原始地层条件下气体偏差因子；

       ρ_{g}——气体密度，kg/m³；

       ρ_{gi}——原始地层压力下气体的密度，kg/m³；

       t_{a}——拟时间函数，s；

       t——真实时间，s；

       C_{t}——由式（5-1-44）定义的综合压缩系数，Pa⁻¹；

       C_{ti}——原始地层压力下的综合压缩系数，Pa⁻¹。

拟压力和拟时间的引入使得气体渗流规律表现形式与液体一致，因此可以借鉴相应的液体渗流方程求解，则圆形有界封闭地层中心一口气井定产量生产的渗流数学模型可写为

$$\begin{cases} \dfrac{\partial^2 p_{\mathrm{p}}}{\partial r^2} + \dfrac{1}{r} \dfrac{\partial p_{\mathrm{p}}}{\partial r} = \dfrac{\phi_{\mathrm{i}} \mu_{\mathrm{i}} C_{\mathrm{ti}}}{\alpha_{\mathrm{t}} K} \dfrac{\partial p_{\mathrm{p}}}{\partial t_{\mathrm{a}}} \\[2mm] \left(r \dfrac{\partial p_{\mathrm{p}}}{\partial r} \right)\Big|_{r=r_{\mathrm{w}}} = \dfrac{q \mu_{\mathrm{i}} B_{\mathrm{gi}}}{\alpha_{\mathrm{p}} K h} \\[2mm] \dfrac{\partial p_{\mathrm{p}}}{\partial r}\Big|_{r=r_{\mathrm{e}}} = 0 \qquad p_{\mathrm{p}}\big|_{t_{\mathrm{a}}=0} = p_{\mathrm{p}}(p_{\mathrm{i}}) \end{cases} \tag{5-1-43}$$

$$C_t = e^{C_\phi(p-p_i)} \Big[C_\phi + \big(1-S_{wc}\big)C_g + S_{wc}C_w \Big] \tag{5-1-44}$$

式中　r——某一位置到井中心的距离，m；

　　　　ϕ_i——原始地层条件下的孔隙度；

　　　　K——有效渗透率，m^2；

　　　　r_w——井径，m；

　　　　q——气井的地面产量，m^3/s；

　　　　r_e——泄气半径，m；

　　　　B_{gi}——原始地层条件下天然气的体积系数，m^3/m^3；

　　　　h——气层的有效厚度，m；

　　　　S_{wc}——束缚水饱和度；

　　　　C_ϕ——岩石压缩系数，Pa^{-1}；

　　　　C_g——气体压缩系数，Pa^{-1}；

　　　　C_w——水的压缩系数，Pa^{-1}；

　　　　α_p——无量纲压力换算系数；

　　　　α_t——无量纲时间换算系数。

在国际单位制下：$\alpha_p = 2\pi$，$\alpha_t = 1$。

以上渗流数学模型的无量纲解式为

$$p_D = \frac{2t_D}{r_{eD}^2-1} - \frac{r_{eD}^2}{r_{eD}^2-1}\ln r_D + \frac{4r_{eD}^4\ln r_{eD} - 3r_{eD}^4 + 2r_D^2\big(r_{eD}^2-1\big) + 2r_{eD}^2 + 1}{4\big(r_{eD}^2-1\big)^2} -$$
$$\pi\sum_{n=1}^{\infty}\frac{e^{-\alpha_n^2 \cdot t_D}J_1^2\big(r_{eD}\alpha_n\big)\Big[Y_1\big(\alpha_n\big)J_0\big(r_D\alpha_n\big) - J_1\big(\alpha_n\big)Y_0\big(r_D\alpha_n\big)\Big]}{\alpha_n\Big[J_1^2\big(r_{eD}\alpha_n\big) - J_1^2\big(\alpha_n\big)\Big]} \tag{5-1-45}$$

其中，α_n 是方程 $J_1\big(r_{eD}\alpha\big)Y_1\big(\alpha\big) - Y_1\big(r_{eD}\alpha\big)J_1\big(\alpha\big) = 0$ 的根，无量纲量的定义为

$$p_D = \frac{\alpha_p Kh\big(p_{p_i} - p_p\big)}{q\mu_i B_{gi}} \tag{5-1-46}$$

$$t_D = \frac{\alpha_t \cdot K}{\phi_i \mu_i C_{ti} r_w^2}t_a = \frac{\alpha_t \eta}{r_w^2}t_a \tag{5-1-47}$$

$$r_D = \frac{r}{r_w} \tag{5-1-48}$$

式中　p_D——无量纲压力；

　　　　t_D——无量纲时间；

　　　　r_D——无量纲半径；

　　　　r_{eD}——边界 r_e 对应的无量纲半径；

J_0，J_1——零阶和一阶第一类贝塞尔函数；

Y_0，Y_1——零阶和一阶第二类贝塞尔函数。

如图 5-1-12 所示，考虑采气井生产过程中出现了 m 次产量波动的情形，根据压降叠加原理，其产量变化产生的拟压降为

$$\begin{cases} p_{\mathrm{p}(p_{\mathrm{i}})} - p_{\mathrm{p}}\left(r, t_{\mathrm{a}}\right) = \sum_{i=1}^{m}\left(\Delta p_{\mathrm{p}}\right)_i = \sum_{i=1}^{m}\frac{\mu_{\mathrm{i}}B_{\mathrm{gi}}}{\alpha_{\mathrm{p}}Kh}\cdot\left(q_i - q_{i-1}\right)\cdot p_{\mathrm{D}}\left(t_{\mathrm{a}} - t_{\mathrm{a},i-1}\right) \\ q_0 = 0,\quad t_{\mathrm{a},0} = 0 \end{cases} \quad (5\text{-}1\text{-}49)$$

将无量纲压力解式（5-1-45）代入式（5-1-49）得

$$\frac{p_{\mathrm{p}(p_{\mathrm{i}})} - p_{\mathrm{p}(p_{\mathrm{wf}})}}{q_{\mathrm{m}}} = \frac{\mu_{\mathrm{i}}B_{\mathrm{gi}}}{\alpha_{\mathrm{p}}Kh}\left(\frac{2}{r_{\mathrm{eD}}^{\,2}-1}\cdot\frac{\alpha_{\mathrm{t}}K}{\phi_{\mathrm{i}}\mu_{\mathrm{i}}C_{\mathrm{ti}}r_{\mathrm{w}}^{\,2}}t_{\mathrm{ca}} + \frac{4r_{\mathrm{eD}}^{\,4}\ln r_{\mathrm{eD}} - 3r_{\mathrm{eD}}^{\,4} + 4r_{\mathrm{eD}}^{\,2} - 1}{4\left(r_{\mathrm{eD}}^{\,2}-1\right)^2} - \sum_{i=1}^{m}\frac{q_i - q_{i-1}}{q_{\mathrm{m}}} \right.$$

$$\left. \left\{ \pi\sum_{n=1}^{\infty}\mathrm{e}^{-\alpha_n^{\,2}\frac{\alpha_{\mathrm{t}}K}{\phi_{\mathrm{i}}\mu_{\mathrm{i}}C_{\mathrm{ti}}r_{\mathrm{w}}^{\,2}}\left(t_{\mathrm{a}} - t_{\mathrm{a},i-1}\right)}J_1^{\,2}\left(r_{\mathrm{eD}}\alpha_n\right)\frac{Y_1\left(\alpha_n\right)J_0\left(\alpha_n\right) - J_1\left(\alpha_n\right)Y_0\left(\alpha_n\right)}{\alpha_n\left[J_1^{\,2}\left(r_{\mathrm{eD}}\alpha_n\right) - J_1^{\,2}\left(\alpha_n\right)\right]} \right\} \right) \quad (5\text{-}1\text{-}50)$$

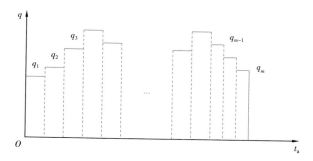

图 5-1-12　气井变产量生产示意图

当时间 t 足够长时，t_{a} 较大，变产量生产进入边界控制流，此时产量波动对流动状态的影响相较于边界作用而言可以忽略，因此式（5-1-50）中的无穷级数项可以略去，这种状态与常产量生产晚期时的拟稳态类似，称之为"稳定流"（Blasingame et al.，1986）。那么，式（5-1-50）可简化为

$$\frac{p_{\mathrm{p}(p_{\mathrm{i}})} - p_{\mathrm{p}(p_{\mathrm{wf}})}}{q} = \frac{\left(\Delta p_{\mathrm{p}}\right)_{\mathrm{i\text{-}wf}}}{q} = m_{\mathrm{bdf}}t_{\mathrm{ca}} + b \quad (5\text{-}1\text{-}51)$$

$$t_{\mathrm{ca}} = \frac{\mu_{\mathrm{i}}C_{\mathrm{ti}}}{q}\int_0^t\frac{q(t)}{\mu\left(p_{\mathrm{ave}}\right)C_{\mathrm{t}}\left(p_{\mathrm{ave}}\right)}\mathrm{d}t \quad (5\text{-}1\text{-}52)$$

式中　$p_{\mathrm{p}(p_{\mathrm{wf}})}$——井底压力 p_{wf} 对应的拟压力，Pa；

$\left(\Delta p_{\mathrm{p}}\right)_{\mathrm{i\text{-}wf}}$——原始压力 p_{i} 与井底压力 p_{wf} 对应的拟压力之差，Pa；

m_{bdf}——$\left(\Delta p_{\mathrm{p}}\right)_{\mathrm{i\text{-}wf}}/q$-$t_{\mathrm{ca}}$ 关系直线的斜率，Pa/m³；

b——（Δp_p）$_{i\text{-wf}}/q$-t_{ca} 关系直线的截距，Pa·s/m³；

t_{ca}——物质平衡拟时间，为克服气体流动非线性项和流量变化而引入的一个定量模拟时间函数，s；

p_{ave}——平均地层压力，Pa。

考虑平均地层拟压力 $p_{p\,ave}$ 与平均地层压力对应的拟压力 $P_{p(p_{ave})}$ 近似相等，将式（5-1-45）

代入平均地层拟压力 $p_{p\,ave}$ 的定义式 $P_{p\,ave} = \dfrac{1}{\pi\left(r_e^2 - r_w^2\right)_{rw}}\displaystyle\int_{r_w}^{r_e} p_p \cdot 2\pi r \mathrm{d}r$，通过整理可得

$$p_{p\,ave} = p_{p(p_{wf})} + \frac{q_m \mu_i B_{gi}}{\alpha_p Kh} \cdot \frac{1}{\left(r_e^2 - r_w^2\right)^2}\left(r_e^4 \ln \frac{r_e}{r_w} + \frac{-3r_e^4 + 4r_e^2 r_w^2 - r_w^4}{4}\right) \quad （5\text{-}1\text{-}53）$$

即

$$p_{p(p_{ave})} \approx p_{p(p_{wf})} + q_m b \quad （5\text{-}1\text{-}54）$$

式中　$p_{p(p_{ave})}$——平均地层压力对应的拟压力，Pa；

$p_{p\,ave}$——拟压力的体积平均值，Pa。

式（5-1-54）凸显了平均地层拟压力和井底流压所对应的拟压力之间的近似关系，它表明定产量生产达到拟稳态以及变产量生产进入"边界控制流"阶段时，平均地层压力 p_{ave} 与井底流压 p_{wf} 对应的拟压力差和产气量之比（Δp_p）$_{ave\text{-}wf}/q$ 近似为一个常量，这种近似关系是通过求解变产量生产的边界控制流压力解得到的，其在前后两个时刻 t_k 和 t_{k-1} 的值近似相等，故下式应成立：

$$\frac{\left(p_{p\,ave}\right)_k - \left(p_{p(p_{wf})}\right)_k}{q_k} = \frac{\left(p_{p\,ave}\right)_{k-1} - \left(p_{p(p_{wf})}\right)_{k-1}}{q_{k-1}} \quad （5\text{-}1\text{-}55）$$

即

$$\left(p_{p\,ave}\right)_k = \frac{\left(p_{p\,ave}\right)_{k-1} - \left(p_{p(p_{wf})}\right)_{k-1}}{q_{k-1}} \cdot q_k + \left(p_{p(p_{wf})}\right)_k \quad （5\text{-}1\text{-}56）$$

式（5-1-56）即为推导的"拟压力近似条件"。

2）物质平衡条件

按照阿姆河项目气田群地层压力系统的特点，可将气藏分为正常压力和异常高压两种气藏类型，其中正常压力气藏的束缚水和地层岩石压缩系数远小于天然气的压缩系数，因此通常忽略束缚水和地层岩石压缩系数对气藏开发的影响；而异常高压气藏一般具有地层压力高、温度高和储层封闭等特点，其地层岩石的压缩系数也较大，可达 $40 \times 10^{-4}\mathrm{MPa}^{-1}$ 以上（秦同洛等，1989；陈元千等，2001），因此异常高压气藏开采过程中束缚水和地层岩石压缩系数对气藏开发的影响是不可忽略的。

不考虑异常高压气藏边底水的侵入，根据物质平衡原理可知，采出天然气地下体积与随地层压力下降岩石孔隙缩小体积和束缚水膨胀体积之和相等，即

$$G_{p}B_{g} = G\left(B_{g} - B_{gi}\right) + \Delta V_{p} + \Delta V_{w} \qquad （5-1-57）$$

式中　　G_{p}——累计产气量，m^{3}；

　　　　G——气藏地质储量，m^{3}；

　　　　ΔV_{p}——孔隙体积的缩小值，m^{3}；

　　　　ΔV_{w}——束缚水的膨胀量，m^{3}；

　　　　B_{g}——天然气体积系数，$\text{m}^{3}/\text{m}^{3}$。

根据岩石压缩系数的定义，得到孔隙体积的缩小表达式：

$$\Delta V_{p} = V_{pi} - V_{p} = V_{pi}\left[1 - e^{C_{\phi}\left(p_{ave} - p_{i}\right)}\right] \qquad （5-1-58）$$

式中　　V_{p}——孔隙体积，m^{3}；

　　　　V_{pi}——原始压力条件下的孔隙体积，m^{3}。

根据束缚水压缩系数的定义，得到束缚水的膨胀表达式：

$$\Delta V_{w} = V_{w} - V_{wi} = V_{wi}\left[e^{-C_{w}\left(p_{ave} - p_{i}\right)} - 1\right] \qquad （5-1-59）$$

式中　　V_{w}——束缚水的体积，m^{3}；

　　　　V_{wi}——原始压力条件下的束缚水体积，m^{3}。

而初始条件下的孔隙体积 V_{pi} 和束缚水体积 V_{wi} 可表示为

$$V_{pi} = \frac{GB_{gi}}{1 - S_{wci}}, \qquad V_{wi} = \frac{GB_{gi}}{1 - S_{wci}}S_{wci} \qquad （5-1-60）$$

式中　　S_{wci}——原始地层压力条件下的束缚水饱和度。

根据真实气体状态方程和体积系数的定义，得到平均地层压力 p_{ave} 下的天然气体积系数 $B_{g\left(p_{ave}\right)}$ 为

$$B_{g(p_{ave})} = \frac{ZT}{p_{ave}}\frac{p_{sc}}{Z_{sc}T_{sc}}, \qquad B_{gi} = \frac{Z_{i}T_{i}}{p_{i}}\frac{p_{sc}}{Z_{sc}T_{sc}} \qquad （5-1-61）$$

式中　　p_{sc}——标准压力，$1.01325 \times 10^{5}\text{Pa}$；

　　　　Z_{sc}——标准压力下的气体偏差因子；

　　　　T_{sc}——标准温度，293.15K；

　　　　T——温度，K；

　　　　T_{i}——原始地层温度，K。

所以，异常高压气藏物质平衡方程可表示为

$$g\left(p_{ave}\right) = \frac{p_{i}}{Z_{i}}\left(1 - \frac{G_{p}}{G}\right) \qquad （5-1-62）$$

$$g\left(p_{\text{ave}}\right) = \frac{p_{\text{ave}}}{Z\left(p_{\text{ave}}\right)} \cdot \frac{e^{C_\phi\left(p_{\text{ave}} - p_i\right)} - S_{\text{wci}} e^{-C_w\left(p_{\text{ave}} - p_i\right)}}{1 - S_{\text{wci}}} \qquad (5\text{-}1\text{-}63)$$

式中　$g\left(p_{\text{ave}}\right)$——与平均地层压力相关的函数，Pa。

上式在气井生产的全过程都是成立的，那么对于两个相邻的时刻 t_k 和 t_{k-1}，应存在：

$$\frac{\left(G_p\right)_k}{1 - \dfrac{Z_i}{p_i} g_k} = \frac{\left(G_p\right)_{k-1}}{1 - \dfrac{Z_i}{p_i} g_{k-1}} \qquad (5\text{-}1\text{-}64)$$

即

$$g_{k-1} = \frac{p_i}{Z_i}\left[1 - \frac{\left(G_p\right)_{k-1}}{\left(G_p\right)_k}\left(1 - g_k\frac{Z_i}{p_i}\right)\right] \qquad (5\text{-}1\text{-}65)$$

式中，下标 k 代表第 k 个时刻代表的物理量。

式（5-1-65）即为推导的"物质平衡条件"。

3）方法使用步骤

结合式（5-1-56）和式（5-1-65）不难看出，二者是可以相互验证的；故可通过设计迭代过程求解平均地层压力 p_{ave}，然后根据 $g\left(p_{\text{ave}}\right)$—$G_p$ 曲线求解气藏地质储量 G，其迭代步骤如下：

（1）整理 n 个时间点的流压、产量数据，即 $t_1 \leqslant t \leqslant t_n$，令 $k=n$；

（2）假设 t_k 时刻的平均地层压力为 p_k，求出 g_k，利用式（5-1-65）计算上一时刻的平均地层压力函数 g_{k-1}；

（3）在区间 $\left[\left(p_{\text{wf}}\right)_{k-1}, p_i\right]$ 上利用对分法求解 g_{k-1} 对应的 $\left(p_{\text{ave}}\right)_{k-1}$；

（4）计算 $\left(p_{\text{ave}}\right)_{k-1}$ 对应的拟压力 $P_{\text{P}\left[\left(p_{\text{ave}}\right)_{k-1}\right]}$；

（5）利用式（5-1-56）计算下一时刻的平均地层压力对应的拟压力 $P_{\text{P}\left[\left(p_{\text{ave}}\right)_k\right]}$；

（6）在区间 $\left[\left(p_{\text{wf}}\right)_k, p_i\right]$ 上利用对分法求解拟压力 $P_{\text{P}\left[\left(p_{\text{ave}}\right)_k\right]}$ 对应的 $\left(p_{\text{ave}}\right)_k$；

（7）比较 p_k 与 $\left(p_{\text{ave}}\right)_k$ 的差异，若满足精度要求即绝对值 abs $\left[\left(p_{\text{ave}}\right)_k - p_k\right]$ ＜误差 eps，则认为 $\left(p_{\text{ave}}\right)_k$ 为 t_k 时刻的平均地层压力值，然后令 $k=k-1$，把步骤（3）中算得的 $\left(p_{\text{ave}}\right)_{k-1}$ 赋给初始值 p_k，重复步骤（2）～（7）；否则，将步骤（6）中算得的 $\left(p_{\text{ave}}\right)_k$ 赋给 p_k，重复步骤（2）～（7）；

（8）若求解某一时刻的 p_{ave} 的迭代次数超过了设定值或者计算的平均压力出现异常情形（比如 p_{ave} 超过了 p_i、两相邻的 p_{ave} 之差过大等），则终止循环；

（9）利用"物质平衡—拟压力近似条件"计算得到的平均地层压力数据，并求出各时刻的 $g\left(p_{\text{ave}}\right)$ 值，做出 $g\left(p_{\text{ave}}\right)$—$G_p$ 关系曲线，设定直线的截距为 p_i/Z_i，回归得到直线的斜率为 m_{mbe}，那么气藏地质储量 G 为

$$G = -\frac{1}{m_{mbe}} \cdot \frac{p_i}{Z_i} \qquad (5-1-66)$$

式中　m_{mbe}——$g（p_{ave}）—G_p$ 关系直线的斜率，Pa/m^3。

以上过程可由计算机编程实现，将这种利用"物质平衡条件"和"拟压力近似条件"迭代推算平均地层压力进而求解气藏地质储量的方法称为"物质平衡—拟压力近似条件法"。该过程只需要一次作图，不需要反复更新地质储量，避免了繁琐的物质平衡拟时间 t_{ca} 的计算及多次绘制（Δp_p）$_{i-wf}/q—t_{ca}$ 关系图的复杂过程。与常规气藏动态储量评价方法相比，新方法避免了关井测试气藏地层压力导致的采气井生产时率的降低和测试费用的增加。

4）数值模拟验证

采用黑油模型模拟圆形有界地层中心一口采气井的单相气体径向渗流，模型考虑岩石和束缚水的弹性作用。原始地层压力为 55MPa，原始地层温度为 381.15K，天然气的拟临界温度为 201.326K，拟临界压力为 4.597MPa，初始束缚水饱和度 S_{wci} 为 0.2，气藏中部埋藏深度设为 3000m，其他气藏参数见表 5-1-5。模型网格为 $200 \times 72 \times 1$ 的径向网格，径向步长 $dr = 1.25m$，角度步长 $d\theta = 5°$，纵向步长 $dz = 10m$，水平渗透率 $K_r = 2.5mD$，垂直渗透率 $K_z = 0.01K_r$，初始岩石孔隙度 ϕ_i 为 0.2，原始压力条件下的孔隙体积 $V_{pi} = 393013m^3$，气藏地质储量 $G = 1.055 \times 10^8 m^3$。

表 5-1-5　气藏性质参数

参数	取值	参数	取值
原始地层压力 p_i/MPa	55	天然气相对密度 γ_g	0.6759
原始地层温度 T_i/℃	108	标准条件下天然气密度 ρ_{gsc}/（kg/m³）	0.8159
拟临界温度 T_{pc}/K	201.326	原始地层压力下天然气黏度 μ_i/（mPa·s）	0.03401
拟临界压力 p_{pc}/MPa	4.597	原始地层压力下岩石压缩系数 C_ϕ/MPa^{-1}	2.364×10^{-3}
泄气半径 r_e/m	250	原始地层压力下水的压缩系数 C_w/MPa^{-1}	4.23×10^{-4}
井半径 r_w/m	0.1	原始地层压力下水的黏度 μ_w/（mPa·s）	0.264565
气层厚度 h/m	10	原始地层压力下天然气的压缩系数 C_{gi}/MPa^{-1}	0.008937
孔隙度 ϕ	0.2	原始地层压力下综合压缩系数 C_{ti}/MPa^{-1}	0.009598
原始地层压力条件下的束缚水饱和度 S_{wci}	0.2	原始地层压力下天然气的体积系数 B_{gi}/（m³/m³）	0.00298
气层渗透率 K/mD	2.5	原始压力条件下的孔隙体积 V_{pi}/m³	393013
天然气分子质量 M_g/（g/mol）	19.576	气藏地质储量 G/10⁸m³	1.055

设定井的生产制度分别为定产量、定流压生产以及定产—定压生产的若干次组合的形式（流压和产量波动不太大）而进行数值模拟，其生产计划见表 5-1-6 至表 5-1-8。

表 5-1-6　定产量生产方案设计

时间 /d	时间步	Δt/h	Δt/d	q/（10^4m³/d）
1～1097	1～12	1	0.041667	1.4
	13	3	0.125	1.4
	14	9	0.375	1.4
	15～16	12	0.5	1.4
	17～1111	24	1	1.4

表 5-1-7　定流压生产方案设计

时间 /d	时间步	Δt/h	Δt/d	p_{wf}/MPa
1～1097	1～12	1	0.041667	30
	13	3	0.125	30
	14	9	0.375	30
	15～16	12	0.5	30
	17～1111	24	1	30

表 5-1-8　不同生产制度方案设计

时间 /d	时间步	Δt/h	Δt/d	工作制度（定产或定流压）
1～237	1～12	1	0.041667	$q=1.7\times10^4$m³/d
	13	3	0.125	$q=1.7\times10^4$m³/d
	14	9	0.375	$q=1.7\times10^4$m³/d
	15～16	12	0.5	$q=1.7\times10^4$m³/d
	17～251	24	1	$q=1.7\times10^4$m³/d
238～554	252～568	24	1	$p_{wf}=31.6$MPa
555～828	569～842	24	1	$q=1.4\times10^4$m³/d
829～1097	843～1111	24	1	$p_{wf}=28.9$MPa

　　采用数值模型生产初期的流压和产量数据估计迭代初值，利用物质平衡—拟压力近似条件法确定这三种生产制度下的天然气地质储量分别为 1.0725×10^8m³、1.0666×10^8m³ 和 1.0689×10^8m³，与数值模拟模型初始化后得到气藏地质储量相比误差分别为 1.654%、1.091%、1.319%，计算效果良好，表明该方法对于定产量、定流压以及相对复杂的生产制度下的气井生产情况均适用。

2. 气藏采气速度与稳产期定量评价方法

采气速度和对应的稳产期是气田开发中非常重要的两个指标，利用气井产能公式和气藏物质平衡方程建立了定容气藏稳产期的预测方法，明确了气藏采气速度与稳产期定量关系。计算结果经气藏开发实际验证是可靠的，为阿姆河气田群产能接替及高效开发提供理论依据。

假定水平均质封闭等厚地层中心一口气井采用定采气速度 v_g 生产，当井底流压降至最小井底流压 $p_{wf\,min}$ 时，转入定井底流压 $p_{wf\,min}$ 生产。若气井年平均生产时间为 330d，已知采气速度 v_g，则气井日产气量 q_{sc} 可由式（5-1-67）表示：

$$q_{sc} = \frac{v_g G}{330} \qquad (5-1-67)$$

式中　q_{sc}——气井日产气量，m^3/d；

　　　v_g——采气速度；

　　　G——天然气原始地质储量，m^3。

对于没有外部气源供给的封闭气藏，衰竭式开发过程中地层压力不断下降，当压力波及至气藏外边界时，气藏处于拟稳态流动阶段，此时储层各点压力随时间变化的下降幅度相同。若不考虑表皮系数，得到拟稳态流动气井产能方程：

$$p_r^2 - p_{wf}^2 = \frac{1.291 \times 10^{-3} q_{sc} T \bar{\mu} \bar{Z}}{Kh} \ln \frac{0.472 r_e}{r_w} \qquad (5-1-68)$$

式中　p_r——平均地层压力，MPa；

　　　p_{wf}——井底流压，MPa；

　　　T——气层温度，K；

　　　$\bar{\mu}$——平均气体黏度，$mPa \cdot s$；

　　　$\bar{Z}$——平均气体偏差因子；

　　　K——气层有效渗透率，mD；

　　　h——气层有效厚度，m；

　　　r_e——供气半径，m；

　　　r_w——井筒半径，m。

由此得到平均地层压力 p_r 与采气速度 v_g 关系：

$$p_r^2 - p_{wf}^2 = \frac{1.291 \times 10^{-3} v_g G T \bar{\mu} \bar{Z}}{330 Kh} \ln \frac{0.472 r_e}{r_w} \qquad (5-1-69)$$

当地层压力下低于某一值时，天然气藏气体黏度与偏差系数的乘积具有近似为常数的特点（艾哈迈德，2002），因此对阿姆河项目异常高压气藏的天然气性质进行了研究。图 5-1-13 表明当地层压力小于 13.79MPa 时，阿姆河项目异常高压气藏的气体黏度与偏差系数的乘积近似为常数。考虑阿姆河气藏稳产期末通过增压开采后的平均地层压力普遍低于 13.79MPa，因此式（5-1-69）中若天然气的平均黏度和平均偏差系数的乘积 $(\overline{\mu \cdot Z})$ 近似为常数。则该式的变量为地层压力 p_r 和井底流压 p_{wf}。

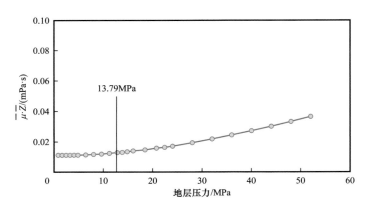

图 5-1-13　气体黏度和气体偏差系数的乘积与地层压力的关系曲线

随着生产的进行，气藏地层压力和采气井井底流压不断降低，在稳产期末，井底流压降为最小井底流压 $p_{wf\,min}$。此时，稳产期末地层压力 p_{rsp} 与采气速度 v_g 的关系如下：

$$p_{rsp} = \sqrt{p_{wf\,min}^2 + \frac{1.291 \times 10^{-3} v_g GT \overline{\mu Z}}{330 Kh} \ln \frac{0.472 r_e}{r_w}} \qquad （5-1-70）$$

式中　p_{rsp}——稳产期末平均地层压力，MPa；

　　　$p_{wf\,min}$——最小井底流压，MPa。

对于正常压力系统的定容封闭气藏，其物质平衡方程为

$$\frac{p_r}{Z} = \frac{p_i}{Z_i}\left(1 - \frac{G_p}{G}\right) \qquad （5-1-71）$$

式中　Z——目前地层压力 p_r 下的天然气偏差因子；

　　　p_i——原始地层压力，MPa；

　　　Z_i——原始地层压力下的天然气偏差因子；

　　　G_p——目前累积产气量，m^3。

由于气藏地质储量采出程度 R_g 是累计产气量 G_p 与天然气原始地质储量 G 的比值，因此稳产期末平均地层压力调整为

$$p_{rsp} = \frac{p_i Z_{sp}}{Z_i}\left(1 - R_{gsp}\right) \qquad （5-1-72）$$

式中　Z_{sp}——稳产期末平均地层压力 p_{rsp} 下的天然气偏差因子；

　　　R_{gsp}——气藏稳产期末地质储量采出程度。

采气速度 v_g 对应的稳产时间求解步骤如下：将采气速度 v_g 和最小井底流压 $p_{wf\,min}$ 代入式（5-1-70），求得稳产期末的平均地层压力 p_{rsp} 和天然气偏差系数 Z_{sp}；将 p_{rsp} 和 Z_{sp}

代入式（5-1-72），求得稳产期末地质储量采出程度 R_{gsp}；稳产期末地质储量采出程度 R_{gsp} 除以采气速度 v_g，就可以得到稳产期 t：

$$t = \frac{R_{gsp}}{v_g} = \frac{1 - Z_i \Big/ p_i Z_{sp} \sqrt{p_{wfmin}^2 + \dfrac{1.291 \times 10^{-3} v_g GT \bar{\mu} \bar{Z}}{330 Kh} \ln \dfrac{0.472 r_e}{r_w}}}{v_g} \qquad （5-1-73）$$

由式（5-1-69）可知采气速度 v_g 与（$p_r^2 - p_{wf}^2$）成正比，在稳产期末，井底流压等于最小井底流压 p_{wfmin}，则稳产期末 v_g 与（$p_{rsp}^2 - p_{wfmin}^2$）的正比关系可表示为

$$v_g = \beta \left(p_{rsp}^2 - p_{wfmin}^2 \right) \qquad （5-1-74）$$

其中：

$$\beta = \frac{774.6 \times 330 Kh}{GT \bar{\mu} \bar{Z} \ln \dfrac{0.472 r_e}{r_w}} \qquad （5-1-75）$$

式中 β——比例系数，MPa^{-2}。

将式（5-1-74）代入式（5-1-72）得采气速度与稳产期末地质储量采出程度的关系为

$$v_g = \beta \frac{p_i^2}{Z_i^2} \left(1 - R_{gsp} \right)^2 - \beta p_{wfmin}^2 \qquad （5-1-76）$$

可知，采气速度 v_g 与（$1 - R_{gsp}$）^{2} 呈近似直线关系。可简单表示为

$$v_g = k \left(1 - R_{gsp} \right)^2 - b \qquad （5-1-77）$$

定义式（5-1-77）中的斜率 k 和截距 b 为储层特征参数：

$$k = \frac{774.6 \times 330 Kh p_i^2 \alpha^2}{GT \bar{\mu} \bar{Z} Z_i^2 \ln \dfrac{0.472 r_e}{r_w}} \qquad （5-1-78）$$

$$b = \frac{774.6 \times 330 Kh p_{wfmin}^2}{GT \bar{\mu} \bar{Z} \ln \dfrac{0.472 r_e}{r_w}} \qquad （5-1-79）$$

已知气藏的井位和总井数 n，假设所有生产井同时投产，则对于采气井 i 在单井控制范围内应满足采气速度与稳产期末地质储量采出程度的定量关系。

$$v_{gi} = k_i \left(1 - R_{gspi} \right)^2 - b_i \qquad （5-1-80）$$

式中 v_{gi}——气井 i 控制地质储量对应的采气速度；

k_i，b_i——气井 i 控制范围内的储层特征参数；

R_{gspi}——气井 i 控制地质储量对应稳产期末的采出程度。

由于气藏的连通性，在开采过程中各生产井的平均地层压力降落基本保持一致，在稳产期末各井的地层压力应相等。

$$\overline{p}_{rsp1} = \overline{p}_{rsp2} = \cdots = \overline{p}_{rspi} = p_{rsp} \qquad (5-1-81)$$

式中 $\overline{p}_{rspi}$——气井 i 稳产期末地层压力，MPa。

根据定容气藏物质平衡方程式可知，稳产期末各单井控制范围内的地质储量采出程度也应相等。

$$R_{gsp1} = R_{gsp2} = \cdots = R_{gspi} = R_{gsp} \qquad (5-1-82)$$

对于多井系统的气藏，单井控制地质储量之和应等于气藏原始地质储量。

$$G = \sum_{i=1}^{n} G_{wi} \qquad (5-1-83)$$

式中 G_{wi}——气井 i 的单井控制地质储量，m^3；

n——气藏总井数。

由式（5-1-67）可知气藏的采气速度等于各井的年产气量之和除以气藏原始地质储量，可表示为

$$v_g = \frac{\sum_{i=1}^{n} v_{gi} G_{wi}}{G} \qquad (5-1-84)$$

联立 n 口生产井单井控制范围内的 v_g 与 $(1-R_{gsp})^2$ 的直线关系：

$$\left. \begin{array}{l} v_{g1} = k_1 \left(1 - R_{gsp1}\right)^2 - b_1 \\ v_{g2} = k_2 \left(1 - R_{gsp2}\right)^2 - b_2 \\ \vdots \\ v_{gn} = k_n \left(1 - R_{gspn}\right)^2 - b_n \end{array} \right\} \qquad (5-1-85)$$

将上式中 n 个方程两端同乘以 G_{wi}/G 后相加，得气藏的采气速度 v_g 的表达式为

$$v_g = \frac{\sum_{i=1}^{n} k_i G_{wi}}{G} \left(1 - R_{gsp}\right)^2 - \frac{\sum_{i=1}^{n} b_i G_{wi}}{G} \qquad (5-1-86)$$

由各单井控制地质储量之和等于气藏原始地质储量可知，式中 $\sum k_i G_{wi} / G$ 和 $\sum b_i G_{wi} / G$ 满足加权平均的定义。因此，可表示为

$$v_{\mathrm{g}} = \overline{k}\left(1 - R_{\mathrm{gsp}}\right)^2 - \overline{b} \tag{5-1-87}$$

其中

$$\overline{k} = \frac{\sum\limits_{i=1}^{n} k_i G_{\mathrm{w}i}}{G} \tag{5-1-88}$$

$$\overline{b} = \frac{\sum\limits_{i=1}^{n} b_i G_{\mathrm{w}i}}{G} \tag{5-1-89}$$

式中 $\overline{k}$，$\overline{b}$——气藏平均储层特征参数。

由式（5-1-87）可知：当稳产期末平均地层压力低于13.79MPa时，对于连通性较好的多井系统气藏，已知井位和总井数且采气井同时投产的情况下，采气速度 v_{g} 与 $\left(1-R_{\mathrm{gsp}}\right)^2$ 呈近似线性关系，应用该线性关系可以预测任意采气速度对应的稳产时间。

利用数值模拟方法对推导的气藏采气速度与稳产期定量评价方法［式（5-1-87）］进行验证。建立一水平均质等厚径向渗流气藏模型，半径为500m，有效厚度为10m，渗透率为8mD，孔隙度为0.15，气藏初始含气饱和度为0.8，气藏温度为333K，气藏初始压力为20MPa；井筒直径为0.15m，气井最低井底流压为3MPa；当地层压力小于13.79MPa时，天然气黏度与偏差系数 $(\mu Z)_{\mathrm{T}}$ 近似等于常数0.0127mPa·s，天然气偏差因子与地层压力的关系为：地层压力分别为2.76MPa、5.52MPa、8.27MPa、11.03MPa、13.79MPa、16.55MPa、19.31MPa、22.06MPa、24.82MPa、27.58MPa 和30.34MPa时，对应的偏差因子分别为0.937、0.882、0.832、0.794、0.770、0.763、0.775、0.797、0.827、0.860和0.896。分别利用数值模拟和采气速度与稳产期定量评价方法对采气速度为2%～10%时的稳产期进行对比分析，对比结果表明：当采气速度为2%～10%时，利用采气速度与稳产期定量评价方法计算的稳产期结果与数值模拟计算结果相对误差控制在2.5%以内（表5-1-9），证明推导建立的采气速度与稳产期定量评价方法是可靠的。

表 5-1-9　数值模拟和采气速度与稳产期定量评价方法预测的稳产期对比

采气速度 /%	稳产期 /a		相对误差 /%
	数值模拟	采气速度与稳产期定量评价方法	
2	41.6	41.4	−0.48
3	27.1	27.0	−0.37
4	19.9	19.8	−0.50
5	15.6	15.5	−0.64
6	12.8	12.6	−1.56

采气速度 /%	稳产期 /a		相对误差 /%
	数值模拟	采气速度与稳产期定量评价方法	
7	10.7	10.6	−0.93
8	9.3	9.1	−2.15
9	8.1	7.9	−2.47
10	7.1	7.0	−1.41

第二节　裂缝—孔隙（洞）型边底水气藏水侵机理

土库曼斯坦阿姆河右岸裂缝—孔隙（洞）型碳酸盐岩边底水气藏储层缝洞相对发育，微观储集空间尺度跨度大，非均质性强，水侵机理复杂，国内外相关研究较少。基于可视化驱替实验和全直径岩心高压水侵物理模拟实验，揭示裂缝—孔隙（洞）型边底水气藏水侵机理，明确不同储层类型边底水气藏剩余气分布规律和水侵动态特征变化规律，并建立了气藏见水前单位压降地质储量采出程度、气藏见水后稳定水气比、气藏边底水水体体积的评价方法，为不同类型气藏控水稳产策略制定提供理论依据。

一、裂缝—孔隙（洞）型气藏水侵机理可视化物理模拟研究

阿姆河右岸项目气藏储层类型多样，主要包括孔隙型、孔洞型、裂缝—孔隙型和裂缝—孔洞型等 4 种储层类型（成友友等，2017），不同储层类型气藏边底水水侵征存在明显差异。利用岩心薄片可视化驱替实验，开展不同储层类型气藏边底水水侵过程中的气水界面运移规律和剩余气分布特征研究，深化边底水气藏水侵机理，揭示裂缝—孔隙型储层孔隙渗吸、裂缝突进、缝间锁气的水侵机理，明确孔隙型储层残余气主要封闭在小喉道控制的孔隙中，裂缝—孔隙型和缝洞型储层残余气主要分布在缝网间，为不同类型边底水气田控水对策研究研究奠定理论基础（表 5-2-1）。

1. 裂缝—孔隙（洞）型气藏水侵可视化驱替模型建立及实验流程

（1）模型设计及制作。

可视化驱替模型的外轮廓由两块厚 5mm、长 300mm、宽 300mm 的有机钢化玻璃粘合获得，内部采用填砂方式模拟气藏储层，分别设计了孔隙型、孔洞型、裂缝—孔隙型和裂缝—孔洞型等 4 类气藏的可视化模型（图 5-2-1），填砂模型的厚度 5.5mm、长 100mm、宽 100mm，实验压力 0.5MPa。

填砂模型制作步骤：

① 将两块钢化玻璃打毛并导边，取一块钢化玻璃作为模型的底面，并称取适量的 AB 胶在该钢化玻璃的四边通过粘合形成模型 4 个侧面的外轮廓；

② 称取适量的 200 目石英砂和 AB 胶混合均匀，再将其填入模型内压实，再用工具在压实的模型中制作出裂缝、孔洞。用 AB 胶粘合好模型的进、出口管线，放置 24h 晾干；

③ 将另一块块钢化玻璃作为模型的顶面，并用 AB 胶粘合，填砂模型处于两块钢化玻璃之间，从而制作完成可视化驱替模型，放置 24h 晾干后使用。

表 5-2-1 阿姆河右岸 4 种类型储层铸体薄片与岩心

类别	孔隙型	裂缝—孔隙型	孔洞型	裂缝—孔洞型
铸体薄片				
真实岩心				

  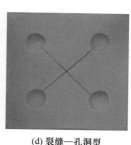

(a) 孔隙型　　　　　(b) 孔洞型　　　　　(c) 裂缝—孔隙型　　　　(d) 裂缝—孔洞型

图 5-2-1 裂缝—孔隙（洞）型气藏水侵可视化驱替模型照片

（2）实验流程设计。

模拟边底水气藏水侵过程的实验流程如图 5-2-2 所示，由 ISCO 增压泵提供动力源，两个中间容器分别装模拟地层水和气体。另外，还安装了监测和观察设备，其中气体流量计记录气体流量，压力传感器、巡检仪及电脑记录压力数据，录像机记录实验动态过程。

（3）实验步骤。

① 先将模型称重，然后抽真空、饱和地层水并再次称重。

② 按实验流程连接好实验设备，打开气源用气体排驱模型中饱和的地层水，直至出口不出水为止，再次称取玻璃模型的质量，由此确定束缚水饱和度为 20%。

③ 打开与装有气体中间容器的进气阀门使模型饱和气体，并憋压至 0.5MPa，关闭进气口阀门；用 ISCO 泵将装地层水的中间容器加压至 0.5MPa，并定压驱替（无限大水体）。

④ 打开进水口阀门、出气口阀门，记录进、出口压力、流量和水侵过程，直至实验结束。

按照上述实验流程图，分别针对孔隙型、孔洞型、裂缝—孔隙型、裂缝—孔洞型等4类气藏开展水侵可视化实验。

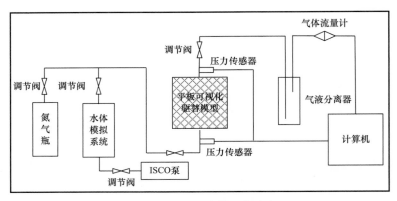

图 5-2-2　可视化驱替模型实验流程图

2. 不同储层类型边底水气藏水侵机理

（1）孔隙型气藏水侵机理。

水侵前缘早期呈扇形分布，但由于储层非均质性弱，水侵前缘突进现象逐渐变弱，近乎均匀推进，基本波及整个储层，最终采收率达到85%，剩余气主要分布在气藏边缘地带和束缚在水侵区域，水侵风险小（表5-2-2）。

表 5-2-2　孔隙型底水气藏水侵可视化驱替实验结果

类型	水侵特征				无水期地质储量采出程度 / %	采收率 / %
孔隙型气藏					81	85

（2）孔洞型气藏水侵机理。

当水侵前缘到达溶洞时，由于洞的流动阻力小于基质流动阻力，边底水优先进入洞并将其充满，然后沿着溶洞周围向前推进，整体推进均匀；溶洞的存在主要是增加了流体的储集空间，仅在溶洞附近会出现水侵过快的现象。总的来说，孔洞型气藏开发过程中水侵前缘相对均匀，水驱波及程度略低于孔隙型气藏，水侵对气藏的开发效果影响较小，采收率可达到83%。剩余气主要分布在气藏边缘地带和束缚在水侵区域，水侵风险小（表5-2-3）。

（3）裂缝—孔隙型气藏水侵机理。

为了研究不同裂缝密度和开度裂缝—孔隙型气藏的水侵机理，建立了两个可视化驱替模型，其中模型 1 为一条大裂缝，裂缝开度 60μm；模型 2 为多条小裂缝，裂缝开度 20μm。实验结果显示：相对于基质孔隙（半径 1μm），裂缝具有更强的渗流能力，侵入的水体优先沿着裂缝向前快速推进；同时，在毛细管力作用下，进入裂缝系统的水被不断渗吸进入基质孔隙系统，将基质孔隙中的气体驱替出来，基质孔隙的含水饱和度逐渐增加；但在气体由基质孔隙系统向裂缝系统流动时会产生贾敏效应，气体流动阻力增加，导致缝网间残余大量气体，造成气藏地质储量采出程度大大降低。另外，由模型 1 和模型 2 剩余气的分布特征可以看出，缝网形态和储层非均质性对剩余气的分布特征影响大，裂缝开度大、密度小的模型 1 储层非均质性强，水侵前缘推进速度快，采出程度低，无水期采出程度仅为 18%，而裂缝开度小、密度大的模型 2 非均质性较弱，无水期末地质储量采出程度明显升高，可以达到 38%；但与孔隙型储层相比，裂缝—孔隙性储层水侵风险明显增大，开发效果变差（表 5-2-4）。

表 5-2-3　孔洞型气藏水侵可视化驱替实验结果

类型	水侵特征				无水期地质储量采出程度 /%	采收率 /%
孔洞型气藏					72	83

表 5-2-4　裂缝—孔隙型气藏水侵可视化驱替实验结果

类型	水侵特征				无水期末地质储量采出程度 /%	采收率 /%
裂缝—孔隙型气藏（模型 1）					18	23
裂缝—孔隙型气藏（模型 2）					38	53

（4）裂缝—孔洞型气藏水侵机理。

为了研究气藏储层在不同缝洞网络贯通程度下的水侵机理，建立了两个可视化模型，其中模型 1 的缝洞网络未贯通储层，模型 2 的缝洞网络贯通储层（表 5-2-5）。

模型 1 的实验结果显示：水体在侵入缝洞网络前基本为均匀抬升，当水体抬升至裂缝底部后，水体会沿裂缝快速进入溶洞，之后再在基质孔隙中均匀抬升，整个水侵过程指进效应弱，以基质渗流为主，剩余气仅残留在缝洞网络的两翼基质区域，见水时地质储量采出程度为51%，通过排水采气地质储量采出程度可提高至66%。模型2的实验结果显示：缝洞系统渗流阻力相对孔隙渗流阻力小，底水沿缝洞网络快速突进，指进效应明显；存在于基质孔隙系统中的气体几乎没有动用，缝洞系统外的基质储层中存在大量残余气，见水时地质储量采出程度仅为23%，水侵风险大，通过排水采气地质储量采出程度可提高到61%。总体上，缝洞网络未贯通储层的气藏水侵风险相对较小，合理搭配井缝关系可以有效避免井缝直接沟通边底水。

表 5-2-5　裂缝—孔洞型气藏水侵可视化驱替实验结果

类型	水侵特征				无水期末地质储量采出程度 /%	采收率 /%
裂缝—孔洞型气藏（模型1）					51	66
裂缝—孔洞型气藏（模型2）					23	61

二、裂缝—孔隙（洞）型气藏水侵动态全直径岩心物理模拟研究

水侵机理可视化物理模拟实验主要用于直观认识边底水在孔隙、裂缝和溶洞等不同储集空间中的侵入形态及对剩余气分布特征的影响，但受实验压力低、尺寸小影响，无法满足定量研究水侵规律的目的。岩心驱替实验可以实现地层压力和地层温度条件下的定量模拟，因此建立全直径岩心驱替物理模拟试验装置，系统开展不同类型气藏的水侵动态规律研究，揭示不同边底水水体规模和采气速度条件下不同储层类型气藏水侵动态特征，为气田控水稳产高效开发奠定理论基础。

考虑到可视化水侵实验结果显示溶洞系统对边底水气藏开发效果的影响较小，孔洞型气藏与孔隙型气藏、裂缝—孔洞型气藏与裂缝—孔隙型气藏的水侵规律基本一致，因此本次水侵动态全直径岩心物理模拟只针对孔隙型、裂缝—孔隙型两种类型气藏开展研究。

1. 裂缝—孔隙型气藏水侵动态全直径岩心物理模型建立

图5-2-3为气藏水侵动态全直径岩心物理模型的实验流程图，其中全直径岩心夹持器长为150mm，用于夹持全直径岩心，设计加载围压为45MPa，加载围压由围压泵提供；高压气瓶提供高压氮气，用于加压饱和模拟气藏，饱和流体压力30MPa；高压容器盛装地层水，用于模拟边底水；ISCO泵用于对高压容器中的地层水加压，建立高压边底

水；调节阀用于气源和水源开关；质量控制器用于控制饱和气和泵入水速度；压力传感器用于压力监测；气体流量计用于出口端气体流量计量；电脑和显示器用于数据采集；恒温箱提供恒定的实验温度。

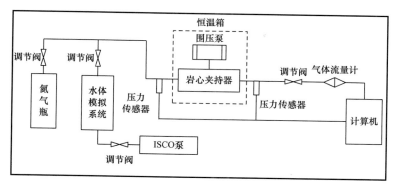

图 5-2-3　气藏水侵动态全直径岩心实验流程图

实验步骤如下：

（1）根据图 5-2-3 连接好实验设备；

（2）将全直径岩心放入岩心夹持器中，利用围压泵给全直径岩心加载 45MPa 围压；

（3）打开高压气瓶上方调节阀，给全直径岩心加压饱和气体，待压力到达 30MPa，关闭调节阀；

（4）打开高压容器上方调节阀，利用 ISCO 泵将高压容器中地层水加压至 30MPa，建立高压边底水；

（5）利用气体流量计，选择合适流量，开展水侵物理模拟实验，待全直径岩心出口端压力降至 3MPa 时，实验结束。

选取孔隙型和裂缝—孔隙型两种储层类型的全直径岩心。两类岩心的物性差异明显，孔隙型岩心的孔隙度和渗透率均较低，为低孔隙度、低渗透率储层；裂缝—孔隙型岩心的渗透率较高，孔隙度与孔隙型岩心相近，表明其储层的非均质性要强于孔隙型岩心。选取的两个岩心样品基本反映了阿姆河项目裂缝孔隙（洞）型气藏的储层特征（高树生等，2014；李程辉等，2017）（表 5-2-6）。

表 5-2-6　水侵动态全直径岩心基础物性参数

编号	岩心类型	长度 /cm	直径 /cm	渗透率 /mD	孔隙度 /%
1	孔隙型	10.156	10.44	0.05～0.1	4.61
2	裂缝—孔隙型	13.252	10.313	45～55	5.84

2. 不同储层类型边底水气藏水侵规律

基于全直径岩心水侵物理模拟实验，获取不同类型边底水气藏不同模拟时间的地层压力、井底流压、产气量、产水量等数据，结合流体（地层水和氮气）物性和岩心孔渗饱数据，建立边底水气藏不同开发条件下的生产关系曲线，用于评价水侵对气藏开发效果的影响。

（1）孔隙型气藏水侵规律。

孔隙型气藏储层非均质性较弱、物性相对较差，采气速度的大小是影响边底水水侵特征的主要因素，因此围绕 2%，4%，8% 和 16% 等不同采气速度开展了边底水孔隙型气藏水侵量、生产压差、井底流压、采气速度与地质储量采出程度（或采收率）的关系等方面研究。根据相似理论，相应的实验岩心流量根据下面表达式确定：

$$(q)_m = \frac{G_{well} v_g}{(q_{AOF})_T t_0} (q_{AOF})_m \qquad (5-2-1)$$

式中　G_{well}——井控储量，m^3；

　　　　v_g——采气速度；

　　　　q_{AOF}——无阻流量，m^3/d；

　　　　t_0——年生产时间，d；

　　　　q——流量，m^3/d；

　　　　下标 $_m$——物理模型值；

　　　　下标 $_T$——真实气藏值。

根据阿姆河右岸主力气田平均无阻流量、井控储量和岩心无阻流量，计算实验流量分别为 500mL/min，1000mL/min，2000mL/min 和 4000mL/min。

① 水侵量与地质储量采出程度关系。将水侵孔隙体积倍数定义为水侵量与岩心烃类孔隙体积比值，从边底水孔隙型气藏地质储量采出程度与水侵孔隙体积倍数关系曲线可以看出（图 5-2-4）：不同采气速度下孔隙型气藏的水侵孔隙体积倍数与地质储量采出程度呈近似线性关系，表明孔隙型气藏水侵见水现象不明显；但采气速度的大小对气藏的开发效果会产生一定的影响，采气速度越大，相同关井条件下（井底流压 3MPa）的水侵量越小，气藏地质储量采出程度也越低，当采气速度从 2% 提高到 16% 时，水侵量从 0.24PV 下降到 0.15PV，地质储量采出程度由 70% 下降至 55%，即随着采气速度的增加，水驱波及体积越小，水侵前缘推进到采气井的速度越快。

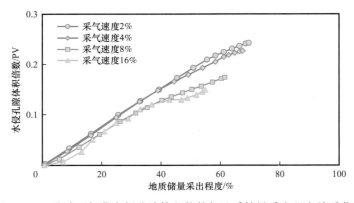

图 5-2-4　孔隙型气藏水侵孔隙体积倍数与地质储量采出程度关系曲线

② 生产压差与地质储量采出程度关系。从边底水孔隙型气藏生产压差与地质储量采出程度关系曲线上可以看出（图5-2-5）：孔隙型气藏受储层物性较差影响，有限水体不能有效补充气井生产造成的地层压力亏空，随着生产时间的推移，地层压力亏空越大，气井生产压差增加越快；不同采气速度下采气井的生产压差上升幅度不同，对气藏采收率的影响也不同，采气速度越大，采气井停止生产时（井底流压为3MPa）的生产压差越高，采收率越低，如采气速度为16%时，停止生产的生产压差高达18MPa（60%地层压力），采收率为55%；而采气速度为2%时，停止生产的生产压差为14.5MPa，采收率为70%。

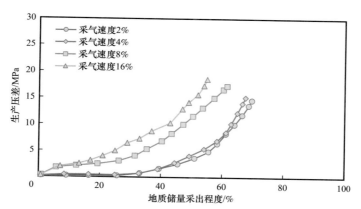

图 5-2-5　孔隙型气藏生产压差与地质储量采出程度关系曲线

③ 井底流压与单位压降地质储量采出程度的关系。从边底水孔隙型气藏井底流压与单位压降地质储量采出程度的关系曲线上可以看出（图5-2-6）：随着井底流压的降低，孔隙型气藏不同采气速度下的单位压降地质储量采出程度整体呈先稳后降的趋势，主要原因为开发早期地层压力保持水平高，有限水体具有一定的减缓地层压力下降的能力，此时的单位压降地质储量采出程度相对较高且变化不大，但随着井底流压的持续降低，有限水体的驱动能量逐渐减弱，单位压降地质储量采出程度呈现出明显下降趋势。另外，开发早期不同采气速度下的单位压降地质储量采出程度不同，采气速度越小，有限水体稳定地层压力的效果越好，单位压降地质储量采出程度越高。

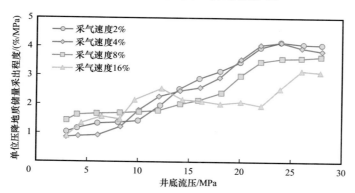

图 5-2-6　孔隙型气藏井底流压与单位压降地质储量采出程度关系曲线

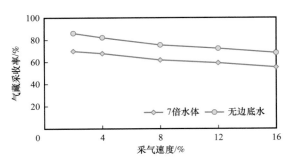

图 5-2-7　孔隙型气藏采气速度与采收率关系曲线

④ 采气速度与采收率的关系。

针对无边底水和 7 倍边底水水体倍数两种条件开展采气速度与采收率的关系研究（图 5-2-7），孔隙型气藏的采气速度与采收率呈负相关关系，采气速度越高，孔隙型气藏的采收率越低；边底水水体倍数的大小与气藏采收率也呈负相关关系，在相同采气速下，边底水水体倍数为 7 的孔隙型气藏受水侵影响，其采收率与无边底水的孔隙型气藏相比降低约 10 个百分点。

综上所述，边底水水侵会对孔隙型气藏的开发效果产生一定的影响，但采用合理的采气速度可以有效减缓水侵速度，减缓地层压力的下降速度，因此对于边底水孔隙型气藏应严格控制采气速度，避免高采气速度对气藏开发效果产生较大的影响。

（2）裂缝—孔隙型气藏水侵规律。

裂缝—孔隙型储层中裂缝的存在对基质孔隙起到了很好的沟通作用，改善了储层物性，但也沟通了边底水水体。气藏开发过程中，边底水易延裂缝推进，且边底水的大小直接影响推进速度，导致气田开发效果变差。研究过程中采用相同的采气速度，围绕 3 倍、7 倍、10 倍等不同边底水水体倍数开展了裂缝—孔隙型气藏水侵量、生产压差、井底流压、水体倍数与地质储量采出程度（或采收率）的关系等方面研究。

① 水侵量与地质储量采出程度的关系。从边底水裂缝—孔隙型气藏水侵孔隙体积倍数与地质储量采出程度的关系曲线上可以看出（图 5-2-8）：不同水体倍数边底水裂缝—孔隙型气藏水侵量与地质储量采出程度呈二段式线性关系，体现出边底水侵入至采气井前后水侵量与地质储量采出程度关系的变化特征；边底水侵入至采气井之前，水侵量与地质储量采出程度线性关系的斜率相对较低；边底水侵入至采气井后，采气井的水气比升高，水侵提高气藏水驱波及体积的作用减弱，水侵量与地质储量采出程度线性关系的斜率明显升高。总体上，不同水体倍数边底水裂缝—孔隙型气藏的水侵量随地质储量采出程度的升高而升高，且边底水的水体倍数越大，相同地质储量采出程度下的水侵量也越大；同时，边底水水体倍数的大小也影响裂缝—孔隙型气藏无水采气期末的地质储量采出程度，水体倍数越大气藏无水采气期末的地质储量采出程度越小；不同水体倍数气藏无水采气期末的水侵孔隙体积倍数均约在 0.2 左右，但 10 倍水体边底水气藏无水采气期末的地质储量采出程度仅为 37%，而 3 倍水体边底水气藏无水采气期末的地质储量采出程度可达到 84%。

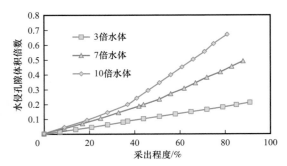

图 5-2-8　裂缝—孔隙型气藏水侵孔隙体积倍数与地质储量采出程度关系曲线

② 生产压差与地质储量采出程度的关系。从边底水裂缝—孔隙型气藏生产压差与地质储量采出程度的关系曲线上可以看出（图5-2-9）：裂缝发育对基质储层起到了很好的沟通作用，但也导致了侵入水的快速突进。不同水体倍数边底水裂缝—孔隙型气藏见水前的生产压差均低于1MPa，不到地层压力的3%，体现出边底水裂缝—孔隙型气藏开发过程中水体对地层压力的稳定起到了很好的作用。采气井见水后生产压差仍然很小，最终生产压差不到3MPa，约为地层压力的10%，体现出边底水裂缝—孔隙型气藏水体和天然气同步动用过程中水体仍能起到很好供给能力，且水体倍数越大相同采气速度条件下气井见水时间越早、水气比上升幅度越高、气藏采收率越低。鉴于水体倍数越大，稳定后的水气比越大，稳定后的水气比可作为裂缝—孔洞型气藏水体体积评价参数（图5-2-10）。

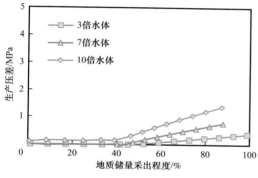

图 5-2-9　裂缝—孔隙型气藏生产压差地质储量采出程度关系曲线

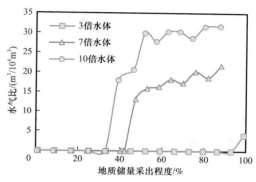

图 5-2-10　裂缝—孔隙型气藏水气比与地质储量采出程度关系曲线

③ 井底流压与单位压降地质储量采出程度的关系。从边底水裂缝—孔隙型气藏井底流压与单位压降地质储量采出程度的关系曲线上可以看出（图5-2-11）：同一采气速度条件下，见水前后采气井井底流压和单位压降地质储量采出程度的变化特征可以分为两个阶段，采气井见水前，气藏水体在裂缝沟通作用下可以起到很好地稳定地层压力作用，单位压降采出程度高，为（4%～6%）/MPa；随着井底流压的降低，单位压降地质储量采出程度基本保持稳定；采气井见水后，随着水气比的升高，保持采气速度稳定需要不断提高生产压差，表现为采气井井底流压和单位压降地质储量采出程度呈现不断降低趋势，当井底流压下降至3MPa时，单位压降地质储量采出程度下降至2.5%/MPa。不同水体倍数边底水裂缝—孔隙型气藏井底流压和单位压降地质储量采出程度的整体变化规律基本一致，但较大水体倍数气藏见水前的单位压降地质储量采出程度更大，因此，单位压降地质储量采出程度可作为水体体积的评价参数。

④ 边底水水体倍数与不同阶段地质储量采出程度的关系。从边底水裂缝—孔隙型气藏不同水体倍数与不同阶段地质储量采出程度的关系曲线上可以看出（图5-2-12）：裂缝—孔隙型气藏无水期地质储量采出程度受边底水水体倍数大小的影响较大，边底水水体倍数越小，无水期地质储量采出程度越大，边底水水体倍数由3上升至10时，无水期地质储量采出程度由80%下降至35%。边底水水体倍数的大小对气藏废弃时地质储量采

出程度（采收率）影响不大，不同边底水水体倍数气藏采收率均在 85% 左右。

综上所述，边底水的存在对裂缝—孔隙型气藏的采收率影响相对较小，但对无水采油期的地质储量采出程度影响较大，考虑气井见水会造成排水采气工艺成本和地面水处理压力的增加，仍需优化不同水体倍数裂缝—孔隙型气藏合理技术开发参数，控制水气比上升速度，保障气藏控水稳气高效开发。

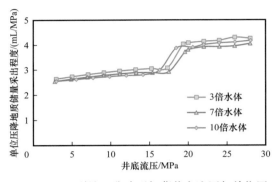

图 5-2-11　裂缝—孔隙型气藏井底流压与单位压降采出程度曲线　　图 5-2-12　裂缝—孔隙型气藏水体倍数与地质储量采出程度关系曲线

三、裂缝—孔隙（洞）型气藏水侵动态与水体体积评价方法

水侵物理模拟实验结果表明边底水裂缝—孔隙（洞）型气藏的水体大小是影响气藏无水期采出程度和采气井见水后的水气比变化的关键地质参数，且见水前气藏单位压降地质储量采出程度、见水后稳定水气比可作为水体体积评价参数。基于物质平衡理论，建立气藏见水前单位压降地质储量采出程度、气藏见水后稳定水气比、气藏边底水水体体积的计算方法，实现阿姆河右岸项目不同类型气藏采气井见水后的稳定水气比理论预测结果与数值模拟预测结果的误差小于 8.5%，为气藏边底水水体倍数及生产特征预测提供便利手段。

1. 见水前单位压降地质储量采出程度计算方法

根据物质平衡理论，裂缝孔隙（洞）型气藏满足如下物质平衡方程（夏静等，2007）：

$$GB_{gi} = (G - G_p)B_g + W_e - W_pB_w \qquad (5-2-2)$$

式中　G——气藏储量，m^3；

　　　G_p——压力 p 时产出气量，m^3；

　　　B_{gi}——原始压力下天然气体积系数，m^3/m^3；

　　　B_g——压力 p 时天然气体积系数，m^3/m^3；

　　　W_e——累计水侵量，m^3；

　　　W_p——累计产水量，m^3；

　　　B_w——地层水体积系数。

裂缝—孔隙（洞）型气藏岩心实验结果与气井生产动态表明：见水前生产压差小、

水体压力、气藏地层压力和采气井井底流压基本一致，因此，式（5-2-2）可改写为

$$GB_{gi} = (G - G_p)B_g + NGB_{gi}C_s(p_i - p_w) \qquad （5-2-3）$$

式中　C_s——水体综合压缩系数，MPa^{-1}；

　　　p_i——原始地层压力，MPa；

　　　p_w——采气井井底流压，MPa；

　　　N——水体倍数。

将气体状态方程引入式（5-2-3），近似得到见水前气藏地质储量采出程度计算公式：

$$\eta = 1 - \frac{p_w}{p_i} + N\frac{p_w}{p_i}C_s(p_i - p_w) \qquad （5-2-4）$$

式中　η——见水前气藏地质储量采出程度。

将式（5-2-4）对采气井井底流压求导，即可得到单位压降天然气地质储量采出程度的计算公式：

$$\beta = \frac{1}{p_i} + NC_s \qquad （5-2-5）$$

式中　β——单位压降采出程度，%/MPa。

利用式（5-2-5）计算了不同水体倍数裂缝—孔隙（洞）型气藏见水前单位压降地质储量采出程度，与前面水侵动态全直径岩心物理模拟实验结果相比，相对误差小于5%，式（5-2-5）满足气藏见水前单位压降地质储量采出程度计算要求（图5-2-13）。

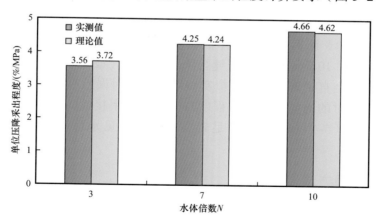

图 5-2-13　见水前裂缝—孔隙（洞）型气藏单位压降地质储量采出程度理论计算与实验结果对比

2. 见水后稳定水气比计算方法

裂缝—孔隙（洞）型气藏边底水的水侵过程可以视为水驱气的过程，由于水的黏度远高于气，驱替过程近似活塞驱，水侵区域含水饱和度基本维持不变（姜汉桥等，2006）。因此，采气井见水后的产水量可等同于水侵量，即见水后，式（5-2-2）右边净水侵量

$W_e - W_p B_w$ 不再变化，见水后的累计产水量满足如下关系：

$$W_p = \frac{W_e - W_{e1}}{B_w} \tag{5-2-6}$$

式中　W_{e1}——见水前的水侵量，m^3；

　　　B_w——地层水的体积系数。

将式（5-2-6）代入式（5-2-2）整理得：

$$G_p = G - \frac{GB_{gi} - W_{e1}}{B_g} \tag{5-2-7}$$

式（5-2-6）和式（5-2-7）分别代入水、气的状态方程，整理近似得：

$$W_p = \frac{NGB_{gi}C_s(p_1 - p)}{B_w} \tag{5-2-8}$$

$$G_p = G - G\frac{p_w}{p_i}\left[1 - NC_s(p_i - p_1)\right] \tag{5-2-9}$$

式中　p_1——见水时采气井井底流压，MPa。

式（5-2-8）对式（5-2-9）求导，即可得到生产水气比的计算公式：

$$\lambda = \frac{NB_{gi}C_s p_i}{B_w\left[1 - NC_s(p_i - p_1)\right]} \tag{5-2-10}$$

式中　λ——水气比，$m^3/10^4m^3$。

利用式（5-2-10）计算了不同水体倍数裂缝孔隙（洞）型气藏见水后的稳定生产水气比，其中7倍和10倍水体倍数裂缝孔隙（洞）型气藏见水后的稳定生产水气比理论计算与水侵动态全直径岩心物理模拟实验结果的相对误差小于10%；而3倍水体气藏由于采气井见水时的地质储量采出程度与气藏采收率接近，近似条件难以满足，误差偏大。因此，式（5-2-10）基本满足较大水体气藏见水后稳定水气比的计算要求（图5-2-14）。

3. 水体体积计算方法

式（5-2-5）建立了裂缝—孔隙（洞）型气藏采气井见水前单位压降地质储量采出程度与水体倍数的关系式，因此，利用已知裂缝—孔隙（洞）型气藏地质参数与采气井见水前的单位压降地质储量采出程度，就可反算边底水水体的体积，计算公式为

$$V_w = GB_{gi}\frac{\beta p_i - 1}{C_s p_i} \tag{5-2-11}$$

式中　V_w——水体体积，m^3。

同理，式（5-2-10）建立了裂缝—孔隙（洞）型气藏采气井见水后的稳定水气比与

水体倍数关系式，因此，利用已知裂缝—孔隙（洞）型气藏地质参数与见水后稳定水气比值，也可反算边底水水体体积，计算公式为

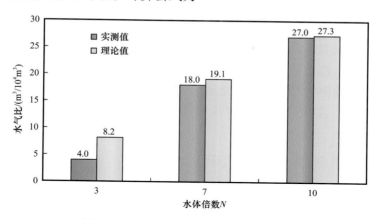

图 5-2-14 稳定水气比实测与理论图版

$$V_w = GB_{gi} \frac{\lambda B_w}{B_{gi} C_s p_i + C_s (p_i - p_1) \lambda B_w}$$ （5-2-12）

4. 阿姆河右岸 B 区中部气田采气井见水后的稳定水气比预测

已知阿姆河右岸 B 区中部 15 个气田原始地层压力（27～62MPa）、水体倍数（1～20）、综合压缩系数（0.002/MPa）、地层水体积系数 1.04、天然气体积系数（0.0028～0.0050），利用式（5-2-10）计算了各气田采气井见水后的稳定水气比，计算结果与数值模拟研究结果具有很好的一致性，相对误差控制在 8.5% 以内；拐点水气比为 $3×10^{-4}$～$60×10^{-4}$m^3/m^3，平均 $22×10^{-4}$m^3/m^3（图 5-2-15）。

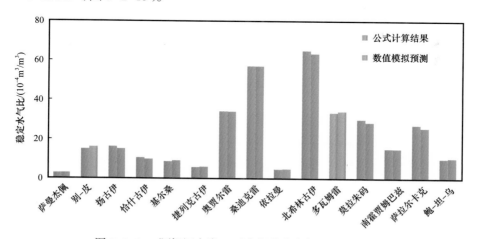

图 5-2-15 阿姆河右岸 B 区中部稳定水气比预测结果

第三节　裂缝—孔隙型边底水气藏控水稳产技术

阿姆河右岸碳酸盐岩边底水气藏储层裂缝发育，边底水易沿裂缝快速侵入，导致气藏无水采气期短，控水稳产难度大。以气藏控水稳产高效开发为目的，评价不同类型气藏出水特征，明确影响气藏出水的地质和开发主控因素，优化不同开发阶段气藏控水稳产开发技术策略，实现阿姆河右岸项目年产气 $140 \times 10^8 \mathrm{m}^3$ 持续稳产，水气比控制在 $60 \times 10^{-6} \mathrm{m}^3/\mathrm{m}^3$ 以下。

一、裂缝—孔隙型边底水气藏出水特征

基于阿姆河右岸裂缝—孔隙型边底水气藏储层特征和生产动态，从典型井和气藏角度出发，评价了不同类型气藏的出水特征，确定裂缝—孔隙型边底水气藏出水主控因素。

1. 不同类型气井出水特征

建立阿姆河右岸 7 口典型井水气比与地质储量采出程度双对数坐标关系曲线，按照曲线特征将生产过程划分为见水前和见水后两个阶段，其中第一阶段为见水前阶段，产出水为凝析水，随着地质储量采出程度的增加，水气比保持稳定；第二阶段为见水后阶段，水气比随着地质储量采出程度的增加，出现明显上翘。根据见水后各井水气比上翘段斜率 α 的不同，将出水井划分为 Ⅰ 型（$\alpha \leq 2$）、Ⅱ 型（$2 < \alpha \leq 3$）和 Ⅲ 型（$\alpha \geq 3$）（图 5-3-1）。结合各典型采气井的静动态资料，分析三种出水模式特征类型产生的原因。

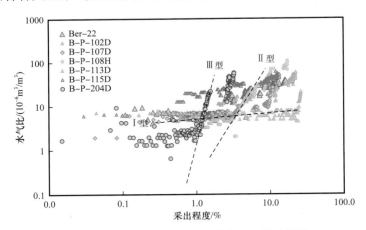

图 5-3-1　水气比与地质储量采出程度关系曲线

1）Ⅰ 型出水模式采气井的出水特征

B-P-113D 井采气井生产特征表现为"Ⅰ 型"出水模式，其产水特征为：（1）无水采气期较长，无水采气期末地质储量采出程度 10% 左右；（2）见水后的产水量相对较小，水气比上升速度较为缓慢；截至 2020 年 12 月，该井井控地质储量采出程度 26%，水气比仅为 $21.23 \times 10^{-6} \mathrm{m}^3/\mathrm{m}^3$。

岩心资料分析显示 B-P-113D 井的岩石类型以砂屑灰岩和生屑灰岩为主，储集空间多为原生粒间孔、粒间溶孔和铸模孔等，极少发育裂缝，储层较为均匀、分选性好。地震蚂蚁体裂缝预测成果也证明了该井所在储层的裂缝不发育，储层类型以孔隙型为主，因此"Ⅰ型"模式即为孔隙型储层出水模式。

该类储层的渗流通道主要为基质孔隙及部分孤立的溶蚀孔洞，地层水在一定生产压差的作用下沿孔隙上升、最终形成水锥进入井底（图 5-3-2）。但该类储层的物性普遍较差，地层水锥进需要克服较大的阻力，因此钻遇该类储层的采气井大多表现为无水采气期长、水气比上升慢的特征。

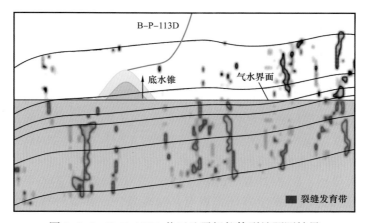

图 5-3-2　B-P-113D 井区地震蚂蚁体裂缝预测结果

2）Ⅱ型出水模式采气井的出水特征

B-P-102D 井和 B-P-108H 井采气井生产特征表现为Ⅱ型出水模式，其产水特征为：（1）无水采气期差别较大，B-P-102D 井和 B-P-108H 井见水时地质储量采出程度分别为 1.7% 和 5.4%，相差 3 倍以上；（2）见水后，气井水气比上升幅度较Ⅰ型出水模式快；截至 2020 年 12 月，B-P-102D 井井控地质储量采出程度为 23%，水气比上升至 $62 \times 10^{-6} \mathrm{m}^3/\mathrm{m}^3$；B-P-108H 井井控地质储量采出程度为 17%，水气比上升至 $106 \times 10^{-6} \mathrm{m}^3/\mathrm{m}^3$。

岩心资料分析显示，B-P-102D 井和 B-P-108H 井的储层岩石类型以砂屑灰岩和生屑灰岩为主，储集空间多为剩余原生粒间孔和粒间溶孔，伴有大量构造和溶蚀成因的裂缝，储层非均质性较强。试井双对数曲线也反映出两口井所在储层裂缝较为发育，具有裂缝—孔隙型储层特征，因此Ⅱ型出水模式即为裂缝—孔隙型储层出水模式。

裂缝—孔隙型储层的储集空间为基质孔隙、渗流通道为广泛发育的裂缝系统。钻遇该类储层采气井的井筒通过天然裂缝直接与地层水连通，水气比上升速度较孔隙型储层更快。但由于地层水的水侵通道为广泛发育的裂缝系统，因而采气井见水时间及产水规模主要受储层裂缝系统的发育和连通程度影响。以 B-P-108H 井为例，地震蚂蚁体裂缝预测结果显示，该井所在储层发育大量天然裂缝并勾通了下部水体，生产过程中地层水延裂缝系统快速侵入，导致采气井过早见水（图 5-3-3）。

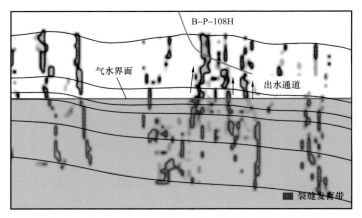

图 5-3-3　B-P-108H 井区地震蚂蚁体裂缝预测结果

3）Ⅲ型出水模式采气井的出水特征

B-P-204D 井采气井生产特征表现为Ⅲ型出水模式，其产水特征为：（1）无水采气期很短，两口井见水时地质储量采出程度仅 1.5% 左右；（2）见水后产水量大，气井见水后水气比上升速度较Ⅱ型出水模式更快；截至 2020 年 12 月，B-P-204D 井井控地质储量采出程度仅 3%，水气比已上升至 $56 \times 10^{-6} m^3/m^3$。

岩心资料分析显示，B-P-204D 井储层段取心收获率较低、岩心可见明显的大尺度裂缝和溶洞，且在钻井过程中发生多处大规模井漏现象；试井双对数曲线呈现明显裂缝—孔洞型储层特征，试井解释渗透率高达 120～760mD。因此Ⅲ型出水模式即为裂缝—孔洞型储层出水模式。

裂缝—孔洞型储层的储集空间为基质孔隙、裂缝和溶洞，其渗流通道为与气井井筒连通的大型缝洞。钻遇该类储层采气井的生产过程中，地层水沿缝洞快速窜入井底，产水量非常大且上升速度快。以 B-P-204D 井为例，地震蚂蚁体裂缝预测结果显示，该井所在储层裂缝十分发育且规模较大（图 5-3-4），受裂缝直接勾通水体作用影响，气井投产不久便出现了突发性见水的现象。

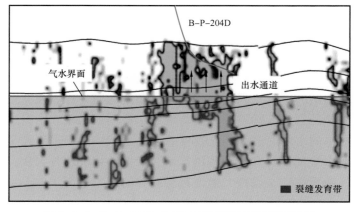

图 5-3-4　B-P-204D 井区地震蚂蚁体裂缝预测结果

2. 不同类型水体气藏出水特征

阿姆河右岸 B 区中部气田群普遍存在边底水，且各气田的水体分布类型有所不同，其中别 – 皮气田为底水气藏、扬古依气田为边水气藏，各气田水体倍数普遍为 2～5 倍。气田开发过程中，受采气井配产不合理、避水高度预留不足、裂缝沟通边底水等因素影响，部分采气井快速见水，产量大幅度下降。综合出水井工作制度及生产动态，总结出气田三个方面的出水特征。

（1）不同类型水体气藏出水采气井在平面上的分布位置不同。

扬古依气田的水体倍数约为 3 倍，以来源于南部桑迪克雷构造的边水为主，局部也发育少量底水，但受气藏下部储层不发育、裂缝以中低角度为主影响，底水总体不活跃（图 5-3-5）。扬古依气田于 2014 年 5 月投产，投产 1 年多以后，边部 Yan-22 井和 Yan-101D 井两口井相继出水。总体上，扬古依气田出水井的位置具有方向性，越靠近南部边水的井越早出水，最先出水的是距离南部桑迪克雷构造最近的 Yan-22 井，出水时间为 2015 年 7 月；第二口出水井是 Yan-22 井北侧相邻的 Yan-101D 井，出水时间为 2015 年 8 月。

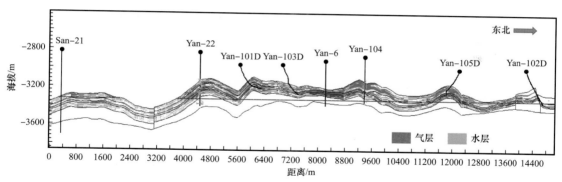

图 5-3-5 扬古依气田西南—东北方向气藏剖面图

别 – 皮气田底水比较发育，水体倍数约为 5 倍，储层发育中高角度裂缝，易沟通气藏下部水体（图 5-3-6）。别 – 皮气田出水井平面上分布无规律，气藏中部和边部均有采气井不同程度见水。总体上，底水气藏气井见水时间主要受生产压差和避水高度两个因素共同的影响，从 10 口采气井的生产压差 Δp 与避水高度 L 的比值上可以看出（表 5-3-1），Ber-22 井、B-P-102D 井、B-P-115D 井、B-P-108H 井和 B-P-204D 井等 5 口出水采气井的 $\Delta p/L$ 值在 0.135～0.682MPa/m 之间，平均值为 0.28MPa/m；而 B-P-101D 井、B-P-105D 井、B-P-106D 井、B-P-103D 井和 B-P-104D 井等 5 口未见水采气井的 $\Delta p/L$ 值在 0.007～0.028MPa/m 之间，平均值仅有 0.015MPa/m，即采气井的 $\Delta p/L$ 值越大，出水风险越大。

（2）不同类型水体气藏采气井出水时的动态储量采出程度差异大。

针对两口扬古依边水气藏和 5 口别 – 皮底水气藏采气井见水时的动态储量采出程度进行对比分析，其中边水气藏气井见水时动态储量采出程度相对较高，超过 10%；底水气藏气井见水时采出程度相对较低，最高仅 5.36%（表 5-3-2）。总体上，边水气藏采气井见水时井控储量采出程度相对较高，底水气藏采气井见水时井控储量采出程度相对较低。

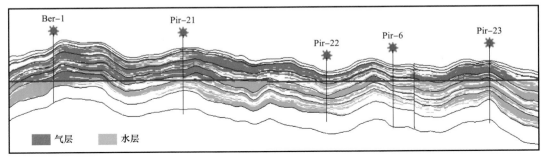

图 5-3-6　别-皮气田气藏剖面图

表 5-3-1　别-皮气田 10 口井开发井参数统计表

序号	井号	测试段底海拔 / m	避水距离 L/m	生产压差 Δp/MPa	$\Delta p/L$/ （MPa/m）	备注
1	Ber-22	-2911.0	34.0	8.8	0.259	见水井
2	B-P-102D	-2887.0	74.2	10.0	0.135	见水井
3	B-P-115D	-2890.0	55.0	8.8	0.160	见水井
4	B-P-108H	-2901.0	44.0	3.0	0.682	见水井
5	B-P-204D	-2880.0	45.0	7.5	0.167	见水井
6	B-P-101D	-2875.0	70.0	0.5	0.007	正常井
7	B-P-105D	-2880.8	64.2	0.6	0.009	正常井
8	B-P-106D	-2876.0	64.0	1.8	0.028	正常井
9	B-P-103D	-2881.3	63.7	1.4	0.022	正常井
10	B-P-104D	-2876.4	68.6	0.5	0.007	正常井

表 5-3-2　别-皮气田和扬古依气田气井见水时地质储量采出程度统计表

序号	井号	单井控制储量 / 10^8m^3	见水时累计产气量 / 10^8m^3	见水时地质储量采出程度 / %
1	Yan-22	26.23	3.008	11.468
2	Yan-101D	37.07	4.355	11.748
3	Ber-22	12.29	0.345	2.807
4	B-P-102D	12.81	0.454	3.544

序号	井号	单井控制储量 / 10^8m^3	见水时累计产气量 / 10^8m^3	见水时地质储量采出程度 / %
5	B-P-115D	15.82	0.026	0.164
6	B-P-108H	9.23	0.495	5.363
7	B-P-204D	21.20	0.330	1.557

（3）不同类型水体气藏出水采气井降产控水效果差异大。

扬古依边水气藏 Yan-22 井和 Yan-101D 井采气井见水后实施降产控水措施效果不明显，如 Yan-22 井 2015 年 7 月见水后，日产气量由 $50×10^4m^3$ 下调至 $20×10^4m^3$，水气比仍继续上升，控水效果不明显。2016 年底，Yan-22 井日产气继续下调至 $15.4×10^4m^3$，水气比由 2015 年底的 $84×10^{-6}m^3/m^3$ 上升至 $749×10^{-6}m^3/m^3$（图 5-3-7）。

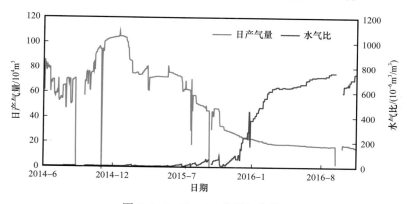

图 5-3-7 Yan-22 井采气曲线

别-皮底水气藏采气井见水后通过降低产气量和生产压差，底水水锥受重力分异作用明显回落，起到很好的控水作用。B-P-107D 井于 2015 年 2 月 9 日投产，初期配产 $70×10^4m^3/d$；2015 年 6 月 7 日，水气比上升至 $12×10^{-6}m^3/m^3$，产出水中的 Cl^- 含量也由 89mg/L 上升至 32791mg/L（凝析水 Cl^- 含量低于 1000mg/L）；2015 年 6 月，将日产气量降至 $35×10^4m^3$，水气比回落至 $5×10^{-6}m^3/m^3$ 左右并连续稳产 260d；2016 年 3 月，水气比又逐步上升至 $22×10^{-6}m^3/m^3$，Cl^- 含量达到 44000mg/L，继续将日产气量进一步降低至 $20×10^4m^3$，水气比迅速回落至 $10×10^{-6}m^3/m^3$，Cl^- 含量下降至 15000mg/L，取得了明显的控水效果（图 5-3-8）。

二、裂缝—孔隙型边底水气藏出水主控因素分析

基于阿姆河右岸裂缝—孔隙型边底水气藏的地质特征和开发现状，借助数值模拟和正交试验设计方法评价影响边底水气藏出水的主控因素，明确采气速度、水体倍数、避水高度和气柱高度等因素对边底水气藏出水及开发效果的影响较大，为控水稳产对策研究奠定基础。

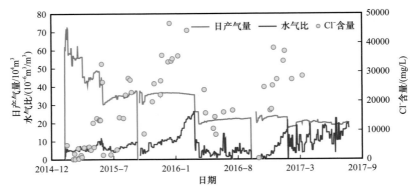

图 5-3-8　B-P-107D 井采气曲线

1. 正交试验设计数值模拟结果

综合阿姆河右岸气田群静动态资料，选取裂缝倾角、裂缝密度、裂缝纵向穿透程度、水体大小、基质垂向与水平渗透率比值 K_v/K_h、避水高度和气柱高度比值、采气速度、裂缝渗透率与基质渗透率比值 K_f/K_m 等 8 个地质和开发参数，利用数值模拟方法评价影响气田水侵的主控因素。为了提高工作效率，应用正交试验设计方法建立了 8 个因素 5 个水平下的 50 个数值模拟模型设计方案，并参考别－皮气藏参数建立了相应的单井数值模拟模型。模型采用定产生产，关井条件为单井日产气 $5000m^3$、井底流压 5MPa、井口压力 1.5MPa，在此基础上分别对各模型的开发指标进行了预测（表 5-3-3 和表 5-3-4）。

表 5-3-3　裂缝—孔隙型边底水气藏开发正交试验参数表

序号	影响因素	水平数				
		水平 1	水平 2	水平 3	水平 4	水平 5
1	裂缝倾角 /（°）	30	45	60	75	90
2	裂缝密度 /（条 /100m）	5	10	15	20	25
3	裂缝纵向穿透程度	0.2	0.4	0.6	0.8	1.0
4	水体倍数	0	8	16	24	32
5	K_v/K_h	0.2	0.4	0.6	0.8	1.0
6	避水高度和气柱高度比值	1/6	2/6	3/6	4/6	5/6
7	采气速度 /%	3	4	5	6	7
8	K_f/K_m	20	40	60	80	100

2. 边底水气藏出水主控因素分析

基于各模型开发指标的预测结果，基于方差分析系统评价 8 个地质和开发参数对边底水气藏采收率、最大水气比、无水采气期的影响程度。

表 5-3-4　裂缝—孔隙型边底水气藏开发设计方案及开发指标预测结果

方案编号	裂缝倾角/(°)	裂缝密度/条/100m	裂缝纵向穿透程度	水体倍数	K_v/K_h	避水高度和气柱高度比值	采气速度/%	K_f/K_m	采收率/%	最大水气比/10^{-4} m³/m³	无水采气期/d
1	30	5	0.2	0	0.2	1/6	3%	20	64.96	1.22	420
2	30	10	0.4	8	0.4	2/6	4%	40	75.78	3.35	2200
3	30	15	0.6	16	0.6	3/6	5%	60	71.54	10.23	788
4	30	20	0.8	24	0.8	4/6	6%	80	65.90	12.58	1780
5	30	25	1.0	32	1.0	5/6	7%	100	46.34	17.44	1490
6	45	5	0.4	16	0.8	5/6	3%	40	63.10	8.36	2780
7	45	10	0.6	24	1.0	1/6	4%	60	59.38	20.51	115
8	45	15	0.8	32	0.2	2/6	5%	80	67.68	19.84	235
9	45	20	1.0	0	0.4	3/6	6%	100	73.76	1.08	4130
10	45	25	0.2	8	0.6	4/6	7%	20	55.18	8.39	1145
11	60	5	0.6	32	0.4	4/6	6%	20	38.97	18.92	477
12	60	10	0.8	0	0.6	5/6	7%	40	64.94	1.27	2652
13	60	15	1.0	8	0.8	1/6	3%	60	69.60	6.34	64
14	60	20	0.2	16	1.0	2/6	4%	80	59.94	9.62	442
15	60	25	0.4	24	0.2	3/6	5%	100	75.09	13.20	2477
16	75	5	0.8	8	1.0	3/6	7%	60	31.87	16.77	88
17	75	10	1.0	16	0.2	4/6	3%	80	69.37	7.37	1845
18	75	15	0.2	24	0.4	5/6	4%	100	72.09	12.02	3925

续表

方案编号	裂缝倾角/(°)	裂缝密度/条/100m	裂缝纵向穿透程度	水体倍数	K_v/K_h	避水高度和气柱高度比值	采气速度/%	K_f/K_m	采收率/%	最大水气比/$10^{-4} m^3/m^3$	无水采气期/d
19	75	20	0.4	32	0.6	1/6	5%	20	36.93	17.32	75
20	75	25	0.6	0	0.8	2/6	6%	40	72.38	1.46	2129
21	90	5	1.0	24	0.6	2/6	6%	60	27.34	41.98	8
22	90	10	0.2	32	0.8	3/6	7%	80	30.25	17.39	385
23	90	15	0.4	0	1.0	4/6	3%	100	69.60	0.00	7304
24	90	20	0.6	8	0.2	5/6	4%	20	66.80	6.50	2600
25	90	25	0.8	16	0.4	1/6	5%	40	61.46	15.78	788
26	30	5	0.2	24	1.0	4/6	5%	40	36.72	34.82	752
27	30	10	0.4	32	0.2	5/6	6%	60	67.31	15.99	1998
28	30	15	0.6	0	0.4	1/6	7%	80	69.82	1.46	175
29	30	20	0.8	8	0.6	2/6	3%	100	69.62	1.71	3467
30	30	25	1.0	16	0.8	3/6	4%	20	72.36	5.64	3095
31	45	5	0.4	0	0.6	3/6	4%	80	77.33	0.71	1680
32	45	10	0.6	8	0.8	4/6	5%	100	65.55	9.96	1618
33	45	15	0.8	16	1.0	5/6	6%	20	43.61	14.46	853
34	45	20	1.0	24	0.2	1/6	7%	40	47.08	17.32	5
35	45	25	0.2	32	0.4	2/6	3%	60	67.85	4.04	877
36	60	5	0.6	16	0.2	2/6	7%	100	62.23	8.67	113

续表

方案编号	裂缝倾角/(°)	裂缝密度/条/100m	裂缝纵向穿透程度	水体倍数	K_v/K_h	避水高度和气柱高度比值	采气速度/%	K_f/K_m	采收率/%	最大水气比/$10^{-4}m^3/m^3$	无水采气期/d
37	60	10	0.8	24	0.4	3/6	3%	20	65.89	9.69	1063
38	60	15	1.0	32	0.6	4/6	4%	40	52.89	46.26	1015
39	60	20	0.2	0	0.8	5/6	5%	60	71.46	0.90	2023
40	60	25	0.4	8	1.0	1/6	6%	80	49.12	7.03	78
41	75	5	0.8	32	0.8	1/6	4%	100	47.64	47.50	20
42	75	10	1.0	0	1.0	2/6	5%	20	70.36	2.54	520
43	75	15	0.2	8	0.2	3/6	6%	40	49.16	3.32	1281
44	75	20	0.4	16	0.4	4/6	7%	60	60.60	11.63	1303
45	75	25	0.6	24	0.6	5/6	3%	80	69.62	3.63	5624
46	90	5	1.0	8	0.4	5/6	5%	80	45.99	15.01	158
47	90	10	0.2	16	0.6	1/6	6%	100	37.47	10.79	66
48	90	15	0.4	24	0.8	2/6	7%	20	34.58	37.58	230
49	90	20	0.6	32	1.0	3/6	3%	40	61.48	34.41	1370
50	90	25	0.8	0	0.2	4/6	4%	60	81.04	0.04	7304

1）对气藏采收率的影响

对各方案预测的气藏采收率预测结果进行方差分析（表5-3-5），明确影响气藏采收率的主控因素排序为：采气速度＞水体倍数＞裂缝密度＞K_v/K_h＞裂缝倾角＞裂缝纵向穿透程度＞避水高度和气柱高度比值＞K_f/K_m。其中，采气速度和水体倍数对气藏采收率的影响远大于其他因素，其他因素影响相对较小。

表5-3-5 气藏采收率方差分析表

因素	偏差平方和	自由度	因素显著性判断指数	因素显著性判断指数临界值	显著性
裂缝倾角	933.45	4	12.956	6.39	*
裂缝密度	1331.078	4	18.475	6.39	*
裂缝纵向穿透程度	484.719	4	6.728	6.39	*
水体倍数	2262.287	4	31.399	6.39	**
K_v/K_h	994.92	4	13.809	6.39	*
避水高度和气柱高度比值	325.603	4	4.519	6.39	
采气速度	2413.608	4	33.5	6.39	**
K_f/K_m	295.787	4	4.105	6.39	
误差	72.05	4			

注：* 代表显著性一般。

  ** 代表显著。

  无标记代表不显著。

2）对气藏最大水气比的影响

对各方案预测的气藏见水后的最大水气比预测结果进行方差分析（表5-3-6），明确影响气藏见水后水气比大小的主控因素排序为：水体倍数＞裂缝密度＞K_v/K_h＞裂缝倾角＞采气速度＞K_f/K_m＞裂缝纵向穿透程度＞避水高度和气柱高度比值。其中，水体倍数、裂缝密度对气藏见水后最大水气比的影响较为显著，其他因素影响相对较小。

表5-3-6 最大水气比方差分析表

因素	偏差平方和	自由度	因素显著性判断指数	因素显著性判断指数临界值	显著性
裂缝倾角	379.908	4	4.66	6.39	
裂缝密度	860.553	4	10.556	6.39	*
裂缝纵向穿透程度	218.042	4	2.675	6.39	
水体倍数	3488.749	4	42.795	6.39	**
K_v/K_h	388.069	4	4.76	6.39	
避水高度和气柱高度比值	207.467	4	2.545	6.39	

续表

因素	偏差平方和	自由度	因素显著性判断指数	因素显著性判断指数临界值	显著性
采气速度	343.362	4	4.212	6.39	
K_f/K_m	264.135	4	3.24	6.39	
误差	81.52	4			

注：* 代表显著性一般。

　　** 代表显著。

　　无标记代表不显著。

3）对气藏无水采气期的影响

对各方案预测的气藏无水采气期预测结果进行方差分析（表5–3–7），明确影响气藏无水采气期的主控因素排序为：避水高度和气柱高度比值＞水体倍数＞采气速度＞裂缝密度＞K_f/K_m＞裂缝纵向穿透程度＞裂缝倾角＞K_v/K_h。其中，避水高度／气柱高度比值对气藏无水采气期的影响较为显著，其他因素影响相对较小。

表 5–3–7　无水采气期方差分析表

因素	偏差平方和	自由度	因素显著性判断指数	因素显著性判断指数临界值	显著性
裂缝倾角	5454757.4	4	1.07	6.39	
裂缝密度	18365025.4	4	3.604	6.39	
裂缝纵向穿透程度	5670478.2	4	1.113	6.39	
水体倍数	24168712.4	4	4.742	6.39	
K_v/K_h	1696024	4	0.333	6.39	
避水高度和气柱高度比值	37187120.4	4	7.297	6.39	*
采气速度	24097898.4	4	4.728	6.39	
K_f/K_m	11891341.6	4	2.333	6.39	
误差	5096384	4			

注：* 代表显著性一般。

　　无标记代表不显著。

根据以上8个地质和开发参数对边底水气藏采收率、最大水气比、无水采气期的影响分析，确定采气速度、水体倍数、避水高度和气柱高度、裂缝密度、K_v/K_h、裂缝倾角等因素对边底水气藏出水及开发效果的影响相对较大，但不同因素对气藏采收率、最大水气比、无水采气期的影响程度不同。

三、边底水气藏控水稳产技术对策与效果

基于采气速度、水体倍数、避水高度和气柱高度比值、裂缝倾角等影响气藏开发效

– 289 –

果的主控因素，建立了边底水气藏地质储量采出程度与水气比之间的关系曲线，提出了"早期避水、中期控水、晚期排水"的气藏分阶段治水技术对策，支撑阿姆河项目天然气年产量稳定在 $140×10^8m^3$ 规模、总体水气比控制在 $60×10^{-6}m^3/m^3$ 以下。

1. 边底水气藏控水稳产技术对策

截至 2020 年底，阿姆河右岸 B 区中部气田累计投产采气井 75 口，其中水气比小于 $0.15×10^{-4}m^3/m^3$ 的采气井 31 口、水气比介于 $0.15×10^{-4}～0.50×10^{-4}m^3/m^3$ 之间的采气井 12 口、水气比大于 $0.50×10^{-4}m^3/m^3$ 的采气井 32 口，按照水气比大于 $0.15×10^{-4}m^3/m^3$ 作为见水井来统计，B 区中部气田见水井比例高达 58.6%，控水稳产形势严峻。

边底水气藏开发过程中，气藏的水气比与采出程度的关系呈现三个阶段特征，即无水采气期、水气比快速上升期和高水气比生产期。基于 B 区中部气田分别建立了不同避水高度和气柱高度比值、采气速度和水体倍数下气藏水气比与地质储量采出程度的关系图版（图 5-3-9），分析显示：在无水采气期阶段，采气井射孔时的避水高度和气柱高度对无水采出程度影响较大［图 5-3-9（a）］，因此在气田开发早期需要合理论证气井避

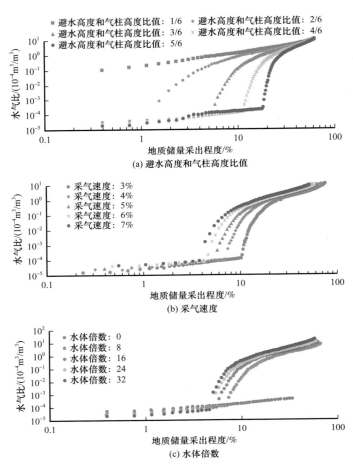

图 5-3-9　边底水气藏地质储量采出程度与水气比之间的关系曲线

水高度，延长气井见水时间；在水气比快速上升阶段，采气速度对水气比影响较大［图 5-3-9（b）］，因此在气田开发中期需要优化采气速度，控制水气比的上升速度；在高水气比生产阶段，水体倍数决定最大水气比［图 5-3-9（c）］，因此在气田开发过程中需要根据气田水体倍数设计地面配套污水处理设施，以保障气田平稳生产。

基于裂缝—孔隙型边底水气藏出水主控因素及其对不同开发阶段气藏开发效果的影响分析，提出"早期避水、中期控水、晚期排水"的气藏整体治水对策。

（1）早期避水：综合考虑气藏储层的裂缝倾角、水体倍数等地质因素，优化新井井位部署，避开储层裂缝与边底水直接沟通区域；优化大斜度井的井轨迹，优化合理的避水高度，提高气藏的无水采出程度。

分别建立了不同储层裂缝倾角和水体倍数下的避水高度和气柱高度比值与气藏采收率关系图版，从不同储层裂缝倾角下避水高度和气柱高度与气藏采收率关系图版上可以看出：在相同避水高度下，储层裂缝倾角越大，气藏采收率越低。在相同储层裂缝倾角下，随避水高度的增加呈先增加后减小的趋势，且随储层裂缝倾角的增大，不同避水高度对气藏采收率的变化幅度越小；总体上，相同储层裂缝倾角下避水高度对气藏采收率的影响程度相对较小，合理避水高度和气柱高度比值为 1/2（图 5-3-10）。从不同储层水体倍数下避水高度和气柱高度与气藏采收率关系图版上可以看出：在相同避水高度下，水体倍数越大，采出程度越低；在相同水体倍数下，气藏采收率同样随避水高度的增加呈先增加后减小的趋势，但变化幅度相对较小，合理避水高度和气柱高度比值为 3/6～4/6（图 5-3-11）。

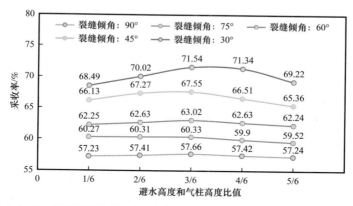

图 5-3-10 不同裂缝倾角下避水高度 / 气柱高度比值与采收率关系图版

（2）中期控水：在开发中期，通过优化气藏采气速度、调整单井配产，实现气水界面整体均衡缓慢地抬升，避免边底水快速锥进（图 5-3-12）。

分别建立了不同储层裂缝倾角和水体倍数下的采气速度与气藏采收率关系图版，从不同裂缝倾角下采气速度与气藏采收率关系图版上可以看出：在相同采气速度下，裂缝倾角越大，采出程度越低；在相同裂缝倾角下，气藏采收率随采气速度的增大而降低，且采气速度对气藏采收率的影响程度较大（图 5-3-13）。从不同水体倍数下采气速度与气藏采收率关系图版上可以看出：在相同采气速度下，水体倍数越大，采出程度越低；在相同水体倍数下，气藏采收率随采气速度的增大而将低，且采气速度对气藏采收率的影响程度较大（图 5-3-14）。

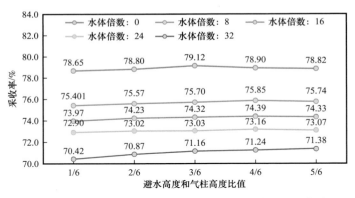

图 5-3-11　不同水体倍数下避水高度／气柱高度比值与采收率关系图版

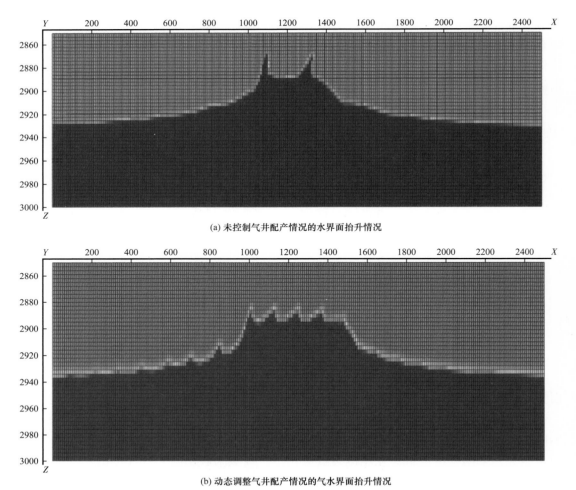

(a) 未控制气井配产情况的水界面抬升情况

(b) 动态调整气井配产情况的气水界面抬升情况

图 5-3-12　底水气藏开发气水界面运移特征

（3）晚期排水：边底水气田开发后期气井必然会不同程度出水，优化排水采气工艺是延长采气井生产周期和提高气藏采收率的主要手段。目前国内外较常用的排水采气工艺主要有泡沫排水、连续气举、柱塞排水、电潜泵排水和速度管柱排水等。针对地质储量采出程度超过80%的基尔桑气田、捷列克古伊气田开展排水采气先导试验，以便积累相关经验。

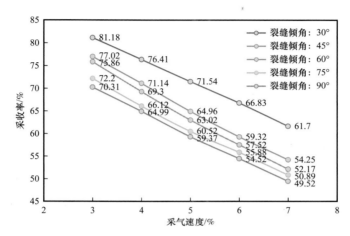

图 5-3-13　不同裂缝倾角下采气速度与采收率关系图版

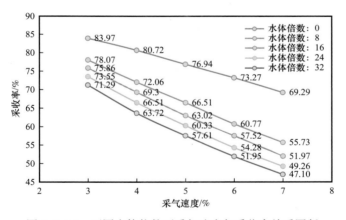

图 5-3-14　不同水体倍数下采气速度与采收率关系图版

2. 边底水气藏控水稳产效果

"早期避水、中期控水、晚期排水"的气藏整体治水对策实施后，阿姆河右岸项目别列克特利底水气藏和扬古伊边水气藏等均获得了较好的控水稳产效果（图 5-3-15）。

1）别列克特利底水气田控水稳产效果

别列克特利底水气田储层中高角度裂缝发育，部分区域水体活跃，气井出水风险较大。该气田于 2014 年 4 月 13 日投产，采用大斜度井和水平井不规则布井方式，为了防止底水水淹设计避水高度为 50～55m。2014—2017 年间，气田水气比控制在 $15\times10^{-6}\mathrm{m}^3/\mathrm{m}^3$ 以内，无水地质储量采出程度约 21.5%（图 5-3-16）。2018 年气田部分采气井开始见水，

为了控制水气比上升速度主要采取两个方面的治水措施：（1）降低采气速度，由见水前的
4.7% 下调至 4.1%；（2）优化单井配产，使各单井水气比保持在相近水平，实现底水整体
均匀、缓慢地抬升。截至 2020 年 12 月 31 日，别列克特利气田地质储量采出程度约 41%，
水气比控制在 $50 \times 10^{-6} m^3/m^3$ 左右。与国内同类型的威远气田震旦系气藏地质储量采出程
度 35.9% 时的水气比 $2500 \times 10^{-6} m^3/m^3$、涩北气田地质储量采出程度 8.0% 时的水气比 $500 \times 10^{-6} m^3/m^3$ 相比，别列克特利底水气田控水效果明显。

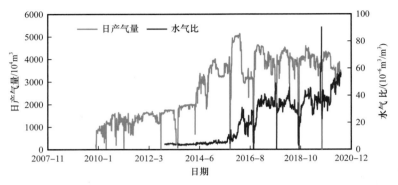

图 5-3-15　阿姆河右岸项目综合采气曲线

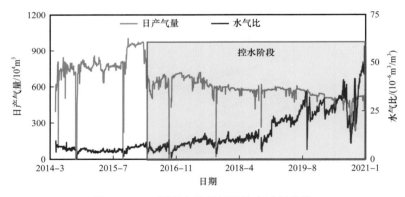

图 5-3-16　别列克特利气田综合采气曲线

2）扬古伊边水气田控水稳产效果

扬古伊边水气田储层中低角度裂缝发育，边水倍数约 4.6 倍。气田由一条南北向断层
贯穿整个构造，南侧边水易沿该断层及其周边裂缝侵入气田内部，导致采气井见水。气
田于 2014 年 4 月 13 日投产，采用大斜度井和水平井不规则布井方式。2014—2015 年间，
气田水气比控制在 $25 \times 10^{-6} m^3/m^3$ 以内（图 5-3-17）；2016 年气田南部 Yan-22 井和 Yan-
101D 井先后见水，气田水气比不断上升。为了控制水气比上升速度主要采取两个方面的
治水措施：（1）降低采气速度，由见水前的 5.8% 下调至 3.6%；（2）内控外排延缓边水
侵入速度，通过控制气藏内部井的产量和提高边部井的气水产量，减缓边水向气藏内部
的突进速度。通过实施治水措施，气田水气比长期稳定在 $350 \times 10^{-6} m^3/m^3$ 左右，取得了较
好的控水效果。

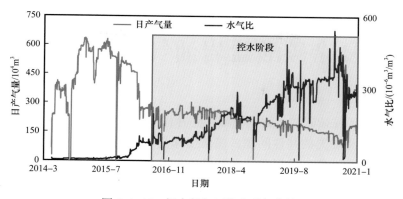

图 5-3-17　扬古伊气田综合采气曲线

第六章 复杂碳酸盐岩油气藏钻完井关键技术

中亚和中东地区复杂碳酸盐岩油气藏钻完井作业过程中主要面临以下工程技术挑战：一是碳酸盐岩储层易漏失的共性问题；二是土库曼斯坦阿姆河右岸盐膏层造斜稳斜及水平段延伸困难；三是哈萨克斯坦北特鲁瓦油田钻井提速及优质储层钻遇率低；四是伊拉克哈法亚油田碳酸岩盐储层上覆泥页岩段易垮塌。针对上述难题，通过一系列技术攻关研究，形成了中亚和中东地区复杂碳酸盐岩油气藏钻完井关键技术，包括碳酸盐岩储层防漏治漏新材料、上覆盐膏层缝洞型碳酸盐岩气藏延长水平段技术、低压力保持水平碳酸盐岩油藏水平井钻井技术、上覆易垮塌泥页岩段碳酸盐岩储层分支井钻完井技术，通过现场试验与技术推广应用，实现了中亚和中东地区复杂时效降低 30% 以上，阿姆河右岸缝洞型碳酸盐岩气藏水平段由 300m 提高至 600m 以上，固井质量合格率提高至 95%以上，北特鲁瓦油田超低压碳酸盐岩油气藏钻井周期缩短 10% 以上，优质储层钻遇率由 20.75% 提高到 71.43%，哈法亚油田上覆易垮塌泥页岩段井眼扩大率由 14.1% 降至 8.7%。解决了长期困扰中亚和中东地区的钻完井技术难题，实现了优快钻井与提产提效，获得良好的社会效益和经济效益，为中亚和中东地区油气资源的高效开发提供了坚实的工程技术保障。

第一节 碳酸盐岩储层防漏治漏技术

中亚和中东地区碳酸盐岩储层类型复杂，各向异性和非均质性强，非储层段岩性变化剧烈，存在异常高压盐水层和裂缝发育层段，纵向上发育多套压力体系且预测精度低，安全钻完井风险大；储集空间类型多、岩性复杂，导致钻井过程中恶性井漏频发。发生井漏井数占完钻总井数的 50% 以上，最大单井漏失量高达 3000m³ 以上，平均单井处理漏失时间超过 10 天以上。

针对中亚和中东地区碳酸盐岩储层漏失机理不清，无有效预防和快速处理漏失技术等技术难题，开展碳酸盐岩储层漏失机理、复杂碳酸盐地层快速治漏技术、碳酸盐岩储层防漏治漏技术研究，以及防漏治漏储层保护新材料新技术研发，取得了良好的现场应用效果，解决了缝洞型碳酸盐岩储层钻井液密度窗口窄导致的易漏瓶颈问题。

一、中亚和中东地区碳酸盐岩储层漏失机理

中亚和中东地区碳酸盐岩储层非均质性强，裂缝溶洞发育导致溢漏频发。针对这些问题首先明确阿姆河右岸、北特鲁瓦油田和哈法亚油田主要漏失层位及漏失特点，并结合易发生漏失层位为裂缝—溶蚀孔洞地层特征，明确主要存在压差漏失、诱导漏失和压裂漏失 3 种类型，为防漏堵漏材料研发奠定基础。

1. 碳酸盐岩储层主要漏失机理

阿姆河右岸、北特鲁瓦油田和哈法亚油田碳酸盐岩储层主要漏失类型为压裂性漏失、扩展性漏失、压差性漏失3种。

（1）压裂性漏失：井筒裸露地层为仅存裂缝闭合的地层，钻井过程中因井筒压力过大，使地层破裂或裂缝开启，产生人工诱导裂缝，导致钻井液漏失，其漏失压力主要取决于地层岩石的力学性质（图6-1-1）。

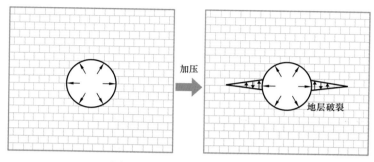

图 6-1-1　压裂性漏失示意图

（2）扩展性漏失：井筒裸露地层存在开度较小的非致漏天然裂缝，在压力、温度和流体流动等作用下逐渐变宽，最终形成致漏裂缝而漏失，其漏失压力主要取决于裂缝的宽度、刚度及钻井液封堵性能（图6-1-2）。

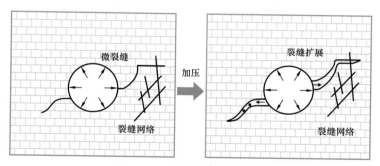

图 6-1-2　扩展性漏失示意图

（3）缝洞性漏失：井筒裸露地层裂缝和溶洞发育，引起漏失通道尺寸变大，钻井液在压差作用下自由流入地层，其漏失压力主要取决于缝洞发育程度及钻井液的黏度（图6-1-3）。

2. 阿姆河右岸漏失类型

阿姆河右岸缝洞型碳酸盐岩储层钻井液密度窗口窄，钻直井时的处理和解决办法都比较困难，大斜度井和水平井横向穿越破碎性、缝洞性碳酸盐岩地层的井控安全风险更大，

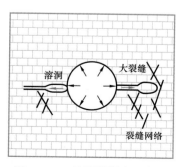

图 6-1-3　缝洞性漏失示意图

在井漏处理过程中常伴随井涌现象，定向井施工的钻具结构、定向工具、定向仪器制约了井漏的处理能力，极大地限制了处理井漏的技术措施和作业手段，增大了井漏处理的技术难度。发生井漏后，往往伴随气体置换向上滑脱、聚集、膨胀形成溢流，关井后井口压力骤增，井控风险高；在含 H_2S 情况下长时间关井极易造成断钻具事故，一旦情况复杂转化为事故，处理的难度更大，极可能造成井的报废，或井喷失控导致着火烧毁钻机的恶性事故。阿姆河右岸钻井漏失大多数发生在牛津阶—卡洛夫阶，纵向上主要分为3层，其储层类型为裂缝—溶洞型，主要漏失机理类型为缝洞型漏失，伴随有扩展性漏失。第一层微裂缝和溶洞发育，孔隙度大，漏失通道主要为溶蚀性孔洞（图6-1-4），平均漏速 $18m^3/h$。第二层发育较小溶孔，裂缝以斜缝与水平缝为主，充填程度较高，多被半充填全充填（图6-1-5），钻遇该井段平均漏速 $6m^3/h$。第三层溶洞和裂缝可见，孔隙极其发育，储层特征复杂，该段裂缝发育、地层破碎，连通性好（图6-1-6），导致了严重井漏和溢流交替发生，即喷漏同层，平均漏速 $25m^3/h$。

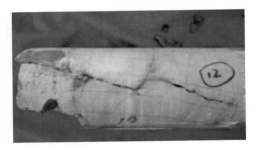

图6-1-4　阿姆河右岸缝洞型碳酸盐岩储层微裂缝和溶洞

图6-1-5　阿姆河右岸缝洞型碳酸盐岩储层微小溶孔

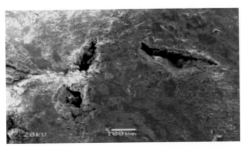

图6-1-6　阿姆河右岸缝洞型碳酸盐岩储层溶洞和裂缝

3. 北特鲁瓦油田漏失类型

北特鲁瓦油田储层储集空间为孔隙、裂缝和溶洞，主要漏失机理类型为缝洞性漏失。云质灰岩及灰质云岩类的岩石裂缝相对较发育，石灰岩储层裂缝欠发育；在白云岩高孔段裂缝欠发育，裂缝主要发育在低孔—中孔及相对质密段，346 个薄片发育 675 条裂缝，以构造缝和溶蚀缝为主，钻井过程中容易使裂缝开启，导致漏失（图 6-1-7）。

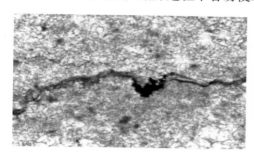 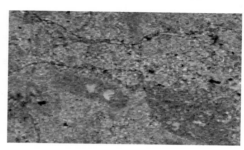

图 6-1-7　北特鲁瓦油田溶蚀缝开启情况

4. 哈法亚油田漏失类型

哈法亚油田严重漏失的层位主要集中在 Jaddala 层和 Mishrif 层，裂缝和溶洞发育，漏失机理类型以压裂性漏失和缝洞性漏失为主。储层孔道宽度平均值在 20μm 以上，甚至达到了 120μm，而常规钻井液固相颗粒粒径范围在 10～75μm，所以，在钻井液中的固相颗粒进入这些地层时，漏失就会随之发生。

Jaddala 层裂缝发育，以诱导性裂缝为主，地层承压能力差，易诱发产生裂缝，导致钻井液漏失，属于压裂性漏失（图 6-1-8）。Mishrif 层裂缝和孔洞发育，初期采用衰竭式开发方式，地层压力逐渐降低，导致钻井过程中漏失频发，属于缝洞性漏失。

图 6-1-8　哈法亚油田岩心裂缝

二、含颗粒堵漏液体在裂缝中的流动和堵塞模型

含颗粒堵漏液体的堵漏过程即是含颗粒堵漏液体在裂缝中的流动过程，可以简化为宾汉姆悬浮颗粒两相流在裂缝里的流动过程（陈松贵，2014）。悬浮颗粒两相流的流动和堵塞不仅受到颗粒体积分数和运动速度的影响，而且受流体的作用影响。这里首先确定了计算模型边界条件，采用球形颗粒代替堵漏颗粒，利用封堵规律模型模拟含颗粒堵漏液体在缝隙中的流动过程。通过数值模拟，分析孔径比、含颗粒堵漏液体性质和裂缝分布规律对含颗粒堵漏液体的流动和堵塞规律的影响。

1. 模型边界条件

含颗粒堵漏液体在复杂间隙结构中的流动过程中，虽然含颗粒堵漏液体的流动通道有很多个，但是其堵塞机理本质上与含颗粒堵漏液体在单通道里的堵塞机理一致。为了简化这一问题，从以下两方面分析：

（1）分析含颗粒堵漏液体在单通道里的流动和堵塞规律 $Q_{out}(D)$；

（2）分析通道大小分布 $P(D)$ 下的总颗粒流量 $Q_{out}=\int Q_{out}(D)P(D)dD$。

图 6-1-9 是模拟含颗粒堵漏液体在缝隙的流动通道，前后边界为周期边界，上下边界为固定边壁，左右边界为速度边界。流体和颗粒按照相同的速度流入通道内，以模拟含颗粒堵漏液体流动过程中的恒定输入流量条件。设定流体入口处流量为 1.2L/s（为定值），出口处流体可自由流动（自由边界）。流体密度、屈服应力和塑性黏度分别设定为 2200kg/m³、13.5Pa 和 100mPa·s。颗粒的法向刚度值设定为 $k_n=5\times10^5$N/m，切向刚度值设定为 $k_t=1\times10^5$N/m，阻尼比设定为 $c_n=c_t=0.5$。在不特殊说明的情况下，模拟中均采用这些参数。

颗粒直径 $d_p=510\mu m$，并定义孔径比 D 为裂缝宽度和颗粒直径之间的比值：

$$D=\frac{L}{d_p} \tag{6-1-1}$$

为了几何对称性，假设缝隙开口形状为正方形。其中 L 为缝隙开口宽度，即面积大小是 L^2（图 6-1-9）。模拟中通过改变缝隙直径大小来改变通道的大小，观察含颗粒堵漏液体在通道里的流动和堵塞过程。统计通道通过的颗粒流量和流体流量，分析颗粒体积分数的变化。此外，当通道较为狭窄时，含颗粒堵漏液体的输出流量要小于输入流量，因此会有颗粒在缝隙上方堆积，填满整个通道。当通道被填满之后，入口处新输入的颗粒会与之前的颗粒发生重叠，导致计算崩溃，不能获得稳定的流动状态。为了防止这一现象的发生，规定颗粒填满 3/4 通道时改变输入流量，使输入流量等于输出流量，即 $Q_{in}=Q_{out}$，以获得稳定的模拟过程。

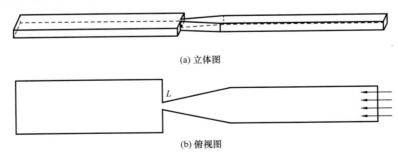

(a) 立体图

(b) 俯视图

图 6-1-9　含颗粒堵漏液体在缝隙的流动模拟示意图

2. 孔径比的影响

首先分析孔径比对流动和堵塞规律的影响。模拟开始时，从通道上方输入宾汉姆流体—颗粒两相流以代表含颗粒堵漏液体的流动过程，颗粒随机分布，含颗粒堵漏液体很快填满整个通道，并且流动状态相对稳定。逐渐调整颗粒直径和缝隙宽度，使得孔径比的变化区间为 1.2～7.2，并且实时记录堵漏浆在模型中的流动状态（图 6-1-10）。可以看到堵漏浆在模型中的流动状态分为 3 种：稀疏流状态、密集流状态和不流动状态（堵塞状态）。当孔径比 $D \geqslant 2.0$ 时，缝隙形成的通道尺寸相对于含颗粒堵漏液体里的颗粒直径较大，输入的含颗粒堵漏液体均能顺利通过，颗粒不会在缝隙上方堆积，也不会发生含颗粒堵漏液体的堵塞，而且 $Q_{in} = Q_{out}$，此时的流动为稀疏流状态。当 $D \leqslant 1.9$ 时，通道尺寸相对于颗粒直径较小，注入到通道内的颗粒有一部分堆积在缝隙上方，虽然此时也能形成稳定的出流，但是 $Q_{in} > Q_{out}$，因此堵漏浆中的堵漏颗粒会在缝隙处逐渐堆积，流动状态为密集流。当 $D = 1.3$ 时，通道狭窄处的尺寸仅稍稍大于一个颗粒直径，此时注入到通道内的含颗粒堵漏液体基本不能流出，输出流量为 0，流动状态为堵塞。

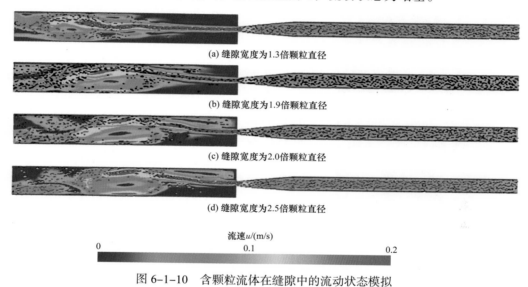

(a) 缝隙宽度为1.3倍颗粒直径

(b) 缝隙宽度为1.9倍颗粒直径

(c) 缝隙宽度为2.0倍颗粒直径

(d) 缝隙宽度为2.5倍颗粒直径

流速u/(m/s)

0   0.1   0.2

图 6-1-10　含颗粒流体在缝隙中的流动状态模拟

图 6-1-11 是孔径比 $D = 1.9$ 时的瞬时流动示意图，颗粒开始在缝隙处发生堵塞。随着时间的累积，大量颗粒逐渐堆积起来。

流动达到稳定时，统计流经缝隙处的颗粒流量和流体流量结果（图 6-1-12）。孔径比对堵漏颗粒和堵漏液体的流量影响较为明显，但是变化规律有所不同。对于颗粒流量，当 $D > 1.9$ 时，此时的流动为稀疏流，流出缝隙的颗粒流量与输入流量相同，即 $Q_{in} = Q_{out}$，孔径比对堵漏颗粒和堵漏液体的流量影响较小。当 $1.3 < D < 1.9$ 时，流动状态变为密集流态，$Q_{in} > Q_{out}$，并且输出流量随着孔径比的增大而增加。当 $D \leqslant 1.3$ 时，流动完全堵塞，输出流量为 0。这 3 种模式之间有明确的临界转变点。当孔径比较大时，流动比较通畅，颗粒在流体的携裹下运动，几乎不与其他颗粒以及边壁作用，堵漏浆中的堵漏颗粒可以顺利流出，因此 $Q_{in} = Q_{out}$。而孔径比逐渐变小时，颗粒在缝隙上方堆积，形成稳定的结构，主要作用为颗粒与颗粒之间以及颗粒与缝隙之间的接触作用，堆积的颗粒速度趋于 0。

3. 含颗粒堵漏液体性质的影响

含颗粒堵漏液体的性质对流动的影响包括含颗粒堵漏液体颗粒的含量，颗粒的直径、屈服值及塑性黏度等。颗粒的含量不仅影响含颗粒堵漏液体的流动性能，而且影响含颗

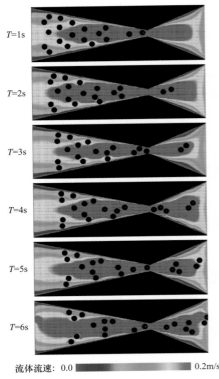

流体流速: 0.0 ▬▬▬▬▬ 0.2m/s

图 6-1-11　　$D=1.9$ 时的瞬时流动状态
（放大）

粒堵漏液体的抗离析性能，因而与含颗粒堵漏液体的填充效果密切相关。采用 3 种颗粒含量（颗粒含量 $\varphi=42\%$、28%、17%）分析颗粒含量对高分子量堵漏浆流态的影响（图 6-1-13），不同颗粒含量下高分子量堵漏浆流量随孔径比的变化而变化，分为稀疏流状态、密集流状态和不流动状态（堵塞状态）3 种情况。但不同的颗粒含量对应的临界转变点不同。含颗粒堵漏液体的输入流量恒定为 1.2L/s，对于 42%、28% 和 17% 三种颗粒含量，颗粒的输入流量分别为 0.504L/s、0.336L/s 和 0.204L/s。当流动状态为稀疏流时，$Q_{in}=Q_{out}$，与孔径比变化无关。当流动状态为密集流时，颗粒的输出流量随孔径比的减小而快速减小。3 种颗粒含量的流动均在孔径比 $D=1.3$ 附近发生堵塞，流动完全停止。

通过修改流体的屈服应力和塑性黏度来分析流体性质对含颗粒堵漏液体流动和堵塞的影响，并进行了两组实验与之前的结果进行对比（前面不同颗粒含量堵漏浆的塑性黏度值设定为 100mPa·s，屈服应力值设定为 13.5Pa），一组保持塑性黏度不变，将屈服应力设定为 15Pa；另一组保持屈服应力不变，将塑性黏度增加到 120mPa·s。可以看到 3 组颗粒输出流量结果非常接近（图 6-1-14），这进一步说明当形成密集流时，颗粒的输出流量主要由孔径比决定，与其他条件关系不大。流体的流量受流体材料性质影响较大，屈服应力和黏度越小，流体的流量越大，因而能携带更多的颗粒，降低通道中的颗粒含量。

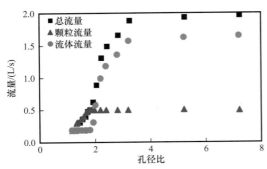

图 6-1-12　颗粒和流体流量与孔径比关系图

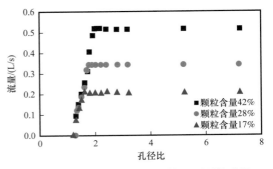

图 6-1-13　不同的颗粒含量情况下颗粒流量
随孔径比的变化

4. 裂缝分布规律的影响

图 6-1-15 是模拟钻井壁面上的缝隙大小分布情况，沿着周向的缝隙孔径比 D 不同。

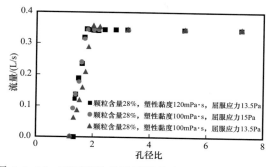

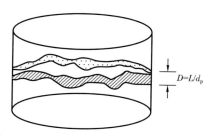

图 6-1-14　不同流体性质的颗粒流量随孔径比的变化　　图 6-1-15　钻井壁面上缝隙大小分布示意图

假定缝隙孔径比的概率密度分布为 $f(D)$，概率分布则为

$$P(D) = \int_D^{D+\delta D} f(D)\mathrm{d}D = \frac{L(D)}{2\pi R} \qquad (6\text{-}1\text{-}2)$$

式中，$L(D)$ 是具有孔径比为 D 的缝隙沿周向的长度。假设概率密度分布 $f(D)$ 满足高斯分布：

$$f(D) = \frac{1}{\sqrt{2\pi\sigma^2}} \exp - \left[\frac{(D-\bar{D})}{2\sigma^2} \right]^2 \qquad (6\text{-}1\text{-}3)$$

式中，$\bar{D}$ 是平均的无量纲孔径比；σ 反映了孔径比的分布，两者的确定取决于工程中实际情况。比如，$\bar{D}=5.3$，而不同 σ 对应的孔径比分布情况如图 6-1-16 所示。

进一步假设进步不同孔径比 D 裂隙的堵漏液流量相同，亦即在壁面上 Q_{in} 处处相同，那么就可以统计得到壁面上裂隙的总流入堵漏液的量：

$$Q_{in}^{T} = Q_{in} \qquad (6\text{-}1\text{-}4)$$

图 6-1-16　不同 σ 时缝隙孔径比分布情况

以及流出的总颗粒流量：

$$
\begin{aligned}
Q_{out}^{T} &= \int_0^{D_{max}} Q_{out} f(D)\mathrm{d}D \\
&= \int_{D_J}^{D_c} A(D-D_J) - \frac{1}{\sqrt{2\pi\sigma^2}} \exp\left[\frac{(D-\bar{D})^2}{2\sigma^2} \right]\mathrm{d}D + \int_{D_c}^{D_{max}} Q_{in} \frac{1}{\sqrt{2\pi\sigma^2}} \exp\left[\frac{(D-\bar{D})^2}{2\sigma^2} \right]\mathrm{d}D
\end{aligned}
$$

$$(6\text{-}1\text{-}5)$$

式中　A——流速，kg/s；

　　　D——孔径比；

D_J——最小孔径比。

得到钻井壁面上的平均颗粒流量比值为

$$M = \frac{Q_{out}^T}{Q_{in}^T} \qquad (6-1-6)$$

假设颗粒直径为 0.53mm，最大孔径比 $D=10$，即最大缝隙为 5.3mm；假设平均孔径比 $\bar{D}=5$，即平均缝隙为 2.65mm，由式（6-1-4）和式（6-1-5）计算可得到 M。

缝隙分布对钻井壁面堵漏液中颗粒的漏失有较大影响（图 6-1-17），亦即 σ 越大，孔径比分布越宽泛，则输出流量 Q_{out} 与输入流量 Q_{in} 的比值越小，更多的堵漏液不能流出，从而发生堵塞。

由图 6-1-18 可以看出，堵漏液输入流量越大，而输出流量 Q_{out} 与输入流量 Q_{in} 的比值越小。当输入流量 Q_{in} 达到 11kg/s 时，输出流量 Q_{out} 与输出流量 Q_{in} 比值仅为 0.1 左右。

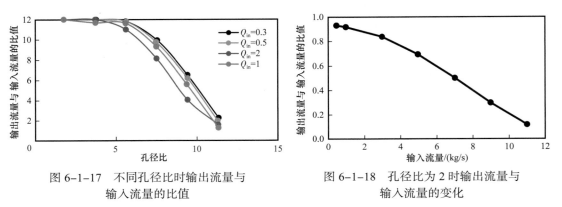

图 6-1-17　不同孔径比时输出流量与　　　　图 6-1-18　孔径比为 2 时输出流量与
　　　　输入流量的比值　　　　　　　　　　　　　　输入流量的变化

三、复杂碳酸盐地层响应型可控固化堵漏材料

碳酸盐岩油气藏在复杂压力系统下的井漏已成为钻井的首要工程技术难题，为解决裂缝性地层堵漏和提高承压能力等技术难题，开发新型堵漏材料与工艺技术，形成配套裂缝性地层快速治漏技术，实现节约钻井时间，降低钻井成本，保障了长裸眼井段的安全快速钻进。

响应型可控固化堵漏材料主要由滤失材料、纤维成网材料、胶凝材料等复合而成，通过优化，其组分质量配比为（30～45）：（30～45）：（25～30）。其中，滤失材料具有良好的多孔结构和可压缩性，可起到堵塞和滤失作用；纤维成网材料由长度为 0.1～0.5mm、0.5～1mm 和 1～3mm 的聚合物纤维按照 3:5:2 的质量比复配而成，不仅可提高堵漏浆的悬浮稳定性，还可在形成的滤饼中起到成网拉筋，并提高滤饼强度和增韧的作用；胶凝材料的质量分数为 25%～30% 较合适，在配制的堵漏浆中浓度不能过高，达到既不发生滤失又不会发生胶凝固化反应。堵漏浆液失水后发生快速富集固化，既保证了施工安全，又能起到提高封堵层胶结强度的作用。

1. 响应型可控固化堵漏材料堵漏机理

响应型可控固化堵漏材料堵漏机理主要分为深度封堵、快速滤失、架桥填充以及胶凝固化4个方面。

（1）深度封堵：一般情况下，不引入大颗粒的架桥材料，响应型可控固化堵漏浆中的颗粒处于微米级，且堵漏浆流动性强，容易进入漏失通道，可以实现深度封堵，提升封堵层的抗破能力和有效时长。

（2）快速滤失：响应型可控固化堵漏浆进入裂缝通道后，堵漏浆液在漏失压差作用下，自由水迅速流失，固体颗粒易沉淀而形成滤饼，从而可以堵塞漏失通道，阻止工作液漏失。

（3）架桥填充：响应型可控固化堵漏浆由合理粒径级配的架桥材料、填充材料和成网材料组成，形成的封堵层具有空间网状结构，有效提高了堵漏浆的驻留、封堵能力。

（4）胶凝固化：通过快速滤失而形成滤饼的固相含量较高，并快速发生胶凝固化反应，形成强度较高的封堵层。

2. 响应型可控固化堵漏材料性能评价

1）悬浮稳定性评价

在100mL的量筒中装入用清水配制好堵漏浆，测量静置不同时间析水率，一般要求1min析水率小于20%。响应型可控固化堵漏材料的浓度越高，析水率越低，随着静置时间的延长，析水率越来越高（图6-1-19），但不同浓度的响应型可控固化堵漏浆1min析水率均小于5%，60min析水率均小于20%，表明响应型可控固化堵漏浆具有良好的悬浮稳定性，可以满足现场安全堵漏施工要求。

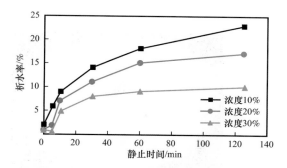

图6-1-19 不同浓度的响应型可控固化堵漏浆析水率评价结果

2）滤失性能评价

响应型可控固化堵漏材料的滤失性能是堵漏工艺技术的关键技术指标，其主要包括全滤失时间、滤失量和滤饼强度。

（1）全滤失时间及滤失量。

采用API滤失测试方法，测定不同浓度的响应型可控固化堵漏浆在0.69MPa压力下的全滤失时间和滤失量（图6-1-20）。不同浓度的响应型可控固化堵漏浆的全滤失时间为10～15s、滤失量为102～152mL，且随着堵漏材料浓度的增加，滤失量降低，表明堵漏浆在漏层中的驻留速度加快，封堵层中堵漏材料富集密度越高，更利于形成致密的封堵层。

（2）滤饼厚度及其抗压强度。

将滤饼自然风干后，采用凝胶强度测试仪测定滤饼受压破碎时的最高压力，即为滤饼的抗压强度。随着响应型可控固化堵漏材料浓度的增加，滤饼厚度和滤饼抗压强度逐渐增加（图 6-1-21），滤饼厚度为 21～24mm，滤饼抗压强度为 3.4～9.5MPa，这是因为响应型可控固化堵漏材料的浓度越高，堵漏浆的固相含量越高，全滤失后的滤饼厚度增加，滤饼抗压强度升高。现场可根据实际井漏情况，如漏失速度的大小及裂缝宽度，设计合理的响应型可控固化堵漏材料的浓度。

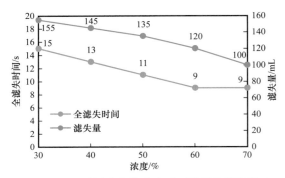

图 6-1-20　不同浓度的响应型可控固化堵漏浆全滤失时间和滤失量

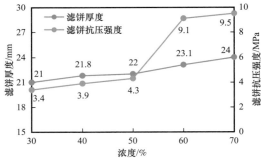

图 6-1-21　不同浓度的响应型可控固化堵漏材料滤饼厚度及抗压强度

（3）滤饼及其微观状态表征。

图 6-1-22 和图 6-1-23 分别是滤饼受压破裂后的外观和内部微观状态图，可以看出，滤饼具有较好的韧性，受压破裂但不破碎，主要是因为堵漏浆中的纤维成网和增韧作用，使得其内部呈空间网状结构，提高了滤饼的强度和韧性。

图 6-1-22　响应型可控固化堵漏剂滤饼受压破裂状态

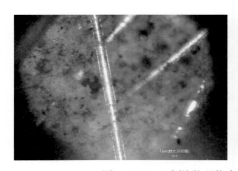

图 6-1-23　滤饼微观状态分析结果（放大 3700 倍）

3）堵漏性能评价

响应型可控固化堵漏剂性能包括配制的堵漏浆在裂缝中的驻留能力及封堵承压能力。

（1）驻留能力评价。

堵漏材料在漏失通道中的驻留是形成封堵塞子的前提，在不同尺寸的缝板漏失模拟装置中，评价了50%浓度的响应型可控固化堵漏浆的驻留能力（表6-1-1）。响应型可控固化堵漏浆可在1mm和3mm裂缝中快速驻留封堵，堵漏剂固相粒子的粒径级配、纤维材料的成网作用起到了很好的自动架桥、成网驻留的效果；响应型可控固化堵漏浆在5mm和10mm裂缝中驻留难度较大，加入堵漏浆后迅速全部漏失，但复合架桥颗粒后的堵漏浆可以形成有效驻留；复合架桥颗粒的浓度和粒径尺寸需要随着裂缝尺寸的增加而增加，引入3.5%的1～3mm桥堵颗粒可以有效满足5mm裂缝中堵漏浆的驻留，而对于10mm裂缝，则需要再引入2.5%的3～5mm桥堵颗粒。引入一定粒径的桥堵颗粒可提高堵漏浆在漏层中的滞留时间，为响应型可控固化堵漏浆驻留成塞创造条件。现场堵漏时，可以针对井漏严重程度及地层裂缝尺寸，选择合适粒径的桥堵颗粒，提高驻留能力（Savari et al.，2016）。

表6-1-1　50%浓度响应型可控固化堵漏浆在缝板漏层驻留性能评价结果

配方编号	堵漏浆配方	裂缝宽度/mm	评价结果
配方1	清水+50% FFPM-1	1	快速驻留，不漏失
配方2		3	快速驻留，漏失浆量比例为5%
配方3		5	无法有效驻留，堵漏浆全部漏失
配方4		10	无法有效驻留，堵漏浆全部漏失
配方5	清水+50% FFPM-1+3.5%的1～3mm桥堵颗粒	5	有效驻留，漏失浆量比例为15%
配方6		10	无法有效驻留，堵漏浆全部漏失
配方7	清水+50% FFPM-1+3.5%的1～3mm桥堵颗粒+2.5%的3～5mm桥堵颗粒	5	有效驻留，漏失浆量比例为10%
配方8		10	有效驻留，漏失浆量比例为18%

（2）封堵承压能力评价。

按照表6-1-1中的配方7和配方8，配制堵漏浆1000mL，评价在5mm和10mm缝板模拟漏层中的封堵性能（图6-1-24），在5mm和10mm缝板模拟漏层中可以形成有效驻留，且随着挤注量的增加，承压封堵能力逐渐升高，5mm和10mm缝板中封堵承压能力分别高达19MPa和10MPa。10mm缝板实验后经过80℃、16h静置老化后的封堵层具有致密、坚硬特性、良好的抗破能力（图6-1-25）。

四、保护储层响应型可酸溶固结堵漏材料

碳酸盐岩油藏储层类型复杂，天然裂缝非常发育，且地层压力系统复杂，安全密度窗口窄，导致井漏频发。常规桥塞堵漏、随钻堵漏和化学堵漏等常规堵漏材料处理复杂压力系统漏失成功率低，不能有效解决复杂碳酸盐岩漏喷同存漏失难题。现有防漏堵漏

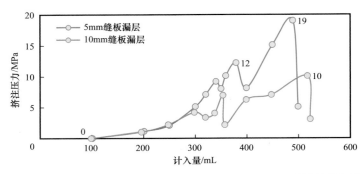

图 6-1-24　响应型可控固化堵漏浆在 5mm 和 10mm 缝板的封堵性能评价曲线

图 6-1-25　缝板及响应型可控固化堵漏剂快速充填封堵效果

材料对裂缝自适应能力差、一次堵漏成功率低；桥堵材料功能单一、配方复杂，堵漏效果难以复制；化学堵漏材料抗温抗压能力低、提高地层承压能力有限，储层段专用堵漏材料缺乏，尤其是缺少水基钻井液条件下的高效可酸溶堵漏材料。

1. 材料性能要求

针对固结堵漏材料性能要求，确定固结堵漏材料配方由固化剂、助滤剂、悬浮剂、缓凝剂等组成。

（1）固化剂。水泥是现场常用的固化材料，但目前常用的硅酸盐水泥存在凝结时间过长、早期强度不高、酸溶率较低（60% 酸溶率）等缺陷，针对普通水泥的不足，采用铝酸盐水泥与之复配，既提高了酸溶率又降低了初凝时间。

（2）助滤剂。为保证固化段塞具备较快的封堵性能，需要加入一定量的助滤材料。助滤材料的加入，一方面能够保证固化段塞的快速滤失；另一方面，可将固化材料处于适宜的比例范围内，既可保证固化段塞具有较高的固化强度，又可避免由于固化比例过高而发生闪凝现象。为保证固化段塞的可酸溶性能，选择可完全酸溶的青石粉为助滤材料。

（3）悬浮剂。为保证固化封堵浆的稳定性，选择现场常用的钠膨润土作为固化堵漏浆的悬浮剂。

（4）缓凝剂。硫铝水泥在现场施工时，采用硼酸和硫酸铝复配成为缓凝剂，该缓凝剂以足够量的硼酸来保证在熟料颗粒周围迅速形成严密的硼酸钙包裹层，包裹层外部液相中可析出钙矾石，可以使液相浓度降低，水可以向包裹层内渗透，使包裹层破裂，从而使以其凝结变缓。

2. 响应型可酸溶固结堵漏材料选择

（1）固化剂。硫铝水泥的主要原料为石灰石和铝矾土，无水硫铝酸钙和硅酸二钙为熟料，同时混入适量的石膏和混合材料进行研磨得到。固定配方（水灰比 1:1.5，1% 增韧剂、10% 悬浮剂），评价不同固化剂比例对固化段塞性能影响。

固化剂 Ⅰ 与固化剂 Ⅱ 的质量比为 2:8 时，在该水泥比例下的强度较低，最高仅为 2.5MPa，初凝时间也较短，不满足要求（表 6-1-2）。

表 6-1-2　20% 固化剂 Ⅰ 加量对固化段塞性能影响

缓凝剂 Ⅰ 加量 /%	初凝时间 /min	24h 室温养护强度 /MPa
0.1	35	2
0.2	40	1.8
0.3	42	2
0.5	25	2.5
0.8	65	2.5
1.0	100	2

固化剂 Ⅰ 与固化剂 Ⅱ 的质量比为 3:7 时，提高固化剂 Ⅰ 加量至 30%，强度略有提高，但仍较低，最高仅为 3MPa，而且初凝时间较短，不满足工程需求（表 6-1-3）。

表 6-1-3　30% 固化剂 Ⅰ 加量对固化段塞性能影响

缓凝剂 Ⅰ 加量 /%	初凝时间 /min	24h 室温养护强度 /MPa
0.1	15	3
0.2	20	2.5
0.3	23	2
0.5	340	1.5
0.8	505	2
1.0	540	1.3

固化剂 Ⅰ 与固化剂 Ⅱ 的质量比为 4:6 时，提高硫铝水泥加量，其固化后强度大大提高，缓凝剂加量在 0.6%～0.7% 时，缓凝时间满足现场施工要求（表 6-1-4）。

固化剂 Ⅰ 与固化剂 Ⅱ 的质量比为 1:1 时，在该水泥比例下的强度在 5～6MPa，初凝时间可控，满足现场施工需求（表 6-1-5）。

固化剂 Ⅰ 与固化剂 Ⅱ 的质量比为 6:4 时，提高固化剂 Ⅰ 加量至 60%，初凝时间大大延长，这是由于缓凝剂 I 对固化剂 I 的影响作用较大，随着固化剂 I 的比例提高，缓凝时间也延长，初凝时间可控，满足现场施工需求，固化后强度 5～6MPa，强度较好（表 6–1–6）。

表 6–1–4　40% 固化剂 I 加量对固化段塞性能影响

缓凝剂 I 加量 /%	初凝时间 /min	24h 室温养护强度 /MPa
0.1	70	1.2
0.3	100	1.5
0.5	130	1.7
0.6	180	7.5
0.7	240	8
0.8	480	—
1.0	>600	—

表 6–1–5　50% 固化剂 I 加量对固化段塞性能影响

缓凝剂 I 加量 /%	初凝时间 /min	24h 室温养护强度 /MPa
0.1	55	2
0.3	60	1.5
0.5	90	2
0.7	150	5.5
0.8	190	5
1.0	200	5

表 6–1–6　60% 固化剂 I 加量对固化段塞性能影响

缓凝剂 I 加量 /%	初凝时间 /min	24h 室温养护强度 /MPa
0.1	40	1.2
0.3	50	1.2
0.5	80	2
0.8	280	6
1.0	300	5

继续提高固化剂 I 比例至 70%，在相同的缓凝剂加量下，缓凝时间大大延长，且固化后强度降低。固化剂比例在 4∶6～6∶4 时，固化段塞养护后强度较好，缓凝时间可调，满足现场施工需求，因此，确定固化剂的比例为 4∶6～6∶4（表 6–1–7）。

表 6-1-7　70% 固化剂Ⅰ加量对固化段塞性能影响

缓凝剂Ⅰ加量 /%	初凝时间 /min	24h 室温养护强度 /MPa
0.1	50	1.5
0.3	90	1.3
0.6	>600	4
0.7	>600	3
0.8	>600	4

（2）助滤剂。为避免闪凝现象的发生，降低固化剂在可酸溶段塞中的比例，用可完全酸溶的青石粉为助滤剂替代部分固化剂，由于助滤剂的加入提高了浆体的黏度，因此降低悬浮剂加量至 1%，固定配方（水灰比 1 : 1.5、固化剂比例 1 : 1、1% 悬浮剂、1% 有机纤维）评价其对固化段塞性能的影响。

用 30% 助滤剂替代相应质量的固化剂，评价其对固化段塞的性能影响（表 6-1-8），在不同的缓凝剂加量下的初凝时间可控，中压失水后强度仍较高（大于 20MPa）。

表 6-1-8　30% 助滤剂加量对固化段塞性能影响

缓凝剂Ⅰ加量 /%	缓凝剂Ⅱ加量 /%	初凝时间 /min	0.7MPa 全失水时间 /s	24h 室温养护强度 /MPa	0.7MPa 全失水强度 /MPa	120℃初凝时间 /min
0.3	0.1	480		2.3	>20	30
0.4	0.1	1440	19	1.5	>20	120
0.5	0.1	2880		1.3	>20	150

进一步提高助滤剂比例，采用 40% 助滤剂替代相应质量的固化剂，评价其对固化段塞的性能影响（表 6-1-9），在不同的缓凝剂加量下的初凝时间可控，中压失水后强度仍较高（大于 20MPa）。

表 6-1-9　40% 助滤剂加量对固化段塞性能影响

缓凝剂Ⅰ加量 /%	缓凝剂Ⅱ加量 /%	初凝时间 /min	0.7MPa 全失水时间 /s	24h 室温养护强度 /MPa	0.7MPa 全失水强度 /MPa	120℃初凝时间 /min
0.3	0.1	210		5.1	>20	30
0.4	0.1	480	21	5.1	>20	150
0.5	0.1	>1440		4.5	>20	210

继续增加助滤剂比例，用 50% 助滤剂替代相应质量的固化剂，评价其对固化段塞的性能影响（表 6-1-10），在不同的缓凝剂加量下的初凝时间可控，中压失水后强度仍较高（大于 20MPa）。

表 6-1-10 50% 助滤剂加量对固化段塞性能影响

缓凝剂Ⅰ加量 /%	缓凝剂Ⅱ加量 /%	初凝时间 /min	0.7MPa 全失水时间 /s	24h 室温养护强度 /MPa	0.7MPa 全失水强度 /MPa	120℃初凝时间 /min
0.3	0.1	120		2	>20	30
0.4	0.1	180	25	4	>20	120
0.5	0.1	420		5.5	>20	150

增加助滤剂加量至 60%，采用 60% 助滤剂替代相应质量的固化剂，评价其对固化段塞的性能影响（表 6-1-11），在不同的缓凝剂加量下的初凝时间可控，中压失水后强度仍较高（大于 20MPa）。

表 6-1-11 60% 助滤剂加量对固化段塞性能影响

缓凝剂Ⅰ加量 /%	缓凝剂Ⅱ加量 /%	初凝时间 /min	0.7MPa 全失水时间 /s	24h 室温养护强度 /MPa	0.7MPa 全失水强度 /MPa	120℃初凝时间 /min
0.3	0.1	480		3	>20	30
0.4	0.1	>600	25	4	>20	150
0.5	0.1	>600		5	>20	210

增加助滤剂加量至 70%，采用 70% 助滤剂替代相应质量的固化剂，由于固化剂比例减少，固化后强度降低，但中压失水后强度仍大于 10MPa，满足现场需求（表 6-1-12）。

表 6-1-12 70% 助滤剂加量对固化段塞性能影响

缓凝剂Ⅰ加量 /%	缓凝剂Ⅱ加量 /%	初凝时间 /min	0.7MPa 全失水时间 /s	24h 室温养护强度 /MPa	0.7MPa 全失水强度 /MPa	120℃初凝时间 /min
0.3	0.1	180		1.5	10	20
0.4	0.1	210		2	11	30
0.5	0.1	240		1.8	10.5	60
0.6	0.1	380	21	1.8	12	90
0.7	0.1	600		2	11	150
0.8	0.1	>1000		1.5	10.5	190

综上所述，加入助滤剂后，浆体的中压失水时间有所降低，当助滤剂加量低于 70% 时，固化段塞的固化强度基本无变化；助滤剂加量为 70% 时，由于固化剂含量较低，固化后强度有所降低，但仍高于 10MPa，为最大限度地降低闪凝现象的发生，选择固化段塞中助滤剂的加量为 70%。

（3）缓凝剂。

为保证缓凝时间的稳定，缓凝剂采用两种缓凝剂复配的方式：不同缓凝剂加量、不同硼酸和硫酸铝加量，固定配方（水灰比 1∶1.5，45% 硫铝水泥、10% 钠土、45% 硅酸盐水泥、1% 纤维），评价固化段塞在不同缓凝剂加量下的性能（表 6-1-13 和表 6-1-14）。

表 6-1-13 不同缓凝剂加量对固化段塞性能影响

缓凝剂Ⅰ加量 /%	缓凝剂Ⅱ加量 /%	初凝时间 /min	24h 室温养护强度 /MPa	0.7MPa 全失水强度 /MPa
0.6	0.05	200	6	>20
0.6	0.1	100	5	>20
0.6	0.15	140	5.5	>20
0.6	0.2	130	5	>20
0.6	0.25	115	6.5	>20
0.6	0.3	75	6	>20

表 6-1-14 不同硼酸和硫酸铝加量对固化段塞性能影响

缓凝剂Ⅰ加量 /%	缓凝剂Ⅱ加量 /%	初凝时间 /min	24h 室温养护强度 /MPa	0.7MPa 全失水强度 /MPa	120℃初凝时间 /min
0.8	0.05	190	4	>20	
0.8	0.1	130	3	>20	
0.8	0.15	150	4	>20	90
0.8	0.2	110	3	>20	
0.8	0.25	95	4	>20	
0.8	0.3	190	7	>20	

缓凝材料的加量影响初凝时间和固化强度（图 6-1-26），固化段塞经 24h 养护后其固化强度均较高（>20MPa），随着缓凝剂Ⅰ加量的提高，初凝时间延长，这是由于缓凝剂Ⅰ能够在固化剂颗粒周围形成包裹膜，使膜内熟料矿物的水化过程更加艰难，缓凝时间增长。缓凝时间随着缓凝剂Ⅱ的加量增长而减少，缓凝剂Ⅱ的加入，加快了浆体固化速度，因此在缓凝剂Ⅰ中加入缓凝剂Ⅱ可稳定其缓凝作用，缓凝剂Ⅱ加量在 0.1%～0.25% 时，缓凝效果较稳定。

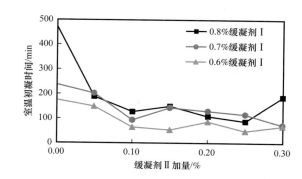

图 6-1-26 不同温度和缓凝加量条件下的初凝时间评价

（4）悬浮剂。

悬浮剂加量低，浆体易沉降，导致上层段塞的固化强度降低甚至出现不固化现象；悬浮剂加量过高，浆体流型差，配浆困难，现场不易施工。需要优选合适的悬浮剂加量，既可保证浆体的稳定又能保持较好的流型。

固定水灰比 1 : 1.5，采用 0.5% 缓凝剂 I、0.1% 缓凝剂 II、15% 固化剂 I、15% 固化剂 II、70% 助滤剂、1% 有机纤维绒，评价不同悬浮剂加量对固化段塞性能的影响。悬浮剂加量低于 8%（占灰的质量比）时，浆体的流型较好（表 6-1-15）。

表 6-1-15　悬浮剂加量对固化段塞性能影响

悬浮剂加量 / %	0.7MPa 全失水 时间 /s	2h 析水率 / %	24h 室温养护强度 / MPa	0.7MPa 全失水 强度 /MPa	120℃初凝时间 / min
0.5	25	16	0.8	>20	130
1	27	7	1.2	>20	150
3	30	8	1.3	>20	160
5	46	8	1.2	>20	160
7	52	6	1.2	>20	150

随着悬浮剂加量的提高，浆体的黏度升高，中压全失水时间延长；悬浮剂加量为 1% 时，浆体较稳定，因此此后随着悬浮剂加量的提高，析水率基本无变化；悬浮剂的加量对中压全失水强度和初凝时间基本无影响；由于悬浮剂加量在 0.5% 时，浆体不稳定，上部浆体固化强度较低，导致未失水时的浆体固化后强度较低。分析表明悬浮剂加量在 1% 时，对固化段塞的流型和固化强度基本无影响，且能够保证浆体的稳定性，因此选择悬浮剂的加量为 1%。

综上所述，得到可酸溶固结堵漏剂配方为：水灰比 1 : 1.5、固化剂比例 4 : 6～6 : 4，缓凝剂 I 加量 0.6%～0.8%，缓凝剂 II 加量 0.1%～0.25%，悬浮剂加量为 1%，助滤剂加量为 70%。

3. 响应型可酸溶固结堵漏材料性能评价

1）固化胶结能力评价

评价了固化段塞在 150℃下的长期养护强度（图 6-1-27），固化段塞的高温稳定性可达 15d，满足现场施工要求。

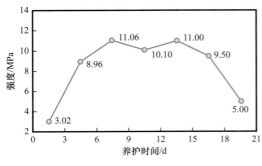

图 6-1-27　封堵强度养护曲线

2）酸溶性评价

为保证后期能够酸化解堵，要求储层封堵材料的酸溶率大于 75%，为此评价可酸溶固结堵漏剂在 15% 盐酸溶液中的酸溶率。将响应型可酸溶固结堵漏剂造粒成 300～800μm 颗粒后，称取 5g 左右样品放入 500mL 烧杯中，倒入 100g 浓度为 15% 的盐酸，浸泡 24h 后过滤，并冲洗至滤液呈中性。将残样放入干燥箱，进行加温干燥，温

度为 80℃±5℃，并称重计算酸溶率，计算公式为

$$\eta=（M_1-M_2）/M_1×100\% \qquad （6-1-7）$$

式中　η——酸溶率，% ；

　　　M_1——实验前可酸溶固结堵漏剂质量，g ；

　　　M_2——实验后可酸溶固结堵漏剂烘干残样质量，g 。

通过三组平行实验得出其平均值（表 6-1-16），响应型可酸溶固结堵漏剂的平均酸溶率超过 80%，满足储层保护要求。

表 6-1-16　响应型可酸溶固结材料酸溶性评价

序号	M_1/g	M_2/g	η/%	平均值 /%
1	5.00	0.89	82.20	
2	5.01	0.96	80.84	81.64
3	5.02	0.91	81.87	

第二节　缝洞型碳酸盐岩气藏延长水平段钻完井技术

土库曼斯坦阿姆河右岸项目钻遇地层地质条件复杂，主要表现为发育 600～1200m 巨厚含高压盐水盐膏层，易发生高压盐水侵、盐结晶卡钻等恶性事故复杂；巨厚盐膏层下伏缝洞型碳酸盐岩储层，非均质性强，普遍发育天然裂缝或溶洞，密度窗口窄，恶性井漏频发导致提前完钻，水平段实钻长度无法满足开发要求，且生产后多现井口带压情况；为满足稀井高产、少井高效的开发目标，采用大斜度井和水平井开发模式，需在盐膏层内造斜稳斜，给钻井工程带来较大挑战。

针对高压盐水盐膏层定向难度大、缝洞型碳酸盐岩气藏压力敏感性强、井控风险高、井筒完整性差等技术问题，开展巨厚盐膏层井眼轨道优化、压力敏感性储层钻井液体系与延长水平段钻进技术研发、异常高压气藏井筒完整性技术研究，形成了缝洞型碳酸盐岩气藏延长水平段钻完井技术，实现阿姆河缝洞型气藏水平段长度由 300m 提高到 600m 以上，固井质量合格率由 80.64% 提高至 95.48%。

一、巨厚盐膏层安全钻井钻井液技术

阿姆河右岸含高压盐水巨厚盐膏层，钻井作业难度大、井控风险高，主要面临盐膏层蠕变缩径引起卡钻、钻井液易受高压盐水污染维护困难等技术问题。通过分析盐膏层蠕变规律，建立盐膏层井眼缩径方程与钻井液密度图版，优化高密度抗盐钻井液体系，解决了阿姆河右岸巨厚盐膏层安全钻井问题。

1.岩膏层井眼缩径方程与钻井液密度图版

阿姆河右岸项目在钻遇巨厚盐膏层时，地层蠕变严重，钻井液易受污染，导致井下

复杂、事故频繁发生。岩盐的稳态蠕变速率与岩盐的结构组成及所受温度与压力密切相关。对于钻井工程而言，岩盐的蠕变可用稳态蠕变阶段的应变速率来衡量，主要采用的岩盐蠕变模型：

$$\dot{\varepsilon}_{s} = A\exp\left(-\frac{Q}{RT}\right) \cdot \text{sh}(B\sigma) \qquad (6-2-1)$$

式中　$\dot{\varepsilon}_{s}$——稳态蠕变速率，s^{-1}；

　　　Q——盐岩的激活能，cal/mol；

　　　R——气体摩尔常数，$R=1.987$cal/（mol·K）；

　　　σ——应力差，MPa；

　　　T——热力学温度，K；

　　　A，B——流变常数。

模型中 A、B 和 Q 为岩石的蠕变参数，根据不同的温度和压力条件下的蠕变速率试验结果，通过非线性回归获得。

假设岩膏层地应力均匀，其值 $p_O=\sigma_H$，井内钻井液液柱压力为 p_i，井眼半径为 a；假设岩膏层地层为各向同性，且为平面应变问题；静水压力不影响岩膏层蠕变；广义蠕变速率 $\dot{\varepsilon}_{ij}$ 与应力偏量 S_{ij} 具有相同的主方向。平衡方程为：

$$\frac{\mathrm{d}\sigma_r}{\mathrm{d}r} + \frac{\sigma_r - \sigma_\theta}{r} = 0 \qquad (6-2-2)$$

几何方程：

$$\varepsilon_r = \frac{\mathrm{d}u}{\mathrm{d}r} \qquad (6-2-3)$$

$$\varepsilon_\theta = \frac{u}{r} \qquad (6-2-4)$$

物理方程：

$$\dot{\varepsilon}_0 = \frac{\sqrt{3}}{2}A \cdot \exp\left(-\frac{Q}{RT}\right)\text{sh}\left[B\frac{\sqrt{3}}{2}(\sigma_\theta - \sigma_r)\right] \qquad (6-2-5)$$

$$\dot{\varepsilon}_r = -\varepsilon_\theta \qquad (6-2-6)$$

边界条件：

$$r=a，\sigma_r=p_i；r=b\rightarrow\infty，\sigma_r=\sigma_H；r=b\rightarrow\infty，\sigma_r=\sigma_h \qquad (6-2-7)$$

若令井眼缩径率为 n，确定维持给定井眼缩径率所需的钻井液密度为

$$\rho_1 = 100\left(\sigma_H - \int_a^\infty \frac{2}{\sqrt{3}} \times \frac{1}{Br} \ln\left\{\frac{Da^2n(2-n)}{2}\left(\frac{a}{r}\right)^2 + \sqrt{\left[\frac{Da^2n(2-n)}{2}\right]^2\left(\frac{a}{r}\right)^4 + 1}\right\}\mathrm{d}r\right)/H \qquad (6-2-8)$$

$$D = \frac{2}{\sqrt{3}Aa^2}\exp(Q/RT)$$

（6-2-9）

式中　r——积分区域；

　　　n——井眼缩径率，%；

　　　a——井眼半径，mm；

　　　H——井深，m；

　　　σ_H——最大水平地应力，MPa；

　　　σ_h——最小水平地应力，MPa。

通过计算不同缩径率对应的钻井液密度，编制了岩膏层钻井液密度与井眼缩径系数关系图版（图6-2-1），图版中缩径系数c表征每小时的缩径速率，一般认为当c大于0.001时，会对钻井作业产生较大影响。利用该图版可实现钻井液密度的合理选择，有效保证了井壁稳定。

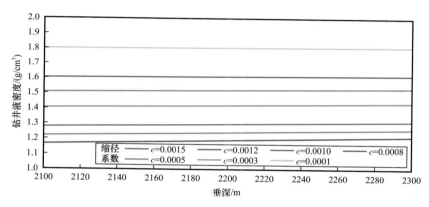

图6-2-1　盐膏层钻井液密度图版

2. 巨厚盐膏层抗盐钻井液体系

优选饱和盐水聚磺钻井液体系，改善钻井液的润滑性和降低流动阻力，同时增强其抗污染能力，可有效避免盐膏层的污染、溶解、缩径、井塌等井下事故。

1）钻井液配方

抗盐钻井液基础配方为：1%～2%预水化膨润土浆 +0.5%～1.0%NaOH（烧碱）+0.3%～0.5%FA367（包被剂）+4%～6%SMP-3（降滤失剂）+1.5%～2.0%PAC-LV（降滤失剂）+3%～4%RSTF（润滑剂）+0.3%～0.5%HTX（稀释剂）+0.3%～0.5%SP80（乳化剂）+1.0%～1.5%KEJ（抗盐缓蚀剂）+0.3%～0.5%NTA-2（盐重结晶抑制剂）+30%～35%NaCl+ 重晶石。其中，预水化膨润土浆为最基础配浆材料；NaOH（烧碱）用于调节和稳定盐水钻井液的酸碱性；FA367包被剂用于抑制黏土分散；SMP-3 和 PAC-LV为降滤失剂，用于降低钻井液滤失量；RSTF润滑剂用于调节润滑性，并有辅助防塌作用；HTX 稀释剂用于调节体系流变性；SP80乳化剂有助于降低钻井液的摩擦系数；KEJ抗盐缓蚀剂用于降低盐水体系对钻具腐蚀的影响；NTA-2盐重结晶抑制剂用于降低从井下到地面温度下降过程中盐重结晶引发的卡钻风险；NaCl 用于调节盐水钻井液体系 Cl⁻ 含量。

2）钻井液密度

在钻井液密度设计方面，针对钦莫利阶在垂深 2875m（斜深 2910m）以下盐层，以地层压力当量密度 1.70g/cm³ 为例，设计密度附加值介于 0.07～0.15g/cm³，在钻进中采用钻井液密度 1.85g/cm³ 高限值（表 6-2-1）。

表 6-2-1　盐膏层钻井液密度设计

层位	显示类别	井段 /m		地层压力当量密度 / g/cm³	密度附加值 / g/cm³	钻井液密度 / g/cm³
		垂深	斜深			
钦莫利阶下盐层	高压盐水	2875	2910	1.70	0.07～0.15	1.77～1.85

二、压力敏感型碳酸盐岩气藏钻井液体系

阿姆河右岸储层为卡洛夫阶—牛津阶缝洞型碳酸盐岩，在完钻的 46 口井，有 16 口井发生 52 井次井漏，其中有 14 口井发生在卡洛夫阶—牛津阶碳酸盐岩储层，漏失 46 井次。通过研发可酸溶复合屏蔽暂堵剂，优化形成压力敏感型碳酸盐岩气藏钻井液体系，提高井壁承压能力，保障阿姆河右岸压力敏感型碳酸盐岩气藏安全钻井。

1. 可酸溶复合屏蔽暂堵剂

将含量为 85%～90% 的乳酸水溶液在加热条件下脱水，生成乳酸齐聚物；然后在高温、高真空条件下，使乳酸齐聚物裂解生成丙交酯，并将其蒸馏分离得到；后采用精馏法，将制得的丙交酯纯化，以合成出更高分子量的聚乳酯。经过对催化剂浓度、单体纯度、聚合真空度、聚合温度和聚合时间等因素的优化，获得相对分子质量高的聚乳酯（图 6-2-2）。

图 6-2-2　可酸溶封堵剂样品

聚乳酯抽丝成型为聚乳酸可酸溶纤维，将纤维加入钻井液中，当其进入裂缝性储层时，由于纤维长度远远大于裂缝宽度，容易在缝口处形成架桥，同时捕获随后经过的纤维和颗粒，从而相互牵扯形成网架结构，对裂缝进行封堵和有效支撑，减少后续钻井液大量进入裂缝内，实现对缝洞型碳酸盐岩储层的屏蔽暂堵，并降低压力波动对储层造成的伤害。

以可酸溶聚乳酸可酸溶纤维为主，结合级配碳酸钙，形成适用于缝洞型储层可酸溶复合屏蔽暂堵剂（QSY-3），在 150℃下与混合酸（10%HCl+3%HAc+1%HF）和 20%HCl 反应 3h 后彻底溶解，酸溶率大于 90%（图 6-2-3）。

2. 压力敏感性储层钻井液体系

井漏一直是阿姆河右岸裂缝性储层钻井过程中的关键难题。为了保护好储层，控制

(a) 酸溶前　　　　　　　　　　　　　(b) 酸溶后

图 6-2-3　聚乳酸可酸溶纤维酸溶前后对比

钻井过程中的漏失，必须解决钻井液对储层的封堵能力，提高储层承压能力。因此，以可酸溶复合屏蔽暂堵剂为基础，优化形成压力敏感性储层钻井液体系配方：6% 预水化土浆 +0.5%FA–367（强包被剂）+0.5%XY–27（降黏剂）+1.0%JT–888（降滤失剂）+1%～1.5%QS–2（增塑剂）+1.5%EP–1+3%QSY–3（复合屏蔽暂堵剂）。抗温范围为 80～180℃，密度范围为 1.08～2.2g/cm³。

1）滚动回收率

压力敏感性储层钻井液体系抑制能力强，滤失量低，能够维持复杂地层井壁稳定，岩屑滚动回收大于 90%（图 6-2-4）。

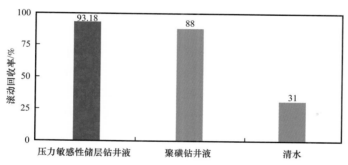

图 6-2-4　压力敏感性储层钻井液体系滚动回收率对比

2）抗温性能

将该体系在 180℃下热滚 16h，实验结果显示（表 6-2-2），热滚前和热滚后流变性能均较好，能够满足裂缝性碳酸盐岩储层钻井要求。

表 6-2-2　压力敏感性储层钻井液 180℃下老化前后的性能对比

实验条件	表观黏度 / mPa·s	塑性黏度 / mPa·s	动塑比 / Pa/（mPa·s）	静切力 / Pa/Pa	滤失量 / mL	pH 值
热滚前	68	40	0.71	2/3.5	2.4	9
热滚后	45	33	0.372	0.5/1	4.4	8

3）抗钻屑污染性能

在体系中分别加入5%、10%、15%和20%的钻屑粉，在200℃下热滚老化16h，测定其热滚前后的各项性能。实验结果显示（表6-2-3），不管是热滚前还是热滚后，随着钻屑含量的增加到20%，黏度小幅增加，动塑比、静切力、滤失量变化不大，性能稳定，各项指标均能满足需要，且压力敏感性储层钻井液体系抗钻屑污染能力能达到20%。

表6-2-3　压力敏感性储层钻井液抗钻屑污染性能

实验条件		表观黏度 / mPa·s	塑性黏度 / mPa·s	动塑比 / Pa/（mPa·s）	静切力 / Pa/Pa	滤失量 / mL
5% 钻屑粉	热滚前	75.5	53	0.43	2.0/3.5	1.2
	热滚后	54.5	41	0.34	1.0/2.0	3.4
10% 钻屑粉	热滚前	78.0	52	0.51	2.0/4.0	0.6
	热滚后	57.5	40	0.45	2.0/2.8	3.0
15% 钻屑粉	热滚前	80.5	51	0.59	2.5/5.0	0.8
	热滚后	65.0	44	0.49	2.0/3.0	2.6
20% 钻屑粉	热滚前	87.0	57	0.54	3.5/4.5	0.4
	热滚后	68.5	48	0.44	2.0/3.5	2.4

4）抗盐、抗钙性能

将该体系在180℃下热滚16h后，自然冷却至50℃时测量不同污染配方下钻井液的流变性，实验结果表明，加入5% $CaSO_4$ 或20%NaCl后钻井液表观黏度、塑性黏度和静切力有较小幅度的上升，动切力基本保持稳定；加入5% 钻屑后钻井液表观黏度、塑性黏度略有降低，动切力和静切力基本保持稳定。实验证明，压力敏感性储层钻井液体系在高温条件下可抗5%$CaSO_4$、20%NaCl、5% 钻屑污染，热滚前后的钻井液体系性能稳定（表6-2-4），满足安全钻井要求。

表6-2-4　压力敏感性储层钻井液抗污染能力

实验条件		表观黏度 / mPa·s	塑性黏度 / mPa·s	动切力 / Pa	静切力 / Pa/Pa	备注
加入5% $CaSO_4$	滚前	37.5	29.5	7.7	2.4/9.6	—
	污染后	38.0	30.0	8.5	3.0/10.0	—
	滚后	39.5	31.5	8.5	3.5/9.0	无沉淀
加入20% NaCl	滚前	31.0	23.9	7.1	1.0/3.8	—
	污染后	35.0	27.8	7.2	4.5/5.3	—
	滚后	34.5	27.3	7.2	3.5/4.6	无沉淀

实验条件		表观黏度 / mPa·s	塑性黏度 / mPa·s	动切力 / Pa	静切力 / Pa/Pa	备注
加入 5% 钻屑	滚前	32.5	25.5	6.9	5/5.5	—
	污染后	32.0	25.5	7.0	4.5/5.5	—
	滚后	31.5	25	7.0	4/5.5	无沉淀

5）润滑性能

采用极压润滑仪测定 150℃热滚后低固相体系的润滑系数 K（表 6-2-5），压力敏感性储层钻井液的润滑系数仅为 0.098，在高温下保持有良好的润滑性，有利于降低摩阻，有效防止压差卡钻。

表 6-2-5　压力敏感性储层钻井液润滑性能

体系	润滑系数
清水	0.35
压力敏感性储层钻井液体系	0.098

6）封堵性能

岩心在基浆条件下渗透率达到 2000mD 以上，易受压力波动影响。现场配制的钻井液体系可将岩心渗透率降低至 0.689mD。在此基础上，加入 3% 的复合屏蔽暂堵剂 QSY-3，可将岩心裂缝几乎完全封堵，封堵层渗透率 0.092mD，污染方向突破压力超过 10MPa，能够有效提高低压地层承压能力，降低压力敏感性，封堵后返排方向驱替岩心，返排压力为 0.01MPa。基于复合屏蔽暂堵剂 QSY-3，优化形成的压力敏感性钻井液体系不仅能够有效封堵储层裂缝，还具有良好解堵性能，起到了较好的屏蔽暂堵效果（图 6-2-5，表 6-2-6）。

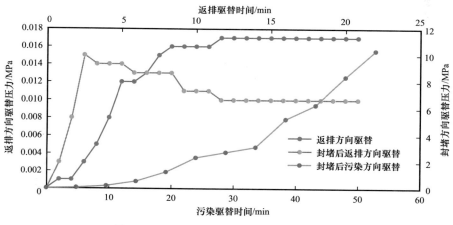

图 6-2-5　压力敏感性储层钻井液封堵能力

表 6-2-6　压力敏感性储层钻井液封堵效果对比

钻井液组成	实验条件		失水量 / mL	渗透率 / mD
	温度 /℃	压力 /MPa		
基浆	60	3.5	>150	>2000
基浆 +0.5%JT-888	60	3.5	83.5	87.3
基浆 +0.5%JT-888+0.5%EP-1	60	3.5	25.7	76.2
基浆 +0.5%JT-888+1.0%EP-1	60	3.5	18.1	69.5
基浆 +0.5%JT-888+1.5%EP-1	60	3.5	13.9	68
基浆 +0.5%JT-888+1.5%QS-2	60	3.5	35.7	47.92
基浆 +0.5%JT-888+2.5%QS-2	60	3.5	11.2	18
基浆 +0.5%JT-888+1.5%EP-1+2.5%QS-2	60	3.5	7.6	0.689
基浆 +0.5%JT-888+2.5%EP-1+2.5%QS-2+3%QSY-3	60	3.5	8.5	0.092

三、缝洞型碳酸盐岩气藏延长水平段钻井技术

阿姆河右岸缝洞型碳酸盐岩气藏上覆巨厚膏盐层，为实现稀井高产、少井高效开发目标，采用了大斜度井和水平井开发，导致造斜段无法避开膏盐层，且大斜度井和水平井储层暴露面积大，使安全钻井及轨迹控制难度增加，实钻过程中由于恶性井漏常常被迫提前完钻。通过开展井眼轨道优化、井眼轨迹控制、钻头优选等研究，形成缝洞型碳酸盐岩气藏延长水平段钻井技术，实现水平段由初期 300m 增加至 600m 以上。

1. 井眼轨道优化

为确保地质靶区的实现，给施工留有定向调整的余地，开展造斜点的优选，选择盐膏层上的欧特里夫阶泥岩层进行造斜，在进入盐层之前使井斜达到 30° 左右，防止在盐层段方位发生较大漂移，同时避免井斜过大使得斜井段和井底水平位移过大，从而增加扭矩摩阻，加大施工难度。

结合地质特点，同时考虑较软的盐层中不形成键槽、盐膏层中工具的造斜能力、减少定向控制井段、能顺利下入钻井和固井管柱等方面的要求，优化造斜率，确定 ϕ311.2mm 井眼造斜率选择在（4.5°～5.5°）/30m，ϕ215.9mm 井眼造斜率选择在（5°～6°）/30m。

根据地质需求，A 点闭合距一般在 500m 左右，结合造斜点和造斜率的原则，经过优化计算，确定了"直—增—稳—增—稳"五段制井眼轨迹剖面，以最大限度地减少巨厚膏盐层对轨迹和地质靶点的要求，优化了井眼剖面设计参数（表 6-2-7）。

井眼轨道由初始的七段制优化为五段制，优化后的造斜点下移 150m 至上盐层，实现盐层中造斜、增斜、稳斜，缩短了定向段长度。二开盐膏层完钻增斜度从 75° 降至 65°，

与轨道优化前相比，靶前位移缩短 200m 左右，定向井段缩短 150m 左右，节约钻井周期约 10d。

表 6-2-7　井身剖面参数

井段	测深 / m	井斜 / (°)	网格 方位 / (°)	真方位 / (°)	垂深 / m	北坐标 / m	东坐标 / m	狗腿度 / (°) / 100m	闭合距 / m	闭合 方位 / (°)
直井段	0.00	0.00	18.00	19.02	0.00	0.00	0.00	0.00	0.00	0.00
	2650.00	0.00	18.00	19.02	2650.00	0.00	0.00	0.00	0.00	0.00
定向增斜	2860.00	35.00	18.00	19.02	2847.18	59.13	19.22	5.00	62.17	18.00
稳斜	2881.96	35.00	18.00	19.02	2865.17	71.10	23.11	0.00	74.76	18.00
定向增斜	3266.36	82.41	18.00	19.02	3059.20	374.66	121.76	3.70	393.95	18.00
稳斜	3878.13	82.41	18.00	19.02	3140.00	951.37	309.20	0.00	1000.36	18.00

2. 井眼轨迹控制技术

通过摩阻扭矩分析与现场实践证明，中半径大斜度井和水平井在钻进过程中的摩阻、扭矩远比长半径大斜度井和水平井的摩阻、扭矩小，更有利于安全钻井和钻成更长的水平井段。而且通过提高造斜率、缩短靶前位移、缩短斜井段长度，有利于进一步缩短大斜度井和水平井的钻井周期，降低钻井成本，提高经济效益。因此，采用了各种弯螺杆动力钻具组合来实现高造斜率井眼轨迹的稳定控制（王刚等，2019）。

以动力钻具组合钻进为主，以常规钻具组合进行通井、调整造斜率为辅，既可以克服动力钻具循环排量小的不足，通过通井和大排量循环清除岩屑床，调整动力钻具造斜率的偏差和调整井眼垂深，又可以加大钻压快速钻过可钻性差的地层，是大斜度井和水平井安全钻井的有效技术措施。

1）盐膏层造斜井段井眼轨迹控制

造斜井段井眼轨迹控制重点是在不同的井眼条件下，选择不同角度的弯螺杆动力钻具来获得需要的造斜率，通过研究与之相关因素的影响规律，优选了固定角度为 1.25°和 1.0°的螺杆。井眼轨迹控制的目标是实现稳定的井眼全角变化率，使之得到与设计的井眼轨道相符合的连续轨迹点位置和矢量方向。通过模拟优化，采用以动力钻具为主钻进的增斜井段获得了较高造斜率。根据随钻测量工具（MWD）获取的定向参数，严格监控井眼轨迹，并实时调整和控制动力钻具的工具面，获得了较稳定的井眼全角变化率。典型钻具组合为：ϕ311.2mm 钻头 +ϕ215.9mm 弯螺杆 + 配合接头 + 止回阀 + 定向接头 +ϕ203.2mm 随钻测量工具（MWD）+ϕ203.2mm 钻铤 6 根 +ϕ177.8mm 钻铤 6 根 +ϕ158.8mm 钻杆 60 根 +ϕ127mm 钻杆。

对入靶前地层较稳定的大斜度井和水平井，造斜段的施工以弯螺杆动力钻具为主要钻进方式，以常规钻具组合通井清除岩屑床和修整井眼，并完成稳斜段或造斜率较低的调整段，以 2～3 套钻具组合，在 2～3 趟钻内钻完 0°～90°造斜段；对入靶前地层稳定性较差的大斜度井和水平井，造斜段的施工以弯螺杆动力钻具与常规钻具组合相结合的钻进方式，用动力钻具在易造斜井段按设计先打出高造斜率，再用常规钻具组合钻完可钻性差的井段。

2）水平井段井眼轨迹控制

水平井段的施工以动力钻具为主要钻进方式，采用异向双弯定向工具（DTU）组成了导向钻井系统，典型钻具组合为：ϕ215.9mm 钻头 +ϕ165mm 弯螺杆 + 配合接头 + 止回阀 +ϕ210mm 稳定器 + 异向双弯定向工具（DTU）+ϕ165mm 随钻测量工具（MWD）+ϕ127mm 无磁承压钻杆 1 根 +ϕ127mm 钻杆 +ϕ127mm 加重钻杆 60 根 +ϕ127mm 钻杆。

对地质设计靶区垂深误差要求在 5～10m、而平面误差大于 5m 的大斜度井和水平井，以常规钻具组合为主要钻进方式，采用大排量来提高携岩能力，以两套常规钻具组合，用 2～3 趟钻钻完 500m 左右的水平井段，并备用一套异向双弯定向工具（DTU）或 1°左右的单弯动力钻具，以弥补常规钻具组合的意外失控；对地质设计靶区垂深误差要求在 5m 之内，而平面误差也小于 5m 的水平穿巷道井，采用异向双弯定向工具（DTU），或 1°左右的单弯动力钻具与常规钻具组合相结合的方式钻完水平段。

3. 钻头优选

1）可钻性与研磨性模型建立

用测井数据计算岩石力学特性参数，以测量得到的岩石抗压、抗剪强度和硬度为基础，用硬度参数直接确定岩石可钻性进而计算岩石研磨性（刘向君等，2006）。

标准操作步骤如下：

剪切强度计算公式为

$$\tau_0 = C_0/3.464 \qquad (6-2-10)$$

压入硬度计算公式为

$$H_d = 84.109\tau_0 + 132.59 \qquad (6-2-11)$$

可钻性级值和研磨性的计算公式为

$$K_d = 1.9467\ln(H_d/10) - 2.67 \qquad (6-2-12)$$

$$G_d = (K_d/3.641)^{1/0.3173} \qquad (6-2-13)$$

式中　　C_0——单轴抗压强度，MPa；

　　　　τ_0——抗剪强度，MPa；

　　　　H_d——压入硬度，HB；

　　　　K_d——可钻性级值；

　　　　G_d——研磨性指标，mg。

根据所建立的地层岩石可钻性和研磨性预测模型，逐点处理并解释典型井的测井曲线，建立了阿姆河右岸地层可钻性、研磨性等其他抗钻参数剖面（表 6-2-8）。

表 6-2-8　阿姆河右岸气田不同层位的地层可钻性与研磨性

地层	底界深度 /m	岩性描述	可钻性级值	研磨性指标 /mg
谢农阶	600.0	泥岩为主，夹薄层砂岩，局部夹薄层灰岩及石膏	5.02	4.14
土伦阶	835.0	泥岩为主，夹薄层粉砂岩、砂岩	2.98	0.99
塞诺曼阶	1151.0	泥岩为主，夹薄层粉砂岩与石灰岩	5.12	5.46
阿尔布阶	1201.0	上部泥岩夹石灰岩，中部砂岩夹泥岩，下部泥岩夹砂岩	4.61	3.62
巴雷姆阶	1643.1	上部泥岩，下部灰岩夹泥岩	5.53	6.24
欧特里夫—凡兰今阶	1702.0	泥岩为主，夹石膏、砂岩	5.94	6.24
提塘阶	1826.0	泥岩夹粉砂岩及薄层石膏	6.65	9.31
钦莫利阶	2359.3	盐膏层	5.88	7.13

２）钻头选型

综合考虑岩石可钻性级值大小及研磨性指标、不同层位的岩石性质、已钻井的钻头使用情况统计，优选出不同层位使用的合理钻头类型（表 6-2-9）。

表 6-2-9　钻头优选结果

钻头尺寸 /mm	井深 /m	钻遇地层	推荐钻头	钻头参数
444.5	1740	布哈尔层、谢农阶、土伦阶、塞诺曼阶	STS936RS，聚晶金刚石复合片钻头（PDC）	5 刀翼，19mm 齿
311.2	3535	阿尔布阶—钦莫利阶	GS605ST，聚晶金刚石复合片钻头（PDC）	5 刀翼，19mm 齿
215.9	3835	卡洛夫阶—牛津阶	G505，聚晶金刚石复合片钻头（PDC）	5 刀翼，16mm 齿

优选出的钻头在钻进过程中均获得了较高的机械钻速，应用效果良好。其中，使用 STS936RS 钻头在 ϕ444.5mm 井眼中钻进，机械钻速达到 17.39m/h；使用 GS605ST 钻头在 ϕ311.2mm 井眼钻进，机械钻速达到 4.92m/h；在 ϕ215.9mm 井眼钻井，使用 G505 钻头机械钻速达到 4.07m/h。

四、异常高压气藏井筒完整性技术

阿姆河右岸气藏井筒完整性主要面临有效封固含高压盐水盐膏层和防止储层高压天然气上窜的技术挑战。通过研发高密度抗盐水水泥浆体系、优选盐膏层高抗挤复合套管、优化生产套管管串结构，形成了适用于阿姆河右岸异常高压气藏的井筒完整性技术，保障了高压气藏的安全生产。

1. 高密度抗盐水泥浆体系

1）抗盐水泥浆体系要求

结合阿姆河右岸气田地层特点，优选抗盐水泥浆体系达到以下要求：

（1）所选用外加剂具有强的抗盐污染能力，配制的水泥浆具有强的抗盐性；

（2）水泥浆密度具有可调范围，能使环空当量密度所提供的液柱压力大于气层与水层的压力，保证固井安全和井壁的稳定；

（3）水泥浆浆体稳定性好，同时又具有较好的流变性能；

（4）水泥浆在循环温度下的稠化时间既能保证施工安全，又不使水泥浆过渡缓凝；

（5）水泥浆稠度由 40Bc 过渡到 100Bc 的时间在 5～20min 范围内可控，水泥浆稠化后能迅速由液态变为固态，由此防止水泥浆失重时高压气、水层侵入水泥环，满足多压力层系和长封固段的固井需要；

（6）水泥浆失水量控制在 50mL 以内。

2）水泥浆添加剂性能评价

（1）失水性评价。

室内利用 G 级水泥与酸溶性加重剂 500∶500 的比例配制水泥浆，评价 SD12 降失水剂性能。试验配方及条件如下：水灰比为 0.33；密度为 2.45g/cm³；试验温度为 90℃；NaCl 4%（占干灰质量）。

实验结果表明，在饱和盐水体系中，使用 SD12 系列外加剂能有效地降低水泥浆失水量，当加量小于 5% 时，加量与失水量呈线性关系（表 6-2-10，图 6-2-6）。同时，SD12 还具备降阻作用，可代替减阻剂使用以提高水泥浆流变性能，从而使配方进一步简化。

表 6-2-10　SD12 降失水评价实验数据表

SD12 加量 /%	流动度 /cm	失水量 /mL
1.0	21	313
2.0	22	96
2.5	22	48
3.0	23	40
4.0	24	22
5.0	24	24

（2）稠化性评价。

通过开展室内稠化性评价试验进一步评价 SD12 的缓凝效果。试验配方及条件如下：G 级水泥与固井用酸溶性加重剂按 1∶1 比例；水灰比为 0.33；密度为 2.45g/cm³；试验温度为 90℃；NaCl 4%（占干灰质量）。

实验结果表明，SD12能延长一定的稠化时间，但缓凝作用不强，幅度不大（表6-2-11，图6-2-7）。配方中确定SD12加量后，可以通过控制缓凝剂用量来调节水泥浆稠化时间。为了准确获得SD12缓凝数据，用相同的配方同时进行盐水和淡水的稠化试验。实验结果表明SD12对不同配方的稠化时间影响不大，均在施工要求时间范围内可控（表6-2-12）。

表6-2-11　SD12稠化试验数据

SD12加量/%	流动度/cm	稠化时间/min
1.0	20	138
2.0	21	159
3.0	22	167
4.0	24	196
5.0	24	228

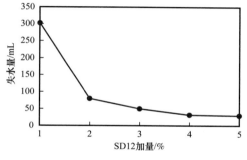

图6-2-6　降失水剂加量与失水量的关系曲线

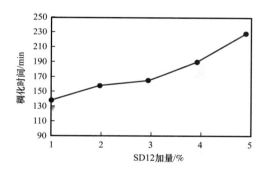

图6-2-7　降失水剂加量与稠化时间关系曲线

表6-2-12　SD12在淡水和盐水中的稠化时间比较

水泥、水、外加剂	水灰比/%	密度/g/cm³	流动度/cm	失水/mL	温度/℃	压力/MPa	稠化时间/min/Bc
G级高抗水泥＋固井用酸溶性加重剂，12%盐水 SD12（3%）	0.32	2.45	22.0	44	110	65	200min/40Bc 230min/71Bc
G级高抗水泥＋固井用酸溶性加重剂，12%盐水 SD12（3%）+SD21（0.02%）	0.32	2.45	22.0	—	110	50	273min/40Bc 274min/71Bc
G级高抗水泥＋固井用酸溶性加重剂，12%盐水 SD12（3%）+SD21（0.04%）	0.32	2.45	22.0	—	110	45	386min/40Bc 390min/71Bc

水泥、水、外加剂	水灰比 / %	密度 / g/cm³	流动度 / cm	失水 / mL	温度 / ℃	压力 / MPa	稠化时间 / min/Bc
G 级高抗水泥 + 固井用酸溶性加重剂，淡水 SD12（3%）+SD21（0.03%）	0.32	2.40	22.0	—	110	67	213min/40Bc 218min/72Bc
G 级高抗水泥 + 固井用酸溶性加重剂，淡水 SD12（3%）+SD21（0.03%）	0.32	2.40	22.0	—	110	4	215min/40Bc 220min/72Bc
G 级高抗水泥 + 固井用酸溶性加重剂，淡水 SD12（3%）	0.3	2.45	23.0	40	110	64	160min/40Bc 174min/73Bc
G 级高抗水泥 + 固井用酸溶性加重剂，淡水 SD12（3%）	0.3	2.45	23.5	—	110	69	223min/40Bc 233min/73Bc
G 级高抗水泥 + 固井用酸溶性加重剂，淡水 SD12（3%）	0.30	2.45	23.5	—	90	47	183min/40Bc 198min/74Bc

（3）适应性评价。

为评价 SD 系列外加剂的适应性，选取几种典型配方（表6-2-13）进行了换水质及药水陈化试验，主要考察稠化时间的变化，分析 SD12 外加剂用量对体系的性能影响。

表6-2-13 外加剂适应性评价配方表

编号	硅粉	水灰比 / %	密度 / g/cm³	温度 / ℃	外加剂加量 /%					
					SD21	SD12	SD32	SD52	SD210	NaCl
1	—	30	2.50	90	0.1	3.0	0.5	0.2	—	4.0
2	25	30	2.40	110	0.1	3.0	1.0	0.2	—	4.0
3	25	30	2.40	140	0.4	3.0	1.0	0.2	2.5	4.0
4	—	30	2.50	90	0.1	3.0	0.5	0.2	—	4.0
5	25	30	2.40	110	0.1	3.0	1.0	0.2	—	4.0
6	25	30	2.40	140	0.4	3.0	1.0	0.2	2.5	4.0

注：百分比为质量比。

从换水质及陈化试验结果可以看出，该体系外加剂有较强的适应性，水质更换后稠化时间并无明显变化。药水陈化后稠化时间有一定缩短，但仍在可控范围之内，完全能满足固井施工的要求（表 6-2-14）。

表 6-2-14 SD12 系列配方换水质及陈化试验结果表

试验项目	试验温度 /℃	稠化时间 /min
配方 1 换水	90	529
配方 2 换水	110	427
配方 3 换水	140	365
配方 4 陈化 7 天	90	498
配方 5 陈化 7 天	110	418
配方 6 陈化 7 天	140	315

（4）应用范围。

SD 系列外加剂适用范围广、浆体稳定、失水可控、抗压强度高（≥14MPa），在盐水及淡水中都能很好地控制水泥浆性能。在温度为 90～150℃，水泥浆密度为 2.00～2.6g/cm³ 范围内，应用该系列外加剂均能调节出满足施工要求的配方。

3）SD 系列抗盐水泥浆体系配方及性能

高密度抗盐水泥浆基浆为：G 级水泥 + 酸溶性加重剂 + 降失水剂 SD12+ 减阻剂 SD32+ 缓凝剂 SD21+ 消泡剂 SD52+ 工业盐。SD 系列水泥浆流动性好，游离液含量低，失水可控制在 100mL 以内，水泥石 48h 强度大于 14MPa，密度可达 2.0～2.6g/cm³，稠化时间可任意调整，能够满足不同井深和井温条件下盐膏层固井作业要求。通过优化不同添加剂配比，SD 系列抗盐水泥浆体系已形成适应不同储层温度压力、不同密度等级的 18 套配方（表 6-2-15）。

2. 井身结构优化

根据阿姆河地区地质工程特点，参考同区已钻直井的实钻情况分析，确定了纵向上存在两个必封点。必封点一为土伦阶上部，由于上部地层含浅层水，且稳定性较差，应予以封隔，减少下部钻井垮塌、卡钻等复杂风险。必封点二为牛津阶—卡洛夫阶硬石膏底部，以下的储层由于物性较好，为避免出现储层水平段钻进中发生严重的井漏、井喷等复杂事故，应采用套管分隔储层上下不同的压力体系，确保施工安全。

为满足阿姆河右岸高压气藏开发要求，阿姆河右岸水平井采用三开井身结构（表 6-2-16，图 6-2-8），高压盐膏层采用厚壁高抗挤套管封固，抗外挤强度高达 93.1MPa，有效解决异常高压盐层蠕变挤毁套管问题；储层段优化含顶封尾管悬挂器 + 自膨胀管外封隔器尾管管串结构，实现对上环空有效封隔，有效防止高压盐水下窜与裂缝型气藏天然气上窜，提高水平井井筒完整性。

表6-2-15 SD系列盐水水泥浆配方及性能

编号	G级水泥/g	固井用酸溶性加重剂/g	硅粉/g	水/g	相对密度	实验温度/℃	外加剂及加量/%						流动度/cm	游离水/%	失水/mL	48h强度/MPa	稠化时间/min	
							SD12	SD21	SD32	SD52	SD210	NaCl					40Bc	100Bc
1	1000	—	—	400	2.00	90	2.5	0.08	1.0	0.2	—	4.0	23	0.1	40	52.0	203	204
2	600	400	—	330	2.35	90	2.5	0.08	0.5	0.2	—	4.0	21	0.2	46	23.6	236	242
3	600	400	—	300	2.40	90	2.5	0.08	0.5	0.2	—	4.0	21	0.2	46	25.6	258	265
4	500	400	—	261	2.45	90	2.5	0.08	0.5	0.2	—	4.0	21	0.2	44	20.6	285	291
5	500	500	—	290	2.50	90	2.5	0.08	0.5	0.2	—	4.0	21	0.2	48	18.8	302	309
6	400	600	—	280	2.60	90	2.5	0.08	1.0	0.2	—	4.0	21	0.2	46	13.6	360	366
7	1000	—	—	400	2.00	110	2.5	0.20	0.5	0.2	—	4.0	23	0.1	40	54.0	238	256
8	600	400	—	330	2.35	110	2.5	0.20	0.5	0.2	—	4.0	21	0.2	46	24.7	336	342
9	600	400	—	300	2.40	110	2.5	0.20	0.5	0.2	—	4.0	21	0.2	46	26.4	298	305
10	500	400	—	261	2.45	110	2.5	0.20	0.5	0.2	—	4.0	21	0.2	44	21.1	385	391
11	500	500	—	290	2.50	110	2.5	0.20	0.5	0.2	—	4.0	21	0.2	48	19.1	402	409
12	400	600	—	280	2.60	110	2.5	0.20	0.5	0.2	—	4.0	21	0.2	46	14.6	460	466
13	700	—	300	400	2.00	140	2.5	0.40	1.0	0.2	2.5	4.0	23	0.1	48	48.0	211	216
14	600	400	150	335	2.35	140	2.5	0.40	1.0	0.2	2.5	4.0	21	0.2	56	22.4	243	249
15	600	400	150	316	2.40	140	2.5	0.40	1.0	0.2	2.5	4.0	21	0.2	56	24.5	237	242
16	500	400	125	261	2.45	140	2.5	0.40	1.0	0.2	2.5	4.0	21	0.2	56	19.7	301	308
17	500	500	125	290	2.50	140	2.5	0.40	1.0	0.2	2.5	4.0	21	0.2	58	18.4	355	361
18	400	600	100	280	2.60	140	2.5	0.40	1.0	0.2	2.5	4.0	21	0.2	46	14.1	410	416

一开表层 ϕ339.7mm 套管下至土伦阶上部地层，封隔浅层地下水、垮塌层；二开技术套管使用 ϕ244.5mm+ϕ250.8mm 复合技术套管下至牛津阶—卡洛夫阶硬石膏底部（储层顶）。ϕ244.5mm 套管用来封隔盐层上部易垮塌、掉块及易缩径井段；ϕ250.8mm 外加厚抗挤套管封固盐膏层，有效降低高压盐层蠕变挤毁套管的风险，为保障高压气藏井筒完整性奠定了基础；三开 ϕ215.9mm 钻头钻完水平段，尾管悬挂 ϕ177.8mm 套管 +ϕ139.7mm 筛管完井，该生产管串采用"带封隔器尾管悬挂器 + 自膨胀管外封隔器 + 尾管回接"完井。上部采用 ϕ177.8mm 套管保持大通径，方便后续作业过程中大尺寸井下工具入井，更便于后期水平段水淹或套变后侧钻改造。

表 6-2-16　阿姆河地区大斜度井井身结构设计数据表

钻井井段	井眼尺寸			套管			水泥返高
	钻头尺寸 /mm	井深 /m	垂深 /m	管径 /mm	下深 /m	垂深 /m	
导管	人工挖埋	—	—	508.0	15		人工预埋
一开	444.5	1420	1420	339.7	1419	1419	地面
二开	311.2	3272	3060	244.5	2000	2000	地面
				250.8	3271	3060	
三开	215.9	3878	3140	177.8	3072	2994	地面
				177.8	3210	3050	—
				139.7 筛管	3876	3138	—

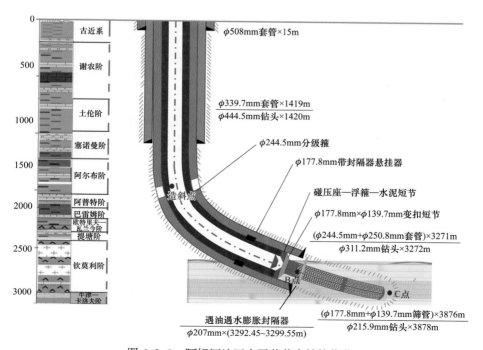

图 6-2-8　阿姆河地区水平井井身结构优化

第三节 低压力保持水平碳酸盐岩油藏水平井钻井技术

北特鲁瓦油田二叠系至石炭系厚度大，普遍发育泥岩、石灰岩和砂岩等致密岩层，地层坚硬，研磨性高，导致机械钻速低。因长期枯竭式开采，储层压力亏空严重（压力系数0.58），导致钻井恶性漏失频繁发。由于储层含气易气窜，导致固井合格率低。同时，储层非均质性强，展布规律不清，厚度变化大，导致油层钻遇率低（仅20%）。

针对北特鲁瓦油田硬地层机械钻速低，超低压储层漏失频发、固井质量难保证、优质储层钻遇率低等技术难题，集成研发超低压碳酸盐岩油气藏钻井液体系和综合快速钻井技术，实现钻井周期缩短12%～25%。优化形成超低压碳酸盐岩油气藏固井技术，实现固井质量合格率由84.75%提高至96.91%。研发非化学源随钻电激发式可控中子孔隙度测量系统，实现水平井优质储层钻遇率达到71.43%。

一、复杂碳酸盐岩油气田快速钻井技术

北特鲁瓦油田二开 ϕ311.2mm 井眼钻穿盐层后进入二叠系 P_1sa 层，钻遇泥板岩、砂砾岩等高研磨性差地层，导致机械钻速降低。三开 ϕ215.9mm 井眼钻至石炭系 KT1 储层，钻遇约150m的褐灰色针孔状白云岩，该岩性坚硬，可钻性差。鉴于以上难点，通过岩石力学特性分析，优化钻头与提速技术，实现了机械钻速的大幅提高。

1. 地层岩石力学特性

北特鲁瓦油田上二叠统至第四系以上地层岩性以砂岩、泥岩为主，其中白垩系、侏罗系及下三叠统底部有薄砾岩层，可钻性差异性较大，部分井由于石膏出现比较早或者成岩性较好，可钻性变差。北特鲁瓦油田二叠系地层岩石抗压强度约为50MPa，可钻性为3～5级，进入石炭系（KT–1储层和KT–2储层）后，抗压强度增大至130～260MPa（表6–3–1），可钻性级值为6～8（李万军等，2017）。

表6–3–1 北特鲁瓦油田石炭系岩石力学特性

岩心编号	直径 / mm	长度 / mm	围压 / MPa	抗压强度 / MPa	弹性模量 / MPa	泊松比	可钻性级值
X井28号	25.24	50.05	40	262.737	17459.23	0.110	8
X井29号	25.24	49.97	20	215.315	22543.79	0.165	6
X井125号	25.15	42.85	40	251.643	18898.80	0.137	7
X井27号	25.5	50.2	20	214.978	19038.40	0.169	6
X井121号	25.18	48.28	20	163.94	17823.90	0.226	6
X井26号	25.24	50.17	40	138.000	19425.10	0.132	7
X井7号	25.41	50.23	40	192.807	23462.80	0.184	8

根据岩性和可钻性分析结果，北特鲁瓦油田二叠系储层适合 PDC 钻头钻进（一般认为地层可钻性级值小于 5，即极软到中硬地层选择 PDC 钻头），但石炭系 KT-1 储层和 KT-2 储层岩石可钻性级值为 6～8，需结合硬地层钻头设计理念对现用 PDC 钻头进行优化改进。

2. 钻井提速技术

常规钻井技术在钻入硬地层时，通常存在机械钻速低、磨损严重以及寿命短等问题。为有效提高北特鲁瓦油田机械钻速，集成了旋冲钻井技术和锥型齿 PDC 钻头 + 高速螺杆提速技术两项关键技术。

1）旋冲钻井技术

旋冲钻井技术是在常规旋转钻井的基础上，将冲击作用与旋转作用相结合的一种钻井方法。其特点是钻头受到纵向上的冲击力、静压力和旋转方向上的扭力共同作用，使得钻头在钻进过程中同时具有冲击和旋转的特性。

旋冲钻具在破碎岩石的过程中受到两个方向上的 3 个力：轴向上的静压力 W 和冲击力 $F_{冲}$，以及旋转方向的旋转力 N。在钻进岩石的过程中，在冲击力 $F_{冲}$ 的作用下，岩石的变形速度增大，同时缩短了岩石变形所用的时间。在此过程中，岩石的塑性形变受到抑制，而脆性变大。由于岩石在高频冲击作用下，受作用点的应力集中，瞬时可以达到破碎强度的极值（图 6-3-1）。

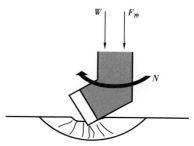

图 6-3-1　岩石破碎机理示意图

在钻遇硬度较大或者胶结较差的地层时，旋冲钻井技术能更好地利用此类地层脆性比较大、抗剪强度较低的特性，使得岩石受到瞬时冲击力与剪切力的双重作用，从而较容易破碎，提高机械钻速。对于硬地层来说，冲击破碎比静压破碎产生岩石裂纹扩张的速度大，使得坚硬的岩石产生大体积破碎，达到了地质录井的要求。

所选用的旋冲钻具通过使用液力锤代替传统螺杆钻具的轴承总成，以机械和液压综合方式为钻头传递高频轴向冲击力（图 6-3-2）。该技术优先在北特鲁瓦油田直井 ϕ311.2mm 井眼和 ϕ215.9mm 井眼进行了试验及推广应用。

图 6-3-2　旋冲钻具及其内部构造图

根据地层特性，优化旋冲钻井钻具组合和钻井参数，见表 6-3-2。

2）锥型齿 PDC 钻头 + 高速螺杆提速技术

北特鲁瓦油田地层岩石可钻性分析表明，该油田地层适合 PDC 钻头钻进，但需结合硬地层特性对现用 PDC 钻头进行优化改进。通过抗冲击实验，优选了高强度切削齿，采用双排齿布齿方式，有效提高钻齿抗冲击性，同时限制切削齿吃入深度，降低井下有害振动风险。根据短剖面、力学平衡法对刀翼形状及布齿结构进行优化，从而减少钻头震动，提高钻头稳定性，兼具更好的定向响应和更平滑的工具面控制能力。根据井底钻头内外流场压力与流速分布，优化喷嘴布置，提高水力破岩效果，减少钻头受损。

表 6-3-2　北特鲁瓦油田旋冲钻具组合及钻井参数

井眼直径 / mm	钻具组合	钻压 / kN	转速 / r/min	排量 / L/s
311.2	ϕ311.2mmPDC 钻头 +ϕ244.5mm 旋冲钻具 +ϕ203.2mm 钻铤 ×1 根 +ϕ311.2mm 扶正器 +ϕ203.2mm 钻铤 ×5 根 + 变扣接头 +ϕ177.8mm 钻铤 ×9 根	40～100	60～70	50
215.9	ϕ215.9mm 钻头 +ϕ177.4mm 旋冲钻具 +ϕ158.8mm 钻铤 ×1 根 + ϕ215.9mm 扶正器 +ϕ158.8mm 钻铤 ×18 根	70～100	70	30

对于常规的 PDC 钻头而言，由于钻头外围转速高，内部转速低，钻头中心部位的岩石难以被有效破碎，而刀翼外部的切削齿由于承担主要的破岩工作，更易失效，尤其是对于硬地层钻进。与 PDC 切削齿相比，锥形齿钻头在岩石破碎中心产生局部应力集中，有着更厚的金刚石层，抗冲击强度更强（图 6-3-3）。同时由于锥形齿具有独特的锥形结构，其散热能力比传统的 PDC 切削齿强。随着机械钻速的提高，锥形齿钻头的扭矩平均减少了约 1/3，因而具有更强的定向响应和更平滑的工具面控制能力（朱丽华等，2015）。

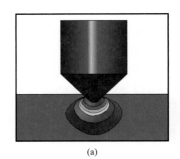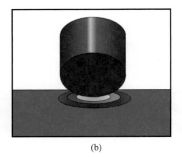

图 6-3-3　锥型齿（a）与圆柱齿（b）受力对比示意图

在优选 PDC 钻头的同时，配合高速螺杆钻具，优化钻具组合和钻井参数（表 6-3-3），实现北特鲁瓦油田的综合钻井提速。锥型齿 PDC 钻头 + 高速螺杆的提速技术方案主要应用于北特鲁瓦油田水平井的 ϕ311.2mm 和 ϕ215.9mm 井段。

表 6-3-3　锥型齿 PDC 钻头 + 高速螺杆钻具组合及钻井参数

井眼直径 / mm	钻具组合	钻压 / kN	转速 / r/min	排量 / L/s
215.9	ϕ215.9mm 锥形齿钻头 +ϕ172.0mm 高速螺杆 +ϕ158.8mm 钻铤 ×1 根 +ϕ215.9mm 扶正器 +ϕ158.8mm 钻铤 ×18 根	140～160	170～190	30～33

经过现场试验及推广应用，以旋冲钻井工具为主的北特鲁瓦直井快钻技术，实现二开平均机械钻速提高 193%、三开平均机械钻速提高 95%。以锥形齿 PDC 钻头 + 高速螺杆为主的定向井快钻技术，实现直井段平均机械钻速提高约 19%，定向段平均机械钻速提高 35%。

二、超低压碳酸盐岩油气藏钻井液体系

北特鲁瓦油田因长期枯竭式开采，储层压力亏空严重，承压能力低（地层压力系数 0.58），钻井过程中恶性井漏频发。因漏失造成的储层敏感性伤害是主要的储层伤害因素。因此，降低钻井液密度、提高钻井液的屏蔽暂堵能力、提高钻井液固相酸溶率是提高储层保护效果的关键。针对北特鲁瓦油田低压储层伤害特点，研发了一套低密度钻井液体系。

1. 低密度钻井液体系

由于储层具有强水敏性的特征，强抑制性的油基钻井液比水基钻井液具有更好的储层保护效果。由于储层压力系数低，若要维持最低的钻井液密度，油基钻井液无法加入足够的常规封堵材料和加重材料，导致钻井液的封堵能力不足。针对这一局限性，研发了低密度液体降滤失剂，既能够提高钻井液的封堵能力和井壁承压能力，又能够降低钻井液中的固相颗粒含量，提高钻井液的储层保护效果。同时研发了支撑暂堵剂，封堵储层微裂缝，支撑裂缝通道，提高井壁承压能力，减少漏失复杂和应力敏感伤害（于得水等，2020）。

研发了抗温 80～180℃、最低密度为 0.89g/cm³ 的超低压储层油基钻井液体系，为北特鲁瓦油田地层压力亏空储层的安全快速钻井提供了技术支撑。其配方为：白油 + 有机土 2%～5% + 主乳化剂 2%～4% + 辅乳化剂 2%～4% + 润湿剂 0～1% + 液体降滤失剂 2%～5% + 生石灰 0～10% + 盐水 5% + 支撑暂堵剂 1%～3% + 提切剂 1%～4% + 超细凝胶微球 3%～5% + 石灰石粉。其中，支撑暂堵剂配方为：10% 可酸溶复合屏蔽暂堵剂 + 35%300 目 $CaCO_3$ + 55%600 目 $CaCO_3$。

2. 降滤失剂评价

对所研发的油基降滤失剂开展红外光谱和粒径分布实验，确定了液体降滤失剂的分子结构和粒径分布范围。从红外图谱中可以看出，该降滤失剂在 1653cm⁻¹ 处具有明显的酰胺羰基（C＝O）伸缩振动峰，在 1400cm⁻¹ 处具有明显的酰胺 C—N 伸缩振动峰，表明该降滤失剂得到了良好的酰胺化改性，能够进一步改善降滤失剂的亲油分散性，提升在油基钻井液中的降滤失剂效果（图 6-3-4）。

通过粒径分布可以看出，该降滤失剂平均粒径为 0.1056μm，D_{10} 为 0.0667μm（粒径小于 0.0667μm 的颗粒占总颗粒数的 10%），D_{50} 为 0.1061μm（粒径小于 0.1061μm 的颗粒占总颗粒数的 50%），D_{90} 为 5.538μm（粒径小于 5.538μm 的颗粒占总颗粒数的 90%），粒径分布主要集中在微米级以下，能够有效弥补常规油基钻井液中大粒径固相颗粒对微孔隙封堵效果差的弊端，进一步提升降滤失效果（图 6-3-5）。

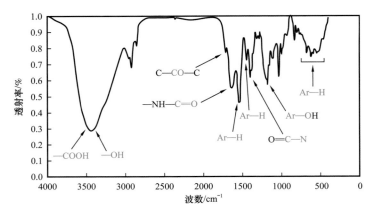

图 6-3-4　降滤失剂红外图谱分析

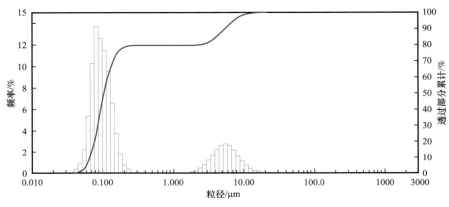

图 6-3-5　液体降滤失剂的粒径分布范围

3. 常规性能评价

在超低压储层油基钻井液中加入支撑暂堵剂，在 180℃条件下热滚 16h 后，钻井液的流变性基本稳定（刘政等，2020）。实验表明，加入 1% 支撑暂堵剂的超低压储层油基钻井液的常压滤失量和高温高压滤失量明显降低。当支撑暂堵剂的加量提高至 3% 时，常温常压滤失量从 12mL 下降至 0.8mL，高温高压滤失量滤失量从 18mL 下降至 1.8mL，且流变性良好，有利于维持井壁稳定（表 6-3-4）。

4. 抗污染性能评价

该体系在 180℃下热滚 16h 后，自然冷却至 50℃，测量钻井液的抗污染性能，实验结果显示，加入 5% $CaSO_4$ 并热滚后，钻井液表观黏度和塑性黏度有较小幅度的上升，动切力、初切和终切略有降低，但满足钻井要求；加入 20%NaCl 并热滚后，钻井液表观黏度、塑性黏度略有降低，动切力、初切和终切基本保持稳定；加入 5% 钻屑并热滚后，钻井液动切力略有降低，表观黏度、塑性黏度、初切和终切基本保持稳定（表 6-3-5）。实验证明，超低压储层油基钻井液体系可抗 5%$CaSO_4$、20%NaCl 和 5% 钻屑污染，且热滚前后的钻井液体系稳定，易于维护。

表6-3-4 超低压储层油基钻井液常规性能

配方		表观黏度/mPa·s	塑性黏度/mPa·s	动切力/Pa	初切:终切/Pa/Pa	破乳电压/V	常温常压滤失量/mL	高温高压滤失量/mL
油基钻井液	滚前	39.0	36	3.0	4.5/5.0	2000	27.0	—
	滚后	44.5	40	4.5	4.0/4.5	2000	12.0	18
油基钻井液 +1% 支撑暂堵剂	滚前	38.0	32	6.0	3.5/4.5	2000	8.0	—
	滚后	44.0	35	9.0	5.0/5.0	2000	6.0	8
油基钻井液 +2% 支撑暂堵剂	滚前	48.5	41	7.5	4.5/5.0	2000	2.8	—
	滚后	43.0	37	6.0	3.5/3.5	2000	1.6	2.4
油基钻井液 +3% 支撑暂堵剂	滚前	52.5	38	14.5	5.0/6.0	2000	1.6	—
	滚后	43.0	36	7.0	3.5/3.5	2000	0.8	1.8

表6-3-5 超低压储层油基钻井液抗污染性能

实验条件		表观黏度/mPa·s	塑性黏度/mPa·s	动切力/Pa	初切:终切/Pa/Pa	破乳电压/V	备注
加 5% CaSO₄	滚前	101.0	89	12.0	5.0/5.5	1462	—
	污染后	101.0	87	14.0	5.0/6.0	1025	—
	滚后	113.5	105	8.5	4.5/5.0	1216	无沉淀
加 20% NaCl	滚前	101.0	89	12.0	5.0/5.5	1462	—
	污染后	88.0	75	13.0	4.0/5.0	1067	—
	滚后	95.0	83	12.0	4.0/5.5	1125	无沉淀
加 5% 钻屑	滚前	101.0	89	12.0	5.0/5.5	1462	—
	污染后	100.0	91	9.0	4.5/5.5	1825	—
	滚后	98.5	91	7.5	4.0/5.5	1317	无沉淀

5. 封堵及解堵性能评价

在超低压储层油基钻井液中加入支撑暂堵剂，通过封堵和解堵实验，评价支撑暂堵剂封堵能力和暂堵后的返排能力（图6-3-6）。加入支撑暂堵剂前，在较低的驱替压力下岩心的出口端很快出液，突破压力只有0.39MPa。加入支撑暂堵剂后，封堵压力逐渐上升，当突破压力超过20MPa时，岩心出口端仍未出液，说明钻井液的封堵性能较强。封堵实验结束后，反方向驱替被封堵后的岩心，结果表明，返排过程中的平衡压力为0.49MPa，说明钻井液易被返排出储层。

超低压储层油基钻井液体系动态渗透率恢复值为91.5%。与甲聚磺钻井液（渗透率恢复值为72.4%）相比，超低压储层油基钻井液体系具有优秀的储层保护效果（表6-3-6）。

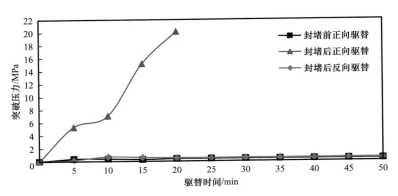

图 6-3-6 超低压储层油基钻井液封堵及返排压力

表 6-3-6 超低压储层油基钻井液酸化后渗透率恢复值

污染流体	岩心编号	污染前渗透率 / %	污染后渗透率 / %	动态渗透率恢复值 / %	伤害率 / %
钾聚磺钻井液	32	2.63	1.91	72.4	27.6
低密度油基钻井液	51	2.41	2.21	91.5	8.5

三、超低压碳酸盐岩油气藏固井技术

北特鲁瓦油田平均油层套管固井合格率只有 55%（表 6-3-7）。针对超低压储层含气、固井气窜频发，多级压裂储层改造导致水泥石破裂等问题，研发了一套防窜增韧水泥浆体系，实现了北特鲁瓦油田固井质量的大幅提高。

表 6-3-7 2007—2012 年部分已钻井固井质量统计

序号	井号	完钻年份	井型	开次	井深 / m	油套下深 / m	设计返高 / m	实际返高 / m	固井合格率 / %
1	CT-4	2007	直井	三开	3296	3296	1658	1736	53.00
2	CT-7	2008	直井	三开	3370	3370	1126	1169	30.10
3	CT-20	2008	直井	三开	3316	3316	2212	2281	59.90
4	CT-37	2009	直井	三开	3311	3311	2594	2655	27.20
5	5567	2009	直井	三开	3301	3301	992	1308	16.70
6	542	2009	直井	二开	2241	2241	817	874	89.16
7	555	2009	直井	二开	2453	2453	837	890	38.70
8	CT-35	2009	直井	二开	3390	3390	663	682	36.65
9	5567	2009	直井	二开	3301	3301	992	1308	16.70
10	5533	2009	直井	二开	3301	3301	529	606	22.80

1. 固井质量影响因素分析

影响北特鲁瓦油田固井质量的主要因素包括水泥浆稠化过程中气侵及多级压裂改造破坏水泥环完整性。

1）气侵影响

北特鲁瓦油田 KT-1 储层和 KT-2 储层含油气饱和度高，且异常活跃（表 6-3-8 和表 6-3-9），气体在水泥浆稠化过程中会侵入水泥浆并向上扩散，影响水泥胶结质量，进而造成该气侵井段固井质量差。

表 6-3-8 北特鲁瓦油田 CT-20 井 KT-1 储层评价数据表

序号	井段 / m	厚度 / m	渗透率 / mD	孔隙度 / %	含油气饱和度 / %	泥质含量 / %	孔隙类型	解释结论
1	2268.3~2272.8	4.5	28.77	11.6	87.3	5.5	孔隙型	油气层
2	2287.2~2288.1	0.9	5.36	10.6	95.3	4.2	孔隙型	油气层
3	2327.7~2333.9	6.2	10.15	10.7	93.9	3.5	孔隙型	油气层
4	2365.2~2368.5	3.3	97.59	15.0	92.4	5.4	孔隙—裂缝型	油气层
5	2486.0~2487.6	1.6	11.71	10.9	83.6	7.1	孔隙—裂缝型	含残余油水层

表 6-3-9 北特鲁瓦油田 CT-20 井 KT-2 储层评价数据表

序号	井段 / m	厚度 / m	渗透率 / mD	孔隙度 / %	含油气饱和度 / %	泥质含量 / %	孔隙类型	解释结论
1	3078.0~3080.0	2.0	10.15	11.8	86.0	4.0	孔隙型	油气层
2	3133.3~3134.1	0.8	0.15	7.8	74.0	6.4	孔隙—裂缝型	油气层
3	3136.2~3137.5	1.3	0.09	7.1	69.1	3.5	孔隙—裂缝型	油气层
4	3146.9~3147.4	0.5	0.02	6.3	82.4	1.6	孔隙—裂缝型	油气层
5	3165.5~3166.6	1.1	0.05	6.9	75.4	5.9	孔隙—裂缝型	油气层
6	3170.4~3171.4	1.0	0.08	7.3	61.4	9.0	孔隙—裂缝型	油气层
7	3175.2~3179.1	3.9	1.86	8.5	65.0	6.0	孔隙—裂缝型	油气层
8	3182.0~3183.6	1.6	0.05	6.9	70.2	4.7	孔隙—裂缝型	油气层
9	3184.8~3186.0	1.2	0.12	7.3	66.3	11	孔隙—裂缝型	油气层
10	3203.6~3205.3	1.7	0.83	9.2	64.2	5.7	孔隙—裂缝型	油气层
11	3248.5~3249.2	0.7	0.05	6.9	63.6	4.4	孔隙—裂缝型	含残余油水层

序号	井段 / m	厚度 / m	渗透率 / mD	孔隙度 / %	含油气 饱和度 / %	泥质 含量 / %	孔隙类型	解释结论
12	3284.9~3285.6	0.7	0.03	6.4	41.4	2.7	孔隙—裂缝型	含残余油水层
13	3317.1~3318.3	1.2	0.04	6.6	38.6	7.8	孔隙—裂缝型	含残余油水层
14	3321.8~3323.7	1.9	45.41	11.6	70.5	4.8	孔隙型	含残余油水层

2）多级压裂改造对水泥环的影响

水泥石属于硬脆性材料，与套管钢材的弹性和变形能力存在较大差异。当受到由压裂产生的动态冲击载荷作用时，水泥环受到较大的内压力和冲击力，产生径向断裂。当压裂作业的冲击作用大于水泥石的破碎吸收能时，水泥石破碎，井筒的完整性被破坏，压裂施工中压裂液随水泥环本体的裂缝运移，进一步推动水泥环裂纹的不定向延展，不仅降低了压裂效果，也使被破坏后水泥环失去层间封隔和保护套管的作用，引起储层流体环空窜流，直接影响油气的正常开发与油井开采寿命。

2. 防窜增韧水泥浆体系

为了提高储层封固质量，在水泥浆中引入膨胀剂和防窜增韧剂材料。膨胀剂减少水泥收缩，防窜增韧剂填充于水泥骨架之间，成为冲击力的传递介质，吸收储层改造过程对水泥环的冲击功，提高了水泥环的抗冲击韧性，改善胶结面的封固质量。

1）防窜增韧水泥浆体系的组成

防窜增韧水泥浆体系的基本配方为：G 级水泥 +5% 降失水剂 +2% 减阻剂 +1% 增强剂 +2% 缓凝剂 +0.05% 消泡剂 +3% 膨胀剂 +4% 防窜增韧剂。

（1）稠化性能及流变性能评价。

防窜增韧水泥浆体系稠化性能及流变性能评价实验结果表明，防窜增韧剂与水泥浆配伍良好，能很好地分散到水泥浆体中，对水泥浆稠化时间、流变性基本没有影响（表 6-3-10）。

表 6-3-10　防窜增韧材料对水泥浆稠化及流变性的影响

序号	防窜增韧剂掺量 /%	流动度 /cm	50℃条件下稠化时间 /min
1	0	24	118
2	2	23.5	115
3	4	22	110

（2）水泥石力学性能评价。

防窜增韧水泥石力学性能评价实验结果表明，水泥浆中加入防窜增韧剂后，在水泥的胶结作用下与孔隙四周形成了一种具有一定强度、能约束微裂缝的发展、吸收应变能的结构变形中心，有利于降低水泥石的刚性和弹性模量，增加油井水泥石塑性，改善油井水泥环力学性能，有助于解决后期因水泥环完整性受损产生的固井质量问题（表6-3-11）。

表6-3-11　水泥石力学性能评价

序号	防窜增韧剂掺量/%	弹性模量/GPa	弹性模量变化率/%	50℃条件下24h抗压强度/MPa
1	0	10.28	—	33.5
2	2	9.75	5.16	33.1
3	3	8.85	9.23	32.6
4	4	7.57	14.46	30.7

（3）水泥石膨胀性能评价。

防窜增韧水泥石膨胀性能评价实验结果表明，膨胀剂掺入水泥浆后，在水泥水化过程中，分散到水泥水化产物表面：一方面与水泥浆中自由水结合，形成一定的结构；另一方面与水泥水化产物形成网状的聚合物结构，两者相互作用，使得水泥石本身表现出了一定的膨胀性，固井后水泥环不会出现收缩，减少了出现微环隙的可能性（表6-3-12）。

表6-3-12　水泥石的膨胀性能评价

序号	膨胀剂掺量/%	膨胀率（75℃）/%			
		24h	48h	72h	7d
1	0	0.011	0.014	0.017	0.021
2	1	0.033	0.039	0.046	0.052
3	2	0.071	0.082	0.082	0.083
4	3	0.123	0.132	0.137	0.137

（4）水泥石防窜性能评价。

防窜增韧剂作用是改善弹性模量，提高抗冲击韧性，实现防漏、堵漏。防窜增韧水泥石防窜性能评价实验结果表明，加入防窜增韧剂的水泥浆体系静胶凝过渡时间小于30min，气窜值为0，可以有效地阻止窜流的发生（表6-3-13）。

表6-3-13　水泥石的防窜性能评价

序号	温度/℃	防窜增韧剂掺量/%	静胶凝过渡时间/min	压差2.8MPa条件下气窜量/mL
1	50	0	15	＞100
2	50	2	12	＞100
3	50	3	10	0
4	50	4	7	0

2）防窜增韧水泥浆体系特性

防窜增韧水泥浆体系能够保证水泥石的均质性，提高水泥石的抗渗性、防窜性与耐久性，减少其收缩裂缝，进而降低水泥石的脆性，增强抗冲击能力，提高其抗裂能力。

针对常规水泥石与研发的防窜增韧水泥石进行了抗冲击韧性的实验，分别用射钉枪将钉子从水泥石一端射入。常规水泥石出现明显裂缝，防窜增韧水泥石无明显裂纹，说明防窜增韧水泥浆体系有利于改善水泥石的内部结构、提高水泥石的韧性，能有效防止压裂施工对水泥石破坏（图 6-3-7 和图 6-3-8）。

 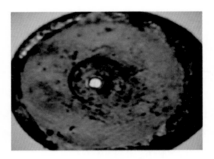

图 6-3-7　纯水泥石　　　　　　　　　图 6-3-8　加增韧剂水泥石

3）前置液体系

防窜增韧水泥浆体系使用密度为 1.0g/cm³ 的清洗液体系，配方为清水 + 表面活性剂 + 辅助剂，清洗液可有效清洗虚滤饼及滤饼上产生的油膜。使用密度为 1.40g/cm³ 的隔离液，配方为 [H₂O+2.5% 增黏剂 +1% 稳定剂]（基液）+ 加重剂。隔离液可有效隔离钻井液与水泥浆，并具备一定的冲刷携带能力，使清洗液与隔离液、水泥浆之间形成密度差，为提高顶替效率提供条件。前置液冲洗效果实验可以看出，该前置液冲洗效果较好（图 6-3-9 至图 6-3-12）。

图 6-3-9　前置液冲洗效果试验冲洗进展情况（1min）

图 6-3-10　前置液冲洗效果试验冲洗进展情况（5min）

图 6-3-11　前置液冲洗效果试验冲洗进展情况（10min）

图 6-3-12 前置液冲洗效果试验
（冲洗 30min 后，冲洗效果达到 90% 以上）

防窜水泥浆体系在北特鲁瓦油田 8137 井和 7906 井等 6 口井进行了现场应用，应用后水平段固井质量合格率由 84.75% 提高至 96.91%。

四、提高碳酸盐岩储层钻遇率技术

随钻中子孔隙度是实时地层评价非常重要和必需的地质参数，但是常规随钻中子测量采用化学中子源，其仓储、运输、安装和调试等全程存在辐射，作业风险高，因此，基于中子输运理论模型，自主研发非化学源随钻电激发式可控中子孔隙度测量系统，打破化学中子源全程辐射高危作业方式，测量结果与标准化学中子源电测曲线基本吻合，实现化学中子源的有效替代，保障了地层孔隙度参数的准确、可靠获取。

1. 基于加速器中子源随钻中子孔隙度测量理论及方法

随钻中子仪器采用 He-3 探测器记录热中子和超热中子，He-3 计数管为一封闭的不锈钢管，管中充填 He-3 气体。中子入射到管壁进入管内与 He-3 发生（n, P）反应产生带电粒子，这些带电粒子具有很强的电离作用，从而产生大量的离子对，这些离子对会产生脉冲电流。产生脉冲的个数正比于与 He-3 发生反应的中子数量。中子探测器与中子源在地层井眼中的位置如图 6-3-13 所示。

探测器记录的中子数量的变化可反映地层孔隙度的差异，探测器的效率不仅与探测器本身的结构、几何形状、尺寸和材料有关，而且与入射中子的能量以及入射中子的位置和角度分布有关。探测器的效率可用于探测器的结构研究。中子探测器的效率定义为探测器记录到的脉冲数与入射到探测器上的中子数之比：

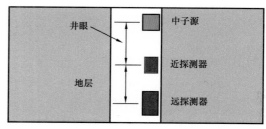

图 6-3-13 中子探测器与中子源在地层井眼中的
位置示意图

$$\eta = \frac{\text{中子进入He-3管并与He-3发生（}n, P\text{）反应的次数}}{\text{入射到探测器表面的中子数}} \qquad (6-3-1)$$

只有在几种简单的结构和几何情况下，才有可能从理论上用解析式描述探测器的效率。例如一个半径为 R，无限长的圆柱体 He-3 探测器，被置入中子通量分布为各向同性的区域内，探测器效率 $\eta(E)$ 为：

$$\eta(E) = \frac{\Sigma_{n,P}(E)}{\Sigma_a(E)} \chi_a(\Sigma_a R) \qquad (6-3-2)$$

式中　$\sum_{n,\,p}(E)$——He-3 的（n，P）反应宏观截面，cm^{-1}；

　　　$\sum_a(E)$——He-3 的宏观吸收截面，cm^{-1}。

$$\chi_a(\Sigma_a R)=\frac{1}{\pi}\int_0^{2\pi}\int_0^{\pi/2}\left(1-e^{\frac{2\Sigma_a R\cos\varphi}{1-\sin^2\theta\cos^2\varphi}}\right)\sin\theta\cos\theta\,d\theta\,d\varphi \tag{6-3-3}$$

　　超热中子探测器是在 He 计数管的外面包裹一层钆或镉片，以滤掉热中子。包有钆或镉包层的超热中子探测器效率的近似公式为

$$\eta(E)=\frac{\sum_{n,P}(E)}{\sum_a(E)}2E_3\left[\sum_{Gd}(E)t_{Gd}\right]\chi_a(\Sigma_a R) \tag{6-3-4}$$

式中　χ_a——反应系数常量；

　　　$\sum_a R$——吸收截面，cm^{-1}；

　　　Gd——镉元素；

　　　$\sum_{Gd}(E)$——镉元素的宏观总吸收截面，cm^{-1}；

　　　R——半径，cm；

　　　t_{Gd}——镉元素片的厚度，cm。

$$E_3(x)=\int_1^\infty\frac{e^{-ux}}{u^3}\,du=\int_0^1 te^{-x/t}\,dt \tag{6-3-5}$$

　　运用双群扩散理论，在无限均匀介质中，对点状快中子源在探测点可得到的热中子通量密度为

$$\Phi_t(r)=\frac{L_t^2}{4\pi D_t\left(L_e^2-L_t^2\right)}\left(\frac{e^{-r/L_e}}{r}-\frac{e^{-r/L_t}}{r}\right) \tag{6-3-6}$$

式中　Φ——热中子通量密度，cm^{-2}；

　　　r——源距，cm；

　　　D_t——热中子的扩散系数；

　　　L_e、L_t——快中子的减速长度和热中子的扩散长度，cm。

　　用 $N_t(r)$ 表示探测点处的热中子计数率，则它与热中子通量密度 $\Phi_t(r)$ 成正比，即 $N_t(r)=K\Phi_t(r)$，于是近远两个探测器的计数率分别为

$$N_t(r)=\frac{L_t^2}{4\pi D_t\left(L_e^2-L_t^2\right)}\left(\frac{e^{-r/L_e}}{r}-\frac{e^{-r/L_t}}{r}\right) \tag{6-3-7}$$

$$N_t(r+\Delta r)=\frac{L_t^2}{4\pi D_t\left(L_e^2-L_t^2\right)}\left(\frac{e^{-r/L_e}}{r+\Delta r}-\frac{e^{-r/L_t}}{r+\Delta r}\right) \tag{6-3-8}$$

式中　Δr——近探测器到远探测器的距离，则（$r+\Delta r$）为远源距。

　　两式相比可得近远两个探测器的计数率的比值：

$$\frac{N_t(r)}{N_t(r+\Delta r)} = \frac{r+\Delta r}{r}\left[\frac{e^{-r/L_e} - e^{-r/L_t}}{e^{-(r+\Delta r)/L_e} - e^{-(r+\Delta r)/L_t}}\right] \quad (6-3-9)$$

如果近源距不变，远源距变大，则近探测器通量密度不变，计数率响应不变，而远探测器通量密度变小，计数响应变小，所以近远探测器观察点的计数率比值变大；如果远源距不变，近源距变大，则远探测器通量密度不变，计数率响应不变，而近探测器通量密度变小，计数率响应变小，所以近远探测器观察点的计数率比值变小。

当源向探测器靠近时，近远探测器的计数率比值变大；当中子源远离探测器时，近远探测器的计数率比值变小。因此，当源靠近探测器时，近探测器计数率的变化对计数率比值的变化影响大；当源远离探测器时，远探测器计数率的变化对计数率比值的变化影响大。

探测器与中子源的距离根据源强和探测分辨率来折中选择和调整。对于方位孔隙度测量，要求探测器测量具有方位选择性，即只接收来自地层的信号，来自其他方位区地层的中子信号被中子吸收材料屏蔽。屏蔽体和探测器结构如图6-3-14和图6-3-15所示。

图6-3-14 屏蔽体结构示意图　　　图6-3-15 探测器结构示意图

随钻中子孔隙度测量是一种通过测量高能快中子在地层中能量和强度变化，从而获得钻遇地层孔隙度参数的测量方法。由于随钻测量的工作条件、使用环境与电缆测井有着很大的区别，因此，必须研究随钻测井所特有的一些影响中子孔隙度测量的因素，如钻铤尺寸结构、钻铤水眼、钻铤材料等（表6-3-14）。

表6-3-14 随钻中子孔隙度测量影响因素分类

序号	分类	参数
1	井孔参数	井孔尺寸，钻井液比重、含盐度，滤饼密度、厚度
2	工程环境	仪器偏心，井内温度、压力，振动、冲击
3	地层环境	地层骨架岩性，地层矿化度，地层俘获截面
4	仪器参数	中子源能量、强度，探测器类型、尺寸，仪器结构、材料，探测器源距
5	电路参数	脉冲分辨率，计数死时间，信噪比，温度稳定性
6	其他	刻度器误差，天然气，束缚水、结晶水地层

在随钻测井中，滤饼影响较电缆测井要小，但在一些特殊地层，这种影响也不能忽略。为了获得可靠的孔隙度测量结果，表6-3-14中所列的所有因素对测量结果的影响都

必须研究清楚，从而作为对测量结果进行校正和处理的依据。

中子孔隙度测量数值计算模型结构和栅元结构如图 6-3-16 和图 6-3-17 所示，模拟砂岩地层参数和模拟石灰岩地层参数见表 6-3-15 和表 6-3-16。

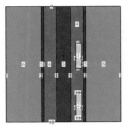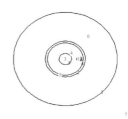

图 6-3-16　中子孔隙度测量数值计算模型结构图

图中数据无物理意义，是利用 MCNP 软件进行蒙特卡洛有限元模拟时，软件自动生成的"栅元"编号

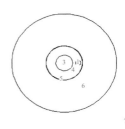

图 6-3-17　中子孔隙度测量数值计算模型栅元结构图

图中数据无物理意义，是利用 MCNP 软件进行蒙特卡洛有限元模拟时，软件自动生成的"栅元"编号

表 6-3-15　砂岩地层参数

地层	孔隙度 ϕ	地层密度 ρ	氢原子质量分数 f_{H}	氧原子质量分数 f_{O}	硅原子质量分数 f_{si}
砂岩	0	2.650	0	1.4130	1.2370
	5	2.568	0.0056	1.3870	1.1570
	10	2.485	0.0111	1.3610	1.1130
	15	2.402	0.0167	1.3350	1.0510
	20	2.320	0.0222	1.3080	0.9890
	25	2.2375	0.0278	1.2822	0.9275
	30	2.155	0.0333	1.2560	0.8657
	35	2.0725	0.0389	1.2300	0.8040
	50	1.825	0.0556	1.1510	0.6180
	70	1.495	0.0778	1.0460	0.3710
	100	1.000	0.1110	0.8890	0

注：砂岩成分为 SiO_2，骨架密度为 $2.65g/cm^3$。

表 6-3-16　石灰岩地层参数

地层	孔隙度 ϕ	地层密度 ρ	氢原子质量分数 f_H	氧原子质量分数 f_O	钙原子质量分数 f_{Ca}	碳原子质量分数 f_C
石灰岩	0	2.7100	0	0.4800	0.4000	0.1200
	5	2.6245	0.0021	0.4878	0.3924	0.1177
	10	2.5390	0.0044	0.4961	0.3842	0.1153
	15	2.4535	0.0068	0.5050	0.3755	0.1127
	20	2.3680	0.0094	0.5145	0.3662	0.1099
	25	2.2825	0.0122	0.5248	0.3562	0.1069
	30	2.1970	0.0152	0.5358	0.3454	0.1036
	35	2.1115	0.0184	0.5478	0.3337	0.1001
	50	1.8550	0.0299	0.5902	0.2922	0.0877
	70	1.5130	0.0514	0.6692	0.2149	0.0645
	100	1.0000	0.1111	0.8889	0	0

注：石灰岩成分为 $CaCO_3$，骨架密度为 2.71g/cm³。

在随钻中子孔隙度测量装置的设计中，中子源的位置、各个中子探测器的位置结构，以及它们之间的相对位置，决定了不同的仪器测量结构。设计 3 种仪器测量结构：测量结构 1 为源置于水眼中心、测量结构 2 为源置于钻铤内壁、测量结构 3 为源置于钻铤外壁。从仿真结果可以看出，3 种不同的仪器探测结构导致了不同的孔隙度—中子通量响应。分析和比较 3 种仪器测量结构下曲线的斜率和走势，表明测量到的中子通量均随着地层孔隙度的增加而减小，且呈现相同的规律（图 6-3-18）。

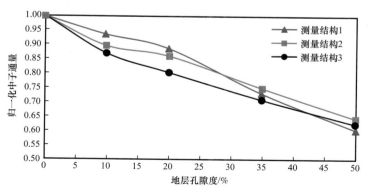

图 6-3-18　3 种不同测量结构下的中子通量与地层孔隙度的关系曲线

钻井过程中，钻头的尺寸、钻铤的外径直接决定着测量装置与井壁的间隙大小。随着井壁间隙的增大，中子通量逐渐下降。由于井壁间隙被钻井液填充，因此测量的地层孔隙度必然包含钻井液的影响，间隙越大，影响越大，测量误差也越大。装置与井壁的间隙还与钻遇的地层性质有关，疏松和垮塌的地层造成井眼扩大，这种情况就必须有实测的井径数据来对孔隙度测量进行校正处理（图 6-3-19）。

钻挺的水眼尺寸同样会对中子测量产生影响，从探测器中子通量随水眼直径变化的关系曲线中可以看出，探测器中子通量的变化随着钻挺水眼直径的扩大而呈下降趋势，钻挺水眼对中子测量的影响随着水眼尺寸的增加而变大（图 6-3-20）。

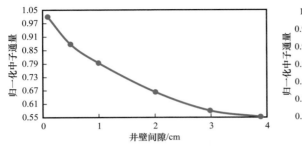
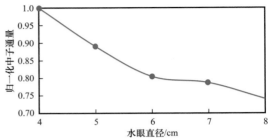

图 6-3-19　井壁间隙对中子通量测量的影响曲线　　图 6-3-20　水眼直径对中子通量测量的影响曲线

2. 中子孔隙度测量灵敏度

将可控中子源置于在钻铤壁上（距离水眼中心 7.5cm），钻铤水眼内径为 7.6cm、外径为 17.2cm，源距位置分别为 25cm、28cm 和 55cm，在孔隙度为 0、10%、20% 和 35% 的条件下，随地层孔隙度增加，中子通量减小（图 6-3-21）。

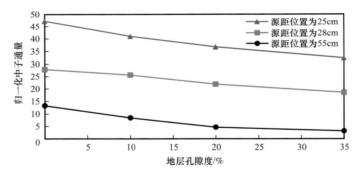

图 6-3-21　中子源在钻铤壁上不同源距的中子通量对比

将可控中子源置于钻铤水眼中心，钻铤水眼内径为 7.6cm，源距位置分别为 19cm、30cm、40cm 和 50cm，在孔隙度为 0、10%、20%、35% 和 50% 的条件下，随地层孔隙度增加，中子通量减小（图 6-3-22）。

将可控中子源置于钻铤水眼中心，源距位置为 25cm，钻铤水眼内径分别为 5cm、6cm、7.6cm 和 8cm 时，在孔隙度为 0、10%、20%、35% 和 50% 的条件下，水眼直径变化对孔隙度测量灵敏度的影响不大（图 6-3-23）。

3. 中子发射控制

加速器中子源（中子发生器）是一种电可控的快中子辐射装置，用于取代同位素化学中子源进行中子孔隙度测量，其优势明显。然而在整个随钻测量过程中，如何自动、安全、可靠地控制中子发射，是装置研制需要解决的关键技术难题之一。

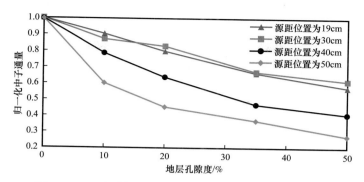

图 6-3-22 中子源在水眼中心不同源距的中子通量对比

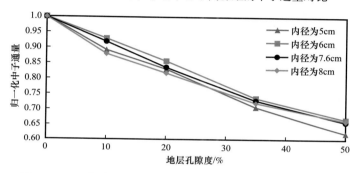

图 6-3-23 中子源在水眼中心不同水眼内径的中子通量对比

如何根据地面操作和井下起下钻过程的不同需求来自动控制高能快中子发射，是随钻孔隙度测量装置研制的关键内容。中子发生器工作原理是通过电子装置使带电粒子获得较高的能量，然后用这些经过加速后的带电粒子去轰击特定靶核，使之发生核反应，从而释放出单能中子。

中子发生器主要由高压电子线路和中子管组成，高压电子线路用于提供高达 100kV 的加速器高压供给中子管。在研制的随钻中子孔隙度测量装置中，中子发生器的工作由井下中子发射控制子单元负责管理，该单元模块提供中子发生器工作所需的供电电压和电流，同时提供中子发射所需的激励信号（图 6-3-24）。

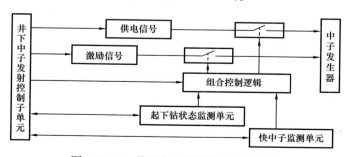

图 6-3-24 井下中子发射控制结构框图

随钻孔隙度测量装置是一种嵌入式测量系统，为了保证装置的可靠工作，关键执行单元的控制设计成多重自纠、自控结构。起钻和下钻监测单元包含在随钻中子井下电路中。一方面，检测单元的起下钻状态信号用于中子发生器的发射允许和禁止；另一方面，也作为井下测量和存储单元操作决策的依据。

本设计中采用的起下钻监测控制执行流程。在中子发射控制过程中，起下钻状态监测是实时进行的。当电路检测到仪器处于起钻状态时，电路输出高电平，反之输出为低电平，该状态监测信号直接输出到井下中子发射控制单元和组合控制逻辑单元。这种模式可实现状态信号不仅通过硬件迅速地触发控制开关，而且状态信号的上升沿和下降沿将同时触发控制子单元的微控制单元中断，在中断服务程序中再一次通过软件进行中子发射和关断控制。这种双重的控制结构可保证中子发生器在井下可靠地开启和关断。

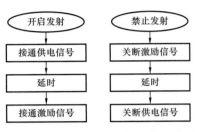

图 6-3-25　启动中子发射和禁止中子
发射流程

启动中子发生器，使之发射中子必须满足特定的操作程序和要求。首先，系统的供电和功率必须达到要求；其次，提供给系统的激励信号需满足一定的频率和脉宽要求。而且对于中子发射和关断操作，二者的操作流程不同（图 6-3-25）。

地面随钻中子发射控制是通过地面软件与井下主控单元通信，向井下发送控制命令来实现。在地面软件设计中，中子发生器默认控制状态为"禁止中子发射"，当需要开启中子发射时，则取消"禁止中子发射"，并开启"执行命令"启动中子发射。

随钻可控中子孔隙度测量技术在 H7205 井和 H817 井等 4 口水平井应用，实现北特鲁瓦油田储层钻遇率由 20.75% 提高至 71.43%（表 6-3-17）。

表 6-3-17　北特鲁瓦油田储层钻遇率对比

序号	未应用随钻可控中子孔隙度测量技术			应用随钻可控中子孔隙度测量技术		
	井号	水平段长 /m	钻遇率 /%	井号	水平段长 /m	钻遇率 /%
1	H519	192	26	H817	730	61.09
2	H577	419	28	H7205	1029	65.74
3	H554	116	18	H842	1000	71.3
4	H672	670	11	H2610	1004	87.6
5	平均	349.25	20.75	平均	978.69	71.43

第四节　上覆易垮塌泥页岩段碳酸盐岩储层分支井钻完井技术

伊拉克哈法亚油田 Mishrif 石灰岩油藏是该油田主力油藏，为降低钻井成本，实现稀井高产，哈法亚油田 2012—2015 年试验应用双分支井。国际上建立的 TAML（Technical Advancement of Multilaterals）分级体系，按连通性、隔离性和可达性将多分支井分为 1~6 级，4 级以上可以实现主井眼与分支井眼分别重入。鉴于 Mishrif 石灰岩地层稳定，综合考虑作业成本，哈法亚油田采用 TAML1 级分支井（主井眼与分支井眼均采用裸眼完井）。截至 2015 年，分支井累计完钻 13 口井，钻井成本仅比普通水平井增加 14.7%，产量提高 1.83 倍。由于 TAML1 级分支井主井眼与分支井眼不能重入，酸化改造等增产措施无法实施，出水难以调控等缺点逐渐突显，为解决该问题，通过优化井身结构和井眼轨道设计，研发泥页岩段防塌技术，研制膨胀管定位工具、自旋转可回收斜向器、重入与引导工具，制定施工工序，形成哈法亚油田上覆易垮塌泥页岩段碳酸盐岩储层 TAML4 级分支井钻完井技术。

一、分支井井身结构优化及套管优选

针对哈法亚油田分支井增产及调流控水措施无法实施的问题，优化分支井井身结构，改变原裸眼完井方式，采用套管射孔完井（TAML4 级分支井），实现主、支井眼选择性重入和固井，为后续储层改造、调剖堵水提供了井筒条件。

1. 地质分层与岩性

哈法亚油田地层岩性复杂，2300m 以上存在 Kirkuk 疏松砂岩地层和 Lower Fars 盐膏层；以下为巨厚碳酸盐岩及其与砂岩、页岩、泥灰岩的交互地层（表 6-4-1）。其中，Sa'di 层、Tanuma 层及 Mishrif 层等地层在钻井过程中易发生井壁坍塌，造成井径扩大、卡钻等事故复杂。

表 6-4-1 哈法亚油田地质分层与岩性

地层	地层顶深 /m	厚度 /m	岩性描述
Upper Fars	10	1310	以泥岩为主，夹砂岩，底部为含膏泥岩
Lower Fars	1320	590	砂岩、泥岩、石灰岩、石膏、盐岩互层等
Jeribe–Euphrates	1910	30	白云岩、膏岩
Kirkuk	1940	436	疏松砂岩、砂质白云岩、泥灰岩等互层
Jaddala、Aaliji	2376	134	燧石灰岩、含泥灰岩与页岩
Shiranish、Hartha	2510	116	石灰岩，底部为泥灰岩
Sa'di、Tanuma	2626	134	上部为泥灰岩，夹泥质灰岩与页岩
Khasib	2760	70	泥灰岩为主
Mishrif A	2830	410	石灰岩为主，夹页岩、泥灰岩
Mishrif B			石灰岩为主，夹燧石、石灰岩
Rumaila、Ahmadi	3240	50	石灰岩

2. 地层压力

Mishrif 油藏上覆的 Lower Fars 高压盐膏层孔隙压力系数为 1.9～2.1，Mishrif 油藏由于初期的衰竭式开采，孔隙压力下降至 0.68～1.15，其他地层为正常压力，孔隙压力系数 1.01～1.24（表 6-4-2）。

表 6-4-2 哈法亚油田地层压力表

地层	地层顶部 /m	坍塌压力 / (g/cm³)	孔隙压力 / (g/cm³)	破裂压力 / (g/cm³)
Upper Fars	10	1.08～1.1.8	1.01～1.03	1.92～2.26
Lower Fars	1320	1.03～1.86	1.90～2.10	2.26～2.39
Jeribe–Euphrates	1910	1.08～1.18	1.1～1.17	1.87～2.20
Kirkuk	1940	1.23	1.1～1.17	1.87～2.00
Jaddala、Aaliji	2376	1.08～1.18	1.1～1.17	1.90～2.10
Shiranish、Hartha	2510	1.08～1.18	1.1～1.17	1.90～2.10
Sa'di、Tanuma	2626	1.08～1.28	1.24	1.90～2.30
Khasib	2760	1.08～1.18	1.24	1.90～2.30
Mishrif	2830	1.08～1.20	0.68～1.15	1.90～2.10

3. 井身结构优化

根据哈法亚油田钻遇地层及地层压力系统的特点，上部 1320～1910m 为异常高压盐膏层，地层压力系数达到 2.1，除 Sa'di 层（1.24）、Tanuma 层（1.24）、Khasib 层（1.24）略高外，1910m 以下其他地层的孔隙压力系数为 1.01～1.17。因此，Mishrif 层储层分支井采用五开井身结构（图 6-4-1）。φ508mm 表层封固浅层疏松漏失地层；φ339.7mm 技

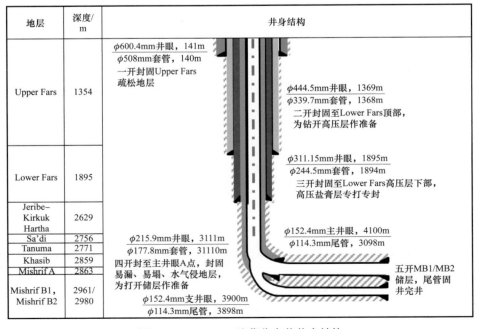

图 6-4-1 Mishrif 油藏分支井井身结构

术套管封固 Lower Fars 高压盐膏层以上的地层；ϕ244.5mm 技术套管封固 Lower Fars 高压盐膏层；ϕ177.8mm 生产套管下至 Mishrif B1 层顶部；ϕ152.4mm 主井眼水平段段长约 800～1000m，下入 ϕ114.3mm 尾管固井完井；ϕ152.4mm 分支井眼在 ϕ177.8mm 生产套管内开窗，水平段段长 600～800m，下入 ϕ114.3mm 尾管固井完井。完井后分支井眼和主井眼均可重入。

4. 套管优选

哈法亚油田原分支井 ϕ508mm 表层套管、ϕ339.7mm 和 ϕ244.5mm 技术套管、ϕ177.8mm 生产套管均能够满足现场要求。原 ϕ152.4mm 井眼裸眼完井方式改为 ϕ114.3mm 尾管固井完井，选用 ϕ114.3mm 的 P-110/15.1lb/ft 生产尾管，能够满足套管强度要求（表 6-4-3）。

表 6-4-3　分支井套管选型

套管	井深 /m		套管选型			
	顶深	底深	钢级	线重 /（lb/ft）	壁厚 /mm	螺纹类型
ϕ508mm 表套	0	150	K-55	94	11.13	BTC
ϕ339.7mm 技套	0	1390	N-80	68	12.19	BTC
ϕ244.5mm 技套	0	1950	L-80	47	11.95	BTC
ϕ177.8mm 生产套管	0	3000	L-80	29	10.40	BTC
ϕ114.3mm 生产尾管	2900	4100	P-110	15.1	8.56	BTC

二、分支井井眼轨道优化与轨迹控制

哈法亚油田发育正断层，且 Sa'di 层、Tanuma 层及 Mishrif 层等地层在钻井过程中易发生井壁坍塌，造成井径扩大，进而引发卡钻等井下复杂事故，为提高定向段及水平段的井壁稳定性，需要建立斜井眼周围应力计算模型，精确计算各易塌井段的井斜、方位与坍塌应力的关系，尽量使主、分支井眼沿坍塌应力最小的井斜与方位钻进，减少井壁坍塌风险，为井眼轨道优化设计、轨迹控制提供依据。

1. 井眼应力模型

通过声波测井数据建立井壁周围应力数学模型，求取最大及最小水平主应力，再经坐标变换求得斜井眼井壁周围主应力，进而利用 Mohr-Coulomb 坍塌准则（张保平等，2013）计算井壁坍塌时的井斜及方位角，为井眼轨道优化提供理论依据。

1）直井眼井壁应力

通过声波测井资料可得到声波在不同岩石中的纵波波速 v_p，利用纵波波速与横波波速 v_s 的关系及声波时差 Δt_c，计算得到横波波速 v_s 和相应深度的岩石密度 ρ，继而计算得到力学参数动态杨氏模量 E_d 和动态泊松比 v_d，再通过动、静杨氏模量和泊松比的关系，求得静态杨氏模量 E_s 和静态泊松比 v_s，以及上覆压力 S_v、孔隙压力 p_p，最终计算得到考虑温度变化影响下直井眼周围岩石的最小水平应力及最大水平主应力。

泥岩中横波波速：

$$v_s = 80.862v_p - 1.172 \tag{6-4-1}$$

石灰岩中横波波速：

$$v_s = -0.055v_p^2 + 1.017v_p - 1.172 \tag{6-4-2}$$

式中　v_s——横波波速，m/s；

　　　v_p——纵波波速，m/s。

岩石密度：

$$\rho = 0.23\left(\frac{1000000}{\Delta t_c}\right)^{0.25} \tag{6-4-3}$$

式中　ρ——岩石体积密度，kg/m³；

　　　Δt_c——测量声波时差，s。

动态杨氏模量：

$$E_d = \rho v_s^2 \frac{\left(3v_p^2 - 4v_S^2\right)}{\left(v_p^2 - v_S^2\right)} \tag{6-4-4}$$

动态泊松比：

$$\nu_d = \frac{\left(v_p^2 - 2v_S^2\right)}{2\left(v_p^2 - v_S^2\right)} \tag{6-4-5}$$

式中　E_d——动态杨氏模量，Pa；

　　　ν_d——动态泊松比。

静态杨氏模量：

$$E_s = 0.032E_d^{1.632} \tag{6-4-6}$$

静态泊松比：

$$\nu_s = \nu_d \tag{6-4-7}$$

式中　E_s——静态杨氏模量，Pa；

　　　ν_s——静态泊松比。

由于泊松比本身变化范围小，动态与静态泊松比差异一般不大，对于泥页岩地层，动态与静态泊松比基本相等。

上覆压力：

$$S_v = \int_0^z \rho(z)g\mathrm{d}z \tag{6-4-8}$$

式中　S_v——上覆压力，MPa；

z——深度，m；

$\rho\,(z)$——当前深度的岩石密度，kg/m³；

g——重力加速度常数，9.8m/s²。

孔隙压力：

$$p_p = S_v - p_n \tag{6-4-9}$$

式中　p_p——孔隙压力，MPa；

p_n——正常静水压力，MPa。

最小水平主应力为

$$\sigma_h = \frac{\nu_s}{1-\nu_s}\left(S_v - \alpha p_p\right) + k_h \frac{E_s z}{1+\nu_s} + \frac{\alpha_T E_s \Delta T}{1-\nu_s} + \alpha p_p + \Delta\sigma_h \tag{6-4-10}$$

$$\sigma_H = \frac{\nu_s}{1-\nu_s}\left(S_v - \alpha p_p\right) + k_H \frac{E_s z}{1+\nu_s} + \frac{\alpha_T E_s \Delta T}{1-\nu_s} + \alpha p_p + \Delta\sigma_H \tag{6-4-11}$$

$$\alpha = \frac{1-\nu_s}{2(1-2\nu_s)} \tag{6-4-12}$$

式中　S_v——垂向应力，即上覆压力，MPa；

σ_h——最小水平主应力，MPa；

σ_H——最大水平主应力，MPa；

α_T——地层岩石热膨胀系数，一般取 1.4MPa/℃，MPa/℃；

α——有效应力系数；

ν_s——静态泊松比；

z，p_p，ΔT——地层深度（m）、地层深度处的孔隙压力（MPa）和地层温度的变化（℃）；

k_h，k_H——最小和最大水平主应力方向的构造应力系数，在同一区块可视为常数，由实测地应力反算可得，m⁻¹；

$\Delta\sigma_h$，$\Delta\sigma_H$——地层剥蚀的最小和最大水平应力附加量，通过实测地应力反算，在同一区块可认为是常数，MPa。

2）斜井眼井壁应力

计算斜井眼井壁应力需将直角坐标系转换为柱坐标系。假设直井的坐标系为(x, y, z)，主应力矢量为$\boldsymbol{S_s} = (\sigma_{11}, \sigma_{22}, \sigma_{33})$，$\sigma_{11}$、$\sigma_{22}$和$\sigma_{33}$即为$S_v$、$\sigma_h$和$\sigma_H$。沿井筒建立斜坐标系$x_b$、$y_b$、$z_b$，井壁任意一点的应力矢量为$\boldsymbol{S} = (s_1, s_2, s_3)$，应力分量$s_1$，$s_2$和$s_3$与$x$轴、$y$轴和$z$轴的夹角分别为$\alpha$、$\beta$和$\gamma$，与柱坐标的夹角分别为$\delta$、$\theta$和$\varphi$（图6-4-2）（李培超等，2010）。

则井壁任意一点的应力矢量可表达为

$$\boldsymbol{S} = \boldsymbol{R_b R_s^{\mathrm{T}} S_s R_s R_b^{\mathrm{T}}} \tag{6-4-13}$$

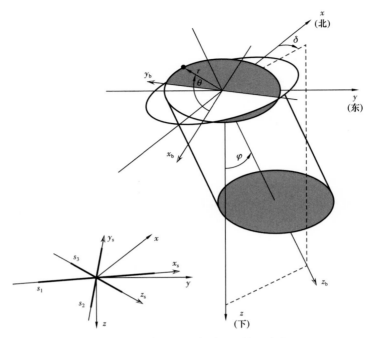

图 6-4-2　斜井眼井筒周围原始地应力

其中，由直角坐标系转换为柱坐标系的转换矩阵为

$$\boldsymbol{R}_s=\begin{vmatrix} \cos\alpha\cos\beta & \sin\alpha\cos\beta & -\sin\beta \\ \cos\alpha\sin\beta-\sin\alpha\cos\gamma & \sin\alpha\sin\beta+\cos\alpha\cos\gamma & \cos\beta\sin\gamma \\ \cos\alpha\sin\beta\cos\gamma+\sin\alpha\sin\gamma & \sin\alpha\sin\beta\cos\gamma-\cos\alpha\sin\gamma & \cos\beta\cos\gamma \end{vmatrix}\qquad(6-4-14)$$

$$\boldsymbol{R}_b=\begin{vmatrix} -\cos\delta\cos\varphi & -\sin\delta\cos\varphi & \sin\varphi \\ \sin\delta & -\cos\delta & 0 \\ \cos\delta\sin\varphi & \sin\delta\sin\varphi & \cos\varphi \end{vmatrix}\qquad(6-4-15)$$

式中　$\boldsymbol{R}_s^T$，$\boldsymbol{R}_b^T$——$\boldsymbol{R}_s$ 及 $\boldsymbol{R}_b$ 的转置矩阵。

在柱坐标系井壁任意一点的应力可表达为：

$$\sigma_{zz}=\sigma_{33}-2v_s(\sigma_{11}-\sigma_{22})\cos2\theta+4v_s\sigma_{12}\sin2\theta$$

$$\sigma_{\theta\theta}=\sigma_{11}+\sigma_{22}-2(\sigma_{11}-\sigma_{22})\cos2\theta+4\sigma_{12}\sin2\theta-\Delta p$$

$$\sigma_{rr}=\Delta p\qquad(6-4-16)$$

$$\tau_{\theta z}=2(\sigma_{23}\cos\theta-\sigma_{13}\sin\theta)$$

$$\tau_{r\theta}=\tau_{rz}=0$$

式中　σ_{zz}，$\sigma_{\theta\theta}$，σ_{rr}——柱坐标下正应力，MPa；

　　　$\tau_{\theta z}$，$\tau_{r\theta}$，τ_{rz}——柱坐标下剪应力，MPa；

Δp——钻井压差，MPa。

井筒周围最大、最小周向应力 σ_{tmax}、σ_{tmin} 为：

$$\sigma_{t\,max} = \frac{1}{2}\left(\sigma_{zz} + \sigma_{\theta\theta} + \sqrt{(\sigma_{zz} - \sigma_{\theta\theta})^2 + 4\tau_{\theta z}^2}\right) \qquad (6\text{-}4\text{-}17)$$

$$\sigma_{t\,min} = \frac{1}{2}\left(\sigma_{zz} + \sigma_{\theta\theta} - \sqrt{(\sigma_{zz} - \sigma_{\theta\theta})^2 + 4\tau_{\theta z}^2}\right) \qquad (6\text{-}4\text{-}18)$$

根据 Mohr–Coulomb 坍塌准则：

$$\tau \geqslant \sigma\tan\varphi + C \qquad (6\text{-}4\text{-}19)$$

转换为主应力表达式：

$$\tau = \frac{1}{2}(\sigma_{t\,max} - \sigma_{t\,min})\sin 2\theta \geqslant C + \mu\left\{\frac{1}{2}\left[(\sigma_{t\,max} - \sigma_{t\,min}) + \frac{1}{2}(\sigma_{t\,max} - \sigma_{t\,min})\cos 2\theta\right]\right\}$$

$$(6\text{-}4\text{-}20)$$

$$\mu = \tan\left(\arcsin\frac{V_P - 1}{V_P + 1}\right) \qquad (6\text{-}4\text{-}21)$$

式中 C——岩石内聚力，MPa；

     μ——岩石内摩擦系数。

3）坍塌压力与井斜方位关系

利用公式（6-4-20），计算可得到哈法亚油田 Sa'di 层、Tanuma 层、Mishrif B1 层与 Mishrif B2 层易塌地层坍塌压力与井斜、方位的关系（图 6-4-3 至图 6-4-6）。由图可知，Sa'di 层沿方位 115°（北—东）、井斜 40°时坍塌压力最小，井壁最稳定。Tanuma 层沿方位 115°（北—东）、井斜 33°时坍塌压力最小，井壁最稳定。Mishrif B1 层沿方位 120°（北—东）、井斜 30°时坍塌压力最小，井壁最稳定。Mishrif B2 层沿方位 120°（北—东）、井斜 30°时坍塌压力最小，井壁最稳定。

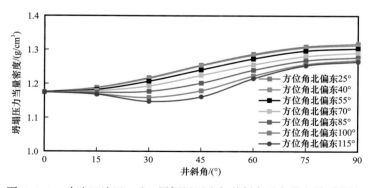

图 6-4-3 哈法亚油田 Sa'di 层坍塌压力与井斜角及方位角关系曲线

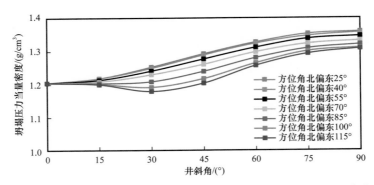

图 6-4-4　哈法亚油田 Tanuma 层坍塌压力与井斜角及方位角关系曲线

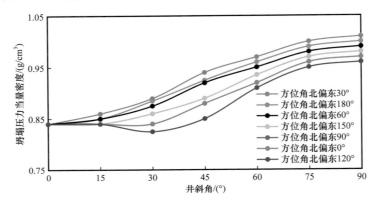

图 6-4-5　哈法亚油田 Mishrif B1 层坍塌压力与井斜角及方位角关系曲线

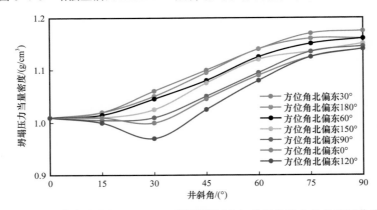

图 6-4-6　哈法亚油田 Mishrif B2 层坍塌压力与井斜角及方位角关系曲线

2. 主、分支井眼轨道优化与轨迹控制

1）造斜点

为确保井斜方位角的准确性，需优选稳定且均匀性较好的地层进行定向作业，避免在破碎带、漏失层、流沙层、易坍塌等复杂地层造斜。根据哈法亚油田的地层特性，四开 ϕ215.9mm 井眼上部 Kirkuk 层为疏松砂岩，易发生恶性漏失及井壁垮塌，特别是下部 Mishrif 层由于初期衰竭式开采，地层压力亏空严重，一旦发生失返性漏失，井筒液面下

降过多，Kirkuk 层井壁垮塌将更加严重。因此，分支井造斜点下移至稳定的 Jaddala 层内（井深约 2300m），造斜率控制在（3°~7°）/30m，钻完 Hartha 层前增斜至 40°、进入 Sa'di 层后稳斜，钻完 Tanuma 层后增斜，至分支点增斜至 75°。

2）主、分支井眼轨道优化设计

（1）主井眼轨道优化设计。

采用同层分支井（主、分支井眼都在 Mishrif B1 层内），主井眼钻至着陆点后，按轨迹设计在 Mishrif B1 层内增斜至 85°~90°，沿方位 90°（北—东）（与坍塌压力最小的方位 120°成约 30°夹角）钻至设计井深，下入 ϕ114.3mm 尾管，固井完井。

（2）分支井眼轨道优化设计。

分支侧钻点选择在 ϕ177.8mm 尾管套管鞋上方约 20m，井斜角在 55°~75° 范围内。同层分支井，综合考虑井眼稳定及主、支井眼的泄油面积，确定主、支井眼与最小水平主应力夹角都为 30°，二者间夹角 60°，沿方位 150°（北—东）（与坍塌压力最小的方位 120°在另一侧成约 30°夹角）开窗侧钻，在 Mishrif B1 层内增斜至 85°~90°，钻至设计井深，下入 ϕ114.3mm 尾管，固井完井。主、分支井眼轨迹关键节点见表 6-4-4，典型分支井井眼轨迹如图 6-4-7 所示。

表 6-4-4　Mishrif 层分支井井眼轨迹剖面

井段	井深 /m	井斜角 /（°）	方位角 /（°）	垂深 /m	地层
造斜点	2300	0	0	2300	Jaddala
分支点	3150	55~75	120	2920	Mishrif A
主井眼	4300	80~90	90	3010	Mishrif B1
分支井眼	4100	80~90	150	3010	Mishrif B1

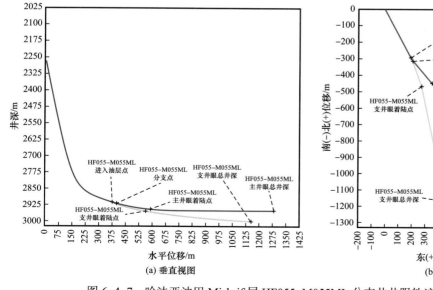

(a) 垂直视图　(b) 水平视图

图 6-4-7　哈法亚油田 Mishrif 层 HF055-M055ML 分支井井眼轨迹示意图

3）主、分支井眼轨迹控制

主井眼采用钻具组合为 ϕ152.4mmPDC 钻头 +ϕ120.65mm 钻井液电动机 1.5° +ϕ120.65mm 单向阀 +ϕ120.65mm 随钻测井工具（LWD）+ϕ120.65mm 随钻测量工具（MWD）+ϕ88.9mm 无磁加重钻杆 +ϕ88.9mm 钻杆 ×96 根 +ϕ88.9mm 加重钻杆 ×42 根 +ϕ120mm 随钻震击器 +ϕ88.9mm 加重钻杆 ×3 根。在钻井过程中，为增加井眼轨迹精准度，按轨迹关键节点要求精细调整测试参数，严密监视钻井液返出情况，并根据实钻井眼轨迹不断调整钻进模式，前期以滑动钻进为主，着陆后以旋转钻进为主。钻完每立柱长度井眼串联泵入 2m³ 低黏度胶液和 4m³ 高黏度胶液，并结合分段循环洗井等措施破坏、清除岩屑床。钻进每约 200m 起钻至 ϕ177.8mm 套管鞋处进行井眼修整和漏失检查。钻遇易漏地层时，加入随钻堵漏材料，并适当降低钻井液密度以防止漏失的发生。

分支井眼在 ϕ177.8mm 尾管内开窗侧钻，初期选用 1.83° 电动机弯角，侧钻成功后选择 1.5° 的电动机弯角，采用旋转和滑动复合钻进方式定向钻进，为有效控制井眼轨迹，提高机械钻速，应用旋转导向系统，钻具组合为 ϕ152.4mm PDC 钻头 +ϕ120.65mm 旋转导向系统（RSS）+ϕ120.65mm 无磁钻杆 ×1 根 +ϕ88.9mm 钻杆 ×95 根 +ϕ88.9mm 加重钻杆 ×21 根 +ϕ120mm 随钻震击器 +ϕ88.9mm 加重钻杆 ×4 根。

三、泥页岩钻井液技术

哈法亚油田 2012—2017 年完钻 203 口井，在 Sa'di 层、Tanuma 层和 Mishrif 层井段因井壁垮塌，造成卡钻 46 井次，处理周期长，费用高。通过优选降滤失剂、抑制剂、包被剂和封堵剂，提升钻井液防塌性能，实现平均井径扩大率由 14.11% 降为 6.35%，最大井径扩大率由 169.4% 降为 48.4%。

哈法亚油田因井壁坍塌造成的卡钻事故多发，在 Sa'di 层起下钻和测井过程中卡钻 2 次，在 Tanuma 层起下钻和测井过程中卡钻 4 次，在 Mishrif 层钻进、下套管、起下钻、划眼、测井和捞鱼过程中卡钻 40 次。因此，解决哈法亚油田泥页岩井壁坍塌问题是保证井下钻井安全作业的关键。哈法亚油田 Sa'di 层、Tanuma 层和 Mishrif 层等 3 套易塌含泥页岩地层井径扩大率为 40%～50%，部分井段超过 100%（图 6-4-8）。

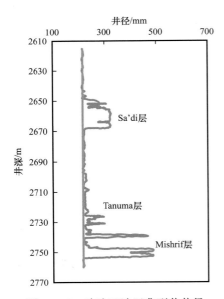

图 6-4-8 哈法亚油田典型井井径

1. 井壁失稳原因分析

为了进一步增强钻井液的防塌性能，对哈法亚油田 Sa'di—Tanuma 层泥页岩进行取心（图 6-4-9），并对岩心进行理化性能实验分析。Sa'di—Tanuma 层泥页岩矿物以石英和黏土为主，特别是石英的含量较高、脆性大，且裂缝较为发育。同时，该层泥页岩的黏土矿物含量属中等偏高，以伊/蒙混层（47%～61%）和高岭石（34%～45%）为主，伊利石（5%～8%）的含量相对较低。伊利石胶结性差，且吸水后易发生水化膨胀，导致晶格增大失去联结力引发剥落、坍塌掉块，是造成井壁坍塌的重要原因（表6-4-5和表6-4-6）。

(a) 2664.71～2664.91m井段　　(b) 2685.75～2685.95m井段　　(c) 2727.48～2727.63m井段

图6-4-9　哈法亚油田Sa'di—Tanuma层岩心样品

表6-4-5　哈法亚油田Sa'di—Tanuma层泥页岩矿物组成及含量

井号	井深/m	矿物含量/%						
		石英	钾长石	斜长石	方解石	白云石	赤铁矿	黏土总量
M316	2659.63	6.7	0.8	0.5	66.7	—	—	25.3
	2659.64	3.7	—	—	20.4	59.7		16.2
	2664.81	7.2	0.4		33.4	40.2		18.8
	2739.02	59.4	1.1	—	—		2.8	36.7
	2747.67	56.9	0.5		—		2.2	40.7
	2749.88	43.8	0.7		—		3.1	52.4

表6-4-6　哈法亚油田Sa'di—Tanuma层泥页岩黏土矿物组成及相对含量

井号	井深/m	黏土矿物相对含量/%			
		伊/蒙混层	伊利石	高岭石	绿泥石
M316	2659.63	55	8	37	5
	2659.64	47	6	37	10
	2664.81	49	9	38	4
	2739.02	61	5	34	
	2747.67	54	5	41	
	2749.88	48	7	45	

同时，已钻井情况统计显示，哈法亚油田井壁失稳情况与井眼裸露时间有很大的相关性，井眼裸露时间越长井壁失稳情况越严重。以 M316 井为例，该井在 Sa'di—Tanuma 层井眼裸露时间超过 1000h，相应井段发生了严重的井壁坍塌，部分井段井径扩大率超过了 100%。井壁失稳具有时间效应，是地层与钻井液相互作用的结果，由于地层裂缝较为发育，钻井液的渗透及水化作用对地层力学性质影响较大。采用点载荷实验，分析哈法亚油田现场应用的氯化钾 KCl 聚合物钻井液体系对 Sa'di—Tanuma 层泥页岩抗压强度的影响，实验表明岩屑在氯化钾 KCl 聚合物钻井液体系中浸泡后，抗压强度明显降低，易导致井壁坍塌（表 6-4-7）。

表 6-4-7　哈法亚油田 Sa'di-Tanuma 层泥页岩浸泡后抗压强度　　　　单位：MPa

实验条件	氯化钾 KCl 聚合物钻井液体系
未浸泡钻井液时抗压强度	37.48
浸泡钻井液 24h 抗压强度	31.53
浸泡钻井液 48h 抗压强度	26.27
浸泡钻井液 72h 抗压强度	25.26
浸泡钻井液 96h 抗压强度	24.74

因此，泥页岩地层易发生水化膨胀，且在钻井液长期浸泡下导致岩石抗压强度降低，是哈法亚油田泥页岩井段井壁失稳的主要原因。

2. 钻井液性能优化

哈法亚油田四开 ϕ215.9mm 井眼主要采用氯化钾 KCl 聚合物钻井液体系，钻井液密度为 1.23～1.28g/cm^3。针对 Sa'di 层、Tanuma 层及 Mishrif 层含泥页岩层段井壁失稳的主要原因，通过优选降滤失剂、抑制剂和封堵型润滑剂，对钻井液体系的性能进行优化，降低钻井液失水，加强对泥页岩的抑制性，以达到提高井壁稳定性的目的。

在实验室配置钻井液基浆，用于钻井液体系和性能的优化实验，首先在一定量的清水中充分溶解降滤失剂成胶液后，与 2% 充分水化的膨润土浆混合，在此基础上添加氢氧化钠 NaOH、氯化钾 KCl、大分子包被剂 EMP、抑制剂、封堵型润滑剂等处理剂，并充分溶解混合，最后采用重晶石加重，调整钻井液密度为 1.26g/cm^3。

1）降滤失剂优选

配制 6 套钻井液配方（表 6-4-8），通过实验对比分析聚合物降滤失剂 SP-8、抗盐聚合物降滤失剂 PMHA-2、抗温聚合物降滤失剂 DR-1 和低黏聚阴离子纤维素 PAC-LV 4 种降滤失剂单独使用，以及 DR-1 复配 PAC-LV、SP-8 复配 PAC-LV 组合使用情况，评价其对钻井液性能的影响（表 6-4-9），并优选降滤失剂。

实验结果表明，单独采用聚合物降滤失剂 SP-8（配方 1）、抗盐聚合物降滤失剂 PMHA-2（配方 2）、抗温聚合物降滤失剂 DR-1（配方 3）时，常温常压失水接近或超过 10mL，高温高压失水量达到 20mL 以上，钻井液体系的失水量无法有效控制。单独采用低黏聚阴离子纤维素 PAC-LV（配方 4）时，钻井液体系虽具有较好的降滤失性能，但初切 / 终切较小，胶凝强度低，不满足要求。降滤失剂 SP-8 与 PAC-LV 组合使用（配方 5）的初切 / 终切较小，胶凝强度低，不满足要求；降滤失剂 DR-1 与 PAC-LV 组合使用（配方 6），钻井液体系在保持较低的常温常压及高温高压失水量的同时，具有较好的胶凝强度和流变性。因此，优选 DR-1 搭配 PAC-LV 作为降滤失剂。

表 6-4-8　哈法亚油田不同钻井液体系配方

配方编号	钻井液配方
配方 1	2% 膨润土浆 +0.4%NaOH+0.8%SP-8 +3%KCl +0.3% EMP +2%MPA+ 重晶石
配方 2	2% 膨润土浆 +0.4%NaOH+0.5%PMHA-2 +3%KCl +0.3% EMP +2%MPA+ 重晶石
配方 3	2% 膨润土浆 +0.4%NaOH+0.8%DR-1+3% KCl +0.3%EMP+2%MPA+ 重晶石
配方 4	2% 膨润土浆 +0.4%NaOH+0.8% %PAC-LV +3%KCl+0.3% EMP +2%MPA + 重晶石
配方 5	2% 膨润土浆 +0.4%NaOH+0.8% SP-8+0.3%PAC-LV+3%KCl+0.3% EMP + 重晶石
配方 6	2% 膨润土浆 +0.4%NaOH+0.8%DR-1+0.3%PAC-LV+3%KCl+0.3%EMP+2%MPA+ 重晶石

表 6-4-9　哈法亚油田不同钻井液体系配方性能测试

评价体系	100℃条件下老化 16h	表观黏度 / mPa·s	塑性黏度 / mPa·s	动切力 / Pa	初切 / 终切 / Pa/Pa	常温常压失水量 / mL	高温高压失水量 / mL
配方 1	热滚前	13.5	10	3.5	1/1	—	—
	热滚后	16.0	14	2.0	1/2	8.7	21.6
配方 2	热滚前	20.0	12	8.0	3/5	—	—
	热滚后	21.0	3	18.0	3/6	12.0	20.4
配方 3	热滚前	21.5	16	5.5	4/5	—	—
	热滚后	21.5	15	6.5	4/5	12.8	27.2
配方 4	热滚前	26.5	21	5.5	1/1	—	—
	热滚后	25.5	21	4.5	1/2	4.4	14.4
配方 5	热滚前	22.5	18	4.5	1/1	—	—
	热滚后	26.0	20	6.0	1/1	4.0	14.4
配方 6	热滚前	36.5	25	11.5	2/7	—	—
	热滚后	31.0	22	9.0	2/6	5.3	15.0

2）封堵型润滑剂评价

在钻井液体系优化过程中，对配方 6 进行了钻井液体系润滑性和滤饼韧性评价实验，与未添加封堵型润滑剂 MPA 的钻井液体系相比，添加了封堵型润滑剂 MPA 的钻井液体系极压润滑系数从 0.159 降低至 0.065，大幅提高了钻井液体系的润滑性能（表 6-4-10），有利于钻井过程中定向作业及井壁稳定。

表 6-4-10 配方 6 钻井液添加封堵型润滑剂 MPA 前后润滑性能对比

润滑剂	水参数	体系参数	校正因子 CF	润滑系数 μ
未添加	34.2	37.8	0.99	0.159
封堵型润滑剂 MPA	39.8	12.2	0.85	0.065

添加封堵型润滑剂 MPA 前后，钻井液配方常温常压失水后自然风干形成的滤饼表观形貌差别明显（图 6-4-10）。未添加封堵型润滑剂 MPA 的钻井液配方形成的滤饼表面裂纹呈龟裂状，加入封堵型润滑剂 MPA 的钻井液配方形成的滤饼表面细腻，有韧性。其原因在于封堵型润滑剂 MPA 在水基体系中能分散成微乳液，对滤饼的细微孔缝进行有效封堵，改善滤饼质量，形成的滤饼更加致密、细腻，有益于保护井壁（潘谊党，2020）。

(a) 未添加MPA   (b) 添加MPA

图 6-4-10 添加封堵型润滑剂 MPA 前后滤饼表观形貌对比

3）抑制剂优选

针对清水、氯化钾 KCl、阳离子页岩抑制剂 CSW、液体聚胺盐 UltraHib、胺基抑制剂 SIAT 的泥页岩抑制性，进行表观黏度实验对比。加入不同抑制剂后，根据抑制纳土在水溶液体系中的水化作用来体现其抑制性，抑制性越强，所形成的体系黏度值越小，曲线越平缓（图 6-4-11）。

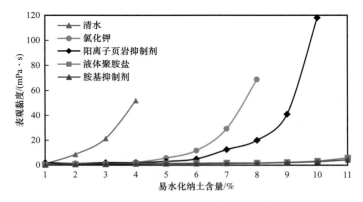

图 6-4-11 胺基抑制剂 SIAT 与其他抑制剂性能对比

实验表明，钻井液加入胺基抑制剂 SIAT，表观黏度值低于其他抑制剂，其效果与国外产品 UltraHib 效果相当，对泥页岩具有很好的抑制性。胺基抑制剂 SIAT 分子链上的活性胺基起主要抑制作用，醚键能调整其分子结构及链长，形成稳定性较好的无水解官能团（图 6-4-12）。

基于上述实验，在配方 6 中添加胺基抑制剂 SIAT，优化形成配方 7：2% 膨润土浆 + 0.4%NaOH＋0.8%DR-1＋0.3%PAC-LV＋3%KCl＋0.3%EMP＋2%MPA＋1.5%SIA＋重晶石。在配方 6 基础上添加 1.5% 胺基抑制剂 SIAT 后形成配方 7，通过实验考察配方 7 对钻井液流变性能的影响，实验结果显示流变性能变化不大（表 6-4-11），说明胺基抑制剂 SIAT 在该体系中配伍性较好。

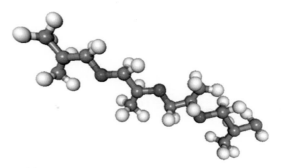

图 6-4-12　胺基抑制剂 SIAT 分子结构片段模拟图

表 6-4-11　流变性能对比

评价体系配方号	添加抑制剂	表观黏度 /mPa·s	塑性黏度 /mPa·s	动切力 /Pa	初切 / 终切 /Pa/Pa
配方 6	不添加 SIAT	31	22	9	2/6
配方 7	添加 1.5%SIAT	24	18	6	3/4

为考察配方 7 钻井液体系的抑制性，对哈法亚油田 Sa'di-Tanuma 层易坍塌井段岩屑进行回收率和线性膨胀率实验。实验表明，岩屑在清水中滚动 16h，其回收率为 46.2%，16h 线性膨胀率为 43.5%，表明该岩样水化分散、膨胀能力较强。采用配方 6 钻井液体系，岩屑的回收率为 72.3%，线性膨胀率为 12.6%，难以满足钻井作业过程中对井壁稳定的要求。采用配方 7 钻井液体系，岩屑的回收率提高至 97.3%，而线性膨胀率降低至 6.2%，说明钻井液体系中添加胺基抑制剂 SIAT 能够有效抑制岩屑水化，大大增强了钻井液体系对 Sa'di-Tanuma 层岩屑的抑制性（表 6-4-12）。

表 6-4-12　抑制性能对比

评价体系	16h 滚动回收率 /%	16h 线性膨胀率 /%
清水	46.2	43.5
配方 6	72.3	12.6
配方 7	97.3	6.2

通过上述研究，采用抗温聚合物降滤失剂 DR-1 复配低黏聚阴离子纤维素 PAC_LV 作为降滤失剂，优选胺基抑制剂 SIAT、封堵型润滑剂 MPA，优化形成适用于哈法亚油田泥页岩井段的强抑制性钻井液体系，即配方 7。现场应用效果表明，优化后钻井液体系的井壁防塌效果显著，由应用前（如 HF0107-M0107D1 井）平均井径扩大率 14.11%，降低为应用后（如 HF0397-M0297D2 井）平均井径扩大率 6.35%（表 6-4-13）。

表 6-4-13 钻井液优化前后井壁防塌效果对比

序号	地层	地层顶深 / m	地层底深 / m	井径扩大率 /%	
				HF0107–M0107D1 井	HF0397–M0297D2 井
1	Jeribe—Euphrates	1910	1940	7.7	5.8
2	Kirkuk	1940	2376	8.9	6.2
3	Jaddala、Aaliji	2376	2510	11.3	6.1
4	Shiranish、Hartha	2510	2626	15.8	6.1
5	Sa'di、Tanuma	2626	2760	21.5	10.9
6	Khasib	2760	2830	23.4	8.2
7	Mishrif	2830	3100	13.5	7.4
平均				14.11	6.35

四、分支井钻井关键技术

多支井能够大幅提升单井产量，有效降低钻完井作业成本，加快油气资源开发。同时，分支井可以充分利用重复井段，可有效降低处理钻井液、岩屑等带来的污染。因此，分支井是提高油田开发效益的典型井型之一。分支井钻井关键技术主要包括井下定位技术、可回收式斜向器技术、套铣技术和分支井重入技术等。

1. 井下定位技术

井下定位技术是分支井钻井核心技术之一，定位装置需要有足够的抗轴向载荷、抗大扭矩和高压密封能力。国内外目前的井下定位技术主要采用卡瓦式锚定工具加封隔器的方式，或者在上一级套管下入一截定位套管，或者用套管自下而上长距离回接定位，这些工具都存在一定的固有缺陷。如用卡瓦式锚定工具加封隔器方式进行定位完井后，主套管通径大幅减小，因此国外主要在 ϕ244.5mm 以上尺寸套管内钻四级以上分支井，ϕ177.8mm 以下套管由于尺寸受限，工具设计难度大，施工成功率低，而且会给后续采油、修井和油层改造等带来诸多问题。定位不可靠是上述工具的另一缺点，在抗轴向载荷、抗大扭矩和高压密封能力上性能较差，卡瓦对套管有损害，长距离套管回接无法承受较大的载荷和扭矩，导致定向不准，下入分支井工具不易找准位置和方位，使分支井"选择性重入"成为多分支井技术的一大难点。

通过有限元数值仿真，优化膨胀锥锥角为 11°～13°，同时结合膨胀管内表面润滑处理技术，有效降低了膨胀压力，提高了施工的安全性（图 6-4-13）。膨胀管膨胀后机械性能接近 N80 钢级套管。膨胀后悬挂力可达 500kN，能承受较强的轴向和轴向冲击载荷。主井筒采用金属与橡胶双重密封（图 6-4-14 和图 6-4-15），密封压力达到 35MPa，可确保分支井眼安全钻井。膨胀定位工具适应性广泛，能够适应 0°～90° 的开窗定位要求。完钻后主井筒通径大，仅减少约两个膨胀管壁厚，ϕ177.8mm套管内通径可达ϕ138～140mm，为后期主井眼和分支井眼生产及作业提供了有利的井筒通径条件。

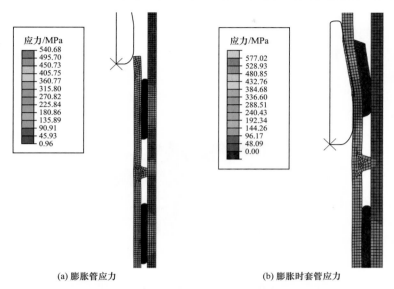

(a) 膨胀管应力　　　　　　　　　　(b) 膨胀时套管应力

图6-4-13　膨胀定位有限元分析

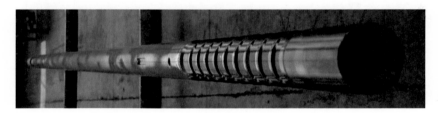

图6-4-14　膨胀定位工具

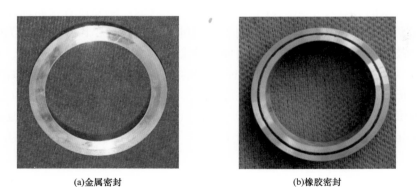

(a)金属密封　　　　　　　　　　(b)橡胶密封

图6-4-15　膨胀定位工具采用金属和橡胶双重密封方式

2. 可回收斜向器技术

可回收式钻完井一体化斜向器技术是膨胀管分支井技术的另一关键技术。多分支井用斜向器与普通钻井斜向器不同，由于要保证完井后主井眼、分支井眼的连通和选择性重入，阻截主套管通道的所有井下工具需回收到地面。

自旋转可回收开窗斜向器通过优化斜向器热处理工艺和回收机构设计，使其能配合铣锥开窗、钻具侧钻，也可以引导尾管进入分支井、固井并配合套铣回收机构进行回收，实现了斜向器固井后套铣回收一趟钻完成。斜向器采用滑块式套铣回收机构解决了传统燕尾槽式易阻卡问题，同时，通过采用不同颜色的结构部件，使套铣过程"可视化"，提高了斜向器的回收成功率。另外，将钻井斜向器和完井斜向器合二为一，简化了施工工艺，降低了作业风险（图 6-4-16 和图 6-4-17）。

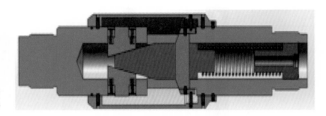

图 6-4-16　滑块式套铣回收机构

图 6-4-17　可回收开窗斜向器

3. 套铣技术

套铣技术是膨胀管定位多分支井的第 3 项关键技术。在常规套管程序中，套管环空有限，要在有限的套管环空内进行套铣，且套铣鞋内壁还需要设置与斜向器回收机构相配套的打捞回收结构，从而进一步限制了套铣鞋的有效厚度，设计空间极为有限。套铣鞋的另一个技术难点是尾管重叠段和斜向器的套铣、回收必须一趟钻完成，要求套铣鞋有足够的强度和磨铣能力。通过对套铣鞋母体强度、切削性能、硬质合金焊接工艺、排屑性能、扶正效果、打捞结构的攻关研究，优化设计了具有较高切削率的齿型和工具角，研制出高效套铣回收工具（图 6-4-18）。套铣试验表明，一只套铣鞋可以连续铣断 5 根 2m 的 ϕ114.3mm 套管后，仍有 80% 以上的新度，具有很高的耐磨性能，解决了斜向器套铣回收一趟钻完成的技术难题。

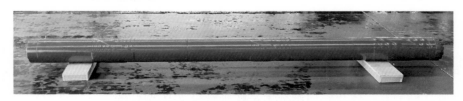

图 6-4-18　套铣工具

4. 分支井重入技术

膨胀定位工具的另一重要功能是为进入分支井的工具提供一个定位基准，而重入斜向器设计有与井下膨胀管永久定位装置配合的定位斜口，可以方便且准确地将重进斜向器工具面对准分支井窗口，以便将作业工具顺利下入分支井中，与之配套的回收工具在分支井重入作业完成后，可以方便地将下入的重入斜向器回收至井口。重入斜向器及其回收工具解决了分支井选择性重入难题。

重入和导引工具包含空心斜向器、分支井眼管柱和大小头重入工具等。其中，空心斜向器由定位插头、空心斜向器本体、定位机构和下放机构组成，支井眼管柱由支井套管、轴承短接、预开窗短节和回插总成等组成。分支井眼管柱的预开窗口与空心斜向器中心水眼对中，使主、支井眼连通，利用不同直径的大小头重入工具选择性进入主井眼和分支井眼（图 6-4-19 和图 6-4-20）。

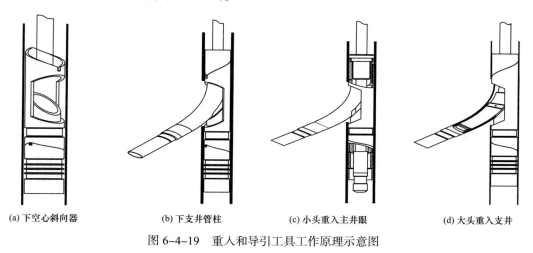

| (a) 下空心斜向器 | (b) 下支井管柱 | (c) 小头重入主井眼 | (d) 大头重入支井 |

图 6-4-19　重入和导引工具工作原理示意图

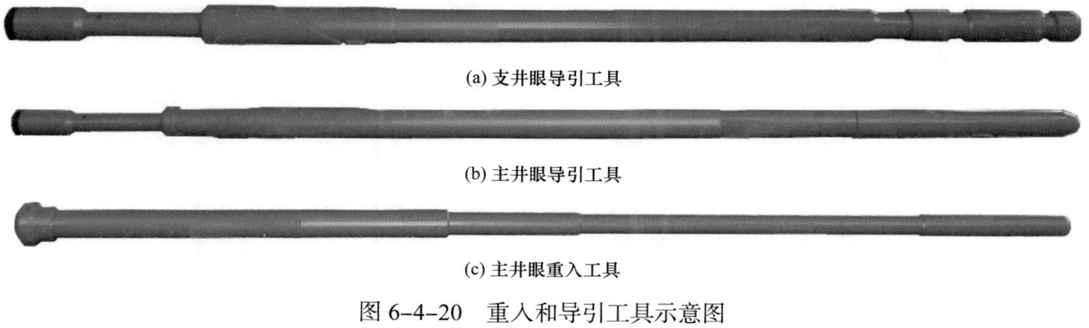

(a) 支井眼导引工具

(b) 主井眼导引工具

(c) 主井眼重入工具

图 6-4-20　重入和导引工具示意图

5. 分支井施工工序

针对膨胀管定位 TAML4 级完井分支井技术的工作原理、主要技术特点，开发出特定的钻完井和修井工艺，制订了 12 道施工工序（图 6-4-21）。

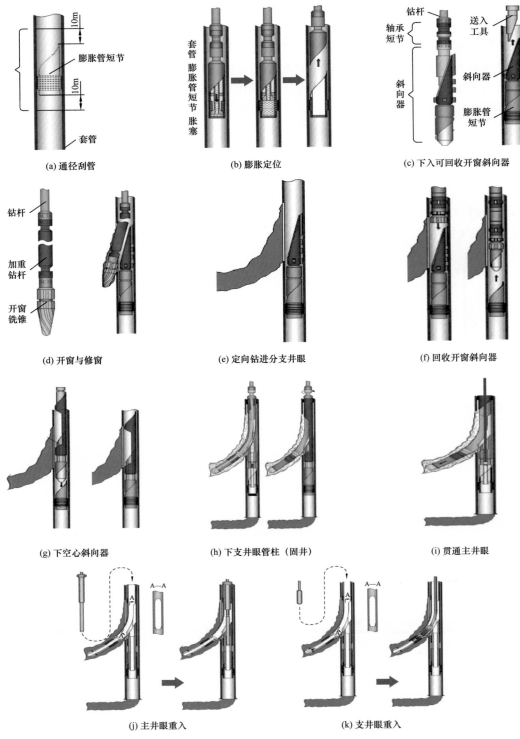

图 6-4-21　分支井工具施工工序

1）确定套管开窗位置

通过测井确定套管开窗位置，开窗位置要求套管必须完好，套管外水泥封固良好，避开事故井段及复杂地层。

2）通径刮管

选择与套管匹配的通井工具，通井至开窗点以下 10m，通井遇阻后下压吨位小于20kN，开泵循环并反复活动钻具，不阻不卡后起钻。按照刮管作业钻具组合装配管柱、下钻，装配管柱时需要预先留好方余；下入定径刮管器至连接定位工具以上位置，在方钻杆上做下标记，记录上提下放钻具悬重，启动转盘，打开钻井泵，之后缓慢下放，定径刮削器刮削套管内壁、刮削到位后反洗几分钟，之后停止转盘、再停泵，上提定径刮管器至标记位置再次刮管；反复刮削多次，记录每次刮削过程中钻具上提下放的悬重，若悬重值不大于此工序中最先记录的上提下放悬重值则起钻，否则继续重复刮管作业。

3）下入膨胀定位工具定位

下入膨胀定位工具，到达确定位置后，用陀螺测量膨胀管斜口方位，按照工具参数要求压力值打压膨胀管膨胀坐封，打压过程中注意泵压变化，控制膨胀压力，打压膨胀后丢手并关井口，按照井口试验标准试压，验证主井眼环空密封合格，然后按照设计要求给钻具加钻压，验证膨胀管定位基座锚定可靠。

4）下入可回收开窗斜向器

根据井下膨胀管定位基座方位和窗口设计方位，在地面将可回收开窗斜向器调整好角差下入，按照设计要求，下可回收开窗斜向器到预定位置之上，缓慢下放钻具探顶，探顶后钻具加钻压，剪切销钉，丢手后起钻。

5）开窗与修窗

开窗前循环钻井液大于两个循环周，调整钻井液性能达到携带铁屑要求。下入开窗铣锥。磨铣时初始转速 30r/min 左右，钻压小于 50kN，根据进尺及铁屑返出情况调整磨铣参数，最大允许转速 80r/min，最大允许钻压值 80kN。修窗时转速为 50～80r/min，钻压小于 5kN，确保上提下放钻具过窗口畅通无挂卡，充分循环钻井液后起钻。

6）定向钻进分支井眼

分支井眼定向钻进。

7）回收开窗斜向器

下回收工具至可回收开窗斜向器顶部，然后缓慢下放钻具，到位后按照所用工具参数规定进行套铣回收，回收成功后，前几柱控制上提速度，判断可回收开窗斜向器提离开窗窗口后，再按正常速度起钻。

8）下空心斜向器

下空心斜向器到预定深度，减速缓慢下放钻具，下探并记录遇阻深度，与设计深度比对，下放到位后，钻具加钻压至悬重突降，直至剪切销钉，丢手后起钻。

9）下支井眼管柱

按设计要求下支井眼管柱，在支井眼管柱导引工具接近预定位置时，缓慢下放，观察钻具转动情况确认预开孔位置符合设计要求，下压下支井眼管柱，坐挂成功后记录钻具深度。

10）支井眼固井

定量顶替固井，倒扣丢手上提中心管循环，待水泥凝固后提出中心管，之后下入打捞工具回收预开窗口隔离套。

11）贯通主井眼

下贯通工具到预定深度，减速缓慢下放钻具，下探并记录遇阻深度，与设计深度比对，下放到位后，钻具加钻压，开启转盘，开泵，缓慢下放，贯通后起钻。

12）重入

下入重入工具可分别进入主井眼和分支井眼，开展修井等作业。

6. 施工风险与预防处置措施

针对分支井施工工序中易出现的施工风险，提出如下预防处置措施。

1）通径刮管

风险：通径刮管质量差。

预防处置措施：井口开泵检测刀片动作是否正常；专人与井队双方校核；严格按照设计指令进行作业钻具出井后检查、记录刀片磨损情况。

2）膨胀定位

风险：膨胀管不能正常膨胀。

预防处置措施：控制金属单边压缩量；循环处理到位；定径刮削、质量控制；钢材选择以膨胀管为基材选择，控制加工质量；加CMC或防尘管进行防尘设计；专人与井队双方校核。

3）下入斜向器

风险：锁定机构失效、焊接风险、丢手失败、开窗方位错误。

预防处置措施：井口测试锁定机构；采用专用焊条、工艺；论证丢手方案、专人井口负责拆卸、剪切销钉确认。

4）开窗磨铣

风险：铣锥质量风险、无法正常开窗、开窗窗口质量差，开窗卡钻。

预防处置措施：根据地层选择高质量铣锥，落实合理钻井参数；开窗位置地层稳定、固井质量良好、避开水层、接箍；控制开窗钻压与转速。

5）回收斜向器

风险：无法回收斜向器。

预防处置措施：增加防屑和防卡死机构，避免上提卡死；预备多种回收方案，包括母锥回收、打捞矛回收或挂钩式回收。

第七章 复杂碳酸盐岩油气藏
采油采气关键技术

中亚和中东地区碳酸盐岩油气藏采油采气工程主要面临以下挑战：一是由于高气液比影响，电泵和气举井人工举升效率低，气举中后期举升接替工艺技术储备不足，举升工艺技术制约了油田的稳产上产；二是碳酸盐岩储层纵向动用程度低，长井段水平井产液剖面严重不均，老井重复改造效果差；三是储层纵向吸水能力差异大，注入水中含有悬浮物和腐蚀结垢物体，巨厚碳酸盐岩油藏分层注水技术难度大；四是碳酸盐岩油气藏地层水矿化度高 $8.2×10^4～20.0×10^4$mg/L，高矿化度地层水油藏调剖堵水难度大；五是边底水碳酸盐岩气藏堵水及排水采气难度大。针对上述难题，在理论方面发展了两项采油采气新方法：高气液比油气水多相管流动态预测方法、酸蚀裂缝与壁面蚓孔耦合优化方法；在关键技术方面攻关形成了 5 项碳酸盐岩油气藏采油、采气工程关键技术，包括高气液比井举升工艺技术、复杂碳酸盐岩储层酸压裂改造技术、巨厚碳酸盐岩储层分层注水技术、高矿化度碳酸盐岩油藏堵水调剖技术、边底水裂缝—孔隙型碳酸盐岩气藏综合治水技术。通过现场试验与技术推广应用，实现气举工况诊断准确率提高 5%、注气效率提高 10%，老井产液量提高 50% 以上；深度酸压技术实现中亚和中东地区 58 口改造水平井和定向井平均初产与设计相比提高 1.6 倍；分注技术实现平均日增产 35%～51%，含水率下降 5.9%～13.8%；调堵井组实现水井吸水指数下降 80%、油井含水下降 14.5%，吨聚增油 215t/t；阿姆河右岸碳酸盐岩气藏综合治水平均单井日产量提高 1.3 倍。

第一节 高气液比井举升工艺技术

哈萨克斯坦阿克纠宾项目主力油田在"十二五"期末已经步入开发中后期，地层压力保持水平低导致高气液比特征，对井筒举升影响严重，以让纳若尔油田为例，该油田有 496 口连续气举井，平均吨油注气量 1200m^3/t 以上，综合含水率 39.7%，单井产量逐年下降，关停井达 96 口，需加强气举井高效管理及后期接替工艺研究；伊拉克哈法亚油田和艾哈代布油田在"十二五"期间快速建产，单井产量高、注水滞后导致局部地层压力降低明显，采用电潜泵举升后进一步增大了生产压差，气液比上升明显，统计结果表明，哈法亚油田和艾哈代布油田等电泵井受高气液比影响比例达 30% 以上，10%～15% 的井因高气液比间开生产，影响年产油量 30×10^{4}t，电泵井需要解决高效防气瓶颈问题。

以提高高气液比井人工举升效率为目标，围绕气体影响电泵泵效、气举井工况诊断工作量大、举升效率低等问题，通过实验、理论、工具和软件研发，建立适用于高气液比复杂结构井井筒油气水多相管流动态预测数学模型，以准确预测多相流参数；形成气举井效率评价优化、远程监测诊断与控制、后期接替和气举辅助电泵复合举升配套工艺技术，实现高气液比井的高效举升，为油田提供采油工程技术保障。

一、复杂结构井井筒油气水多相管流动态预测方法

常规黏度原油、气、水三相流动缺少系统性实验研究，高气液比下现有方法预测井筒压力偏低，该问题是制约气举井举升效率评价与参数优化的关键。基于哈萨克斯坦让纳若尔油田、伊拉克哈法亚油田单井井斜角、生产气液比、产液量和含水率等实际条件，采用多相管流实验平台，模拟油田生产现场油井，将油、气、水三相注入实验管柱，观察流体流态，测量试验管段压差、持液率等参数。研究高气液比条件下流型转变规律，提出流型转换界限新理论，建立不同流型下压降计算模型，解决目前高气液比条件下常规管流模型预测压力精度偏低的难题。

1. 多相管流物理模拟实验及流动规律分析

受已有多相管流物理模拟实验装置能力的影响，以及已有理论模型基于实验或现场的液量、气液比、管径、倾角、含水等参数（表 7-1-1）覆盖范围不够全面，缺乏系统性，对于高气液比生产油田，缺乏针对性，反映为模型预测精度偏低。

表 7-1-1 让纳若尔油田和哈法亚油田油井生产参数统计

油田	日产液量/m³	含水率/%	生产气液比/m³/m³	备注
让纳若尔油田	1～184	0～100	3～4949	南区：生产气液比 500～1500m³/m³ 范围井占 32%，1500m³/m³ 以上井占 67%。北区：生产气液比 500～1500m³/m³ 范围井占 48%，1500m³/m³ 以上井占 49%
哈法亚油田	11～636	0～80	24～4767	生产气液比 100～200m³/m³ 范围井占 51%；生产气液比 200m³/m³ 以上的井占 8%

新实验平台采用新型气液混合器专利技术，实现不同倾斜角条件下的油、气、水三相实验模拟，最大液量测试范围由 150m³/d 提高到 500m³/d、最大气量测试范围由 8600m³/d 提高到 50000m³/d、流体黏度适用范围由 1mPa·s 提高到 1000mPa·s（图 7-1-1）。

根据让纳若尔油田和哈法亚油田单井产液量、含水率和生产气液比范围，确定了相应的实验方案，完成了不同管径、倾角、气液比和黏度条件下油气水三相流实验（表 7-1-2）。

1）流型变化规律

基于判别不同倾角下（-90°～+90°）气液两相流动形态的通用统一模型（Barnea，1987），考虑流体物性、压力、温度和管径等条件，将实验测得的流型数据点绘在 Barnea 流型图上对比分析。

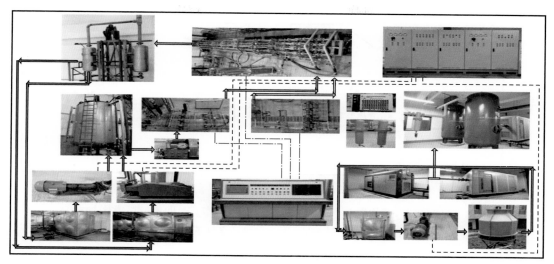

图 7-1-1　多相流实验装置和流程

表 7-1-2　高气液比井油气水三相流实验方案

实验项目	管径 / mm	液量 / m³/d	含水率 / %	气液比 / m³/m³	倾角 / (°)	组数
不同油水比条件下油、气、水三相管流实验	60	2.5～480	0～100	20～5000	90	492
	75	2.5～50	0～100	10～800	0, 30, 60, 90	360

（1）中低产量和较高气液比条件下流型判别。

气相表观流速 v_{sg} 为日产气量与管内截面积的比值，液相表观流速 v_{sl} 为日产液量与管内截面积的比值。中低产量、较高气液比（液量范围为 10～50m³/d，气液比为 50～300m³/m³）条件下，在水平管相同气、液流量范围时，管径改变会改变气、液表观流速，随着管径的增加，由段塞流变为层流，分层流—波浪流、波浪流—段塞流的转变界限向左移动；在倾斜管和垂直管相同气、液流量范围时，当管径较大时，段塞流—搅动流、搅动流—环状流的转变界限随着管径的增加稍向左移动，其中垂直管流测试流型变化如图 7-1-2 所示。

在垂直管相同气、液流量范围时，由于黏度增加，增加了气液两相间的滑脱，使得持液率增加，导致转变界限向低气相表观流速移动，使得段塞流—搅动流、搅动流—环状流的转变界限稍向左移，搅动流区域随着黏度的增加而变小。

（2）高产量和较高气液比条件下流型判别。

高产量和较高气液比条件下（液量范围为 50～480m³/d，气液比为 50～300m³/m³）测试的流型与 Barnea 流型吻合度为 87%，不一致的数据点都分布在不同流型的过渡边界附近，由于在流型转变边界附近本来就存在过渡区，因此仍可以用 Barnea 模型来判断高产量下的气液两相流流型。

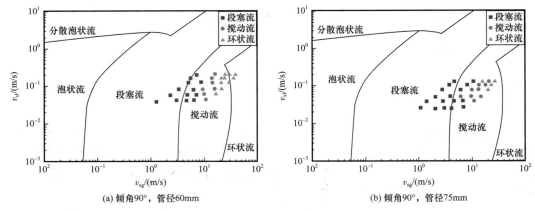

(a) 倾角90°，管径60mm   (b) 倾角90°，管径75mm

图 7-1-2   中低产量、较高气液比条件下流型测试

（3）高气液比条件下流型判别。

在低产量和高气液比条件下（液量范围为 2.5～5.0m³/d，气液比大于 3000m³/m³）测试的实验结果表明所测得的流型变化不大，均为环状流。

2）持液率变化规律

分析不同管柱倾角、气液流速和黏度条件下持液率变化规律，研究认为：

（1）液相表观流速相同时，持液率随着气相表观流速的增加逐渐减小，当气相表观流速大于 35m/s 时，随着气相表观流速增加，持液率变化较小，其原因是当气相表观流速较大时，流型转变为环状流，持液率很低，增大气相表观流速对持液率的影响没有低气相表观流速时明显；气相表观流速相同时，持液率随着液相表观流速的增加逐渐增加。

（2）持液率随着管柱倾角的增加先增加，在倾角为 45° 左右达到最大值，后随倾角的增加，持液率变化不大，有略微下降；随着气相表观流速的增加，在倾角小于 45° 时，角度对持液率的影响变小 [图 7-1-3（a）]。

（3）相同气相和液相表观流速下，持液率随着黏度的增加而增加 [图 7-1-3（b）]，主要原因是黏度的增加会增加液相与管壁之间的黏滞力，使得更多的液体滞留在管内，导致持液率增加。

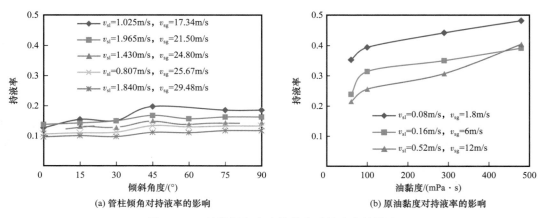

(a) 管柱倾角对持液率的影响   (b) 原油黏度对持液率的影响

图 7-1-3   管柱倾角和流体黏度对持液率的影响

3）压降变化规律

在相同液相流速条件下，压降随着气相流速的增加先减小后增加，当气相表观流速一定时，由于重力压降和摩阻压降的综合影响，气液两相流总压降随液相表观流速和倾斜角度的变化没有确定的规律，新的实验测试数据揭示了高产油井总压降与摩阻压降、重力压降之间的关系和压降随黏度变化的规律。

（1）压降随气相表观流速的变化规律。

在高产量（＞50m³/d）条件下，持液率随气相表观流速的增大而减小，重力压降随气相表观流速的增大而减小，摩擦压降随表观气速的增大而增大，总压降随气相表观流速的增大而增大（图7-1-4a）。

（2）压降随液相黏度的变化规律。

在垂直管中，压降随着液相黏度的增加而增加，主要原因是黏度的升高导致持液率增加，重力压降增加，摩阻压降也会增加，因此，总压降随着黏度的增加而增加［图7-1-4（b）］。

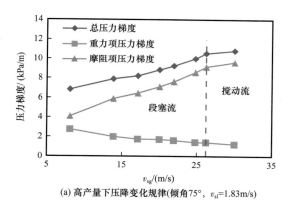

(a) 高产量下压降变化规律(倾角75°，v_{sl}=1.83m/s)

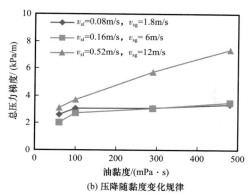

(b) 压降随黏度变化规律

图 7-1-4　气液两相流压降梯度变化规律

2. 多相管流持液率计算及流型划分

1）持液率预测模型

（1）段塞流和搅动流持液率预测模型。

综合考虑黏度、倾角和气泡群的影响，计算段塞流和搅动流持液率 H_l 公式（Xiao，1990）为：

$$H_l = \frac{v_t H_{ls} + v_b (1 - H_{ls}) - v_{sg}}{v_t} \qquad (7-1-1)$$

式中　H_{ls}——液塞区持液率；

　　　v_t——液膜区 Taylor 气泡的运动速度，m/s；

　　　v_b——液塞体内分散气泡的运动速度，m/s。

① 液塞区持液率。选用 Kora（Kora，2011）关系式计算液塞区持液率 H_{ls}，Kora 提

出的关系式包含了考虑混合流速和黏度影响的两个无量纲数：

$$N_{Fr} = \frac{v_m}{(gD)^{0.5}} \sqrt{\frac{\rho_1}{\rho_1 - \rho_g}}$$ （7-1-2）

$$N_{\mu} = \frac{v_m \mu_1}{gD^2 (\rho_1 - \rho_g)}$$ （7-1-3）

式中　v_m——气液混合流速，m/s；

μ_1——液相黏度，mPa·s；

ρ_1——液体密度，kg/m³；

ρ_g——气体密度，kg/m³；

D——管道内径，m；

g——重力加速度，取 9.81m/s²；

当 $N_{Fr}N_{\mu}^{0.2} \leqslant 0.15$ 时，有：

$$H_{ls} = 1$$ （7-1-4）

当 $0.15 < N_{Fr}N_{\mu}^{0.2} < 1.5$ 时，有：

$$H_{ls} = 1.1012 e^{\left(-0.085 N_{Fr} N_{\mu}^{0.2}\right)}$$ （7-1-5）

当 $1.5 \leqslant N_{Fr}N_{\mu}^{0.2}$ 时，有：

$$H_{ls} = 0.9473 e^{\left(-0.041 N_{Fr} N_{\mu}^{0.2}\right)}$$ （7-1-6）

② 液膜区 Taylor 气泡的运动速度。液膜区 Taylor 气泡运动速度公式（Nicklin，1962）：

$$v_t = C v_m + v_D$$ （7-1-7）

式中　C——分布系数；

v_D——漂移速度，m/s。

分布系数 C 选用考虑黏度影响的关系式（Choi，2012）：

$$C = \frac{2}{1 + (R_{el}/1000)^2} + \frac{1.2 - 0.2\sqrt{\frac{\rho_g}{\rho_1}}(1 - \exp(-18a_G))}{1 + (1000/R_{el})^2}$$ （7-1-8）

$$R_{el} = \frac{\rho_1 v_1 D}{\mu_1}$$ （7-1-9）

式中　a_G——含气率；

v_1——液体流速，m/s。

漂移速度 v_D 选用考虑倾角影响的 Bendiksen 模型（Bendiksen，1984）：

$$v_D = 0.35\sqrt{gD}\sin\theta + 0.54\sqrt{gD}\cos\theta \qquad (7-1-10)$$

式中　θ——管柱倾斜角度，（°）。

③ 液塞区分散气泡的运动速度 v_b。液塞区分散气泡的运动速度 v_b 由式（7-1-11）计算：

$$v_b = 1.2v_s + 1.53\left[\frac{\sigma_g(\rho_1 - \rho_g)}{\rho_1^2}\right]^{\frac{1}{4}}H_{ls}^{0.1}\sin\theta \qquad (7-1-11)$$

式中　v_s——段塞体混合速度，m/s；

　　　σ——气液界面张力，N/m；

　　　$H_{ls}^{0.1}$——考虑了段塞体内"气泡群"的效应。

（2）环状流持液率预测模型。

环状流持液率机理模型通常假设管壁周围的液膜厚度相等，由于动量方程为隐式方程，需要通过迭代计算求解出液膜厚度，但在实际迭代计算过程中方程式很难收敛，而且由于环状流时液膜厚度很小，往往得出的计算结果与实际值差别较大，难以得到满意的计算结果。选择 Mukherjee 经验模型（Mukherjee et al.，1985）并考虑黏度的影响，对经验公式中黏度无量纲参数的经验常数进行修正，Mukherjee 相关式如下：

$$H_1 = \exp\left[\left(c_1 + c_2\sin\theta + c_3\sin^2\theta + c_4N_1^2\right)\frac{N_{vg}^{c_5}}{N_{vl}^{c_6}}\right] \qquad (7-1-12)$$

式中　N_1——液体黏度准数，$N_1 = \mu_1\left(\dfrac{1}{\rho_1\sigma^3}\right)^{\frac{1}{4}}$；

　　　N_{vg}——气体速度准数，$N_{vg} = v_{sg}\left(\dfrac{\rho_1}{g\sigma}\right)^{\frac{1}{4}}$；

　　　N_{vl}——液体速度准数，$N_{vl} = v_{sl}\left(\dfrac{\rho_1}{g\sigma}\right)^{\frac{1}{4}}$；

　　　c_1，c_2，c_3，c_4，c_5，c_6——经验系数。

对实验中测得的持液率 H_1 与 Mukherjee 给出的相关准数 N_{vl}、N_{vg} 和 N_1 的关系进行拟合，经拟合得到新的经验系数见表 7-1-3。

表 7-1-3　Mukherjee 经验模型中新的经验系数

c_1	c_2	c_3	c_4	c_5	c_6
−0.131	0.064	−0.0475	0.0057	0.6	0.099

2）气液两相流流型预测模型

（1）泡状流与段塞流转变。

Barnea 提出了单个气泡的浮力与拖曳力的平衡式，划分了泡状流和段塞流的界限，建立泡状流与段塞流的转变准则：

$$v_{sl} = \frac{H_1}{1-H_1} v_{sg} - 1.53 H_1 \left[\frac{g(\rho_1 - \rho_g)\sigma}{\rho_1^2} \right]^{0.25} \sin\theta \qquad （7-1-13）$$

式中　H_1——持液率，取持液率为 0.75 时为泡状流与段塞流的转变界限。

（2）段塞流、搅动流和环状流流型转变理论。

打破以往以流速为基础进行流型划分的惯例，完全按照持液率进行流型划分，提出液塞持液率与段塞持液率相等时为环状流转变界限，建立段塞流、搅动流和环状流三者之间的转变关系：当液相表观流速较小、段塞持液率 H_1=0.22 且液塞持液率大于段塞持液率（H_{ls}>H_1）时，为段塞流向搅动流转变界限；随着气相表观流速增加，当段塞持液率与液塞持液率相等时，即 H_1=H_{ls} 时为搅动流向环状流转变界限；当液相表观流速较大时，随着表观气相流速的增加，段塞流会直接转变为环状流，即 H_1=H_{ls} 时为段塞流向环状流转变界限。

3. 多相管流压降综合预测方法

1）段塞流和搅动流压降预测模型

（1）重力压降。

重力压降主要与混合流体密度和管道倾角有关，其表达式为

$$\left(\frac{dp}{dL} \right)_h = \rho_m g \sin\theta \qquad （7-1-14）$$

式中　ρ_m——气液混合物密度，kg/m^3。

（2）摩阻压降。

在段塞流中由于液膜区液相向下流动，液塞区液膜向上流动。整个段塞单元的摩阻压降可表示为

$$-dp = \frac{\tau_s \pi d}{A_p} L_s + \frac{\tau_F S_F}{A_p} L_F + \frac{\tau_g S_g}{A_p} L_F \qquad （7-1-15）$$

式中　τ_s——液塞剪切力，N；

　　　τ_F——液膜区的剪切力（与液膜流速方向有关，存在正负），N；

　　　τ_g——气塞区的剪切力，N；

　　　S_F——液膜区周长，m；

　　　S_g——气塞区周长，m；

　　　L_S——液塞区长度，m；

L_{F}——液膜区长度，m ；

A_{p}——管道截面面积，m^2。

2）环状流压降预测模型

（1）重力压降。

重力压降的计算方法与段塞流、搅动流相同。

（2）环状流摩阻压降。

根据环状流液膜区和气芯区的动量平衡方程可得到环状流的组合动量方程：

$$-\tau_{\mathrm{WL}}\frac{s_{\mathrm{F}}}{A_{\mathrm{F}}}+\tau_{\mathrm{I}}s_{\mathrm{I}}\left(\frac{1}{A_{\mathrm{F}}}+\frac{1}{A_{\mathrm{c}}}\right)-\left(\rho_{\mathrm{l}}-\rho_{\mathrm{c}}\right)g\sin\theta=0 \qquad （7-1-16）$$

式中　τ_{WL}——液相与管壁面的剪切力，N ；

　　　s_{F}——液膜周长，m ；

　　　A_{F}——液膜所占截面面积（与液膜厚度直接相关），m^2；

　　　τ_{I}——气液界面剪切力，N ；

　　　s_{I}——气液界面长度，m ；

　　　A_{c}——气芯所占截面面积，m^2；

　　　ρ_{l}——液体密度，$\mathrm{kg/m}^3$；

　　　ρ_{c}——气芯密度，$\mathrm{kg/m}^3$。

此方程为液膜厚度的隐式方程，当给出适当的几何关系、速度关系以及闭合关系式可通过试算法求解。这是在环状流持液率未知的情况下的计算方法，根据已经给出环状流的持液率经验关系式，基于环状流的流动特点，计算向上流动液膜与壁面的摩阻压降即为环状流的摩阻压降，液膜区的摩阻压降可表示为

$$\left(\frac{\partial p}{\partial L}\right)_{\mathrm{f}}=-\tau_{\mathrm{WL}}\frac{s_{\mathrm{F}}}{A_{\mathrm{F}}} \qquad （7-1-17）$$

与常规模型相比，哈萨克斯坦让纳若尔油田高气液比复杂结构井多相流压力新模型预测精度由 60.1% 提高到 84.1% ；伊拉克哈法亚油田压力预测精度由 59.9% 提高到 83.8% ；平均压力预测精度由 60% 提高到 84%（图 7-1-5）。

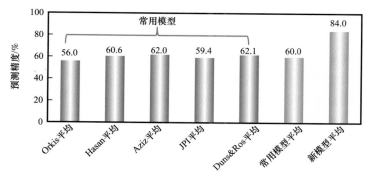

图 7-1-5　不同多相管流模型压力预测精度对比

二、低压油藏气举后期举升优化和接替技术

1. 连续气举井效率优化技术

哈萨克斯坦让纳若尔油田连续气举井数据分析表明存在3种情况：一是多点注气井，注气点过多会导致井筒压力梯度增大、气体携液困难、气举效率降低；二是单点注气，在单点注气的生产井中，部分井注气量大，造成能量浪费，举升效率低；三是注气点位置不合理，导致井筒下部积液无法举升，引起井底流压增加，产量降低，只有注气点上部的液体可随气体排出井口。连续气举井的效率优化主要针对以上3种情况，以尽可能减少不必要投入，节约注气成本，同时降低井筒压降和井底积液高度，在相同的注气量下提高产液量，从而提高气举井生产效率。

1）消除多点注气

根据目前连续气举井流压、温度测试数据，让纳若尔油田共124口井存在2点注气，35口井存在3点注气，2口井为4点注气，1口井为5点注气。多点注气导致井底流压上升，不利于连续气举井的生产，因此应尽可能消除多点注气，实现下部注气阀单点注气，提高气举效率。

利用高气液比多相管流新模型，预测了单点注气井筒压力剖面，并与多点注气井筒压力剖面进行对比［图7-1-6（a）］。综合分析124口两点注气井的压力梯度发现，第一注气点至井口压力梯度平均为0.14MPa/100m，两注气点之间的压力梯度平均为0.23MPa/100m，增加了0.09MPa/100m，部分井第一注气点至井口压力梯度与两注气点之间的压力梯度统计结果如图7-1-6（b）所示。

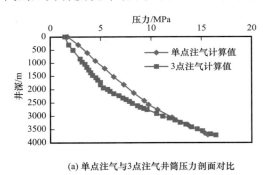

(a) 单点注气与3点注气井筒压力剖面对比

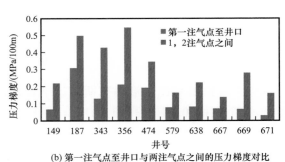

(b) 第一注气点至井口与两注气点之间的压力梯度对比

图7-1-6　单点与多点注气井筒压力梯度对比

2）加深注气深度

让纳若尔油田的连续气举井普遍安装7只气举阀，由于注气参数不合理，部分注气井注气点上移，井底流压明显上升，针对4级阀以上注气的气举井，可通过加深注气深度提高气举效率。应用高气液比多相管流压力预测模型，模拟加深注气深度后的增产液量，筛选最有增产潜力井开展实施。

3）注气量优化

让纳若尔油田属于高气液比油井，生产气液比大于$1000m^3/m^3$的单点注气井共49井

次，注气量过大，导致简化效率（气举井有效功率与输入功率之比）多数较低（图 7-1-7），其中简化效率小于 5% 的连续气举井共有 17 口，这些井可通过优化注气量提高注气效率。同时针对让纳若尔油田气举井流体特性开展室内模拟实验，实验结果表明不同含水率下的气举井筒存在一最佳压力梯度，通过优化配气，可使压力梯度处于合理范围之内。

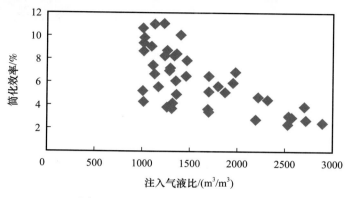

图 7-1-7　气举效率与气液比相关性

2. 连续气举井接替工艺技术

基于让纳若尔油田目前的低效连续气举井，提出了接替工艺筛选条件和气举后期举升接替工艺（图 7-1-8）。可以看出，针对高气液比低产液量井，主要选择柱塞气举作为接替工艺。

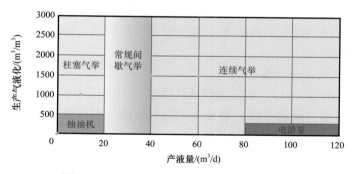

图 7-1-8　连续气举后期接替工艺选择图版

1）柱塞气举井下配套工具

新型井下限位器及专用打捞工具实现了特殊油管螺纹条件下的卡定、缓冲和单流功能于一体（图 7-1-9），通过钢丝作业安装于专用坐放短节内，对柱塞运动起到限位作用，同时在柱塞下落到设计位置时提供向上的缓冲力，减缓柱塞下落速度，保护柱塞和油管。该装置通过一次钢丝作业即可安装，降低了作业费用、提高了安装成功率。其配套专用打捞工具可打捞柱塞和井下限位器等不同工具，具有工作可靠、装配简单且可重复多次使用的特点，打捞遇卡时，向下震击，可实现应急脱手，采用防硫化氢腐蚀材质，适用于酸性油气藏。

(a) 新型限位器　　(b) 专用打捞工具　　(c) 组合柱塞　　(d) 任意式卡定器

图 7-1-9　研发的柱塞气举配套工具

组合柱塞及任意式卡定器可配合 $\phi 89\text{mm}+\phi 73\text{mm}$ 组合油管使用，并可根据生产需求调整柱塞深度，从而避免修井作业产生的作业费用及污染风险。

2）地面控制工具

柱塞气举地面控制装置包括双控制智能控制器、电动球阀、压力变送器和数据传输装置等，其中双控制智能控制器可实现注气端和生产端的异步双控制，围绕该控制器建立了压力—时间控制模式，可实现注气压力—生产压力、注气压力—生产时间等控制模式，大大提高控制精度，降低生产成本。由于气动薄膜阀的 S 形过流通道存在冬季节流而造成的冻堵问题，因此研制了电动球阀作为执行机构代替气动薄膜阀，该电动球阀通径与外输管径通径一致，从而有效解决了冻堵问题。柱塞气举地面控制装置利用 Modbus 通信协议，通过 RS485 方式将信号传输至数据传输装置，该装置将数据整合后通过 4G 网络将数据传输至专用服务器，实现了数据的远程传输，具备远程工作制度调整、远程开关井、历史数据记录等功能。

经过两口井现场试验，柱塞气举单井注入气液比平均降低 $1821\text{m}^3/\text{m}^3$，表明该工艺能有效降低注入气液比，提高举升效率，达到增产增效目的，能够作为低产连续气举井举升接替的主体工艺。

3）柱塞气举优化设计方法

引入平均产液指数（PI），求取生产液柱高度与时间的函数关系式，建立了基于柱塞气举过程的数学模型，确定了以产量最大化为目标的三种柱塞气举计算设计方法及控制方式（表 7-1-4）。

表 7-1-4　柱塞气举优化设计方法

控制方式	数学模型	特点	适应条件
注气端单控制	$q_f = V_1 \dfrac{1440}{T} - V_1 c_m \dfrac{1440}{T}$	需要瞬时的大气量	井下管柱具有完好封隔器的气举油井
生产端单控制	$q_f = V_1 \dfrac{1440}{T} - V_1 c_m \dfrac{1440}{T}$	① 动力取决于本井气 ② 需要加入判定条件	油井气液比较高，不需要外加气源或需要少量外加气源
注气端、生产端双控制	$q_f = V_1 \dfrac{(1-c_m)1440}{T} + \text{PI}/1440(p_r - p_{wf})t_g 1440/T$	① 需要关井建立储集空间 ② 本井气会进入套管	无特殊要求，适应大部分油井

注：q_f—日产液量，m^3/d；V_1—举升液量，m^3；T—循环时间，min；c_m—漏落系数；p_r—地层压力，MPa；p_{wf}—井底流压，MPa；t_g—关井时间，min；PI—产液指数，$\text{m}^3/(\text{d}\cdot\text{MPa})$。

3. 气举远程诊断与和配套技术

1）连续气举井效率评价方法

气举系统是从压缩机组至计量站所组成的整个注采封闭系统，由四部分组成：（1）压缩机组，为气举系统提供动力资源；（2）配气管网，由压缩机组串联至各配气间，再由配气间串联至单井的管线组成，起传递能量的作用；（3）气举井，能量消耗的主要环节；（4）集输管线。其系统效率计算公式为（刘永辉，2002）：

$$\eta_{ws} = \overline{\eta}_机 \eta_网 \eta_井 \eta_输 \qquad (7\text{-}1\text{-}18)$$

式中　η_{ws}——气举系统效率；

　　　$\overline{\eta}_机$——压缩机组平均效率；

　　　$\eta_网$——配气管网效率；

　　　$\eta_井$——气举井效率；

　　　$\eta_输$——集输管线效率。

2）气举井工况评价方法研究

气举井简化效率定义为气举井有效功率与输入功率之比。有效功率为产出液体位能的增加值，输入功率为注入气压能和热能之和；投入产出比为注气增压成本与日产油销售收入之比。

以气举井简化效率作为纵坐标，投入产出比为横坐标，建立气举井效率控制图版。以原油价格 30 美元 /bbl 为例，假设 1m³ 气体增压成本为 0.1 美元，对让纳若尔油田 332 口连续气举井开展了气举效率评价（表 7-1-5，图 7-1-10），64% 以上的气举井处于盈利状态。

表 7-1-5　让纳若尔油田气举井评价结果及措施建议

分区	井数 / 口	注入气液比 / m³/m³	平均产液量 / m³/d	含水率 / %	简化效率 / %	投入产出比	井数占比 / %	措施建议
Ⅰ区	45	373.7	39.0	27.1	79.0	0.18	13.50	有一定自喷能量，工艺设计合理，能量利用率高，处于盈利状态
Ⅱ区	156	1007.8	13.9	21.8	27.0	0.46	46.80	工艺设计合理，处于盈利状态
Ⅲ区	13	3648.0	2.9	8.0	6.5	0.44	3.90	虽然处于盈利状态，但举升效率低，需改进工艺设计，提高效率，
Ⅳ区	9	376.0	87.2	66.6	71.3	3.90	2.70	举升效率高，工艺设计合理，处于亏损状态，实施稳油控水措施或关井
Ⅴ区	101	1047.0	24.7	42.3	27.5	2.60	30.30	举升效率一般，工艺设计合理，处于亏损状态；降低注气量或采取稳油控水措施
Ⅵ区	9	3256.0	7.1	49.1	7.5	3.60	2.70	举升效率过低，工艺设计不合理，亏损严重；考虑修井、间歇气举或其他举升措施提升举升效率
合计	333	1081.0	21.9	30.1	34.1	1.25	100	

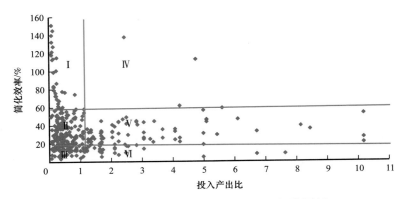

图 7-1-10　让纳若尔油田气举井工况评价图版

3）远程诊断系统

（1）远程诊断平台硬件。

气量自动调节一体化装置可实现气体测量与调节一体化，基于调节阀的变通径流量测量方法，以流量特性曲线为基础，通过测量调节阀前后的压差，计算获得不同通径下流经调节阀的流体流量。经过 4500 组流量测试实验，气体流量计平均测量误差 3.84%，测量精度 96.16%；基于增量式比例—积分—微分（PID）的气体流量控制方法，使用 PID 算法实现气体流量的动态控制，通过 434 组实验测试，气体流量计平均控制精度达到 97.1%。

气量自动调节流量计井口配套设备包括数字压力表、气举远程数据传输装置、气举远程控制装置，可通过 4G、无线电台等多种通信方式进行数据传输及远程控制以实现现场数据实时采集，通过软、硬件联测联调试验，控制响应精度达到 99%。

（2）远程诊断平台软件。

气举远程监控及诊断优化软件以数据库为基础，以故障诊断及系统优化为核心，搭载智能化算法，配套故障报警、专家交互等功能，通过远程调控实现整个气举系统的智能化管理。经过与现场硬件对接，可实现数据实时采集分析、故障诊断预警、系统优化、远程气量调节等功能，软件共分为 6 大模块。

① 数据库模块。建立了包括储层数据、井筒数据、生产数据、作业井史数据、测试数据和地面管网数据的 6 大类数据库，拥有单井月报、层系月报、区块月报和递减分析等统计报表功能，大幅提高管理效率。

② 现场数据实时采集、储存和分析模块。绘制数据采集流程图，编制数据采集、数据传输、数据接收和存储到数据库的相关程序，可对数据库数据进行实时更新，结合单井流入、流出方程配置，提高了分析计算的精度及准确性。通过室内数据采集、网络传输和存储测试，实现数据传输频率为 15s/ 次的稳定传输及存储。

③ 气举系统优化模块。以气举特性曲线为基础，分别采用不考虑地面管网及考虑地面管网的两种系统智能优化算法，为将有限的注气量动态合理分配至每口气举井，使得气举系统整体效益最高。

④ 故障诊断和预警模块。通过实时诊断、二次诊断和辅助诊断三类故障诊断方法对

现场数据进行诊断，其中，实时诊断包括直接对比法及计算对比法，依据波动原则建立工况诊断策略，若油压、套压、回压和注气量的实测值超出参数变化的上下限范围，则根据诊断策略得到可能的诊断结果；二次诊断以计算法为基准，利用数据库的动态生产数据及静态数据，结合多相流模拟计算反推气举阀工作状态，其核心为对气举阀打开压力及关闭压力进行计算并做出故障判断；辅助诊断算法利用宏观生产控制图，按照气举井的生产实际状况，经初步分析和预诊，根据一定的界线对生产井进行分类，便于管理者宏观控制与生产调度。通过建立故障诊断及预警模块，利用 61 口气举井现场数据进行诊断，其准确率达到 91%。

⑤ 交互式专家诊断系统模块。现场工程师对需要请求专家协助处理的工况向远程专家提出交互申请，通过数据库接口代码和交互逻辑程序的编写，实现每个现场工程师创建远程协助任务，包括请求、处理、确认和评价；远程专家通过专家方的客户端登录查看并协助做出处理，再将反馈意见发送给对应的现场工程师。在任务处理过程中，现场工程师可向远程专家提供文件图片资料，实现油井数据和诊断结果等传输和通讯。

⑥ 控制执行模块。该模块可实现两方面功能：一是控制执行机构阀门开度状态的调整；二是根据设定流量实时调节执行机构，实现注气量的实时控制。远程监控及诊断优化软件通过 4G 信号将指令下发至气举远程控制装置，随后该装置将指令通过 RS485 有线传输（Modbus 协议）传输至气量自动调节流量计的微处理器，从而控制执行机构按照需求动作，经过室内实验调试，控制响应精度为 99%。控制执行模块在有效解决气举井现场生产数据自动采集、实时跟踪及诊断的同时，又能对现场自动调节装置远程控制，实现气举井生产自动化管理，提高气举井管理效率，节约生产运行成本。

4. 低压油藏气举后期举升优化和接替技术实施效果

2018 年到 2020 年间，在哈萨克斯坦阿克纠宾项目让纳若尔油田完成了优化配气 218 井次，在产油量不变情况下，节省气量 $110.7 \times 10^4 \mathrm{m}^3/\mathrm{d}$，注气效率由 70% 提高到 80%。针对诊断出的问题井，开展了气举阀投捞和加深注气深度措施，共完成气举阀投捞 44 井次，加深注气深度 16 井次，有效 53 井次，合计增油 293t/d，累计增油 $8.8 \times 10^4 \mathrm{t}$，措施有效率由 2017 年的 62.5% 提高到 88.3%。完成 5 井次连续气举接替先导性试验，包括 2 口井柱塞气举和 3 口井智能控制间歇气举，其中柱塞气举增产幅度 20%～30%，同时节省日注气量 12%～62%，3 口智能间歇气举井增产 60%～125%，节省日注气量 30%～42%，在 925 井、5084 井两口井上完成了软件与硬件现场联测联调，实现现场数据远程传输及设备远程控制，响应时间 5s，设备运行总时长大于 5 个月以上，运行频次为 43 次/d，目前设备运行稳定无异常，软件接收数据 15s/次，除正常维护外，断点率小于 1%。

三、高气液比井气举辅助电潜泵采油技术

针对高气液比导致电潜泵井运行效果差的情况，可采用气举辅助电泵举升工艺，即利用研制的新型井下气液分离器减少入泵游离气，再经管柱上部的气举阀回注入油管，辅助电泵举升。

1. 新型井下气液分离器

当井底产出液在泵入口处主要以段塞流出现时，在段塞流流经碎泡器时，位于管截面中心的气体段塞沿凹弧面中心进入气相流动通道，在出口端面沿管截面的边缘形成旋转喷射；位于管壁的液膜在沿凹弧面向滑移进入液相流动通道，在出口端面沿管截面中心流动，即经碎泡器结构后，液体与气体在管截面流动位置进行交换，达到气泡破碎目的。新型气体段塞破碎器结构如图 7-1-11（a）所示，可避免气体段塞进入电泵，避免影响电泵运行，甚至产生"气锁"。

泡流气液螺旋分离装置结构如图 7-1-11（b）所示，泡状流下气体分离的难点在于气体呈分散的小气泡，采用锥形设计，可在入口端实现大气泡破碎，螺旋通道截面积逐渐变小，混合物流动速度增加，上升过程中产生更大的速度压头，使气液分离更充分；分离后气体向上进入锥形气体收集器，采用毛细管引流，直接在深度低于电泵入口处溢出，解决了游离气对电泵运行的影响。

当潜油电泵安装在斜井段时，受井斜角影响，气液重力分离呈气上液下分布，潜油电泵入口防气罩改变阻气和进液部分的厚度，与潜油电泵入口配套使用，安装后因进液部分壁厚、阻气壁薄，可在重力作用下自行旋转，阻气部分在井筒截面的上部，而进液位于下部，从而减少气体进泵［图 7-1-11（c）］。

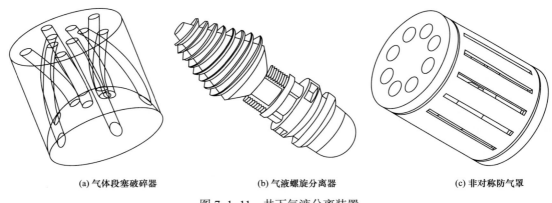

(a) 气体段塞破碎器　　　　(b) 气液螺旋分离器　　　　(c) 非对称防气罩

图 7-1-11　井下气液分离装置

2. 考虑气体影响的潜油电泵工艺设计方法

多级离心泵的设计是整套举升工艺中最重要的步骤，考虑气体影响的电泵特性，以常规电泵举升设计方法为基础，改进了多级离心泵设计过程，引入电泵合理工作区判定条件（刘重伯，2019），建立了适用于高气液比条件下的电泵举升工艺设计方法，其程序框如图 7-1-12 所示。

3. 气举辅助系统工艺

1）气举辅助电泵模拟实验

实验主要由供水系统、电泵举升系统、气举辅助举升系统以及测试系统组成，实验流程如图 7-1-13 所示，在原单一电泵举升模拟实验的井口增加 4m 油管柱，且在距油管 2m 处增设一注气通道，模拟气举辅助电泵举升的情况。

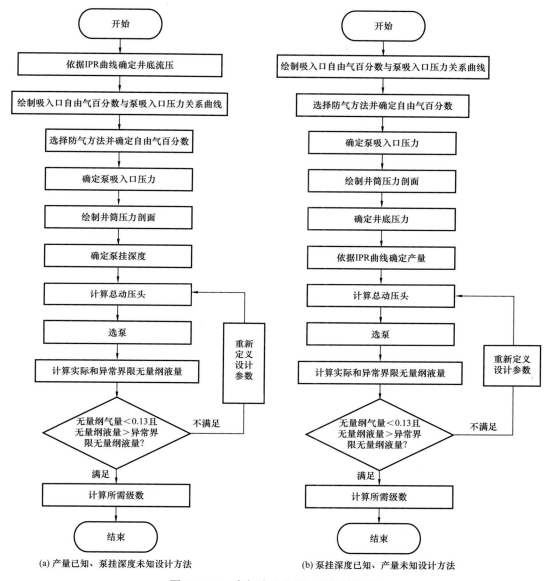

图 7-1-12　高气液比电泵工艺设计流程

实验时先按单相流模拟实验，调节电泵的频率，使排液量达到目标液量，并测试液量，再逐渐打开供气阀，调节注气量达到目标值，测试日产液量；当同一频率下不同注气量的产液量测试完成后，再调整新的频率，重复测试。实验表明，随着注气量的增加，产液量先增加后趋于平缓，这是由于随着注气量的增加，电泵排出压力显著降低，产液量增大；但进一步增大注气量时，井筒降压有限，产液量趋于定值。不同频率下室内模拟产液量增幅分别为 44.78% 和 24.74%（图 7-1-14）。

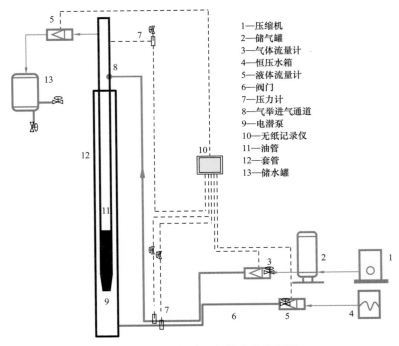

1—压缩机
2—储气罐
3—气体流量计
4—恒压水箱
5—液体流量计
6—阀门
7—压力计
8—气举进气通道
9—电潜泵
10—无纸记录仪
11—油管
12—套管
13—储水罐

图 7-1-13　电泵 + 气举实验流程图

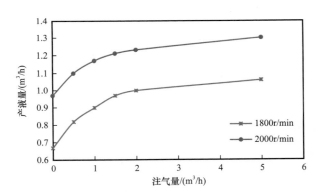

图 7-1-14　气举辅助电泵组合举升实验结果

2）气举辅助电泵工艺设计方法

气举辅助电潜泵采油设计主要包括电潜泵和气举参数设计两部分，电泵设计采用考虑气体影响的电泵系统设计方法。进行气举阀参数设计时，进气压力设定为套压，即套压波动的最大值或常规电潜泵生产时套管放气时的压力值，气举辅助电潜泵采油的进气量为油套环空聚集的气体，考虑生产的动态平衡，其注气量为气锚分气量：

$$q_{inj}=q_o \times GLR_p \times \eta_{气锚} \qquad （7\text{-}1\text{-}19）$$

式中　q_{inj}——气举阀进气量，$10^4 m^3/d$；

　　　GLR_p——油井生产气液比；m^3/m^3；

　　　$\eta_{气锚}$——气锚分气效率。

第二节　复杂碳酸盐岩储层酸化酸压工艺技术

随着海外油气开发新增可动用储量品质变差，酸压改造逐渐成为油气井增产的主要措施，但由于碳酸盐岩酸压过程中人工裂缝与天然缝洞、酸蚀蚓孔等综合作用机理复杂，边底水油气藏及注水开发区的酸压改造见水风险高，稠化酸体系不能满足低渗透、强非均质碳酸盐岩储层深度酸压和转向酸压的需求，因此需要更为系统的酸压优化设计方法和具备控水、深穿透、暂堵转向等功能的新型工作液体系。针对上述问题，考虑蚓孔、天然裂缝对酸压人工裂缝参数的影响，建立了裂缝—孔隙型碳酸盐岩油气藏人工裂缝拓展模型，优化碳酸盐岩酸蚀裂缝与壁面蚓孔耦合优化设计方法，研发了转向、暂堵、深穿透等工作液体系，形成复杂碳酸盐岩储层酸化酸压技术体系，实现单井增产。

一、酸蚀裂缝与壁面蚓孔耦合优化方法

基于拟三维裂缝延伸数学模型（Nolte，1979；Cleary，1983；Palmer，1993），结合流体流经多重介质流动特征，考虑储层中裂缝对蚓孔生长的影响，剖析裂缝壁面酸蚀蚓孔发育及酸液滤失行为，建立碳酸盐岩储层酸蚀裂缝参数与壁面蚓孔耦合模型，并进一步发展裂缝型储层酸化、酸压优化设计方法，科学指导复杂碳酸盐岩储层酸压方案优化，为工程实施提供有效技术保证。

1.酸蚀裂缝与壁面蚓孔动态滤失模型

滤失系数随酸压过程中酸蚀裂缝的位置和时间动态变化，这是由于酸液滤失受酸蚀裂缝沟通区域的基质孔隙、酸蚀形成的蚓孔和储层天然裂缝等因素的综合影响，单一的酸液滤失系数难以表征在整个裂缝长度上的酸液滤失规律。

以裂缝长度方向上的三个位置为例（图7-2-1），裂缝长度为x_1处孔洞不发育、基质孔隙连通性也较差，则酸液滤失难以形成蚓孔，该处的滤失系数基本不变化；裂缝长度为x_2处孔洞较发育、连通性好，此处容易形成蚓孔，且蚓孔长度随时间变化，形成蚓孔后孔隙度、渗透率进一步增大，该处的滤失系数会随时间增加；裂缝长度为x_3处发育一条天然裂缝，则需要考虑天然裂缝对滤失量变化的影响。因此，酸蚀裂缝酸液动态滤失模型包括基质孔隙酸液滤失、壁面蚓孔酸液滤失和天然裂缝酸液滤失三部分，滤失系数随裂缝位置和滤失时间动态变化。

1）基质孔隙酸液滤失

酸蚀裂缝酸液动态滤失模型首先要描述的是x_1处未形成蚓孔区域基质孔隙的滤失特征，即基于不发生酸岩反应的经典滤失理论的滤失特征，其受3个过程控制：受压裂液造壁性控制的滤失过程c_w、受压裂液黏度控制的滤失过程c_v、受地层流体黏度与压缩性控制的滤失过程c_c。

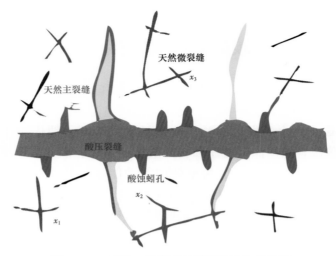

图 7-2-1　裂缝—孔洞型储层酸液滤失示意图

受压裂液造壁性控制的滤失系数 c_w 通常采用室内动态滤失实验确定：

$$V_L = V_{sp} + m\sqrt{t} \tag{7-2-1}$$

$$c_w = \frac{m}{2A} \tag{7-2-2}$$

式中　V_L ——室内动态滤失总滤失量，m^3；

　　　V_{sp} ——初滤失量，m^3；

　　　t ——滤失时间，min；

　　　m —— $V_L \sim \sqrt{t}$ 曲线斜率，$m^3/\sqrt{min}$；

　　　A ——岩心横截面积，m^2；

　　　c_w ——造壁性滤失系数，$m/\sqrt{min}$。

受压裂液黏度和地层流体压缩性控制的滤失系数通过下式计算：

$$c_v = 0.17\sqrt{\frac{\phi K \Delta p}{\mu_{frac}}} \tag{7-2-3}$$

$$c_c = 0.136\Delta p\sqrt{\frac{\phi K c_t}{\mu_r}} \tag{7-2-4}$$

式中　ϕ ——储层孔隙度，%；

　　　K ——储层渗透率，D；

　　　Δp ——裂缝内外净压力，MPa；

　　　μ_{frac} ——压裂液黏度，$mPa \cdot s$；

　　　μ_r ——地层流体黏度，$mPa \cdot s$；

c_t——综合压缩系数，MPa^{-1}；

c_v——受压裂液黏度控制的滤失系数，$m/\sqrt{min}$；

c_c——受地层流体压缩性控制的滤失系数，$m/\sqrt{min}$。

综合滤失系数 c 的计算表达式为

$$c = \frac{2c_c c_v c_w}{c_v c_w + \sqrt{c_w^2 c_v^2 + 4c_c^2 \left(c_v^2 + c_w^2\right)}}$$ （7-2-5）

拟三维裂缝延伸数学模型中的不可压缩流体的质量守恒关系可转化为体积守恒关系，即注入液体积等于裂缝扩展体积与液体滤失体积之和，裂缝中某一垂直剖面的流量等于单位裂缝长度上液体的滤失速度与裂缝扩展而引起的垂直剖面面积的变化率之和，其表达式为

$$-\frac{\partial q(x,t)}{\partial x} = V_1(x,t) + \frac{\partial A(x,t)}{\partial t}$$ （7-2-6）

式中 $q(x,t)$——t 时刻缝内 x 处流体体积流量，m^3/min；

$A(x,t)$——t 时刻缝内 x 处裂缝横截面积，m^2；

$V_1(x,t)$——t 时刻缝内 x 处单位裂缝长度上液体的滤失速度，m^2/min；

t——注入时间，min。

某一时刻单位裂缝长度上液体的滤失速度 V_1 可按式（7-2-7）计算：

$$V_1(t) = \frac{2h_p c(x,t)}{\sqrt{t-\tau}}$$ （7-2-7）

式中 $c(x,t)$——t 时刻缝内 x 处惰性流体综合滤失系数，$m/\sqrt{min}$；

τ——流体到达裂缝 x 处的时间，min；

h_p——裂缝扩展的垂向高度，m。

2）壁面蚓孔酸液滤失

当裂缝中的流体为反应性酸液时，从裂缝壁面向两侧基质滤失的酸将产生酸蚀蚓孔，酸蚀蚓孔的存在又进一步加剧酸液滤失，这是一个自我放大的过程，可导致滤失量的增加。考虑酸蚀蚓孔效应的影响，因此将酸液黏度控制的滤失系数修正为

$$c_{v,wh} = c_v \sqrt{\frac{Q_{ibt}}{Q_{ibt}-1}} = \sqrt{\frac{\phi K \Delta p}{2\mu\left(1-\frac{1}{Q_{ibt}}\right)}}$$ （7-2-8）

式中 Q_{ibt}——酸蚀蚓孔突破时注入的孔隙体积数；

$c_{v,wh}$——考虑蚓孔效应和受酸液黏度控制的滤失系数，$m/\sqrt{min}$；

μ——酸液黏度，$mPa \cdot s$；

ϕ ——储层孔隙度，% ；

K ——储层渗透率，mD ；

Δp ——裂缝内外净压力，MPa。

考虑酸蚀蚓孔效应的综合滤失系数为

$$c_{wh} = \dfrac{-\dfrac{1}{c_c} + \sqrt{\dfrac{1}{c_c^2} + \dfrac{4}{c_{v,wh}^2}}}{\dfrac{1}{c_{v,wh}^2}} \qquad (7-2-9)$$

式中　c_{wh} ——考虑蚓孔效应的综合滤失系数，$\mathrm{m}/\sqrt{\min}$ 。

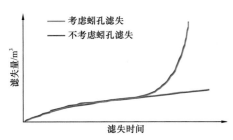

图 7-2-2　不同滤失模型计算的酸液滤失量

从基于经典滤失理论的惰性流体滤失模型到考虑蚓孔效应的酸液滤失模型，其最大的区别在于受黏度控制的滤失系数不同，总滤失时间 t 的平方根与滤失量的相关性曲线如图 7-2-2 所示，可见在蚓孔产生后的任何一个时间点，考虑蚓孔滤失计算求取的滤失量远远大于未考虑蚓孔的滤失量。

3）天然裂缝酸液滤失

对于裂缝型储层，按照天然裂缝的尺度可分为大裂缝、小裂缝及微裂缝，天然大裂缝与小裂缝或微裂缝交错分布，杂乱无章。当酸液压开储层后，酸液遵循最小阻力原理，优先沿天然大裂缝向地层滤失，扩宽天然裂缝的宽度，同时部分酸沿微裂缝或基质向地层滤失。由于天然大裂缝与微裂缝或基质在物性上的巨大差异，必将形成两种不同的滤失机理，因此将天然裂缝型储层处理为由天然大裂缝与"次等"裂缝—基质共同组成的系统。

（1）天然大裂缝。

天然大裂缝具有较大的裂缝宽度与裂缝渗透率，渗流阻力较小，是滤失酸液与地层岩石发生反应的主要场所。酸液在天然大裂缝内的流动反应模型与在酸压裂缝内的流动反应模型一致，但其宽度并不会像酸压裂缝一样呈椭圆状。研究结果表明，天然裂缝宽度呈正态分布，在给出天然裂缝平均宽度与标准差后，天然大裂缝内各点初始裂缝宽度按式（7-2-10）计算：

$$b = \bar{b} + G\sigma_b \qquad (7-2-10)$$

其中

$$\sigma_b^2 = \bar{b}^2 \left(e^{(\sigma \ln 10)^2} - 1 \right) \qquad (7-2-11)$$

$$\sigma = \sqrt{\dfrac{\sum_{i=1}^{n}(D_i - \bar{D})^2}{n}} \qquad (7-2-12)$$

式中　b ——天然大裂缝内各点初始裂缝宽度，m ；

$\overline{b}$ ——概率密度函数的裂缝宽度期望值，m ；

G ——裂缝宽度概率密度函数的正态分布系数；

σ_b ——概率密度函数的裂缝宽度标准差，m ；

D_i ——第 i 条裂缝的宽度，m ；

$\overline{D}$ ——天然裂缝的平均宽度，m ；

σ ——天然裂缝宽度的标准差，m ；

n ——天然裂缝宽度计算节点数。

（2）裂缝——基质双重介质模型。

在描述完天然大裂缝酸液流动反应模型后，需建立描述裂缝到基质系统的酸液流动反应模型。天然大裂缝间的双重介质系统是构成人工裂缝壁面的最主要部分。在人工裂缝内，注入酸液沿裂缝壁面流动反应，生成大量 CO_2，在裂缝与储层压差下，部分酸液与生成的 CO_2 通过双重介质向地层深部滤失，对于裂缝型油藏形成气、酸两相渗流的现象。

根据质量守恒原理，单位时间内流入流出单元体的流体质量等于该单元体内流体质量的变化，单元体内流体质量的变化表现为单元体内孔隙体积和流体密度随时间的变化率。在裂缝系统中，流体在裂缝单元中流动，同时裂缝单元流体向基质单元窜流，引起裂缝单元体质量变化，即

$$\begin{cases} \nabla \cdot \left(\dfrac{\rho_a K_f K_{ra}}{\mu_a} \nabla p_f \right) + \dfrac{\sigma \rho_a K_f K_{ra}}{\mu_a} (p_m - p_f) = \dfrac{\partial}{\partial t} \left(\phi \rho_a S_a \right)_f \\ \nabla \cdot \left(\dfrac{\rho_g K_f K_{rg}}{\mu_g} \nabla p_f \right) + \dfrac{\sigma \rho_g K_f K_{rg}}{\mu_g} (p_m - p_f) = \dfrac{\partial}{\partial t} \left(\phi \rho_g S_g \right)_f \end{cases} \qquad (7-2-13)$$

在基质系统中，忽略了流体在基质中的流动，基质单元体的质量变化为裂缝向基质的窜流质量，即

$$\begin{cases} \dfrac{\sigma \rho_a K_f K_{ra}}{\mu_a} (p_m - p_f) = \dfrac{\partial}{\partial t} \left(\phi \rho_a S_a \right)_m \\ \dfrac{\sigma \rho_g K_f K_{rg}}{\mu_g} (p_m - p_f) = \dfrac{\partial}{\partial t} \left(\phi \rho_g S_g \right)_m \end{cases} \qquad (7-2-14)$$

酸液在双重介质地流动时，从人工裂缝内向地层流动的边界条件为人工裂缝内的压力；从天然裂缝向地层内流动的边界条件为天然大裂缝内的压力，其余边界设定为封闭边界。此种情况下模型边界条件可表述为

$$\begin{cases} p_f \mid_{y=0} = p_F \\ \dfrac{\partial p_f}{\partial x} \Big|_{y=L} = 0 \\ p_f \mid_{x=0} = p_I \\ p_f \mid_{x=l} = p_{II} \end{cases} \qquad (7-2-15)$$

初始条件：

$$\begin{cases} p_f \mid_{t=0} = p_r \\ p_m \mid_{t=0} = p_r \\ S_{f,x} \mid_{t=0} = S_{f,sc} \\ S_{m,x} \mid_{t=0} = S_{m,sc} \end{cases}$$ （7-2-16）

其他条件：

$$\begin{cases} \sum_{x=w,g} S_{f,x} = 1 \\ \sum_{x=w,g} S_{m,x} = 1 \end{cases}$$ （7-2-17）

式中　p_f——双重介质裂缝压力，MPa；

　　　p_F——人工裂缝中的压力，MPa；

　　　p_I——相邻两条天然裂缝中裂缝 I 内的压力，MPa；

　　　p_{II}——相邻两条天然裂缝中裂缝 II 内的压力，MPa；

　　　p_m——双重介质基质压力，MPa；

　　　p_r——原始地层压力，MPa；

　　　K_f——裂缝渗透率，mD；

　　　σ——窜流因子，$1/m^2$；

　　　ρ_{acid}——酸液密度，kg/m^3；

　　　ρ_g——气相密度，kg/m^3；

　　　S_a——酸相饱和度；

　　　S_g——气相饱和度；

　　　S_c——初始气相或水相饱和度；

　　　μ_g——气体黏度，mPa·s；

　　　S_f——双重介质裂缝内流体 x 相饱和度；

　　　S_m——双重介质基质内流体 x 相饱和度；

　　　l——裂缝远端与井眼距离，m；

　　　L——油气藏渗流边界与井眼距离，m；

　　　x——油相、气相或水相。

上述模型为酸液在双重介质中的渗流模型，在求出大裂缝与双重介质储层的压力分布后，可根据达西公式或经典滤失理论确定人工裂缝内酸液向地层的滤失速度。

2. 裂缝—孔隙型碳酸盐岩储层酸化优化设计方法

酸液在裂缝中的自由流动与在基质中的流动遵循不同的规律，前者为 Navier-Stokes 方程（简称 N–S 方程）（Temam，1984）控制的自由流，后者为达西定律控制的多孔介质渗流，双尺度连续模型研究了基质中蚓孔的扩展情况，但蚓孔作为孔隙度接近 1 的区域，求解的是裂缝型地层的蚓孔扩展问题，因此将 N–S 方程与达西方程进行耦合求解是对双尺度蚓孔生长模型的进一步发展。

1）双重尺度蚓孔生长模型

蚓孔生长通常采用双重尺度模型进行模拟，双重尺度即为达西尺度和孔隙尺度，双重尺度模型考虑了径向上酸蚀溶解的形态特征和主要影响因素，其利用孔隙尺度上的数据模拟达西尺度上酸蚀溶解，同时模拟结果也取决于受酸蚀作用影响而随时间变化的孔隙结构。开展两种尺度上模型之间的数据连续交换，模拟反应和传质机理、介质的几何尺寸和非均质性等因素对蚓孔扩展的影响，对双尺度蚓孔扩展模型的运动方程、连续性方程按全隐式进行有限差分离散。

运动方程：

$$(u, v, w) = -\frac{K}{\mu} \cdot \left(\frac{\partial p}{\partial x}, \frac{\partial p}{\partial y}, \frac{\partial p}{\partial z} \right) \tag{7-2-18}$$

连续性方程：

$$\frac{\partial \phi}{\partial t} + \frac{\partial u}{\partial x} + \frac{\partial v}{\partial y} + \frac{\partial w}{\partial z} = 0 \tag{7-2-19}$$

酸液浓度分布方程：

$$\frac{\partial (\phi C_{\mathrm{f}})}{\partial t} + \frac{\partial}{\partial x}(u C_{\mathrm{f}}) + \frac{\partial}{\partial y}(v C_{\mathrm{f}}) + \frac{\partial}{\partial z}(w C_{\mathrm{f}})$$
$$= \frac{\partial}{\partial x}\left(\phi D_{\mathrm{ex}} \frac{\partial C_{\mathrm{f}}}{\partial x} \right) + \frac{\partial}{\partial y}\left(\phi D_{\mathrm{ey}} \frac{\partial C_{\mathrm{f}}}{\partial y} \right) + \frac{\partial}{\partial z}\left(\phi D_{\mathrm{ez}} \frac{\partial C_{\mathrm{f}}}{\partial z} \right) - \sum_m R_m (C_s) a_{\mathrm{v}m} \tag{7-2-20}$$

酸岩反应方程：

$$R_m (C_s) = k_{cm}(C_{\mathrm{f}} - C_s) = \frac{k_{cm} k_{sm} \gamma_{\mathrm{H^+,s}}}{k_{cm} + k_{sm} \gamma_{\mathrm{H^+,s}}} C_{\mathrm{f}} \tag{7-2-21}$$

孔隙度变化方程：

$$\frac{\partial V_m}{\partial t} = -\frac{M_{\mathrm{acid}} R_m (C_s) a_{\mathrm{v}m} \alpha_m}{\rho_m} \tag{7-2-22}$$

$$\frac{\partial \phi}{\partial t} = -\sum_m \frac{\partial V_m}{\partial t} \tag{7-2-23}$$

式中　u，v，w —— x，y，z 方向的渗流速度，m/s；

μ —— 流体黏度，Pa·s；

K —— 渗透率，D；

p —— 压力，Pa；

ϕ —— 孔隙度，%；

C_f ——孔隙中酸浓度，$kmol/m^3$；

D_e ——扩散系数，m^2/s；

R ——酸岩反应速度，$kmol/(m^2 \cdot s)$；

m ——矿物种类；

C_s ——岩石表面酸浓度，$kmol/m^3$；

a_v ——比表面，m^{-1}；

k_c ——传质系数，m/s；

k_s ——反应速度常数，m/s；

$\gamma_{H^+, s}$ ——酸液活度系数；

V_m ——第 m 种矿物的体积分数；

M_{acid} ——酸液摩尔质量，$kg/kmol$；

α ——单位摩尔酸液溶蚀的岩石质量，$kg/kmol$；

ρ_m ——第 m 种矿物的密度，kg/m^3。

按全隐式进行有限差分离散，每个时间步长中空间各节点的物理性质（如压力、浓度、孔隙度、渗透率等）需要结合初始条件和边界条件进行迭代求解，其详细的求解步骤如下：

（1）生成孔隙度、渗透率和矿物非均质分布等初始数据；

（2）将离散方程和初始条件按全隐式进行有限差分，求出 $n+1$ 时刻的流体压力分布；

（3）由达西公式等计算出酸液浓度分布方程离散后的系数矩阵式；

（4）计算 $n+1$ 时刻的酸液浓度分布；

（5）计算 $n+1$ 时刻的孔隙度；

（6）计算 $n+1$ 时刻的渗透率、孔喉半径和比表面；

（7）重复（2）～（6）步骤直至模拟结束。

2）$N–S$ 方程与达西方程耦合优化设计方法

碳酸盐岩储层中的天然裂缝与基质、人工裂缝等共同影响蚓孔的生长，大部分酸化模型的尺寸往往较小，不能实现较大尺度天然裂缝的模拟，因此将 $N–S$ 方程与达西方程进行耦合。渗透率随孔隙度变化规律表明，随着孔隙度增加，渗透率快速增加，在孔隙度接近于 1 时，渗透率趋向于无穷大，这与裂缝无限导流的性质相符；蚓孔作为孔隙度接近 1 的区域，其在酸化过程中对滤失的影响与裂缝相当。因此，根据等效渗流理论获得裂缝的等效渗透率，将裂缝与基质按照相同的方式处理，并用不同尺寸的网格进行剖分，将双尺度连续模型的适用范围扩大到裂缝型地层，利用有限差分方法对无因次双尺度模型求解，包括酸液连续性方程、氢离子对流扩散方程和反应方程，从而实现大尺度计算域的酸化数值模拟。

3）大尺度计算域酸化数值模拟

酸液进入地层后的流动行为是影响蚓孔生长的关键因素之一，流体线性流平行裂缝周围的流场模拟表明，地层中裂缝的存在会"吸引"酸液，导致其流动规律的改变。图 7–2–3 中红色线框内靠近裂缝的流线明显向裂缝弯曲，其他区域的酸液几乎不受裂缝的影响，红色线框内对酸液流场产生实际影响的区域定义为裂缝对酸液的控制域。

蚓孔的形成位置由最靠近酸液入口的控制域决定，而与远处地层的裂缝无关。蚓孔与裂缝具有相似的控制域，一旦某条蚓孔成为优势蚓孔，此蚓孔控制域内的其他蚓孔几乎停止生长，后续蚓孔的生长由优势蚓孔周围的控制域决定［图 7-2-4（a）、（b）］。裂缝作为高渗区域，只影响控制域内的蚓孔生长轨迹；蚓孔的初始形成位置和后续生长轨迹取决于控制域覆盖蚓孔尖端的裂缝，与远处地层的裂缝无关［图 7-2-4（c）、（d）］。

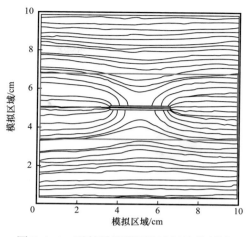

图 7-2-3　平行裂缝周围的流场及控制域

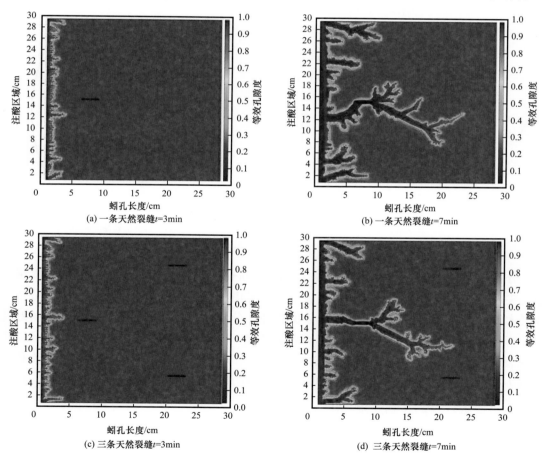

图 7-2-4　裂缝向地层线性注入过程中蚓孔的形成及生长轨迹

碳酸盐岩储层裂缝复杂，要求酸化距离长，当井壁周围的流场为复杂径向流时，采用线性流模拟的方法进行分析，注入的酸液受最近裂缝的控制形成主蚓孔［图 7-2-5（a）、（b）］，在较远裂缝的控制域不能覆盖已产生蚓孔的情况下，主蚓孔的后续生长基本不受未沟通两条裂缝的影响［图7-2-5（c）、（d）］。

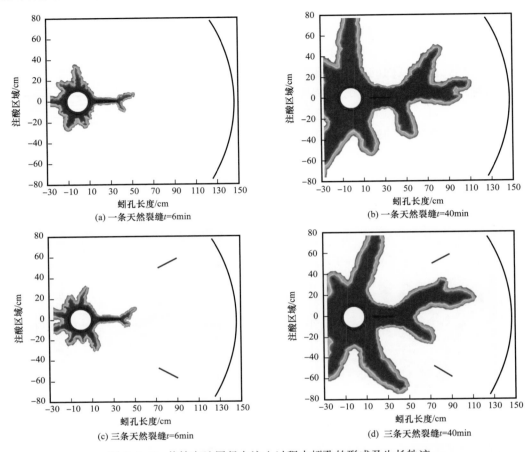

图7-2-5　井筒向地层径向注入过程中蚓孔的形成及生长轨迹

分析结果表明，径向流注入过程中，决定蚓孔生长轨迹的同样是控制域可以覆盖蚓孔尖端的裂缝，模拟计算过程中不需要始终考虑地层内所有的裂缝，因此采用分步法开展大尺寸、复杂裂缝条件下的酸化数值模拟。分步算法在不同酸化阶段只考虑对蚓孔生长产生影响的裂缝，而不是地层内所有的裂缝，以逐步计算的方式完成模拟。径向流地层裂缝分布及不同时间对应的控制域特征如图7-2-6所示，径向流分步算法流程如图7-2-7所示，大尺寸地层的蚓孔扩展情况模拟结果如图7-2-8所示。

3. 酸压裂缝与酸化蚓孔耦合优化设计方法

1）裂缝扩展延伸模型

Palmer拟三维裂缝扩展模型是由连续性方程、压降方程、裂缝宽度方程及裂缝高度方程组成，4个主体方程相互影响，其中续性方程在动态滤失模型部分已经阐述，流体压降方程、裂缝动态宽度方程及裂缝高度的计算方程如下：

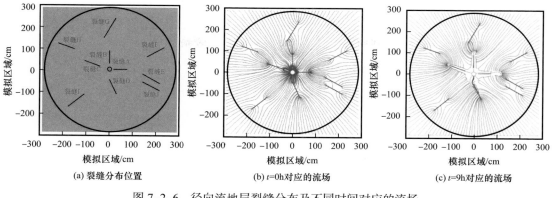

图 7-2-6 径向流地层裂缝分布及不同时间对应的流场

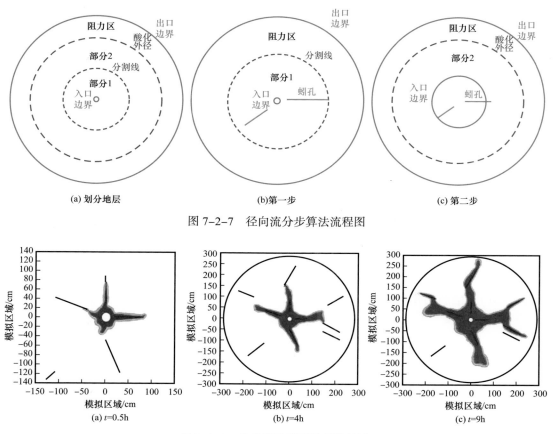

图 7-2-7 径向流分步算法流程图

图 7-2-8 分步算法得到的蚓孔轨迹

（1）流体压降方程。

Nolte 的研究成果（1993）指出平行板中流体流动压力梯度与流体流动参数及裂缝参数满足以下关系：

$$-\frac{\partial p(x,0,t)}{\partial x}=2^{n+1}\left[\frac{(2n+1)q(x,t)}{nh(x,t)}\right]^{n}\frac{K}{w(x,0,t)^{2n+1}} \tag{7-2-24}$$

式中　$p(x,0,t)$——裂缝中压力，MPa；

　　　$h(x,t)$——裂缝中 x 处的缝高，m；

　　　$q(x,t)$—— t 时刻缝内 x 处流体体积流量，m^3/min；

　　　$w(x,0,t)$——裂缝中心半裂缝宽度，m；

　　　K——压裂液的稠度系数，$mPa \cdot s^n$；

　　　n——压裂液的流变指数。

（2）裂缝动态宽度方程。

根据 England 和 Green 研究成果（England et al., 1963），当壁面应力呈偶函数 $p(z)$ 分布时，弹性体中二维狭长裂缝任意坐标 (x,z) 处的宽度为

$$w(x,z,t)=8(1-v^2)h(x,t)/\pi E\int_{\eta}^{1}\frac{\tau d\tau}{\sqrt{\tau^2-\eta^2}}\int_{0}^{\tau}\frac{p(z)}{\sqrt{\tau^2-z^2}}dz \tag{7-2-25}$$

其中

$$\eta=\frac{z}{h(x,t)/2}$$

式中　$w(x,z,t)$——在裂缝长度 x、裂缝高度 z 处的裂缝半宽度，m；

　　　τ,z——积分变量；

　　　E——弹性模量，MPa；

　　　v——泊松比。

（3）裂缝高度控制方程。

裂缝高度方程是三维裂缝扩展模型与二维裂缝扩展模型的主要区别，对于线弹性断裂缝，作用于壁面的张开应力在裂缝上下尖端产生的应力强度因子分别为

$$K_u=\frac{1}{\sqrt{\pi H}}\int_{-H}^{H}p(z)\sqrt{\frac{H+z}{H-z}}dz \tag{7-2-26}$$

$$K_d=\frac{1}{\sqrt{\pi H}}\int_{-H}^{H}p(z)\sqrt{\frac{H-z}{H+z}}dz \tag{7-2-27}$$

式中　K_u——裂缝上缝端应力强度因子；

　　　K_d——裂缝下缝端应力强度因子；

　　　H——裂缝半高度，m；

　　　z——任意裂缝高度坐标位置，m。

2）酸压裂缝的酸液流动反应数学模型

（1）酸液质量守恒。

根据酸液质量守恒定律，可得到裂缝内酸液的质量守恒方程：

$$-\frac{\partial(v_x b)}{\partial x}-\frac{\partial(v_y b)}{\partial y}-2v_1=\frac{\partial b}{\partial t} \tag{7-2-28}$$

假设酸液流型为层流，裂缝在该点的渗透率为 $b^2/12$，则公式（7-2-28）变为

$$\frac{1}{12\mu}\frac{\partial}{\partial x}\left(b^3\frac{\partial p}{\partial x}\right)+\frac{1}{12\mu}\frac{\partial}{\partial y}\left(b^3\frac{\partial p}{\partial y}\right)-2v_1=\frac{\partial b}{\partial t} \tag{7-2-29}$$

式中　μ——酸液的黏度，mPa·s；

　　　v_1——酸液的滤失速度，m/s；

　　　v_x——酸液经过裂缝内任意点的 x 轴方向平均流速，m/s；

　　　v_y——酸液经过裂缝内任意点的 y 轴方向平均流速，m/s；

　　　b——酸蚀裂缝宽度，m。

（2）酸液传质过程。

在垂直于裂缝壁面的 z 轴方向上，酸液主要是通过均匀滤失流出单元体，滤失的酸液离开裂缝时发生酸—岩反应。根据酸液质量守恒，可得到酸压过程中的酸液传质平衡方程：

$$\frac{1}{12\mu}\frac{\partial}{\partial x}\left(\bar{C}b^3\frac{\partial p}{\partial x}\right)+\frac{1}{12\mu}\frac{\partial}{\partial y}\left(\bar{C}b^3\frac{\partial p}{\partial y}\right)-2v_1-2\bar{C}k_g=\frac{\partial(\bar{C}b)}{\partial t} \tag{7-2-30}$$

式中　$\bar{C}$——该点处的平均酸液浓度，mol/L；

　　　k_g——酸液的传质系数，m/s。

（3）裂缝宽度变化。

由酸液减少量与溶蚀的岩石量之间的关系，得到酸压过程中裂缝宽度变化方程：

$$\frac{\beta}{\rho(1-\phi)}\left(2\eta v_1\bar{C}+2k_g\bar{C}\right)=\frac{\partial b}{\partial t} \tag{7-2-31}$$

式中　$\bar{C}$——该点处的平均酸液浓度，mol/L；

　　　k_g——酸液的传质系数，m/s；

　　　β——酸液的质量溶解能力；

　　　ϕ——岩石孔隙度；

　　　ρ——岩石密度，kg/m³；

　　　η——滤失酸液中与缝壁岩石发生反应的酸液比例。

3）酸压裂缝与壁面蚓孔耦合的优化设计

在酸压裂缝与壁面蚓孔耦合的优化设计中，先采用裂缝扩展模型对人工裂缝的几何形态进行模拟，为后续酸化过程提供求解域，然后采用酸液流动反应数学模型对裂缝壁面刻蚀进行模拟，其中酸液滤失采用动态滤失模型，在计算出滤失速度后再利用双重尺度蚓孔生长模型对蚓孔形态进行模拟，再进入下一时间步长的模拟计算。如此循环往复直至酸液停止泵入，从而实现酸压裂缝与酸化蚓孔耦合的优化设计。

未考虑蚓孔、天然裂缝滤失和考虑蚓孔、天然裂缝滤失的酸浓度计算结果如图 7-2-9 所示，计算结果表明，酸蚀裂缝与壁面蚓孔动态滤失模型求取的有效裂缝长度变短（图 7-2-10），酸液在天然裂缝及蚓孔中的滤失对酸压缝长的影响明显。

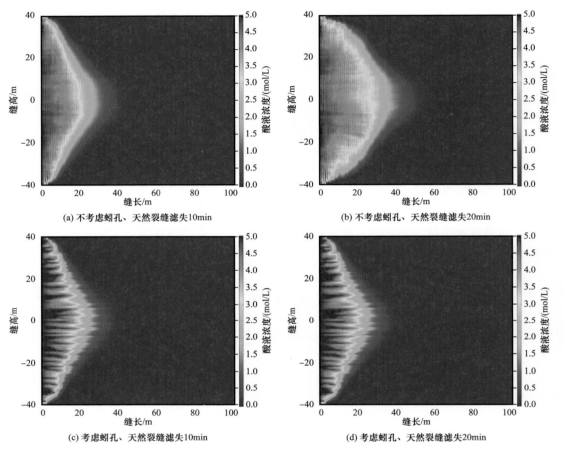

(a) 不考虑蚓孔、天然裂缝滤失10min

(b) 不考虑蚓孔、天然裂缝滤失20min

(c) 考虑蚓孔、天然裂缝滤失10min

(d) 考虑蚓孔、天然裂缝滤失20min

图 7-2-9　缝长随酸液浓度模拟计算结果

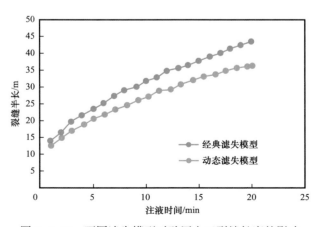

图 7-2-10　不同滤失模型对酸压人工裂缝长度的影响

对哈萨克斯坦让纳若尔油田和伊拉克哈法亚油田 58 口深度酸压井进行统计，酸蚀裂缝与壁面蚓孔耦合优化方法指导现场实施 505 段 / 层，酸压有效缝长等裂缝参数的预测准确度提升 10% 以上，支撑设计与施工指标符合率从 85% 提升到 96.7%（表 7-2-1），配产达标 100%，改造成功率自 90% 提升到 97.6%（表 7-2-2）。

表 7-2-1　施工指标符合率统计数据

年度	层段数	设计与施工指标符合率 /%					指标对比
		排量	压力	施工规模	缝长	平均	
2015	39	85	83	88	76	83.00	85.0
2016	45	90	86	91	78	86.25	
2017	116	98	95	100	90	95.75	96.7
2018	158	98	98	100	90	96.50	
2019	220	98	96	100	95	97.25	
2020	11	100	100	100	90	97.50	

表 7-2-2　施工成功率统计数据

年度	井数 / 口	成功率 /%			指标对比
		有效封隔	配产达标	平均	
2015	6	91	90	90.5	90.0
2016	8	92	87	89.5	
2017	11	94	100	97.0	97.6
2018	13	96	100	98.0	
2019	28	96	100	98.0	
2020	6	92	100	96.0	

二、复杂碳酸盐岩油气藏控水改造技术

哈萨克斯坦让纳若尔油田、伊拉克哈法亚油田和艾哈代布油田碳酸盐岩油藏边底水能量不活跃，采用注水开发方式。在平面上注水开发导致井间油水关系复杂，裂缝容易沟通注水前缘；在纵向上水淹层与油层交错存在，缝高失控压窜上下水层或层内底水易导致暴性水淹。针对这些难题，考虑油水关系、井眼轨迹、射孔位置和上下隔层遮挡能力，评价及优化施工参数；研发并配套抑水增油及调堵压一体化的工作液体系，形成纳米相渗调节体系和乳状液暂堵体系，发展复杂碳酸盐岩油气藏控水改造技术。

1. 纳米相对渗透率调节体系及配套技术

相对渗透率调节剂（RPM）通过增大高渗透通道的水流阻力，改变油水相对渗透率特征，从而实现控水稳油的目的。常规相对渗透率改善剂多为较大尺寸的聚合物溶液，对于具有改造需求的低渗透油藏而言，其适应性较差，纳米相对渗透率调节剂具有更小的粒径，可进入油藏中的微小孔隙或裂缝，其适应性更强。

1）纳米相对渗透率调节体系制备

纳米相对渗透率调节剂的关键材料为纳米颗粒，其通过吸附作用改变岩石润湿性（Ju et al.，2002）。选取疏水纳米二氧化硅（SiO_2）为纳米相对渗透率调节剂，其亲油基团为 $Si-(CH_3)_2$。将不同质量分数的纳米相对渗透率调节剂及定量的乳化剂加入柴油中均匀分散，形成油/水微乳液，随后固定柴油与去离子水质量比 1 : 2 加入混有异丁醇的 NaCl 水溶液，再次混合均匀，得到不同纳米相对渗透率调节剂质量分数的油/水微乳液相对渗透率调节体系。

（1）纳米相对渗透率调节剂粒径分布。

在油/水微乳液相对渗透率调节体系中，相对渗透率调节剂的粒径分布如图 7-2-11 所示，不同质量分数纳米 SiO_2 微乳液粒径为 3.6～6.5nm，2.5% 浓度时纳米相对渗透率调节剂粒径中值约为 4.3nm，粒径分布均匀。注入地层后疏水纳米二氧化硅亲油基团吸附在亲油岩石表面并形成牢固的吸附膜，从而改变岩石润湿性，达到低渗透碳酸岩油藏相对渗透率调节的目的。

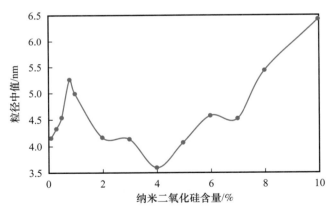

图 7-2-11　不同质量分数纳米相对渗透率调节剂粒径中值分布

（2）稳定性

对油/水微乳液相对渗透率调节体系进行稳定性测试，该体系在 3000r/min 的离心力场作用下，45min 仍可保持稳定状态，说明该微乳液体系可在常温下长期储存。经测试，油/水微乳液可常温下稳定存在 3 个月不发生分层。

2）纳米相对渗透率调节体系性能测定

（1）润湿性能。

储层岩石的润湿性分为亲水、亲油和中性润湿三类，强亲油岩石的注水效果不如强亲水岩石的注水效果，通常用接触角来度量岩石表面的润湿性强弱。实验表明，去离子水与碳酸盐岩储层岩石的平均接触角为 119.17°，表明碳酸盐岩油藏为油相润湿；不同浓度相对渗透率调节体系与碳酸盐岩储层岩石的平均接触角在 40°～75° 之间（图 7-2-12），说明调节剂可润湿碳酸盐岩。随着纳米 SiO_2 质量分数的增加，接触角先减小后增大再减小（图 7-2-13）。纳米 SiO_2 质量分数较少时其有利于调节油 / 水微乳液结构，质量分数增加时会逐渐分散到油相中，随后逐渐分散在水相中，与岩石接触时可吸附在岩石表面，进一步减小其接触角。

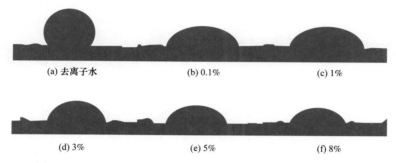

(a) 去离子水　　　　　(b) 0.1%　　　　　(c) 1%

(d) 3%　　　　　(e) 5%　　　　　(f) 8%

图 7-2-12　不同浓度相对渗透率调节体系与岩心接触角示意图

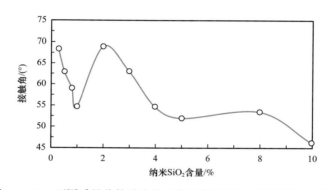

图 7-2-13　不同质量分数纳米相对渗透率调节剂与岩石接触角曲线

（2）吸附性能。

未经纳米相对渗透率调节剂处理碳酸盐岩岩样表面极不平整，岩样表面沟槽较多，且棱角尖锐［图 7-2-14（a）］；经纳米相对渗透率调节剂处理后岩样表面均匀平滑，并且表面被纳米吸附膜包覆，将原有表面完全覆盖［图 7-2-14（b）］。纳米相对渗透率调节剂通过其亲油基团吸附在亲油岩石表面，并形成牢固的吸附膜，吸附膜具有更大的比表面积，因此其润湿性能更强，且相对渗透率调节剂为油 / 水型乳液，所以经相对渗透率调节后的岩石具有亲水性能，从而对水相的相对渗透率有大幅度降低的作用。

（3）相对渗透率改善性能。

分别开展单相驱替实验和两相流动实验。单相驱替试验过程包括油、水驱，反向注调节剂驱和后续油、水驱，实验结果表明：相对渗透率调节剂可明显降低水相对渗透率透率，起到控水的作用，而对油相对渗透率透率几乎没有影响；在单相驱替条件下油相对渗透率透率下降幅度低于 17.97%～23.47%，水相对渗透率透率下降 73.2%～93.78%（表 7-2-3）。

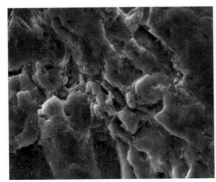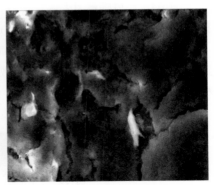

(a) 相对渗透率调节体系处理前　　　　　　　　(b) 相对渗透率调节体系处理后

图 7-2-14　相对渗透率调节体系处理前后碳酸盐岩表面形态

表 7-2-3　不同质量分数纳米相对渗透率调节剂处理岩心前后油水相绝对渗透率变化

纳米 SiO$_2$ 质量分数 / %	岩心	改善前油相渗透率 / mD	改善后水相渗透率 / mD	改善后油相渗透率 / mD	改善后水相渗透率 / mD	油相渗透率 K_o 降低 / %	水相渗透率 K_w 降低 / %
1	1	22.338	8.935	17.095	2.393	23.47	73.22
	2	11.827	4.482	9.223	0.891	22.02	80.11
	3	1.758	0.703	1.354	0.133	20.99	83.77
5	4	21.352	8.541	18.476	0.997	13.47	88.32
	5	10.487	4.193	9.226	0.408	12.02	90.13
	6	1.558	0.623	1.386	0.038	10.99	93.78
10	7	24.345	9.738	19.585	1.924	19.56	80.24
	8	12.726	5.094	10.419	0.850	18.13	83.31
	9	2.137	0.855	1.753	0.121	17.97	85.79

　　两相流动实验数据表明（图 7-2-15），岩心经调节剂处理后，油水两相等渗点右移，其等渗点饱和度从 40% 左右提高到 60% 以上，岩石润湿性得到明显改善；相对渗透率调节剂可增加水相流动阻力，降低水相对渗透率达 60% 以上，高含水条件下其相对渗透率低于 0.2；经相对渗透率调节后，在低含水饱和度条件下，油相对渗透率下降 20% 左右，但油相对渗透率明显高于水相对渗透率。可见纳米相对渗透率改善剂能够有效降低水相对渗透率，但对油相对渗透率影响较小。

　　3）纳米相对渗透率调节体系优化设计方法

　　为了提高相对渗透率改善剂在控水改造中的成功率和施工效果，建立了基于吸附量的纳米相对渗透率调节体系优化设计模型。纳米相对渗透率调节剂吸附到岩石表面的吸附量决定了阻力系数的大小，没发生吸附时为最小阻力系数 RF_{Min}，最大吸附时为最大阻力系数 RF_{Max}，其值取决于聚合物的类型、岩石表面性质和所处相态，水相或油相阻力系数的函数表达式为

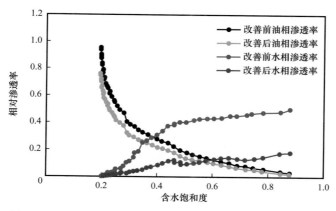

图 7-2-15　纳米相对渗透率调节剂对油水相对渗透率的影响

$$RF_p = \left(RF_{Max} - RF_{Min} \right) \times \left(\frac{\Gamma}{\Gamma_{Max}} \right)^{n_a} + RF_{Min} \qquad (7-2-32)$$

式中　RF_p——水相或油相阻力系数；

　　　p——水相 w 或油相 o；

　　　Γ——吸附量，mg/g；

　　　Γ_{Max}——最大吸附量，mg/g；

　　　n_a——无量纲常数。

相对渗透率调节体系不能在裂缝壁面形成滤饼，故其滤失量的计算不考虑造壁系数的影响，其计算表达式为

$$V_{st} = AC_t \left(8t \right)^{0.5} \qquad (7-2-33)$$

式中　V_{st}——纳米相对渗透率调节体系设计量，m³；

　　　A——相对渗透率调节体系接触地层面积，m²；

　　　C_t——综合滤失系数，m/$\sqrt{min}$；

　　　t——注入时间，min。

吸附量与时间和聚合物浓度相关，将连续的时间离散化，再采用差分方程来求解，获得吸附量的计算方程为

$$\Gamma_i = \frac{\Delta t \times k_{ad} \times \Gamma_{eq}\left(C \right) + \Gamma_{i-1}}{1 + \Delta t \times k_{ad}} \qquad (7-2-34)$$

式中　Γ_i——i 时刻的吸附量，mg/g；

k_{ad}——动态脱附速率，1/min；

Γ_{eq}——给定浓度 C 下的平衡吸附量，mg/g。

该模型采用简单迭代法进行求解，首先确定纳米调节剂的初始吸附量 Γ_0，选择合适的离散步长 Δt 后计算得出一系列的吸附量 Γ_i，再将其代入公式（7–2–32），就可得出不同吸附量下的残余阻力系数。当所计算的残余阻力系数不再发生变化时，对应的吸附量即为达到相对渗透率改善要求所需要优化的吸附量，其计算机编程求解方程式的流程如图 7–2–16 所示。

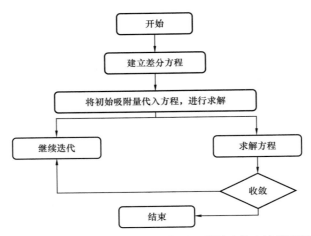

图 7–2–16　纳米相对渗透率调节体系吸附量迭代法计算流程图

2. 乳状液暂堵体系及配套技术

碳酸盐岩储层多为孔隙型，其次为裂缝—孔隙型，增产过程中酸液易进入渗透率较高的水层，从而导致油井含水快速上升，已堵塞的污染层却未得到充分改造，最终增产效果不明显。在孔隙型介质中，油水乳化黏度增加可以抑制后续酸液进入，从而促进酸液转向提高改造效果。

1）乳状液暂堵体系制备

（1）乳状液体系优选。

根据乳状液内、外相的性质，将乳状液分为两种类型：外相为水、内相为油的称为水包油（W/O）型乳状液；外相为油、内相为水的称为油包水（O/W）型乳状液。

一般认为，水溶性乳化剂有利于形成油包水型乳状液，油溶性乳化剂有利于形成水包油型乳状液，油包水型乳状液接触水不会扩散，并且会对水层具有选择性封堵的特性，因此作为选择性堵剂广泛应用于油田生产领域，开展乳化剂筛选以达到配制稳定油包水乳状液的目的。

（2）乳化剂筛选。

乳化剂是促进乳液稳定不可缺少的组成部分，对乳状液的稳定性起重要作用。乳化剂分为阴离子型、阳离子型和非离子型，阴离子乳化剂要求在碱性或中性条件下使用，不能在酸性条件下使用，阳离子乳化剂应在酸性条件下使用，不得与阴离子乳化剂一起使用；非离子型乳化剂在水中不电离。为避免酸化酸压工艺中乳状液与酸液进一步发生乳化现象导致返排困难，应选择阴离子或非离子型以保证遇酸后的破乳分离。

　　评价十二烷基苯磺酸、十二烷基苯磺酸钙、长链烷基苯磺酸钙、油酸、纳米硅、烷基多烯多胺等乳化剂，在油水比3∶7时对柴油的乳化效果，结果表明当乳化剂质量分数为1%时，6种乳化剂均不能起到良好的乳化效果；当乳化剂质量分数为2%时，烷基多烯多胺乳化剂可以起到很好的乳化效果；当乳化剂质量分数为3%时，除十二烷基苯磺酸钙有一定的乳化效果外，依旧是烷基多烯多胺乳化剂乳化效果最好。

　　选择烷基多烯多胺作为乳化剂，进一步测定了油水比为5∶5、4∶6、3∶7和2∶8，烷基多烯多胺质量分数为2%时的乳化效果如图7-2-17所示，结果表明，基于烷基多烯多胺乳化剂且油水比在5∶5～2∶8之间变化时均能形成稳定的乳状液，随着油水比的降低，形成的乳状液黏度不断增加。此外，当油水比固定时，对比了2%和3%含量乳化剂形成的乳状液黏度变化（图7-2-18），随着烷基多烯多胺乳化剂质量分数升高，形成的乳状液黏度略有上升，但乳状液黏度总体上变化不大，因此最终优选烷基多烯多胺作为配制油包水乳状液的乳化剂。

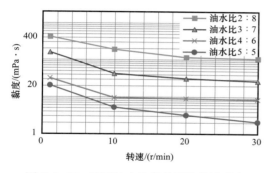

图7-2-17　不同油水比条件下乳状液黏度　　　　图7-2-18　不同乳化剂含量条件下乳状液黏度

２）乳状液体系性能评价

（1）乳状液黏温特征。

　　基于选定的乳化剂，在水相为去离子水和地层水两种情况下，分别测定不同的油水比时所形成乳状液的黏度，测定结果表明乳状液的黏度与水相矿化度、油水比有关。矿化度对乳状液黏度影响较小，但随着矿化度增加水相密度相应随着提高，当矿化度大于15×10^4mg/L时，水相密度的增加可致使乳状液黏度显著增加（图7-2-19）；离子水和地层水配制的乳状液，在油水比为1∶9和2∶8的条件下黏度相差不大，但其数值均明显高于油水比为3∶7和4∶6的乳状液（图7-2-20）。

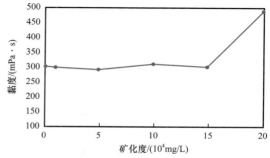

图7-2-19　矿化度对乳状液黏度的影响

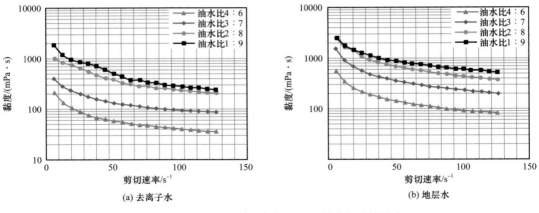

(a) 去离子水 （b) 地层水

图 7-2-20 不同油水比条件下所配制乳状液的黏度

（2）乳状液与酸液配伍性。

酸液乳化会对地层造成二次污染，而基于烷基多烯多胺乳化剂遇酸会发生反应，即胺变为铵，亲水性明显增加，从而改变表面活性剂的亲水亲油平衡，使得乳状液迅速破乳。室内实验表明乳状液遇到酸后会快速破乳并分层（图 7-2-21），因此不会出现酸液被乳化难以返排的情况。

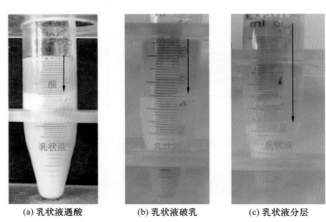

(a) 乳状液遇酸 （b) 乳状液破乳 （c) 乳状液分层

图 7-2-21 乳状液遇酸时油水界面的变化

（3）乳状液封堵能力评价。

通过岩心的流动实验评价乳状液封堵能力，注入速度为 0.3mL/min，注入的流体分别为 1% 的 NaCl 水溶液和油水比 4:7 的油包水乳状液，实验结果表明岩心中注油包水乳状液的压力明显高于注水压力（图 7-2-22），即乳状液在岩心中的流动阻力要远远大于 NaCl 水溶液，说明油包水乳状液具有很好的封堵效果。

另取岩心开展流动实验评价乳状液选择性封堵能力，首先在乳状液注入前正注 1% 的 NaCl 溶液，随后反注乳状液，最后反注 1%NaCl 溶液，分别监测注入不同流体过程中的压力曲线（图 7-2-23），结果表明乳状液注入岩心后，1%NaCl 溶液的注入压力得到了很大幅度的提高。

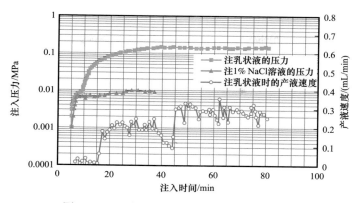

图 7-2-22　岩心流动实验注入压力变化曲线

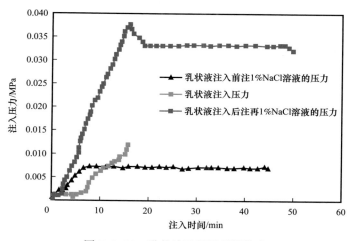

图 7-2-23　乳状液选择性封堵能力

多组并联岩心流动实验结果表明，乳状液针对高渗透岩心的暂堵能力更强，封堵能力提高的幅度和岩心间的渗透率极差成正比（表 7-2-4）。

表 7-2-4　并联岩心模型封堵前后渗透率和分流率变化

组别	封堵前渗透率 /mD		极差	封堵后渗透率 /mD		封堵后渗透率下降 /%		封堵前分流率 /%		封堵后分流率 /%	
	高渗透	低渗透		高渗透	低渗透	高渗透	低渗透	高渗透	低渗透	高渗透	低渗透
1	100.5	27.4	2.7	7.89	22.44	92.7	1.5	92.0	8.0	20.3	79.7
2	227.8	30.0	7.6	4.00	27.00	98.2	1.0	94.8	5.2	11.8	89.2
3	814.5	27.0	30.2	2.90	22.20	99.5	14.3	97.3	2.7	17.7	82.3
4	400.8	9.5	42.1	2.30	9.00	99.2	12.2	99.1	0.9	15.0	85.0

3）乳状液暂堵转向体系配套工艺

基于乳化柴油的遇水自增黏乳状液暂堵转向体系，从油井注入地层后遇到高矿化度地层水可形成稳定的高黏度油包水乳状液，选择油水比为 4 : 6 的乳状液作为暂堵剂转向前置工作液体系，乳状液黏度低、易注入，进入地层后遇高含水区域可进一步发生乳化作用，黏度不断提高从而在孔隙中的流动阻力不断增加，产生较好的封堵效果从而起到转向作用，阻碍后续乳状液及酸液进入高渗透含水地层。通过并联岩心物理模拟验证暂堵及后续酸化效果，并联的 3 组岩心渗透率分别为 15.7mD 和 2.4mD、14.6mD 和 5.4mD、19.0mD 和 2.9mD，岩心的各项基本参数见表 7-2-5。

表 7-2-5 岩心的各项基本参数

组别	岩心描述	渗透率 /mD	长度 /cm	孔隙体积 /mL	注水平衡压力 /MPa	平衡压力比
1	高渗透岩心	15.7	5.73	7.04	0.024	5.83
	低渗透岩心	2.4	6.81	7.85	0.140	
2	高渗透岩心	14.6	9.24	12.15	0.025	4.40
	低渗透岩心	5.4	5.53	11.11	0.110	
3	高渗透岩心	19.0	8.38	11.20	0.029	4.14
	低渗透岩心	2.9	7.06	5.40	0.120	

在上述并联岩心中，反注油包水乳状液后再反注 15% 盐酸，监测注入压力变化曲线（图 7-2-24），可见在注入乳状液过程中，3 组并联岩心的压力均较为接近，但后续 15% 盐酸注入过程中压力均有了加大幅度的提升，表明乳状液对并联岩心中的高渗透岩心进行了封堵，从而促使后续盐酸转向注入低渗透岩心直至渗透率获得改善。

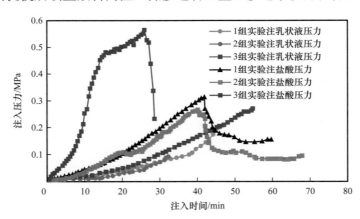

图 7-2-24 并联碳酸盐岩岩心反注乳状液和反注盐酸的压力曲线

反注盐酸后再分别向每个岩心中正注 1%NaCl 溶液，测其平衡压力并计算酸化后的岩心渗透率，以评价酸化效果（表 7-2-6）。实验结果表明每组实验中低渗透率岩心的渗透率都得到提高。

3. 复杂碳酸盐岩油气藏控水改造技术实施效果

哈萨克斯坦让纳若尔油田和北特鲁瓦油田为注水开发碳酸盐岩油藏，注采井组间水窜以及边底水推进导致综合含水率上升。2017 年到 2020 年间，通过新的施工参数优化设计方法和控水改造工艺的应用，让纳若尔油田和北特鲁瓦油田完成直井控水改造技术实施 77 井次，单井日均增油 6.4t，是改造前的 3.5 倍（图 7-2-25），未出现改造后含水率大幅上升导致关停井等问题，控水改造技术为老区剩余油挖潜提供了技术保障。

表 7-2-6　酸化前后岩心参数

组别	岩心描述	酸化前参数		酸化后参数		渗透率变化情况
		平衡压力 /MPa	渗透率 /mD	平衡压力 /MPa	渗透率 /mD	
1	高渗透岩心	0.024	15.7	0.095	4.00	降低 74.5%
	低渗透岩心	0.135	2.4	0.105	4.30	提高 26.5%
2	高渗透岩心	0.025	14.6	0.075	4.90	降低 66.4%
	低渗透岩心	0.110	5.5	0.013	46.8*	提高 7.5 倍
3	高渗透岩心	0.029	19.0	—	—	—
	低渗透岩心	0.120	2.9	0.061	7.62	提高 96.9%

注："*"表示过度酸化，岩心出口端部分坍塌；"—"表示岩心侧面形成溶洞，无法加围压。

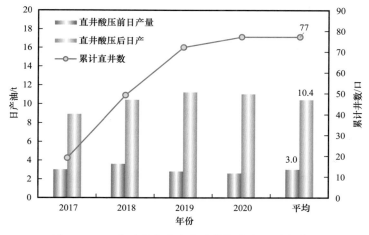

图 7-2-25　碳酸盐岩边底水油藏控水改造增产效果

三、复杂碳酸盐岩油藏提高改造体积关键技术

提高低渗透油气藏的改造体积能够大幅提高单井产量，但提高改造体积所需要的复杂网状裂缝的形成受多种因素控制，如储层岩性的脆性特征、天然裂缝的发育程度、地应力的大小和分布等。受上述因素的影响，相对于页岩油气等非常规资源，提高碳酸盐岩储层改造体积的难度更大，必须结合水平井分段工艺和深穿透、暂堵转向等新材料开展研究。为实现低渗透碳酸盐岩储层酸压裂缝前端有效刻蚀、长井段水平井均匀布酸、巨厚强非均质性地层复杂缝网改造，研发了新型自生酸压裂液体系和多种形态的暂堵转

向材料，提高了复杂碳酸盐岩油藏改造体积，改善改造效果。

1. 自生酸压裂液体系

多级交替注入酸压是碳酸盐岩储层深度改造最成熟的工艺之一，该技术首先注入前置液造缝，后续交替注入压裂液与稠化酸等酸液体系在已形成的裂缝中进一步非均匀溶蚀，在低模量软地层中采用闭合酸化提高裂缝导流能力。多级交替注入能够保证活性酸液沿着人工裂缝运移得更远，以达到深穿透酸压的目的。但常规前置液及交替注入段塞的瓜尔胶压裂液体系是非反应惰性流体，破胶后会产生一定量的残渣，并且不能保证交替注入的酸液能够到达人工裂缝的端部，因此，研发胶凝增黏复合降滤失自生酸压裂液体系和弱酸性交联自生酸压裂液体系，实现了酸压全裂缝的有效酸蚀及无残渣等问题。

自生酸压裂液在注入过程中为非酸性流体，对管柱无腐蚀；自生酸压裂液沿人工裂缝进入地层深处后，逐步释放出有效氢离子（H^+）形成酸，实现了裂缝端部的有效酸蚀，增加了酸液的有效作用距离，进一步提高酸化酸压效果。

1）胶凝酸复合降滤失自生酸压裂液体系

（1）胶凝增黏复合降滤失自生酸压裂液体系制备。

胶凝增黏复合降滤失自生酸压裂液体系由自生酸母体、胶凝剂和高温可降解降滤失材料等组成，降滤失剂在体系中均匀悬浮，进入地层后能够在裂缝壁面形成滤饼降低滤失，并且高温胶凝剂浓度为 0.5%～0.6% 时，液体体系黏度在 100mPa·s 左右，可作为压开储层的前置液体系，能满足对压裂液造缝性能的要求。

实验结果表明，降滤失材料在液体中均匀悬浮，当 100℃ 以上达到玻璃化转变温度，造缝时降滤失材料熔融附着在岩心表面形成降滤失膜，滤失量减小；在 120℃ 条件下，0.6% 的胶凝剂 +0.5% 降滤失剂配制的胶凝酸复合降滤失生酸压裂液体系能够实现很好的降滤失效果；温度提升到 150℃ 以上，降滤失剂的最佳加入浓度为 2%；储层条件下降滤失剂在 2h 内可完全降解，无固体滞留，不会对储层产生伤害。

（2）生酸性能评价。

将优化的胶凝酸复合降滤失自生酸体系加入旋转圆盘实验装置中加热，在 130℃ 和 150℃ 条件下分别测定 H^+ 浓度随反应时间的变化特征，实验结果表明该体系最终生酸浓度可达 1.6～2.2mol/L（图 7-2-26）。

（3）岩板流动实验评价。

在 150℃ 条件下，采用可视化高温酸化模拟实验装置开展碳酸盐岩岩板流动实验，注入速率为 1mL/min，两组实验分别注入 50mL 的常规胶凝酸和胶凝增黏复合降滤失自生酸压裂液，实验结果表明：注入胶凝酸的岩板只在入口端出现明显酸蚀，酸液酸蚀距离很短［图 7-2-27（a）］；注入胶凝增黏复合降滤失自生酸压裂液体系的岩板，从入口端到出口端形成贯穿的酸蚀通道［图 7-2-27（b）］，证明该体系在高温下有效作用距离长，可达到沟通深部地层的效果。

2）弱酸性交联自生酸压裂液体系

弱酸性交联自生酸压裂液体系由自生酸母体、新型聚合物稠化剂、高性能交联剂与交联调节剂组成，由于交联体系黏弹性与耐温性能更好，适用于天然裂缝发育的高滤失低渗透碳酸盐岩储层。

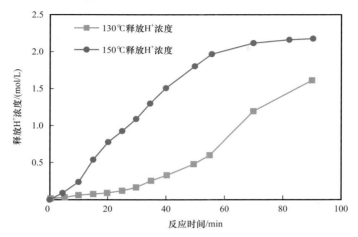

图 7-2-26　胶凝酸复合降滤失自生酸体系生酸浓度曲线

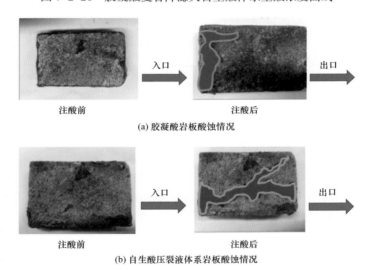

图 7-2-27　不同体系高温酸化模拟实验对比

对 20% 浓度自生酸母体的弱酸性交联自生酸压裂液体系性能进行测试，由于交联体系呈弱酸性，pH 值的变化加快了该体系的生酸速率，数据表明其最终生酸浓度在 1.6mol/L 左右。该体系交联后黏度增加，酸岩反应时酸液中的氢离子（H^+）传质速率减慢，在 3h 内碳酸盐岩溶蚀率较低，3h 后完全破胶，溶蚀率大幅度提升，表明其具有明显的缓速性能，有利于实现深穿透酸压增加酸液沟通距离。

2. 暂堵转向材料及配套工艺

1）暂堵转向材料及性能评价

暂堵转向是实现井筒内暂堵分流和储层内裂缝转向的关键技术，暂堵转向材料通常分为两类；一类用于暂堵射孔孔眼，实现井筒内的分层或分段；另一类用于暂堵已压开的裂缝，使其转向以形成缝网，扩大横向上的改造范围。

用于暂堵已开启裂缝的暂堵材料，线性粒子比颗粒可靠性更强。为对比纤维转向剂和颗粒转向剂对裂缝储层的暂堵转向能力，实验结果表明：对于较宽的裂缝型岩心，相同浓度的纤维型转向液比颗粒型转向液更容易形成暂堵；对于孔隙型岩心，颗粒型转向剂略具优势；随着裂缝宽度减少，颗粒型转向液的暂堵转向能力相对增强。因此，裂缝暂堵转向材料设计成颗粒型和纤维型两种，颗粒型转向剂容易进入裂缝较深部位形成桥堵，纤维型转向剂容易在裂缝端部集聚形成暂堵。新型粉末、颗粒和球状暂堵转向系列改造材料，耐温性达到170℃，残渣率小于3%，暂堵压力大于30MPa（图7-2-28），高性能多形态暂堵材料优势结合，进一步提高暂堵效率。

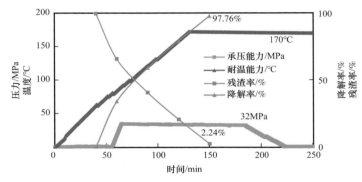

图 7-2-28　高性能多形态暂堵材料性能参数

新型可温控降解的转向球（直径 5mm 以上）、大颗粒（1mm＜直径＜5mm）、小颗粒（直径＜1mm）、粉末（60～100 目）与纤维系列清洁暂堵转向材料组合相适应，转向球、大颗粒和小颗粒用于暂堵已压开裂缝层段的射孔孔眼，迫使改造工作液进入未压开层段，实现直井分层或水平井分段改造；小颗粒、粉末和纤维材料，用于暂堵已开启的裂缝，迫使其转向形成多分支缝网，扩大平面上的改造范围。

2）长井段水平井暂堵转向分段改造工艺

（1）暂堵分层分段工艺设计。

① 转向球 + 大小颗粒暂堵分层分段改造。对套管完井的长井段储层，先根据测井解释对各产层进行射孔，然后对整个井筒实施一次笼统改造，裂缝发育的薄弱层段会首先被改造，达到改造目的后选择合适时机加入转向球和大小颗粒暂堵材料，暂堵材料随工作液流体首先到达已经压开裂缝层段附近，大小颗粒将进入孔眼内部进行桥堵，转向球将坐封于套管壁上的孔眼入口处，从而大大降低已压开层段射孔孔眼的进液能力，迫使后续改造液转向进入其他未被压开的层段，重复该过程，实现多级无工具暂堵分层分段改造。

② 小颗粒、粉末、纤维组合暂堵转向改造。对需要形成复杂缝网的储层，在酸压开启裂缝后继续大排量注入保持裂缝张开状态，选择合适时机追加 1mm 以下小颗粒、粉末和纤维，工作液会优先将暂堵材料带入张开裂缝内部。由于裂缝内部壁面粗糙，小颗粒

在向裂缝内部运移过程中会产生桥堵，进而不断积聚成堆，同时进入裂缝的粉末及纤维会被小颗粒骨架挡住并充填于小颗粒骨架孔隙之间，形成高强度暂堵屏障，阻止改造液继续流入开启裂缝中，此时裂缝内部液体压力会快速增加，当压力超过了现有裂缝壁面的抗张强度之后，就会在新的位置开启分支缝。此暂堵—升压—破裂过程在裂缝不同位置甚至分支缝中重复产生，将原有的单一缝大大复杂化，形成复杂裂缝网络结构，大幅度提高平面上的改造程度。

（2）暂堵材料粒径级配优化。

暂堵分层分段和暂堵转向改造两项工艺中都涉及不同粒径暂堵材料的组合使用，如何组合、怎样配比是开展无工具暂堵分层与转向改造的技术关键。将大颗粒（3mm）、小颗粒（1mm）及粉末（60目）三种暂堵材料按一定配比混合，并加入到携带液中（交联瓜尔胶体系）。将含有暂堵材料的携带液通过大口径活塞容器注入导流池中的裂缝模型中，测试暂堵承压及沿程流动压力。实验揭示了大颗粒、小颗粒、粉末体积比例分别为3∶3∶2、2∶1∶2和2∶3∶1时，暂堵后裂缝模型内部的暂堵材料分布情况，三种配比均能实现15MPa以上的承压，3∶3∶2配比时流动沿程压差不明显，2∶3∶1配比时为1.3～16MPa，而2∶1∶2配比时为3.8～4.8MPa，2∶1∶2配比暂堵后裂缝模型内部的暂堵材料分布情况如图7-2-29所示。组合暂堵材料可以在裂缝内部形成有效暂堵，其最优配比大颗粒∶小颗粒∶粉末为2∶1∶2。

图7-2-29　粒径配比为2∶1∶2时裂缝暂堵后缝内材料分布

3.复杂碳酸盐岩油藏提高改造体积技术应用效果

哈萨克斯坦让纳若尔油田和北特鲁瓦油田、伊拉克哈法亚油田局部采用水平井开发，针对酸蚀有效缝长难以覆盖动态缝长的难题，采用提高酸蚀有效缝长的酸压改造液体体系和暂堵材料技术，结合机械分层分段、无工具暂堵分层分段、缝内转向、全裂缝有效酸蚀和复合酸压等工艺技术，2017—2020年间，在水平井、定向井中实施提高改造体积深度酸压58井次，单井日均增油36.8t，是改造前的2.6倍（图7-2-30），为单井高效投产提供了工程技术保障。

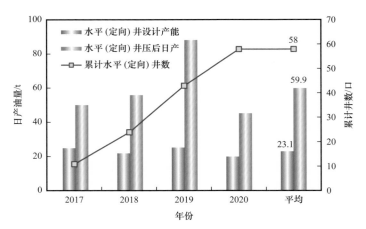

图 7-2-30　碳酸盐岩边底水油藏提高改造体积增产效果

第三节　巨厚碳酸盐岩储层分层注水技术

　　哈萨克斯坦和伊拉克主力碳酸盐岩油藏均进入注水开发阶段，储层具有埋藏深、厚度大、含油层段多、小层间差异大等特点，分层注水是全面提升水驱油藏开发效果的关键技术，但受注入水水质差、地层水矿化度高、层内隔层遮挡能力弱等方面的影响，巨厚碳酸盐岩油藏的分注工艺及配套技术仍处于摸索阶段，迫切需要提出针对不同油田储层特点的注入水水质关键指标，形成巨厚弱隔层碳酸盐岩油藏注水井分注工艺及配套技术。

一、注入水水质关键指标

　　碳酸盐岩油藏注水开发方式类似于砂岩油藏，但碳酸盐岩储层注入水水质问题研究较少，没有形成碳酸盐岩储层注入水水质的相关标准。注水开发油藏水驱效果与储层特点及注入水矿化度、离子类型等性质相关（刘晓蕾等，2017），而能否达到配注要求则与分注工艺参数及注入水水质关键指标相关，尤其是悬浮物颗粒粒径、颗粒浓度、含油量等。

　　储层敏感性实验分析表明，伊拉克哈法亚油田、艾哈代布油田，哈萨克斯坦让纳若尔油田和北特鲁瓦油田等 4 个油田储层敏感性中等偏弱（表 7-3-1），并且地层温度高于硫酸盐还原菌、铁细菌、腐生菌的最佳繁殖温度，微粒运移堵塞、黏土膨胀堵塞、生物垢堵塞等伤害基本可以忽略，注水过程中由于敏感性因素造成储层伤害的程度较小，细菌含量等对注水管网腐蚀产生影响的因素可参照行业标准、企业标准进行制定，但碳酸盐岩油藏注水开发储层的渗流规律与碎屑岩储层不同，因此注入水中悬浮物、粒径中值、含油量指标需要根据碳酸盐岩储层性质进行适应性调整。

1. 注水水质关键指标优选方法

　　碳酸盐岩储层类型复杂多样，孔隙型碳酸盐岩较裂缝—孔隙型、缝洞型等双重介质碳酸盐岩储层更易发生堵塞，因此，基于孔隙型碳酸盐岩储层确定的注入水水质关键指标，对于裂缝—孔隙型和缝洞型碳酸盐岩储层可适当放宽。

表 7-3-1　哈萨克斯坦和伊拉克主力碳酸盐岩油藏敏感性分析结果

编号	油田名称	油藏	敏感性分析结果
1	让纳若尔	KT-Ⅰ和KT-Ⅱ	中等偏强速敏、弱水敏、中弱盐敏、碱敏和酸敏
2	北特鲁瓦	KT-Ⅰ和KT-Ⅱ	无速敏、中弱水敏，盐敏、酸敏、弱碱敏
3	艾哈代布	Khasib-2	无速敏、无—弱水敏、盐敏、碱敏、无酸敏
		Mauddud	无速敏、弱水敏、盐敏、碱敏、弱—中酸敏
4	哈法亚	Mishrif	中强速敏、酸敏、弱水敏、盐敏、碱敏

1）岩心实验分析方法

（1）颗粒粒径与浓度对渗透率的影响。

通过对哈法亚油田和艾哈代布油田等油田开展岩心实验分析，将悬浮物颗粒对储层的伤害分为4种类型：当粒径小于喉道时，大量颗粒能随水流进入并通过岩心，颗粒堵塞喉道程度较轻；粒径接近于喉道直径时，极少颗粒能随水流进入岩心，颗粒堵塞程度加重；粒径大于喉道直径时，只能入侵岩心的一小段；粒径远大于喉道直径时，颗粒将在岩心端面处堆积，无法进入岩心。

悬浮物颗粒粒径和浓度决定了颗粒能否进入储层及对储层伤害的程度，为了评价其影响，引入匹配度的概念（罗莉涛等，2016），其表达式为

$$P_C = \frac{D_{粒径}}{D_{喉道}} \qquad (7-3-1)$$

式中　P_C——匹配度；

　　　$D_{粒径}$——悬浮颗粒的粒径，μm；

　　　$D_{喉道}$——岩心平均喉道直径，μm。

在不同匹配度条件下，注入一定孔隙体积的不同悬浮物浓度的溶液后，渗透率保留率 β 的计算表达式为

$$\beta = \frac{K_{PV}}{K_0} \qquad (7-3-2)$$

式中　β——渗透率保留率；

　　　K_0——初始岩心水测渗透率，mD；

　　　K_{PV}——注入一定孔隙体积（PV）溶液后的渗透率，mD。

实验结果表明：匹配度介于0.2～0.4之间时，大部分颗粒顺利通过岩心孔喉，只有小部分颗粒滞留在岩心内造成岩心伤害，对于浓度较低的体系伤害总体不大，均处于30%以下；匹配度介于0.4～0.95之间时，随着颗粒粒径的增大，岩心内部大部分孔喉失

效，造成岩心渗透率急剧下降，当匹配度在 1 左右时伤害达到最大；随着匹配度进一步增大，岩心伤害程度有所缓解，主要是因为随着颗粒直径的增大，侵入岩心深度明显缩小，堆积在岩心端面附近，形成稳定的沉积体系，无法侵入深部伤害（图 7-3-1）。

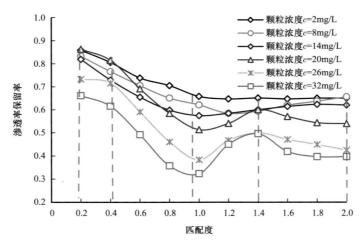

图 7-3-1　颗粒粒径与浓度对渗透率的影响

不同粒径颗粒注入地层后，随着注入时间延长逐渐在孔喉内沉降，且不同粒径颗粒相互影响彼此运移距离（Moghadasi et al.，2004）。为了全面分析不同颗粒粒径悬浮物的运移及沉降堵塞规律，配制不同粒径的悬浮物溶液并以一定流速注入长岩心介质，监测不同悬浮物粒径在介质中的各测压点的压力变化。

实验结果表明（图 7-3-2），不同粒径的溶液均在岩心两端建立了稳定的压差，随着颗粒粒径增大，入口端监测到的压力随着粒径的增大而升高，表明堵塞程度随着粒径的增大而增强；同时随着运移距离增加，压力梯度变化随着颗粒粒径的增大先增加后减小。颗粒粒径大于 6μm 时，颗粒主要沉积在距离入口端 0~0.2m 范围；颗粒粒径 4~6μm 时，运移距离可达 0.2~0.3m，且在此范围内堵塞引起的憋压最高；颗粒粒径小于 4μm 时，小粒径颗粒运移距离可达 0.3~0.4m；0.4m 以外的压力变化不明显。因此，针对不同的储层孔喉特征，注入溶液中固体悬浮物颗粒粒径在一定的范围内伤害最严重，相对于小粒径其堵塞程度更强，相对于大粒径其堵塞距离更远，超过一定值后大粒径颗粒仅在入口处堵塞。

（2）不同粒径颗粒浓度对渗透率的影响。

悬浮颗粒的浓度也是影响岩心伤害的重要因素，岩心的伤害程度与颗粒浓度存在正相关性（图 7-3-3），渗透率相同时，一定粒径的悬浮物对岩心造成的伤害随着颗粒浓度的增加而增加；渗透率不同、颗粒粒径及浓度相同时，悬浮物对岩心造成的伤害随着渗透率的增加而减小。当岩心渗透率较低时，颗粒浓度对岩心伤害率的影响较大；随着渗透率的增加，浓度的影响程度逐渐减弱。

（3）含油量对渗透率的影响。

注入水中含油量是引起储层伤害的主要原因之一，由于油滴具有良好的形变特性，其更易进入地层并产生吸附和液锁等伤害。系统的室内岩心流动实验分析表明（图 7-3-4），岩心渗透率随注入水体积的增加，呈现先快速下降，后趋于平稳的规律，表明注入水中的含油能够进入地层深处但对渗透率的伤害相对较小。随着含油量的增加，岩心渗透率的损失程度加剧，当含油量为8mg/L左右时，渗透率下降约为30%；当含油量为12mg/L左右时，渗透率下降约为40%。

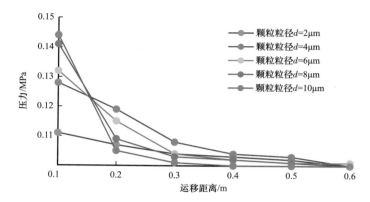

图 7-3-2　不同粒径颗粒在岩心中的运移距离

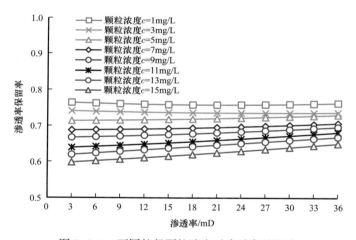

图 7-3-3　不同粒径颗粒浓度对渗透率的影响

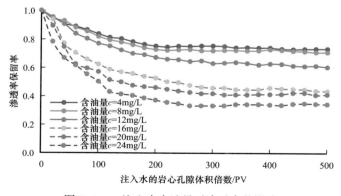

图 7-3-4　注入水含油量对渗透率的影响

2）曲面优化分析法

应用曲面优化分析法（邓斌等，2019）分析任意组合因素对储层伤害程度的影响，分析结果如图7-3-5所示，储层渗透率越低，颗粒粒径越大时，储层伤害越小；储层渗透率越高，颗粒浓度越低时，储层伤害越小；储层渗透率降低，含油量越大时，储层伤害越大。

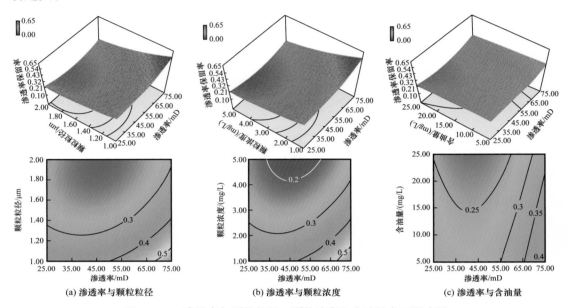

(a) 渗透率与颗粒粒径　　　　(b) 渗透率与颗粒浓度　　　　(c) 渗透率与含油量

图 7-3-5　渗透率与颗粒粒径、颗粒浓度和含油量交互影响图

3）颗粒运移追踪法

选取粒径为2μm、4μm、6μm和8μm的悬浮物颗粒，利用数值模拟方法模拟不同粒径颗粒在多孔介质中的运移过程（图7-3-6），结果表明入口端大颗粒卡住大部分孔喉并导致部分小颗粒被截留，只有较少中小颗粒能够运移到地层深处，介质入口端或近入口处发生颗粒堵塞，形成致密的滤饼污染近井地带，导致地层吸水能力下降。

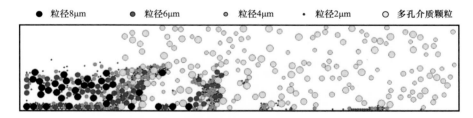

图 7-3-6　不同粒径颗粒二维运移模拟结果图

不同粒径颗粒在多孔介质中的三维运移模拟如图7-3-7所示，颗粒进入多孔介质后，入口端面主要集中粒径大于6μm的颗粒，大颗粒堵住孔喉并导致部分小颗粒在岩心端面处沉积；部分小颗粒穿透端口聚集区继续前移，多孔介质深处及出口端面聚集小于4μm的颗粒，大颗粒很少。

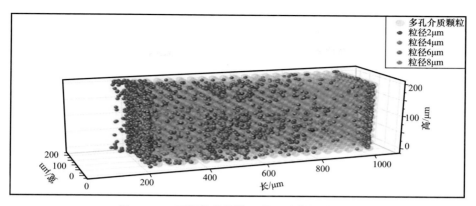

图 7-3-7　不同粒径颗粒三维运移模拟结果图

2. 碳酸盐岩油藏注入水水质关键指标

基于注入水关键指标优选方法，量化分析特定岩心渗透率伤害与颗粒粒径、颗粒浓度和含油量的相关性（图 7-3-8），在渗透率不变条件下，不同颗粒粒径体系的岩心伤害程度与颗粒浓度均为正相关；对于小粒径体系，由于小颗粒能够进入岩心并形成内滤饼，岩心伤害程度随着颗粒浓度的增加而加大，当颗粒浓度较高时，岩心伤害程度增加明显。与小粒径体系对比，大颗粒粒径无法进入岩心内部，主要形成外滤饼导致桥堵，但仍然具有一定的渗透性。若要保证岩心伤害程度低于 30%，则对于粒径为 3μm 的悬浮颗粒体系，颗粒浓度需要控制在 6mg/L 以下。

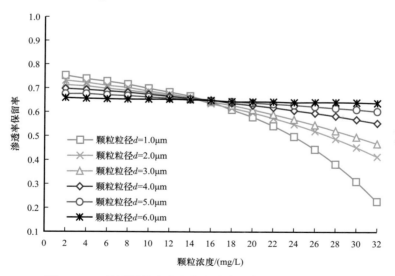

图 7-3-8　悬浮颗粒浓度和粒径对渗透率的影响（30mD）

针对伊拉克哈法亚油田、艾哈代布油田和哈萨克斯坦让纳若尔油田、北特鲁瓦油田的碳酸盐岩油藏，通过分析注入水的颗粒粒径、颗粒浓度、含油量与渗透率保留率的影响关系，确定各油田注入水水质关键指标（表 7-3-2）。

表 7-3-2　碳酸盐岩油藏注入水水质指标表

油田	油藏	颗粒直径中值 / μm	颗粒浓度 / mg/L	注入水含油量 / mg/L
哈法亚油田	Mishrif	≤3	≤6	≤8
艾哈代布油田	Kh2	≤3	≤7	≤9
	Mauddud	≤2	≤3	≤2
让纳若尔油田	KT-Ⅱ	≤2.5	≤4	≤11
北特鲁瓦油田	KT-Ⅱ	≤1.5	≤4	≤8

二、巨厚弱隔层碳酸盐岩油藏注水井分注工艺

由于碳酸盐岩的储层矿物成分和沉积环境的特殊性，海外碳酸盐岩油藏普遍具有油层厚度大、层内隔层遮挡能力弱的特点，如哈法亚油田 Mishrif 油藏含油井段厚度 150～400m，油层厚度 120～210m，属于典型的巨厚油藏，为了提高水驱油波及系数，开发过程中拟对 MA2—MB1 段、MB2—MB1 段和 MB2—MC1 段进行分层注水，三套层段间没有岩性隔层，根据测井解释结果，三套层段间物性较差的非产层段弱隔层厚度分别为 15.5m、4.1m 和 5.1m，水井分注必须优化有效的间隔厚度作为隔层，并配套满足油藏需求和适应海外测调能力的分注工艺。

1. 隔层遮挡能力评估及避射厚度优化

基于层及弱隔层的地层系数计算油层及弱隔层的吸水能力，进而确定注入压力侵入隔层的深度，评价隔层遮挡能力。以单井系统（径向流）情况为例，油层及弱隔层的吸水能力为

$$Q_i = \frac{0.543Kh(p_{wi} - p_r)}{B_w \mu_w \left(\ln \dfrac{r_i}{r_w} + S - \dfrac{3}{4} \right)} \qquad (7-3-3)$$

式中　Q_i——注水量，m^3/d；

K——渗透率，mD；

h——有效吸水层段厚度，m；

p_{wi}——注水井井底流动压力，MPa；

p_r——地层压力，MPa；

B_w——水的体积系数；

μ_w——注入水黏度，mPa·s；

r_i——注入水前缘半径，m；

r_w——井筒半径，m；

S——表皮系数。

由式（7-3-3）可得

$$H = \frac{Q_i B_w \mu_w \left(\ln \dfrac{r_i}{r_w} + S - \dfrac{3}{4} \right)}{0.543 K \left(p_{wi} - p_r \right)} \qquad （7\text{-}3\text{-}4）$$

水前缘半径 r_i 可以根据累计注水量和可利用的孔隙空间来估算，可供利用的孔隙空间近似等于孔隙中的含气饱和度，因此水前缘半径 r_i 的表达式为

$$r_i \approx \left(\frac{Q_{iw}}{\pi h \phi S_g} \right)^{1/2} \qquad （7\text{-}3\text{-}5）$$

式中　　Q_{iw}——累计注水量，m^3；

　　　　S_g——含气饱和度，%；

　　　　ϕ——孔隙度，%。

可见随着累计注入量的增加，注水前缘半径 r_i 也随之增大，保持注水量 Q_i 不变的情况下，有效吸水层段厚度将随之增大。在特定注入压力条件下，注入水侵入方向的有效吸水层段厚度见表 7-3-3，可见近井地带在纵向上的吸水高度最大，也是最容易产生层间窜流的区域，在具体单井的分注方案中，应根据近井地带最大吸水高度进行射孔层段优化和避射。

表 7-3-3　哈法亚油田 Mishrif 油藏注入压力侵入隔层深度

位置	注入水侵入距离 / m	注入水侵入方向吸水高度 /m		
		MA2—MB1	MB1—MB2	MB2—MC1
近井地带	1～3	3.10	2.60	0.60
	3～5	2.40	1.90	0.30
过渡带	10	1.90	1.40	0.10
	20	1.10	0.80	0.07
	30	1.40	1.10	0.09
	100	0.87	0.55	0.07
	150	0.55	0.32	0.05
推进前缘	200	0.30	0.17	0.03
	250	0.05	0.03	0.02
	300	0.02	0.01	0.01

结合典型井的地质油藏参数，根据注入水侵入方向的最大吸水高度，确定需要增加的避射厚度，优化射孔层段，以提高弱隔层的遮挡能力，为减少注水过程中的层系间窜流提供重要依据，优化结果见表 7-3-4。

表 7-3-4　哈法亚油田 Mishrif 油藏分注层间避射厚度优化结果

层位	层段 / m		岩石密度 / g/cm³	渗透率 / mD	孔隙度 / %	跨度 / m	分注间隔层厚度 / m	备注
MA2	2921.0	2933.0	2.45	11.00	12.50	12.0		油层
MA2—MB1	2933.0	2948.5	2.68	0.72	2.10	15.5	15.5	隔层，性质稳定，具有遮挡作用
MB1	2948.5	2956.5	2.33	60.90	19.00	8.0		油层
	2956.6	2999.0	2.47	8.10	11.70	33.4		油层
	2990.1	3003.7	2.36	37.00	18.30	13.6		油层
	3003.8	3053.0	2.41	5.40	8.20	49.2	15.1（4.1+11.0）	油层，部分射开，下射底 3042m
MB1—MB2	3053.0	3057.1	2.59	1.42	4.00	4.1		隔层，增加避射厚度，向上部避射 11m
MB2	3057.1	3061	2.33	39.20	18.80	3.9		油层
	3064.1	3077.5	2.49	3.60	7.50	13.4	14.1（5.1+9.0）	油层，部分射开，下射底 3068.5
MB2—MC1	3077.5	3082.6	2.57	0.70	2.88	5.1		隔层，避射厚度，向上部避射 9m
MC1	3082.6	3135	2.27	93.70	22.90	52.4		油层
	3135.1	3148	2.36	36.80	18.70	12.9		过渡带

MA2—MB1 层之间隔层发育且厚度大，遮挡能力强，15.5m 的跨度可以作为分层注水的有效隔层。MB1—MB2 层之间隔层不发育且厚度小只有 4.1m，若作为分层注水的隔层需要增加避射厚度，通过分析，需向上增加避射层厚度 11m，形成 15.1m 的隔层厚度，以提高遮挡能力。MB2—MC1 层之间隔层也不发育且厚度只有 5.1m，若作为分层注水的隔层需要增加避射厚度。通过分析，向上增加避射层厚度 9m，形成 14.1m 的隔层厚度，以提高遮挡能力。

2. 碳酸盐岩油藏分注工艺

1）分注工艺适应性评价

通过调研国内外分层注水工艺技术现状，开展不同类型分注工艺特点和适应性分析，结合哈萨克斯坦和伊拉克碳酸盐岩油藏注水开发认识，提出了适用于碳酸盐岩油藏的投球测试空心管柱分层注水工艺（表7-3-5）。

表7-3-5　不同类型分注工艺的油藏适应性分析与评价标准

序号	分注工艺	主要特点	分层注水工艺适应性分析
1	双管地面2段分注	免井下测（调）试；地面调节分层注水量	工艺成熟，现场广泛应用；对井斜角的要求程度低；不适应卡中间不注水层的要求
2	偏心（桥式偏心）管柱分注	分注层数不受限制；井下测（调）试	工艺成熟，现场广泛应用；满足中间层不注水的工艺要求；存在着对井斜角测（调）试适应性差的问题
3	缆控分注	地面调整分层注水量；分注层数不受限制；自动化程度高	满足中间层不注水的工艺要求；对井斜角的要求程度低；对水质要求高，一次性投资大；作业工序复杂
4	压力（振动）波智能分注	地面调整分层注水量；自动化程度高	满足中间层不注水的工艺要求；对井斜角的要求程度低；处于试验阶段；由于干扰因素多，注水量计量精度低
5	常规空心管柱分注	分注4层；井下测（调）试	满足中间层不注水的工艺要求；对井斜角的要求程度低；钢丝绳+堵塞器井下测（调）试，工艺复杂
6	投球测试空心管柱分注	适合分注2层；投球地面测试	与常规空心管柱条件相同；采用投球测试方式，免钢丝测试作业

2）分层注水工艺优化设计

基于国内外分注工艺技术现状及不同工艺的适应性分析，集成基于投球测试的空心管柱分注工艺，该工艺采用投球测试空心配水投捞水芯子更换水嘴的方式调整注水量，适合注水段井斜角大于3°/30m的井型，既满足油藏大注水量需要，又可实现投球测试，大幅减少测试工作量。

投球测试空心配水分注工艺管柱结构为：$3\frac{1}{2}$in 油管 + 水力锚 + 压缩式可洗井封隔器 + 投球测试空心配水器 + 压缩式可洗井封隔器 + $3\frac{1}{2}$in 油管 + 压缩式可洗井封隔器（双封卡中间已射孔不注水层段）+ 投球测试空心配水器 + 球座（图7-3-9）。通过投球测试空心配水器的改进，实现了投入堵塞球不撞击水芯子，避免井下工具损害。

3. 巨厚弱隔层碳酸盐岩分层注水实施效果

2017—2020年间，通过大排量投球测试空心配水工艺分注工艺技术应用，实现了碳酸盐岩油藏分注工艺层间有效分隔和后期免钢丝投捞作业投球测调。哈萨克斯坦让纳若尔油田应用 10 口井，受效油井产油量提高 51%、含水率下降 13.8%；伊拉克哈法亚油田 Mishrif 油藏分注井 15 口，受效油井产油量提高 35%、含水率下降 5.9%（图 7-3-10 和图 7-3-11）。

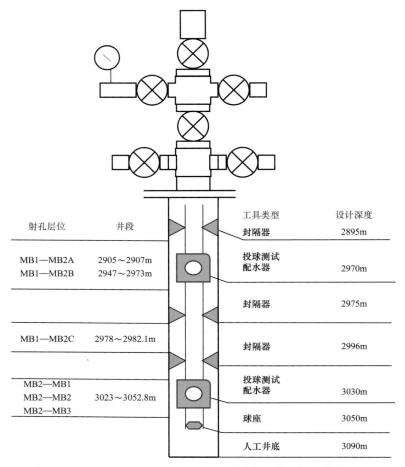

图 7-3-9　哈法亚油田 M325 井投球测试空心管分注工艺管柱图

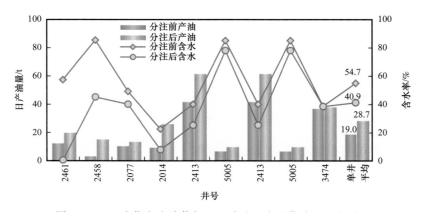

图 7-3-10　哈萨克让纳若尔油田碳酸盐岩油藏分层注水效果

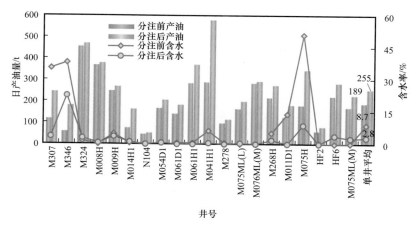

图 7-3-11　伊拉克哈法亚油田碳酸盐岩油藏分层注水效果

第四节　高矿化度碳酸盐岩油藏堵水调剖技术

　　哈萨克斯坦和伊拉克碳酸盐岩油藏地层水矿化度高（$8.2 \times 10^4 \sim 20.0 \times 10^4$ mg/L），储层非均质性强，孔喉关系复杂，平面及纵向物性差异大，剖面动用不均匀，含水上升快，油藏综合递减和自然递减高。同时也面临复杂的工程技术问题，主要包括水平井筛管或裸眼完井占比高、长井段水平井开发动用程度低、堵水调剖技术在碳酸盐岩油藏方面可借鉴的经验少等。针对这些挑战，开展碳酸盐岩油藏堵调机理研究、抗盐耐温新型堵调体系研发、不同井型和不同储层类型堵调工艺优化，配套形成高矿化度碳酸盐岩油藏堵水调剖技术。

一、抗盐耐温堵调体系

　　高温堵水调剖材料目前主要分为有机与无机两大类，有机主要以聚合物冻胶为代表，无机主要以水泥体系为代表。国外早期使用非选择性的水基泥浆堵水，后来发展为应用稠油、油包水乳状液、固态烃溶液和油基泥浆等作为选择性堵剂。国内也开展了相关研究，特别是加大了对聚合物冻胶体系的研究，已取得一些进展，但是仍存在诸多技术难题，主要体现在三个方面：一是高温易造成冻胶类堵剂中聚合物的降解，使其结构受到破坏，最终形成的堵剂强度较低；二是高矿化度会使冻胶类堵剂在地层内脱水、体积收缩和结构损坏，导致堵剂的稳定性较差；三是高温油藏一般为深井、超深井油藏，为了防止堵剂在井筒或者近井地带成胶，堵剂需有较长的成胶时间，而多数冻胶类堵剂的成胶时间在高温下骤减，难以满足注入要求。因此，从改善溶解性、抑制主链自由基热氧化及酰胺基水解角度出发，开展聚合物分子结构设计，完善堵调体系在高矿化度条件下的溶解性，提高堵调体系热稳定性。

1. 高矿化度条件下常规堵调体系失稳机理

　　在高温高盐环境下，有机聚合物冻胶易脱水、不稳定，有机聚合物冻胶高温高盐失稳机理主要包括有机冻胶自由基热氧化、亲核取代和水解失稳机理 3 个方面，即高温高盐条件下，聚合物主链断裂、交联键断裂和聚合物水解，这三个方面中主链断裂发生最为迅速、交联键断裂速度次之、水解速度最慢（图 7-4-1）。

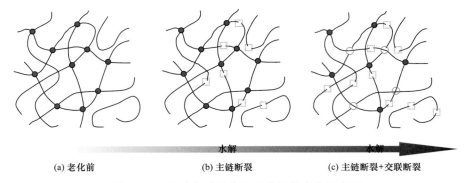

(a) 老化前   (b) 主链断裂   (c) 主链断裂+交联断裂

图 7-4-1　聚合物冻胶高温老化结构变化示意图

通过 X 射线光电子能谱仪分析，可以发现聚合物主链与交联键断裂、聚合物水解的现象（图 7-4-2）：聚合物冻胶有 C—H、C—C 键和酰胺基（—CONH$_2$）；高温老化后，部分酰胺基（—CONH$_2$）水解为羧基（—COOH），交联键断裂出现碳氧键（—C—O—）。

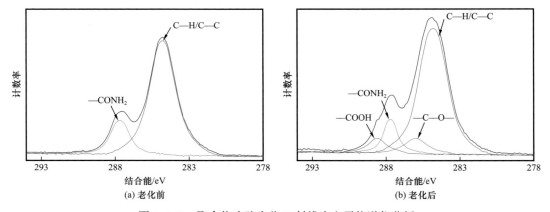

(a) 老化前   (b) 老化后

图 7-4-2　聚合物冻胶失稳 X 射线光电子能谱仪分析

2. 抗盐耐温堵调体系

合成耐高矿化度的有机冻胶堵水体系，需要重点考虑耐盐性和耐温性：从分子结构设计角度出发，提高堵水体系的耐盐性，需要加入耐盐功能单体合成嵌段共聚物以改善交联结构稳定性，抑制交联水解和平衡分子电荷分布；提高聚合物冻胶热稳定性，需要加入热稳定剂，抑制主链上发生自由基氧化降解反应。

1）抗盐聚合物

引入耐温抗盐单体与长链烷基疏水单体，抑制自由基热氧化及水解；加入低温复合引发体系，控制聚合温度（11～12℃），合成了耐温抗盐聚合物，开展分子结构红外光谱数据分析：在 1560cm^{-1} 和 1450cm^{-1} 处对应苯环的特征吸收峰，在 1250cm^{-1} 和 1040cm^{-1} 处对应磺酸基内 S=O 特征吸收峰，说明上述单体参与了聚合（图 7-4-3）。

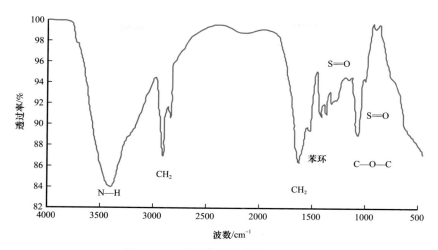

图 7-4-3 耐温抗盐聚合物红外谱图

2）抗盐耐温堵调体系

通过增加交联键间长度、利用共轭设计分散正碳电荷，减少正碳离子的生成，从而耐受质子化溶剂的亲核进攻，提高交联键稳定性（图 7-4-4）；利用抗温性能优良的苯环结构交联剂，制备抗盐耐温堵调体系。

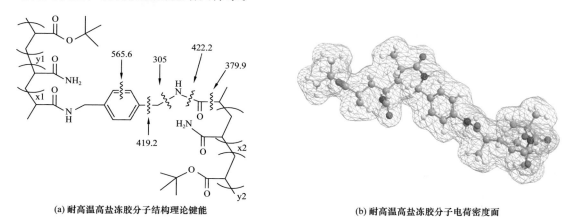

(a) 耐高温高盐冻胶分子结构理论键能 (b) 耐高温高盐冻胶分子电荷密度面

图 7-4-4 抗盐耐温堵调体系分子设计

利用模拟盐水，基于耐温抗盐聚合物、耐高温交联剂与稳定剂，优化出抗盐耐温堵调体系配方：0.4%～0.6% 聚合物 +0.3%～0.5% 交联剂 +0.2%～0.3% 稳定剂。

利用红外光谱仪及扫描电镜，表征了耐温抗盐堵调体系老化前后的结构（图 7-4-5）。老化前 $3500cm^{-1}$ 附近有—N—H 中等强度吸收，在 $1680cm^{-1}$ 附近有酰胺基内羰基（C＝O）强的吸收峰；表面较平滑，孔隙少；在 90℃、$15×10^4mg/L$ 矿化度条件下老化 100d 后 $2200cm^{-1}$ 处出现了可能为—C≡N 键的吸收峰，$1400cm^{-1}$ 左右的 N—H 在老化后变弱；$1680cm^{-1}$ 酰胺基内羰基（C＝O）吸收峰在老化后变弱，表明某些结构发生了变化；孔隙加大，说明致密结构发生变化。

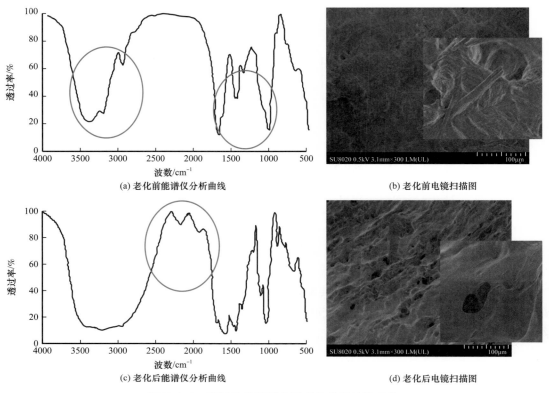

图 7-4-5 耐温抗盐堵调体系老化前后结构变化

3. 抗盐耐温堵调体系性能评价

1）热稳定性

抗盐耐温堵调体系在模拟水中成胶后，表观黏度为 1.4×10^4 mPa·s，在 90℃条件下老化 100d 冻胶稳定，黏度保留率为 86%，表现出具有较好的热稳定性能，而普通抗盐聚合物冻胶转变为低黏聚合物溶液（表 7-4-1）。

表 7-4-1 热稳定性对比

样品	溶解时间 / min	初始黏度 / 10^4 mPa·s	100d 后黏度保留率 / %
耐温抗盐堵调体系	90～120	1.40	86
常规体系	＞120	0.52	0.03

2）油藏适应性评价

通过岩心评价实验，分析抗盐耐温堵调体系油藏适应性。

（1）注入阶段注入速度与阻力系数关系如图 7-4-6 所示，随着注入速度的增加，阻力系数减小，呈反比例关系；阻力系数小于 15，表明耐温堵调体系具有较好的注入性能。

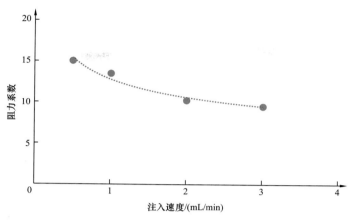

图 7-4-6　注入速度与阻力系数关系

（2）后续水驱阶段注入压力分析如图 7-4-7 所示，注入约 1PV 时突破，之后压力逐渐下降趋于平稳；以最小注入速度 0.5mL/min 后续水驱，测得稳定时残余阻力系数为 99，表明新型抗盐耐温堵调体系具有较好的封堵特性。

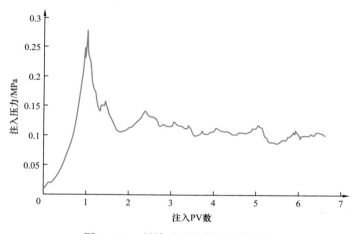

图 7-4-7　封堵后后续水驱驱替曲线

二、高矿化度碳酸盐岩油藏直井调堵工艺技术

碳酸盐岩油藏小层多，笼统注入堵剂，会造成油层污染、影响油藏开发。二次暂堵工艺目的是利用暂堵剂保护含油饱和度高的油层，使地层堵剂更多进入高渗透层的强水洗部位，解决常规笼统堵水工艺面临的"水堵得住，油流不出"问题。该工艺先注入适量水层暂堵剂，暂堵剂优先进入裂缝、高渗透条带等高含水层，然后二次注入适量油层暂堵剂。由于之前水层已经被暂堵，油层暂堵剂会主要进入油层，保护含油饱和度高的潜力层。第一次注入的水层暂堵剂降解，注入大剂量地层堵剂会进入裂缝、高渗透条带等高含水层并且产生封堵作用；二次注入的油层暂堵剂降解后，再开井生产，此时，主要生产层为含油饱和度高的油层（图 7-4-8）。

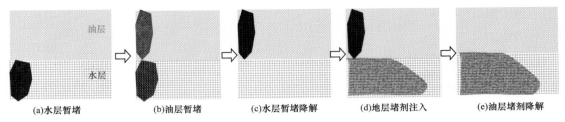

(a)水层暂堵　(b)油层暂堵　(c)水层暂堵降解　(d)地层堵剂注入　(e)油层堵剂降解

图 7-4-8　二次暂堵原理图

目前应用的暂堵剂，如聚合物冻胶和聚合物微球因其牢固的化学交联网络结构，封堵效果良好，但存在着降解速度缓慢、甚至不发生降解，会对油层造成二次伤害，不适合用作油层保护暂堵材料。基于热降解交联剂在温度作用下缓慢降解原理，合成了热敏暂堵剂，该暂堵剂降解时间可控，具有一定强度，起到暂时封堵油层、降低油层伤害的作用。

1. 热敏暂堵剂体系

采用水溶液聚合方法，利用丙烯酰胺、热降解交联剂与引发剂合成了控水用油层保护暂堵剂。交联聚合反应与降解过程：在去离子水中分别加入丙烯酰胺、热降解交联剂和引发剂，在引发剂作用下发生交联聚合反应得到暂堵剂；暂堵剂在温度作用下不稳定交联剂发生降解反应，最终变为稀的聚合物溶液（图 7-4-9）。

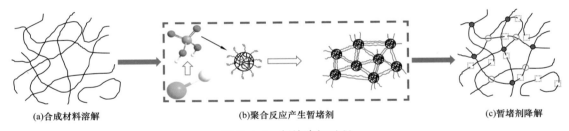

(a)合成材料溶解　(b)聚合反应产生暂堵剂　(c)暂堵剂降解

图 7-4-9　暂堵降解过程

通过对热敏暂堵剂各组分配方筛选评价实验，优化出室内配方为 6%～8% 丙烯酰胺、0.08%～0.12% 引发剂、0.5%～0.8% 热降解交联剂。

2. 暂堵剂性能评价

1）固化时间控制

在 80～90℃温度条件下，采用不同浓度引发剂、配合不同浓度缓凝剂，暂堵体系的固化时间可控制在 3～8h，满足现场施工工艺要求（表 7-4-2）。

2）降解时间控制

在 70～90℃温度条件下，可以通过改变交联剂用量控制暂堵体系的降解时间在 1～30d，满足现场施工工艺要求（表 7-4-3）。

3. 暂堵剂岩心模拟实验

使用岩心来模拟暂堵实验，注入暂堵剂（0.1PV 水层暂堵剂 +0.1PV 油层暂堵剂），48h 后再注入 0.1PV 地层堵剂（图 7-4-10），由于暂堵剂 + 堵剂的作用，封堵高渗窜流通道，含水率迅速下降，降幅达 65% ；提高了后续注入水的波及效率，最终能够提高采收率 28%。

表 7-4-2　不同温度条件下暂堵体系的固化时间

温度 /℃	引发剂浓度 /（mg/L）	缓凝剂浓度 /（mg/L）	冻胶化时间 /h
80	100	50	4～5
	100	70	5～6
	100	100	7～8
90	80	120	3～4
	80	200	4～5
	80	300	6～7

表 7-4-3　不同温度条件下暂堵体系的降解时间

温度 /℃	交联剂浓度 /%	完全降解时间 /d
70	0.02	1
	0.10	7
	0.20	15
80	0.10	5
	0.20	10
	0.50	26
90	0.25	8
	0.30	11
	0.50	30

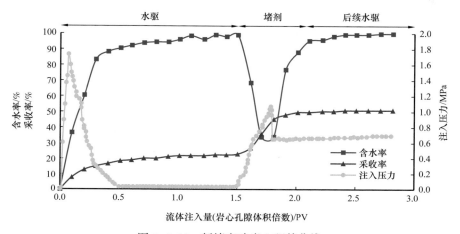

图 7-4-10　暂堵实验岩心驱替曲线

不同时期的压力分布情况如图 7-4-11 所示，水驱阶段压力等高线并未沿主流线方向呈对称分布，这意味着驱替前缘不均匀，存在窜流通道。注入暂堵剂＋堵剂过程中，注入井周围压力逐渐升高，同时压力场沿主流线方向由不对称分布逐渐转变为呈近乎对称分布，堵剂充分发挥了堵水的作用。

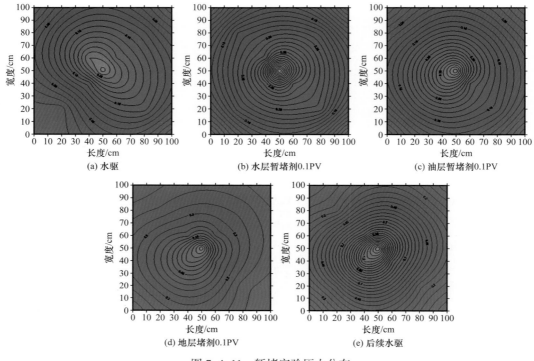

图 7-4-11　暂堵实验压力分布

4. 碳酸盐岩油藏调堵技术应用效果

哈萨克斯坦北特鲁瓦油田储层类型复杂，立体网状裂缝系统导致注采关系和见水方向复杂，油井含水上升快，油田开发调整势在必行，为此开展北特鲁瓦油田调堵综合治理先导性试验。现场试验是从 2019 年 6 月到 2020 年 12 月，调堵实施后注水井注入压力升高 12～15MPa，视吸水指数下降 80%，对应油井平均含水下降 15%、日增油量 9t，累计增油量 2.28×10^4t。

三、水平井控水增油工艺技术

碳酸盐岩油藏的水平井完井方式以筛管、裸眼为主。该类完井方式下，控水作业实施难度大。根据水平井出水层位，可以采用分段注入工艺和笼统注入工艺，解决水平井局部出水、全井水淹难题，实现控水增油。出水段明确条件下，向裸眼井筒或管外环空注入高触变性的特殊流体，使其在局部水平空间形成全充填、高强度不渗透的固体阻流环即环空化学封隔器（ACP），借助环空化学封隔器，可实现分段注入，从而定向封堵出水部位；出水段不明确条件下，根据物性差异，可采用笼统注入工艺，抑制局部出水（图 7-4-12）。

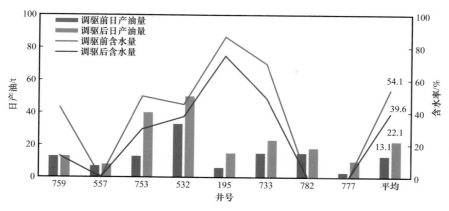

图 7-4-12 北特鲁瓦油田调堵单井见效统计

1. 环空化学封隔材料与性能评价

环空化学封隔器 ACP 材料利用片层结构脂基材料与多功能基团耦合交联形成。与常规环空化学封隔器 ACP 材料相比，性能大幅提升（孙德军等，2001；Jon Elvar et al.，2005；Barnes et al.，1997）（表 7-4-4）。

表 7-4-4 环空化学封隔器 ACP 材料性能对比

样品	类型	耐盐 / 10^4mg/L	耐温 / ℃	耐酸	固化时间 / h	抗压强度 / MPa/m	适用井型
第一代 ACP	单官能团交联	<5	40～90	不耐酸	3～5	0.5～0.8	筛管完井
高性能 ACP	多功能团耦合交联	>12	40～130	耐酸	3～24	2～4	筛管完井 裸眼完井

环空化学封隔器 ACP 材料具备剪切变稀、剪切静止后结构迅速恢复的高触变特性（图 7-4-13），使其可实现对水平环空的立体完全充填，满足偏心、倾斜环空等不同井况的施工要求。

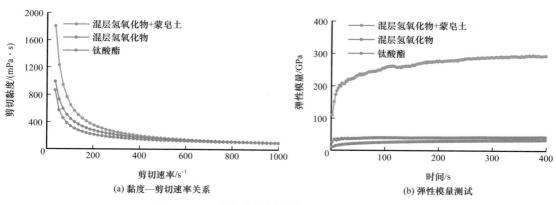

图 7-4-13 环空化学封隔器 ACP 流变特性评价

2. 水平井控水工艺

水平井一般采用先期控水完井，后期则以笼统注入聚合物类堵剂为主（Tan，1997；Mamora，1997）。在调研相关文献的基础上，研究建立了两种水平井封堵工艺，根据现场实际情况，可以实施分段注入工艺和笼统注入工艺。

1）分段注入工艺

根据水平井剖面测试结果，先注入环空化学封隔器 ACP 封隔出水层段，然后定向注入堵剂进入到出水层，实现有效封堵（图 7-4-14），堵剂段塞设计为（ACP＋地层冻胶堵剂），施工步骤如下：

（1）起出原生产管柱，按作业规范通井刮削至人工井底，用活性水大排量反循环洗井。

（2）下入施工管柱至预定位置，试注活性水，测试地层吸液能力。

（3）挤注环空化学封隔材料（ACP），待压力扩散后上提管柱；环空化学封隔材料候凝，待凝固后下放管柱至封隔位置，打压验封。

（4）下入堵水管柱至环空化学封隔位置，注入地层堵剂；取出堵水管柱，关井候凝。

（5）下入生产管柱，正常生产。

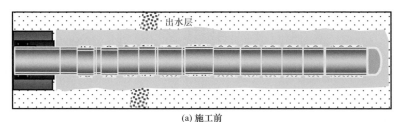

(a) 施工前

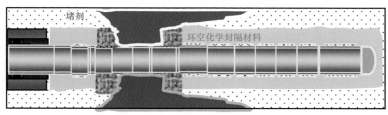

(b) 环空化学分段

(c) 注入地层堵剂

图 7-4-14　分段注入工艺图

2）笼统注入工艺

筛管或裸眼完井的水平井产出剖面测试难度大、限制条件多，出水层位难以准确确定。该条件下可笼统注入堵剂，根据物性差异，采用暂堵工艺，堵剂优先进入渗透率高的出水层，实现有效封堵（图 7-4-15）。堵剂段塞设计为暂堵剂 + 地层冻胶堵剂。施工步骤如下：

（1）起出原生产管柱，按作业规范通井刮削至人工井底，用活性水大排量反循环洗井；

（2）下入施工管柱至预定位置，挤注暂堵剂；

（3）注入地层冻胶堵剂，地层冻胶堵剂主要进入窜流通道，关井候凝；

（4）下入生产管柱，正常生产。

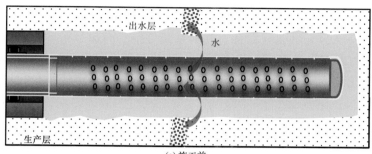

(a) 施工前

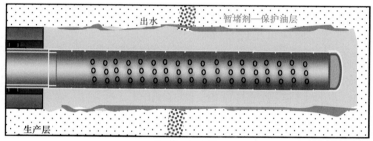

(b) 注入暂堵剂

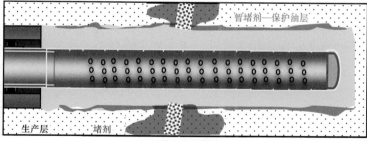

(c) 注入地层堵剂

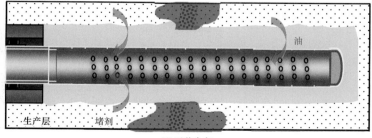

(d) 开井生产

图 7-4-15　笼统注入工艺图

第五节　高矿化度碳酸盐岩酸性气藏排水采气技术

土库曼斯坦阿姆河右岸气藏类型主要为孔隙型、裂缝—孔隙（洞）型边底水气藏。A区以孔隙型边底水气藏为主，主力气藏萨曼杰佩随着开发进行地层压力系数逐步降至0.5～0.6，井筒携液能力降低，井底产生的积液与多年井底沉积的复杂物混合出现硬化、稠化等，部分储层段被积液埋没导致产量下降；B区气田群主要为裂缝—孔隙（洞）型边底水气藏为主，表现为天然裂缝发育，气水系统复杂，高速开采容易导致边、底水快速突进等问题，制约着进一步上产、稳产。针对这些问题，结合已形成的堵水、控水工艺，研发适用于高矿化度、酸性、高温气藏的泡排剂体系，配套形成高矿化度碳酸盐岩酸性气藏排水采气技术。

一、排水采气工艺适应性分析与优选

气田出水会带来一系列严重危害：一方面，地层水进入井筒增加了气、水两相流动能量损失，气井自喷能力降低，大幅度降低气井产量（20%～85%）；另一方面，由于侵入水对气藏的分割与阻挡，导致可采储量降低，降低气藏最终采收率（10%～40%）。国内外数十年的开发实践表明，排水采气技术是保障出水气田稳产和提高采收率的核心工艺技术。

阿姆河右岸A区以直井为主，储层温度107～126℃，H_2S含量0.32%～3.85%，CO_2含量1.22%～4.26%，地层矿化度70930～80360mg/L；B区以大斜度井为主，储层温度95～135℃，H_2S含量0.02%～0.12%，CO_2含量2.35%～4.55%，地层矿化度55300～77548mg/L；多采用带有永久封隔器的$3^1/_2$in或$4^1/_2$in油管生产。结合阿姆河右岸气田的地质特征、流体性质、井身结构等特点，对8种排水采气方式的适应性和经济可行性进行分析，其中泡沫排水、连续油管排水、常规气举排水和复合排水工艺，分别适用于阿姆河右岸各气田不同出水阶段的排水采气需求（表7-5-1）。

表7-5-1　不同排水采气工艺的特点及阿姆河右岸排水采气工艺适应性分析表

序号	排采工艺类型	不同排水采气工艺技术特点	适应性分析结果
1	泡沫排水	工艺较简单，不需要动管柱，排水效果好，成本较低，实施安全性高；能够用于已下入生产管柱，油套环空有封隔器不连通的井；推荐在气井产水初期使用	可采用
2	连续油管排水	安装简单、迅速、安全可靠；可用于已下入光油杆、油套环空有封隔器不连通的井，不需要动管柱作业；排液过程中可同时对井下固相沉积物进行处理；可实施注酸等作业实现增产与排液一体化	可采用
3	柱塞气举排水	需要单独的安装作业；对斜井或大斜度井及结垢适应性差；油套需连通	不推荐
4	机械抽油泵排水	投资成本较高，系统效率低（低于30%），免修期短，对复杂井型、结垢井、无电源环境适应性差	不推荐

序号	排采工艺类型	不同排水采气工艺技术特点	适应性分析结果
5	水力射流泵排水	成本较高，地面配套机组要求高，技术不太成熟	不推荐
6	电潜泵排水	投资成本较高，适合大产水量，对酸性环境适应性差	不推荐
7	常规气举排水	适合高产水量气井助喷及气藏强排水，对恶劣条件的适应性强，技术成熟；推荐在气井生产后期产水较大时推荐采用	可采用
8	复合排水	复合排水工艺包括泡排＋优选管柱、泡排＋气举等，复合排水对井型、复杂生产条件等适应性好、成本低、排水量大，后期产水量大的时推荐采用	可采用

综合上述分析和阿姆河右岸碳酸盐岩酸性气藏出水情况，对于产水初期或产水小于 $50m^3/d$ 的井，推荐使用泡沫排水、连续油管排水以及两者组合工艺；对产水中后期或出水量大于 $50m^3/d$ 的井，推荐采用常规气举排水。

泡排剂体系是成功实施泡沫排水工艺的关键因素，需要在考虑与地层水高矿化度、酸性气体配伍性的同时，还能够在有封隔器下入油套环空不连通的井使用，重点阐述体系优选与性能评价。

二、高抗盐、酸性气体泡排剂体系优选与性能评价

泡排排水采气因其适应性强、成本低、操作简单，是国内应用最广泛的排水采气技术，占比超过 70%。阿姆河右岸气田具有高温、高矿化度、高含酸性气体等特征，目前常规泡排剂适应性较差，针对这些问题，研发了"Gemini 表面活性剂主剂 + 纳米粒子稳泡剂 + 特征助剂"的泡排剂体系，满足了抗高温、高矿化度、高酸性等储层条件。

1. 新型 Gemini 表面活性泡排剂

通过联接基将两个或两个以上的单体表面活性剂分子连接在一起，形成 Gemini 新型表面活性剂，联接基的连接点位于亲水基或接近亲水基处。Gemini 新型表面活性剂具有特殊的梳状结构，十分利于构筑分子致密排列的吸附膜，其双尾链可有效地增强吸附分子间的内聚力，大幅度提高吸附膜的黏弹性从而加强泡沫的稳定性，泡排剂体系主剂采用 Gemini 表面活性剂，可有效增加泡排剂体系的各项性能指标。

在高温、高矿化度和高酸性气体含量等条件下，优选的泡排剂应具备良好的起泡、稳泡和携液性能，对 Gemini 表面活性剂分子结构进行系统的设计，具体设计原则与方法包括：（1）联接基长度影响它们的吸附和聚集性能，通过改变联接基长度，调节亲水头基之间的相互作用；（2）在联接基上连接羟基，形成分子间氢键，以二聚体形式存在，使得排列更为紧密；（3）增加尾链长度，有效增强分子间内聚力，提高吸附膜的黏弹性及泡沫稳定性。根据以上方法，设计并合成了 6 种新型结构的 Gemini 表面活性剂（图 7-5-1）。

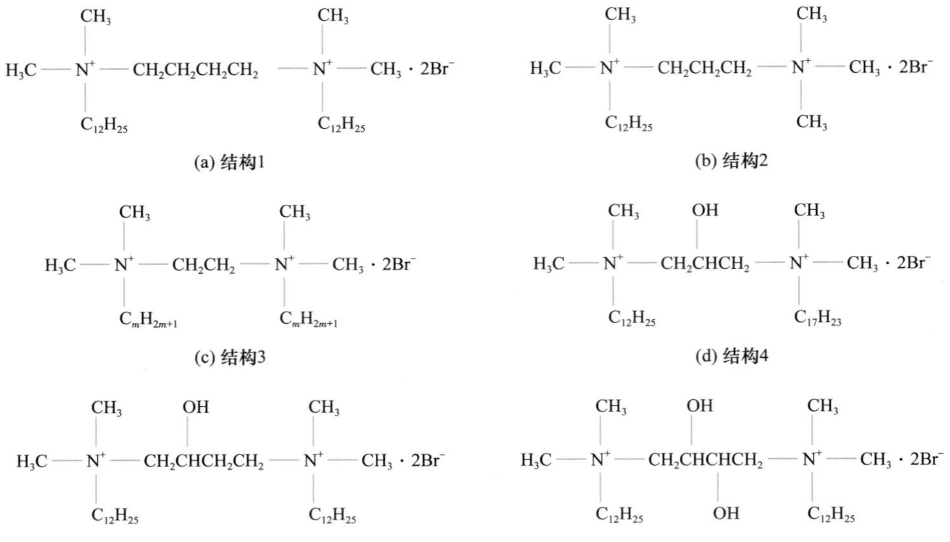

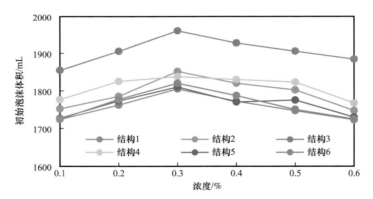

图 7-5-1　合成的 6 种 Gemini 表面活性剂分子结构示意图

对新合成的 6 种 Gemini 表面活性剂的起泡性、稳泡性进行了测试评价，分别由初始起泡体积、泡沫半衰期两个参数表征（图 7-5-2 和图 7-5-3）。从曲线图上可以看到，随

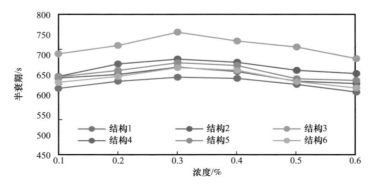

图 7-5-2　6 种 Gemini 表面活性剂在不同浓度下的初始起泡体积

图 7-5-3　6 种 Gemini 表面活性剂在不同浓度下的半衰期

着浓度的增加，6 种结构的 Gemini 表面活性剂的初始起泡体积、泡沫半衰期都是呈现先增加后缓慢下降的趋势，在浓度 0.3% 达到最大值，此时 Gemini 表面活性剂已达到临界束胶浓度。在 6 种结构中，结构 3 无论是起泡性还是稳泡性较其他 5 种结构都具有明显的优势，因此，优选图 7-5-1 中结构 3 的 Gemini 表面活性剂作为纳米粒子起泡剂主剂。

2. 纳米粒子稳泡剂

纳米粒子稳泡剂的合成研发主要集中在形状、材质、疏水程度和尺寸 4 个方面：（1）圆形相对其他形状，具有更大的有效接触面积；（2）考虑到低成本的要求，选择成本较低且耐高温和腐蚀性的二氧化硅；（3）因脱附能在接触角 90° 附近时最大，随接触角降低或者升高会迅速减小，接触角高于 90° 会消泡，接触角太低则会太过于亲水，造成在水中聚集，因此选择合理接触角为 65°～85°；（4）颗粒的粒径越小，比表面积越大，有利于颗粒与气液界面的充分接触，同时粒径较小的颗粒更有利于增大体系黏度、降低液膜排液速率，因此选择合理尺寸为 10～30nm。

通过水解和缩聚制备需要尺寸的纳米二氧化硅球，用硅烷偶联剂对制备得到的含丰富羟基二氧化硅球溶液进行接枝改性（图 7-5-4），得到具有一定疏水程度的纳米二氧化硅球。Gemini 表面活性剂与纳米稳泡剂构成了泡排剂的基础体系。

图 7-5-4　纳米粒子接枝改性制备过程示意图

与未添加纳米粒子起泡剂形成的泡沫相比（图 7-5-5），添加纳米粒子后的起泡剂，形成的泡沫大小更均匀、液膜更厚；同时，添加纳米粒子后形成的泡沫平均直径小于未添加纳米粒子起泡剂形成的泡沫，表明粒子化膜可以阻止气泡的聚并和歧化，大幅度提升生成泡沫体系的稳定性。

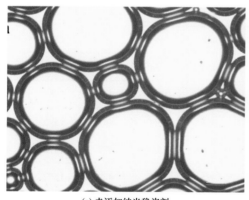

(a) 未添加纳米稳泡剂

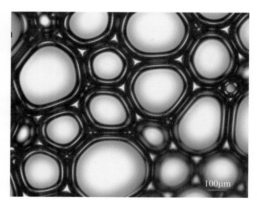

(b) 添加纳米稳泡剂

图 7-5-5　纳米粒子的起泡剂对泡沫形态的影响

3. 抗 CO_2 和 H_2S 特征助剂

为提升泡排剂配方的抗凝析油和酸性气体的能力，需要筛选对应的特征助剂提升性能，通过开展多种表面活性剂的实验筛选，优选出咪唑啉表面活性剂（抗凝析油助剂）+ 甜菜碱体系（抗酸助剂）组合，以进一步提升泡排剂抗凝析油和抗酸性气体的性能。

以提高抗凝析油助剂性能为例，在对 20 余种抗凝析油助剂分析和筛选的基础上，优选出 4 种助剂 A、B、C 和 D，并通过二元配比和正交实验，来确定基础体系和四种特征助剂的优化配比，以充分利用基础体系与特征助剂之间以及各助剂之间的协同作用来提高体系整体性能。具体实验分两步进行：

（1）基础体系与 4 种特征助剂二元配比实验。实验目的是确定基础体系与不同抗凝析油特征助剂的最佳配比，测试结果见表 7-5-2，随着抗凝析油助剂的加入，体系的抗凝析油性能大幅提升：基础体系与抗凝析油助剂 A 的合理配比为 15∶1，标记为 A2；与抗凝析油助剂 B 的合理配比为 5∶1，标记为 B4；与抗凝析油助剂 C 的合理配比为 10∶1，标记为 C3；与抗凝析油助剂 D 的合理配比为 1∶1，标记为 D5。

（2）基础体系与 4 种特征助剂正交实验。实验目的是确定 4 种抗凝析油助剂之间以及与基础体系的最优配比，按照不同的份数复配步骤（1）中筛选出来的 4 种基础体系与抗凝析油助剂混配物 A2、B4、C3 和 D5，并对复配后的不同样品进行性能指标测试，测试结果见表 7-5-3，正交实验体系的性能较各个单独的二元体系又有较大幅度提升，其中 5 号样品的 A2∶B4∶C3∶D5 合理配比为 2∶2∶3∶1，在此配比下性能最优，初始起泡体积、半衰期达到最大值，分别为 2215mL、817s。

表 7-5-2　基础体系与不同抗凝析油助剂二元配比实验结果

序号	基础体系：抗凝析油助剂比例	抗凝析油助剂 A		抗凝析油助剂 B		抗凝析油助剂 C		抗凝析油助剂 D	
		$V_0/$ mL	$T_{1/2}/$ s	$V_0/$ mL	$T_{1/2}/$ s	$V_0/$ mL	$T_{1/2}/$ s	$V_0/$ mL	$T_{1/2}/$ s
1	20∶1	1518	440	1515	435	1574	466	1535	453
2	15∶1	1575	466	1545	448	1595	477	1544	455
3	10∶1	1512	430	1566	463	1600	480	1561	462
4	5∶1	1460	380	1590	475	1573	465	1587	471
5	1∶1	1440	345	1548	458	1560	461	1595	478
6	1∶5	1385	298	1517	439	1535	452	1575	468
7	1∶10	1360	268	1504	425	1500	420	1582	469
8	1∶15	1330	250	1496	415	1488	414	1523	450
9	1∶20	1315	235	1465	388	1475	396	1512	432
优化配比标号		A2		B4		C3		D5	

注：V_0 代表初始泡沫体积，$T_{1/2}$ 代表半衰期。

表 7-5-3　基础体系与 4 种抗凝析油助剂正交实验结果

样品号	抗凝析油助剂比例（份数）				初始泡沫体积 / mL	半衰期 / s
	A2	B4	C3	D5		
1	1	1	1	1	1617	532
2	1	2	2	2	1774	650
3	1	3	3	3	1660	586
4	2	1	2	3	1885	775
5	2	2	3	1	2215	817
6	2	3	1	2	1671	613
7	3	1	3	2	1647	570
8	3	2	1	3	1813	713
9	3	3	2	1	1612	502

4. 高抗盐、酸性气体泡排剂体系性能评价

为了满足油套环空不连通井投入的需要，同时考虑海外项目路途运输作业不方便的问题，应用结晶水合盐类材料，对新型泡排进行固化。固化后的泡排棒呈圆柱状直径 35～55mm，长度 350～500mm。泡排棒在投入井内后，在重力作用下高速下落，在 1～2min 内即可到达积液液面，进入积液后，由于自身化学成分为水溶性，在积液沉降过程中溶解释放出有效成分，伴随气流搅拌并产生大量泡沫，产出水随气流携带出地面，从而达到排水采气的目的。

分别测试了矿化度 10×10^4mg/L 和 25×10^4mg/L 地层水条件下的泡排剂体系性能，结果表明，固化后的泡排剂与液体泡排剂性能基本一致（图 7-5-6），固化剂不影响泡排剂的性能。

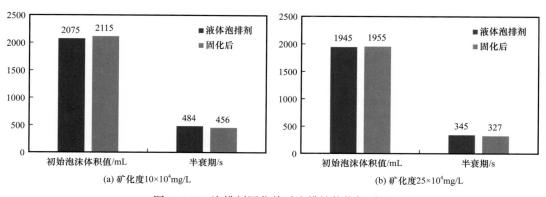

图 7-5-6　泡排剂固化前后泡排性能指标对比

系统的实验测试表明，新研发的泡排剂抗盐可达 $25 \times 10^4 mg/L$、耐温达 $150℃$、抗 CO_2 达 100%、抗 H_2S 达 $400mg/L$（图 7-5-7）。

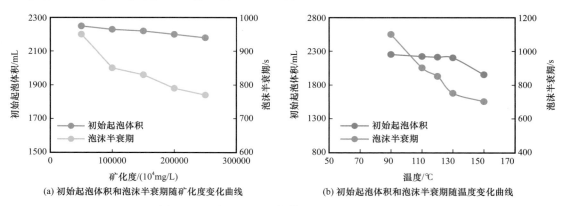

(a) 初始起泡体积和泡沫半衰期随矿化度变化曲线　　(b) 初始起泡体积和泡沫半衰期随温度变化曲线

图 7-5-7　新研发的泡排体系性能指标测试结果

三、排水采气优化设计方法及实施效果

排水采气是一个系统工程，需要综合考虑气藏的地质与生产特征、出水类型、单井构造位置及生产动态等。通过系统研究，形成了多因素气井积液诊断方法，构建了气井生产全过程的分析与优化设计技术。

1. 多因素气井积液诊断方法

气井井筒积液可通过多种方法判断，在实际生产中若只使用某一种方法可能会造成诊断结果准确度不高。综合考虑理论模型计算、现场经验及专家经验、不同方法相互验证等，形成了一套综合多因素气井积液诊断方法（图 7-5-8），提高诊断准确性。

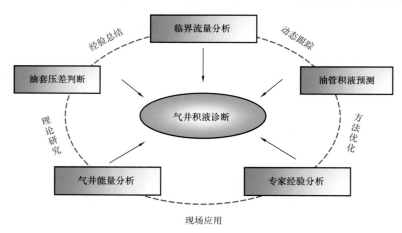

图 7-5-8　多因素积液诊断方法框图

2. 排水采气分析决策与优化设计技术

综合考虑气藏的地质与生产特征、出水类型、单井构造位置及生产动态等，基于气

井井筒积液诊断和积液量预测方法，形成一套从新井投产到出水后气井积液状态诊断、排水采气工艺选择、设计以及措施后效果评价等气井生产全过程的分析与优化设计技术（图7-5-9），该方法适用于目标井层的排水采气工艺筛选和方案优化，保障阿姆河右岸气田井底积液及出水井治理，实现气田稳产上产。

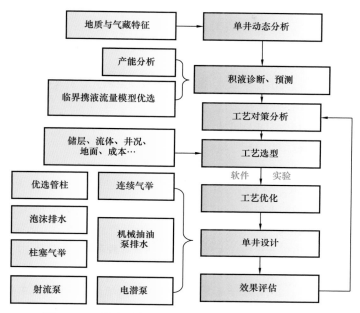

图 7-5-9　排水采气分析决策与优化设计技术流程图

3. 井底积液井综合治理实施效果

2017—2020年间，结合排水采气优化设计方法，优选连续油管通井、钻磨、喷洗 + 定点喷射与拖动酸化 + 排液复合工艺，在阿姆河右岸气田共实施14井次，治理后平均日产气量增加了127.9%，由 $25.8×10^4m^3/d$ 增加到 $58.8×10^4m^3/d$（图7-5-10），累计增产气量 $2.8×10^8m^3$，井底积液井综合治理取得了良好实施效果。

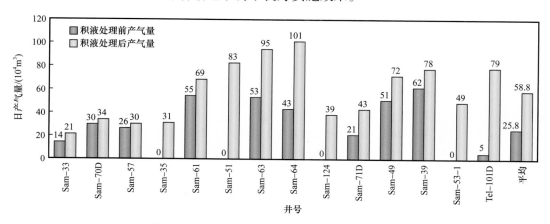

图 7-5-10　阿姆河右岸气田综合治水实施效果

参 考 文 献

何登发，何金友，文竹，等，2013. 伊拉克油气地质与勘探潜力［M］. 北京：石油工业出版社.

塔雷克·艾哈迈德，2002. 油藏工程手册［M］. 北京：石油工业出版社.

卜亚辉，丁春先，夏晔，2016. 储层纵向非均质性评价方法研究［J］. 科学技术与工程，28（16）：153-157.

曹建文，全意志，夏日元，等，2012. 塔河油田4区奥陶系风化壳古岩溶作用标志及控制因素分析［J］. 中国岩溶，31（2）：220-226.

陈明江，黄婷婷，颜其彬，等，2017. 伊拉克 Ahdeb 油田稠油层测井识别及分布特征研究新方法［J］. 测井技术，41（2）：156-164.

陈松贵，2014. 宾汉姆流体的 LBM-DEM 方法及含颗粒堵漏液体复杂流动研究［D］. 北京：清华大学.

陈元千，李璩，2001. 现代油藏工程［M］. 北京：石油工业出版社.

成友友，穆龙新，朱恩永，等，2017. 碳酸盐岩气藏气井出水机理分析——以土库曼斯坦阿姆河右岸气田为例［J］. 石油勘探与开发，44（1）：89-96.

崔力公，王自明，杨赤宸，2019. 井组示踪剂监测技术在伊拉克 M 油田的应用［J］. 重庆科技学院学报（自然科学版），20（1）：51-54.

邓斌，王文，吴文海，等，2019. 基于响应曲面和层次分析法的转向架优化设计［J］. 机械设计与制造，（8）：86-89.

董建雄，王爱玲，孙维昭，等，2019. 基于地震资料预处理的裂缝预测技术及其在中亚 H 气田中的应用［C］// 第三届油气地球物理学术年会. 南京. 中国地球物理学会油气专业委员会.

范子菲，郭睿，郭春秋，等，2019. 海外碳酸盐岩油气田开发理论与技术［M］. 北京：石油工业出版社.

高树生，胡志明，安为国，等，2014. 四川盆地龙王庙组气藏白云岩储层孔洞缝分布特征［J］. 34（3）：103-109.

郭平，周耐强，张茂林，等，2012. 任11碳酸盐岩油藏注 CO_2 提高采收率研究［J］. 西南石油大学学报（自然科学版），34（2）：180-184.

何江，方少仙，侯方浩，等，2013. 风化壳古岩溶垂向分带与储集层评价预测——以鄂尔多斯盆地中部气田区马家沟组马五$_5$-马五$_1$亚段为例［J］. 石油勘探与开发，40（5）：534-542.

何伶，赵伦，李建新，等，2014. 碳酸盐岩储集层复杂孔渗关系及影响因素——以滨里海盆地台地相为例［J］. 石油勘探与开发，41（2）：206-214.

黄延章，1999. 低渗透油层渗流机理［M］. 北京：石油工业出版社.

纪学武，彭忻，臧殿光，等，2011. 多属性微断裂解释技术［J］. 石油地球物理勘探，46（增刊1）：117-120.

姜汉桥，姚军，姜瑞，等，2006. 油藏工程原理与方法［M］. 东营：中国石油大学出版社.

金振奎，邹元荣，蒋春雷，等，2001. 大港探区奥陶系岩溶储层发育分布控制因素［J］. 沉积学报，19（4）：530-535.

康晓东，刘德华，蒋明煊，2002. 洛伦茨曲线在油藏工程中的应用［J］. 新疆石油地质，23（1）：66-67.

李超，李龙龙，汪洋，等，2015. 复杂裂缝性碳酸盐岩油藏数值模拟方法研究［J］. 长江大学学报（自科版），12（20）：65-68.

李程辉，李熙喆，高树生，等，2017. 碳酸盐岩储集层气水两相渗流实验与气井流入动态曲线——以高石梯—磨溪区块龙王庙组和灯影组为例［J］. 石油勘探与开发，44（6）：930-938.

李峰峰，郭睿，刘立峰，等，2020. 伊拉克 M 油田白垩系 Mishrif 组生物碎屑灰岩储集层非均质性成因［J］. 地球科学与环境学报，42（3）：297-312.

李浩武，童晓光，王素花，等，2011. 阿姆河盆地侏罗系成藏组合地质特征及勘探潜力［J］. 天然气工业，30（5）：6-12.

李孟涛，单文文，刘先贵，等，2006. 超临界二氧化碳混相驱油机理实验研究［J］. 石油学报（3）：84-87.

李培超，李培伦，曹丽杰，2010. 斜井坍塌压力计算公式的理论研究［J］. 上海工程技术大学学报，24（1）：1-4.

李士伦，王鸣华，何江川，等，2004. 气田与凝析气田开发［M］. 北京：石油工业出版社.

李万军，周海秋，王俊峰，等，2017. 北特鲁瓦油田第一口长水平段水平井优快钻井技术［J］. 中国石油勘探，22（3）：113-118.

梁爽，王燕琨，金树堂，等，2013. 滨里海盆地构造演化对油气的控制作用［J］. 石油实验地质，35（2）：174-178.

廖仕孟，胡勇，2016. 碳酸盐岩气田开发［M］. 北京：石油工业出版社.

刘俊海，徐明华，王自明，等，2020. 伊拉克 A 油田地震异常体识别与成因分析［J］. 西南石油大学学报（自然科学报），42（1）：69-77.

刘向君，刘堂晏，刘诗琼，2006. 测井原理及工程应用［M］. 北京：石油工业出版社.

刘晓蕾，朱光亚，熊海龙，等，2017. 中东碳酸盐岩油藏孔隙结构对驱油效果的影响［J］. 科学技术与工程，17（1）：1671-1851.

刘晓蕾，朱光亚，熊海龙，等，2017. 注入水性质对中东地区碳酸盐岩油藏驱油效果的影响［J］. 油气地质与采收率，24（2）：116-120.

刘永辉，2002. 气举系统效率评价方法研究［D］. 西南石油大学.

刘政，刘俊材，徐新组，2020. 超高密度油基钻井液加重剂评价及现场应用［J］. 钻井液与完井液，12（4）：1-9.

刘重伯，2019. 考虑气体影响的潜油电泵工艺设计方法研究［D］. 西南石油大学.

罗莉涛，刘先贵，孔灵辉，等，2016. 注入水中悬浮物对低渗透油藏储层堵塞规律［J］. 地质科技情报，35（1）：128-133.

吕功训，刘合年，邓民敏，等，2013. 阿姆河右岸盐下碳酸盐岩大型气田勘探与开发［M］. 北京：科学出版社.

穆龙新，赵国良，田中元，等，2009. 储层裂缝预测研究［M］. 北京：石油工业出版社.

潘谊党，2020. 抗高温高密度水基钻井液体系研究［D］. 北京：中国地质大学（北京）.

彭颖峰，李宜强，朱光亚，等，2019. 离子匹配水驱提高碳酸盐岩油藏采收率机理及实验——以中东哈法亚油田白垩系灰岩为例［J］. 石油勘探与开发，46（6）：1159-1168.

秦鹏, 胡忠贵, 吴嗣跃, 等, 2018. 川东长兴组台缘礁滩相储层纵向非均质性特征及形成机制——以川东宣汉盘龙洞长兴组剖面为例 [J]. 岩石矿物学杂志, 37 (1): 61-74.

秦同洛, 李璨, 陈元千, 等, 1989. 实用油藏工程方法 [M]. 北京: 石油工业出版社.

石新, 程绪彬, 汪娟, 等, 2012. 滨里海盆地东缘石炭系 KT-Ⅰ油层组白云岩地球化学特征 [J]. 古地理学报, 14 (6): 777-785.

史兴旺, 杨正明, 段小浪, 等, 2018. 低渗透碳酸盐岩油藏水驱油相似理论研究 [J]. 油气地质与采收率, 25 (1): 82-89.

孙德军, 侯万国, 刘尚营, 等, 2001. 混合金属氢氧化物正电胶体粒子体系的触变性 [J]. 化学学报, 2 (59): 163-167.

孙永河, 万军, 付晓飞, 等, 2007. 贝尔凹陷断裂演化特征及其对潜山裂缝的控制 [J]. 石油勘探与开发, 34 (3): 316-322.

孙永涛, 2014, 利用测井资料定性识别水淹层的交会图方法 [J]. 大庆石油地质与开发, 33 (2): 161-164.

万云, 詹俊, 陶卉, 2008. 碳酸盐岩储层孔隙结构研究 [J]. 油气田地面工程, 27 (12): 13-14.

王刚, 李万军, 刘锋, 等, 2019. 阿克纠宾超低压长水平段水平井钻井关键技术 [J]. 石油机械, 47 (2): 19-23.

王杰祥, 张琪, 李爱山, 等, 2003. 注空气驱油室内实验研究 [J]. 石油大学学报 (自然科学版)(4): 88-90, 10-11.

王玲, 张研, 吴蕾, 等, 2010. 阿姆河右岸区块生物礁特征与识别方法 [J]. 天然气工业, 30 (5): 30-33.

王璐, 杨胜来, 刘义成, 等, 2017. 缝洞型碳酸盐岩储层气水两相微观渗流机理可视化实验研究 [J]. 石油科学通报, 2 (3): 364-376.

王振宇, 李凌, 谭秀成, 等, 2008. 塔里木盆地奥陶系碳酸盐岩古岩溶类型识别 [J]. 西南石油大学学报 (自然科学版), 30 (5): 11-16.

王自明, 程亮, 杨赤宸, 2018. 管窜影响下的复杂碳酸盐岩油藏产水特征分析 [J]. 科学技术与工程, 18 (24): 72-78.

王自明, 袁迎中, 蒲海洋, 等. 2012. 碳酸盐岩油气藏等效介质数值模拟技术 [M]. 北京: 石油工业出版社.

魏亮, 蒋伟娜, 苏海洋, 2019. 中东地区大型碳酸盐岩油藏水驱影响因素研究 [J]. 石化技术, 26 (1): 170-171.

夏静, 谢兴礼, 冀光, 等, 2007. 异常高压有水气藏物质平衡方程推导及应用 [J]. 石油学报, 28 (3): 96-99.

徐可强, 2011. 滨里海盆地东缘中区块油气成藏特征和勘探实践 [M]. 北京: 石油工业出版社.

闫相宾, 韩振华, 李永宏, 2002. 塔河油田奥陶系油藏的储层特征和成因机理探讨 [J]. 地质论评, 48 (6): 619-626.

杨振骄, 1998. 混相驱油机理研究及应用前景展望 [J]. 油气采收率技术 (1): 71-76, 87.

姚子修, 刘航宇, 田中元, 等, 2018. 伊拉克西古尔纳油田中白垩统 Mishrif 组碳酸盐岩储层特征及主控因素［J］.海相油气地质，23（2）：59-69.

于春磊，糜利栋，王川，等，2016.水驱油藏特高含水期微观剩余油渗流特征研究［J］.断块油气田，23（5）：592-594.

于得水，徐泓，吴修振，等，2020.满深1井奥陶系桑塔木组高性能防塌水基钻井液技术［J］.石油钻探技术，48（5）：49-54.

余家仁，雷怀玉，刘趁花，1998.试论海相碳酸盐岩储层发育的影响因素——以任丘油田雾迷山组为例［J］.海相油气地质，3（1）：39-48.

余义常，宋新民，郭睿，等，2018.生物碎屑灰岩差异成岩及储集层特征：以伊拉克HF油田白垩系Mishirif组为例［J］.古地理学报，20（6）：1053-1067.

俞启泰，2000.注水油藏大尺度未波及剩余油的三大富集区［J］.石油学报，21（2）：45-50.

张宝民，刘静江，边立曾，等，2009.礁滩体与建设性成岩作用［J］.地学前缘，16（1）：270-189.

张保平，方竞，丁云宏，等，2013.用Mohr-Coulomb破坏准则预测最小水平主应力的实验方法［J］.石油勘探与开发，30（6）：67-75.

张兵，刘荣才，刘合年，等，2010.土库曼斯坦萨曼杰佩气田卡洛夫—牛津阶碳酸盐岩储层特征［J］.地质学报，84（1）：117-125.

张宏，郑浚茂，杨道庆，等，2008.塔中卡塔克区块古岩溶储层地震预测技术［J］.石油学报，29（1）：69-74.

张建伟，刘永雷，罗欣，等，2015.基于Geoeast软件的复杂断裂刻画技术及在大宛齐油田的应用效果［J］.石油地质与工程，29（5）：31-33.

张静，罗平，2010.塔里木盆地奥陶系孔隙型白云岩储层成因［J］.石油实验地质，32（5）：470-474.

张亚蒲，杨正明，侯海涛，等，2017.中东H油田不同注入水对储层渗流能力的影响［J］.油气地质与采收率，24（2）：96-100.

张远银，孙赞东，韩剑发，等，2019.地震约束建模的强非均质碳酸盐岩储层波阻抗反演［J］.石油地球物理勘探，54（6）：1316-1323.

赵伦，李建新，李孔绸，等，2010.复杂碳酸盐岩储集层裂缝发育特征及形成机制——以哈萨克斯坦让纳若尔油田为例［J］.石油勘探与开发，37（3）：304-309.

赵卫平，范廷恩，杨磊，等，2018.相控随机优化地震反演技术及应用［J］.地球科学前沿，8（3）：484-491.

朱丽华，2015.Smith钻头公司StingBlade锥形切削齿钻头［J］.钻采工艺，38（4）：130.

邹胜章，夏日元，刘莉，等，2016.塔河油田奥陶系岩溶储层垂向带发育特征及其识别标准［J］.地质学报，90（9）：2490-2501.

Aguilera R F, 2004. A triple porosity model for petrophysical analysis of naturally fractured reservoirs［J］. Petrophysics, 45（2）.

Aguilera R F, 2004. A triple porosity model for petrophysical analysis of naturally fractured reservoirs［J］. Petrophysics, 45（2）.

Aguilera R, 2002. Incorporating capillary pressure, pore throat aperture radii, height above free-water table, and Winland r35 values on Pickett plots［J］. AAPG Bulletin, 86（4）：605-624.

Ahmadi K, Johns R T, 2011. multiple mixing–cell method for MMP calculations [J]. Spe Journal, 16 (4): 733–742.

Aqrawi A A M, Thehni G A, Sherwani G H, et al., 1998. Mid–Cretaceous rudist–bearing carbonates of the Mishrif Formation : An important reservoir sequence in the Mesopotamian Basin [J]. Journal of Petroleum Geology, 21 (1): 57–82.

Archie G E, 1942. The electrical resistivity log as an aid in determining some reservoir characteristics [G]. AIME Petroleum Tech, 1–8.

Barnea D, 1987. A unified model for predicting flow–pattern transitions for the whole range of pipe inclinations [J]. International Journal of Multiphase Flow, 13 (1): 1–12.

Bendiksen K H, 1984. An experimental investigation of the motion of long bubbles in inclined yubes [J]. International Journal of Multiphase Flow, 10 (4): 467–483.

Blasingame T A, Lee W J, 1986. Variable–Rate Reservoir Limits Testing [C] // Permian Basin Oil and Gas Recovery Conference, Midland, Texas, 361–369.

Chang Y, Jiang H, Li J, et al., 2016. The study on crestal injection for fault block reservoir with high dip and low permeability [J]. Science Technology and Engineering, 16 (33): 179–183.

Choi J, Pereyra E, Sarica C, et al., 2012. An efficient drift–flux closure relationship to estimate liquid holdups of gas–liquid two–phase flow in pipes [J]. Energies, 5 (12): 5294–5306.

Cleary M P, Keck R G, Mear M E, 1983. Microcomputer models for the design of hydraulic fractures [C] //SPE 11628, presented at the SPE/DOE Symposium on Low Permeability, Denver, Colorado, USA.

Craig D H, 1988. Caves and other features of Permian karst in San Andres dolomite, Yates field reservoir, west Texas [M] //James N P, Choquette P W. New York.

Curtis H. Whitson, 1997. Analytical calculation of minimum miscibility pressure. Fluid Phase Equilibria [G]. ELSEVIER, 139 (1–2): 101–124.

England A H, Green A E, 1963. Some two–dimensional punch and crack problems in classical elasticity [J]. Proc Gamb Phil, 59 (2): 489–500.

Geesaman R C, Wilson J L, 2012. Facies belts, microfacies, and karst features of the Ellenburger Group, Kerr basin, Texas : Observations based on cores [M] //Derby J R. The great American carbonate bank : The geology and economic re–sources of the Cambrian–Ordovician Sauk megasequence of Laurentia : AAPG Memoir 98: 941–958.

Jin O, Saeed I, Mohammad F, et al., 2016. Dynamic Rock Typing Study of a Complex Heterogeneous Carbonate Reservoir in Oil Field, Iraq [C] //SPE/Abu Dhabi International Petroleum Exhibition & Conference.

Ju B, Pai S, Luan Z, et al., 2002. A study of wettability and permeability change caused by adsorption of nanometer structured polysilicon on the surface of porous media [C] //SPE 77938.

Kim Y S, Peacock D C P, Sanderson D J, 2004. Fault Damage Zones [J]. Journal of Structural Geology, 26 (3): 503–517.

Kora C, Sarica C, Zhang H Q, et al., 2011. Effects of high oil viscosity on slug liquid holdup in horizontal pipes［C］//Spe Projects Facilities & Construction，4（2）：32–40.

Kumpf R A，Dougherty D A，1993. A mechanism for ion selectivity in potassium channels：computational studies of cation–pi interactions［J］. Science，261（5129）：1708–1710.

Li K，Horne R N，2006. Comparison of methods to calculate relative permeability from capillary pressure in consolidated water–wet porous media［J］. Water Resour，420（6）：285–293.

Liu Qiang，2020. Application of facies–controlled high–resolution inversion in prediction of reef–shoal reservoir：case study from ad gas field，Turkmenistan［C］// SPG/SEG Nanjing 2020 International Geophysical conference.

Liu R L，Li N，Feng Q，et al.，2009. Application of the triple porosity model in well–log effectiveness estimation of the carbonate reservoir in Tarim oilfield［J］. Journal of Petroleum Science and Engineering，68：40–46.

Liu S S，Wei C，Gao Y，et al.，2018. An integrated study focusing on baffle characterization and development optimization［J］. Society of Petroleum Engineers，SPE–192396–MS.

Mamora D D，1997. Zone isolation in horizontal wells［J］. Research proposal CEA 88（Phase Ⅱ），Texas A&M University，College Station，Texas.

Meunier D F，Kabir C S，Wittmann M J，1984. Gas well test analysis：use of normalized pressure and time functions［C］//SPE Annual Technical Conference and Exhibition，Houston，Texas，1–16.

Moghadasi J，Müller–steinhagen H，Jamialahmadi M，et al.，2004. Theoretical and experimental study of particle movement and deposition in porous media during water injection［J］. Journal of Petroleum Science and Engineering，43（3）：163–181.

Moore C H，Wade W J，2013. Carbonate reservoirs：porosity and diagenesis in a sequence stratigraphic framework［M］. Amsterdam，The Netherlands：Elsevier Science.

Mukherjee H，Brill J P，1985. pressure drop correlations for inclined two–phase flow［J］. Journal of Energy Resources Technology，107（4）：549–554.

Nicklin D J，1962. Two Phase Flow in Vertical Tubes［J］. Trans.，Inst. Chern. Engrs. 61–68.

Nolte K G，1979. Determination of fracture parameters from fracturing pressure decline［C］//SPE 8341，presented at the SPE Annual Technical Conference and Exhibition，Las Vegas，Nevada，USA.

Obeida T A，AI–Mehairi Y S，Suryanarayana K，2005. Calculations of fluid saturations from log–derived j–functions in giant，complex Middle–East carbonate reservoir［C］// Inter–national Petroleum Technology Conference，Doha，Qatar，1–4.

Palmer I D，1993. Induced stresses due to propped hydraulic fracture in coalbed methane wells［C］//SPE 25861.

Russell D G，1966. Methods for Predicting Gas Well Performance［J］. Journal of Petroleum Technology，18（1）：99–108.

Saad Z. Jassim，2006. Geology of Iraq［M］. Dolin，Prague and Moravian Museum，Brno，Czech Republic.

Savari S，Whitfill D L，Walker J，2016. Lost circulation management in naturally fractured reservoirs［J］.

Walker J. Society of Petroleum Engineers. 5: 124–135.

Sharland P R, Casey D M, Davies R B, et al., 2001. Arabian Plate Sequence Stratigraphy [J]. GeoArabia Special Publication, Gulf Petrolink, Bahrain (2): 387.

Sharland P R, Casey D M, Davies R B, et al., 2004. Arabian Plate Sequence Stratigraphy–revisions to SP2 [J]. Ge-oArabia, (9): 199–214.

Stehfest H, 1970. Algorithm 368: Numerical inversion of Laplace transforms [J]. Communications of the ACM, United States, 47–49.

Tan J S, 1997. Experimental and simulation studies of zone isolation in horizontal wells [J]. MS Thesis, Texas A&M University, College Station, Texas.

Temam R, 1984. Navier–Stokes Equations Theory and Numerical Analysis [M]. North–Holland, Amsterdam.

Wang G F, Hua L H, Long L J, et al., 2016. Timing of gas injection in tight reservoirs [J]. Science Technology and Engineering, 16 (17): 145–148.

Whitson C H, Michelsen M L, 1989. The negative flash [J]. Fluid Phase Equilibria, 53: 51–71.

Wooden B, Azari M, Soliman M, 1992. Well test analysis benefits from new method of Laplace space inversion [J]. Oil and Gas Journal, United States, 46–66.

Xiao J J, Shonham O, Brill J P, 1990. A comprehensive mechanistic model for two–phase flow in pipelines [C] //SPE 20631.

Yapu Z, Zhengming Y, Gangya Z, et al., 2015. Seawater flooding law for the low permeability carbonate reservoirs in the middle east [J]. The Electronic Journal of Geotechnical Engineering, 20 (11): 5037–5044.

Zhu G, Kun Xu L, Wang X, et al., 2016. Enhanced oil recovery by seawater flooding in halfaya carbonate reservoir, Iraq: experiment and simulation [C] //SPE/EOR Conference at Oil and Gas West Asia, Muscat, Oman.

Zhu G Y, Wang X, Guo R, 2013. Comprehensive formation evaluation of hf carbonate reservoir by integrating the static and dynamic parameters [J]. Society of Petroleum Engineers, doi: 10.2118/165896–MS.

Zhu Liming, 2018. Gas Channeling Rules and Gas Injection Parameters Optimization after Vapor Injection in Volatile Reservoirs [J]. Chemical Energy, 44 (3): 160–161.